智能变电站
继电保护技术问答

国家电力调度控制中心
国网浙江省电力有限公司
编著

中国电力出版社
CHINA ELECTRIC POWER PRESS

内 容 提 要

随着智能变电站相关新技术的大量应用，特别是“六统一”设计规范实行以来，对继电保护的设计、调试、运维和管理工作提出了新的要求。为提高智能变电站继电保护人员的保护设备管理水平和运维管理能力，国家电力调度控制中心组织修订了《智能变电站继电保护技术问答》和《智能变电站继电保护题库》，形成第二版。

本书采用问答形式介绍了智能变电站继电保护系统基本原理、规程规定、调试及运行技术。

本书可供智能变电站继电保护设计、调试、运维等专业技术人员和管理人员学习参考。

图书在版编目（CIP）数据

智能变电站继电保护技术问答/国家电力调度控制中心，国网浙江省电力有限公司编著. —2版. —北京：中国电力出版社，2018.6（2023.5 重印）

ISBN 978-7-5198-2025-1

Ⅰ. ①智… Ⅱ. ①国…②国… Ⅲ. ①智能系统–变电所–继电保护–问题解答 Ⅳ. ①TM63-39②TM77-39

中国版本图书馆 CIP 数据核字（2018）第 094098 号

出版发行：中国电力出版社
地　　址：北京市东城区北京站西街 19 号（邮政编码 100005）
网　　址：http://www.cepp.sgcc.com.cn
责任编辑：王　晶　刘　薇（010-63412357）
责任校对：王小鹏
装帧设计：张俊霞　赵姗姗
责任印制：石　雷

印　　刷：望都天宇星书刊印刷有限公司
版　　次：2014 年 5 月第一版　2018 年 6 月第二版
印　　次：2023 年 5 月北京第十五次印刷
开　　本：710 毫米×980 毫米　16 开本
印　　张：23.75
字　　数：420 千字
印　　数：26501—27500 册
定　　价：98.00 元

本书编委会

前　言

《智能变电站继电保护技术问答》一书自 2014 年 5 月出版以来，受到继电保护专业人员的热烈欢迎，培养了大量智能变电站继电保护专业人才。在三年多的使用过程中，广大继电保护人员对本书各方面的内容提出了许多宝贵的意见，对完善本书有着很大的帮助，在此表示衷心的感谢。

自本书第一版出版至今已有三年多时间，智能变电站全面推广，相关智能变电站标准规范得以制定和完善，本书编制时所使用的相关资料与内容已经无法较好地适应当前智能变电站继电保护专业人员的需求。为进一步提高本书在实际智能变电站工作中的参考与学习作用，国家电力调度控制中心与国网浙江电力有限公司对《智能变电站继电保护技术问答》一书进行了修订，形成了第二版。

在第二版编写过程中，结合智能变电站新规定、新标准、新设备、新技术的推广，对各章节均有修订，并将原第四章《合并单元》、第五章《智能终端》合并为新的第四章《过程层智能设备》，将原第七章《保护通用要求》改为第六章《保护通用技术要求》，原第十章《故障录波器以及报文记录仪》改为第十章《记录及分析诊断设备》，取消原第十六章《SCD 文件管控》，内容并入第五章《IEC 61850 工程应用模型》。为方便学习，并同步修订了《智能变电站继电保护题库》，供大家参考。

由于编者水平有限，书中难免有不妥或错误之处，恳请读者批评指正。

编　者

2018 年 1 月

目　录

第一章 名 词 解 释

1. 智能变电站 smart substation

答：采用先进、可靠、集成、低碳、环保的智能设备，以全站信息数字化、通信平台网络化、信息共享标准化为基本要求，自动完成信息采集、测量、控制、保护、计量和监测等基本功能，并可根据需要支持电网实时自动控制、智能调节、在线分析决策、协同互动等高级功能的变电站。

2. 继电保护系统 relaying protection system

答：由继电保护装置、合并单元、智能终端、交换机、通道、二次回路等构成，实现继电保护功能的系统。

3. 间隔 bay

答：变电站是由一些紧密连接、具有某些共同功能的部分组成的。例如，进线或者出线与母线之间的开关设备，由断路器、隔离开关及接地开关构成的母线连接设备，位于两个不同电压等级母线之间的变压器及有关开关设备。

通过将一次断路器和相关设备分组，形成虚拟间隔，间隔概念便可适用于3/2 断路器接线和环型母线等变电站配置。间隔构成电网一个受保护的子部分，例如，一台变压器或一条线路的一端。间隔还包含具有某些共同约束的对应开关设备的控制，如互锁或者定义明确的操作序列。这些部分的识别区分对于维护（目的是当这些部分同时断开时，对变电站其余部分影响最小）或扩展计划（如果增加一条新线路，哪些部分须增加）非常重要。这些部分称为间隔，并且由那些统称为“间隔控制器”的装置管理，配有成套保护，称之为“间隔保护”。

4. 间隔层功能 bay level function

答：主要使用一个间隔的数据并且作用于该间隔一次设备的功能。间隔层功能通过间隔层内逻辑接口 3 通信，通过逻辑接口 4 和 5 与过程层通信，即与各种远方输入/输出、智能传感器和控制器通信。

5. 智能电子设备 intelligent electronic device，IED

答：包含一个或多个处理器，可接收来自外部源的数据，或向外部发送数据，或进行控制的装置，例如，电子多功能仪表、数字保护、控制器等。为具有一个或多个特定环境中特定逻辑节点行为且受制于其接口的装置。

6. 电子式互感器 electronic instrument transformer

答：一种装置，由连接到传输系统和二次转换器的一个或多个电流或电压传感器组成，用于传输正比于被测量的量，以供给测量仪器、仪表和继电保护或控制装置。

7. 电子式互感器额定延时 rated delay time of electronic instrument transformer

答：从一次模拟量产生时刻到电子式互感器对外接口输出数字量的时间。

8. 电子式电流互感器 electronic current transformer，ECT

答：一种电子式互感器，在正常适用条件下，其二次转换器的输出实质上正比于一次电流，且相位差在联结方向正确时接近于已知相位角。

9. 电子式电压互感器 electronic voltage transformer，EVT

答：一种电子式互感器，在正常适用条件下，其二次电压实质上正比于一次电压，且相位差在联结方向正确时接近于已知相位角。

10. 电子式电流电压互感器 electronic current & voltage transformer，ECVT

答：一种电子式互感器，由电子式电流互感器和电子式电压互感器组合而成。

11. 智能组件 intelligent component

答：由若干智能电子装置集合组成，承担宿主设备的测量、控制和监测等基本功能；在满足相关标准要求时，智能组件还可承担相关计量、保护等功能。可包括测量、控制、状态监测、计量、保护等全部或部分装置。

12. 合并单元 merging unit，MU

答：用以对来自二次转换器的电流和/或电压数据进行时间相关组合的物理单元。合并单元可以是互感器的一个组成件，也可以是一个分立单元。

13. 合并单元额定延时 rated delay time of merging unit

答：从电流或电压量输入的时刻到数字信号发送时刻之间的时间间隔。

14. 二次转换器 secondary converter

答：一种装置，将传输系统传送的信号转换为供给测量仪器、仪表和继电保护或控制装置的量，该量与一次端子电压或电流成正比。

15. 采样率 sampling rate

答：每秒从连续信号中提取并组成离散信号的采样个数，它用赫兹（Hz）来表示。采样频率的倒数是采样周期或者叫作采样时间，它是相邻采样点之间的时间间隔。

16. 采样同步 sampling synchronous

答：订阅者接收到采样数据后，需要对采样数据进行本地处理，使两个或两个以上随时间变化的量在变化过程中保持一定的相对关系，然后提供给本装置使用该采样值，并完成相应的保护及其他运算逻辑。

17. 重采样 resampling

答：在智能变电站中，间隔层保护、测控等设备和过程层数据采集单元的采样频率不一致，为了不改变间隔层设备原有的成熟算法，对接收的采样值进行差值、抽取等处理，改变采样频率并实现数据同步的方法。

18. 智能终端 intelligent terminal

答：一种智能组件，与一次设备采用电缆连接，与保护、测控等二次设备采用光纤连接，实现对一次设备（例如，断路器、隔离开关、主变压器等）的测量、控制等功能。

19. 分布式保护 distributed protection

答：分布式保护面向间隔，由若干单元装置组成，功能分布实现。

20. 就地安装保护 locally installed protection

答：在一次配电装置场地内紧邻被保护设备安装的继电保护设备。

21. 直采直跳 direct sampling direct trip

答：直接采样（直采）是指智能电子设备间不经过交换机而以点对点连接方式直接进行采样值传输，直接跳闸（直跳）是指智能电子设备间不经过交换机而以点对点连接方式直接进行跳合闸信号的传输。

22. 直采网跳 direct sampling network trip

答：直接采样是指智能电子设备间不经过交换机而以点对点连接方式直接进行采样值传输，网络跳闸（网跳）是指智能电子设备间经过交换机的方式进行跳合闸信号的传输，通过划分 VLAN 的方式避免信息流量过大。

23. 网采网跳 network sampling network trip

答：网络采样是指智能电子设备间经过交换机的方式进行采样值传输共享，网络跳闸是指智能电子设备间经过交换机的方式进行跳合闸信号的传输，通过划分 VLAN 的方式避免信息流量过大。

24. 检修压板 maintenance isolator

答：智能变电站检修压板属于硬压板，检修压板投入时，相应装置发出的SV、GOOSE 报文均会带有检修品质标识，接收设备将接收的报文与本装置检修压板状态进行一致性比较判断，如果两侧装置检修状态一致，则对此报文做有效处理，否则做无效处理。

25. 软压板 virtual isolator

答：通过装置的软件实现保护功能或自动功能等投退的压板。该压板投退状态应被保存并掉电保持，并可远方遥控投退。装置应支持单个软压板的投退命令。

26. 智能变电站结构 smart substation structure

答：智能变电站分为过程层、间隔层和站控层。

过程层包括变压器、断路器、隔离开关、电流电压互感器等一次设备及其所属的智能组件以及独立的智能电子装置。

间隔层设备一般指继电保护装置、系统测控装置、监测功能组主 IED 等二次设备，实现使用一个间隔的数据并且作用于该间隔一次设备的功能，即与各种远方输入/输出、传感器和控制器通信。

站控层包括自动化站级监视控制系统、站域控制、通信系统、对时系统等，实现面向全站设备的监视、控制、告警及信息交互功能，完成数据采集和监视控制（SCADA）、操作闭锁以及同步相量采集、电能量采集、保护信息管理等相关功能。

27. 变电站自动化系统 substation automation system

答：变电站自动化系统实现变电站内自动化。它包括智能电子设备和通信网络设施。

28. 远方终端 remote terminal unit，RTU

答：远方终端是指远方站内安装的远动设备。主要完成数据信号的采集、转换处理，并按照规约格式要求向主站发送信号，接收主站发来的询问、召唤和控制信号，实现控制信号的返送校核并向设备发出控制信号，完成远动设备本身的自检、自启动等。在需要的时候并可担负适当的当地功能，例如，当地显示（数字显示或屏幕显示）、打印（正常打印或事故打印）、报警等。

29. 以太网 ethernet

答：由 Xerox 公司创建并由 Xerox、Intel 和 DEC 公司联合开发的基带局域网规范，是当今现有局域网采用的最通用的通信协议标准。以太网络使用CSMA/CD（载波监听多路访问及冲突检测）技术，并以 10Mbit/s 的速率运行在多种类型的电缆上。目前以太网标准为 IEEE 802.3 系列标准。

30. 局域网 local area network，LAN

答：局域网是指在某一区域内由多台计算机互联成的计算机组，一般是方圆几千米以内。局域网可以实现文件管理、应用软件共享、打印机共享、工作组内的日程安排、电子邮件和传真通信服务等功能。局域网是封闭型的，可以由办公室内的两台计算机组成，也可以由一个公司内的上千台计算机组成。

31. 交换机 switch

答：一种有源的网络元件。交换机连接两个或多个子网，子网本身可由数个网段通过转发器连接而成。交换机建立起碰撞域的边界，由交换机分开的子网之间不会发生碰撞，目的是特定子网的数据包不会出现在其他子网上。为达此目的，交换机必须知道所连各站的硬件地址。在仅有一个有源网络元件连接到交换机一个口情况下，可避免网络碰撞。

32. 端口镜像 port mirroring

答：端口镜像是指交换机把一个或多个端口的数据复制到一个或多个目的端口的方法，被复制的端口成为镜像源端口，复制的端口成为镜像目的端口。

33. 网桥 bridge

答：一种在链路层通过帧转发，并根据 MAC 分区实现中继和网络隔离的技术，常用于连接两个或更多个局域网的网络互联设备。网桥可以是专门硬件设备，也可以由计算机加装的网桥软件来实现。

34. 集线器 hub

答：集线器的主要功能是对接收到的信号进行再生整形放大，以扩大网络的传输距离，同时把所有节点集中在以它为中心的节点上。它工作于 OSI（开放系统互联参考模型）参考模型第一层，即“物理层”。

35. 广播风暴 broadcasting storm

答：一个数据帧或包被传输到本地网段（由广播域定义）上的每个节点就是广播；由于网络拓扑的设计和连接问题，或其他原因导致广播在网段内大量复制、传播数据帧，导致网络性能下降，甚至网络瘫痪，这就是广播风暴。

36. 虚拟局域网 virtual local area network，VLAN

答：虚拟局域网将局域网设备从逻辑上划分成一个个网段，用来将大型网络划分为多个虚拟小网络，从而解决广播和组播流量占据太多带宽的问题，提供更高的网络段间安全性。

37. 合并单元智能终端集成装置 integrated device about merging unit and intelligent terminal

答：将合并单元功能和智能终端功能在一个物理设备中实现，并解决了装置集成后的 SV、GOOSE 共网问题、合并单元和智能终端功能相互独立问题。本书简称合智装置。

38. 物理端口 physical port

答：硬件上的插口（比如机箱后的那些插口），是真正存在的。

39. 网络协议 network protocol

答：为网络数据交换而制定的约定与标准，是一种规则的组合。

40. 网络架构 network structure

答：为了完成计算机的通信合作，把每个计算机互联的功能划分为定义明确的层次，规定了同层次间通信的协议及相邻层之间的接口与服务。将这些同层次间通信的协议及相邻层之间的接口称之为网络体系架构。

41. IP internet protocol

答：为计算机网络相互联接进行通信而设计的协议。在因特网中，它能使连接到网上的所有计算机网络实现相互通信的一套规则，并规定了计算机在因特网上进行通信时应当遵守的规则。

42. 传输控制协议 transmission control protocol，TCP

答：一种面向连接（连接导向）的、可靠的、基于字节流的传输层（Transport layer）通信协议。

43. TCP/IP transmission control protocol/internet protocol

答：即传输控制协议/网间协议，是一个工业标准的协议集，它是为广域网设计的。

44. 访问点 access point

答：表示智能电子设备的通信访问点。访问点可以是一个串行口、一个以太网连接或是由所用协议栈决定的客户或服务器地址。智能电子设备到通信总线上的每一个访问点具有唯一标识。每一个服务器仅有一个逻辑上的访问点。

45. MAC media access control

答：介质访问控制，介质访问控制层包含访问局域网的特殊方法。

46. MAC 地址 MAC address

答：也叫硬件地址，表示网络上每一个站点的标识符，采用十六进制表示，共六个字节（48 位）。

47. MAC 地址表深度 MAC address depth

答：地址表深度反映了交换机可以学习到的最大 MAC 地址数。地址表深度越大，则交换机支持的站点数越大，对网络的适应能力越好，避免了因网络变化造成的地址表或转发表的动荡。

48. 虚拟专用网 virtual private network

答：建立在实在网路（或称物理网路）基础上的一种功能性网路，或者说是一种专用网的组网方式，简称 VPN。它向使用者提供一般专用网所具有的功能，但本身却不是一个独立的物理网路；也可以说虚拟专用网是一种逻辑上的专用网路。“虚拟”表明它在构成上有别于实在的物理网路，但对使用者来说，在功能上则与实在的专用网完全相同。

49. 抽象通信服务接口 ACSI

答：与智能电子设备（IED）的一个虚拟接口，为逻辑设备、逻辑节点、数据和数据属性提供抽象信息建模方法，为连接、变量访问、主动数据传输、装置控制及文件传输服务等提供通信服务，与实际所用通信栈和协议集无关。

50. 小型计算机系统接口 small computer system interface，SCSI

答：小型计算机系统接口是一种用于计算机和智能设备之间（硬盘、软驱、光驱、打印机、扫描仪等）系统级接口的独立处理器标准。SCSI 是一种智能的通用接口标准。它是各种计算机与外部设备之间的接口标准。

51. 抽象语法标记 abstract syntax notation one

答：一种 ISO/ITU–T 标准，描述了一种对数据进行表示、编码、传输和解码的数据格式。它提供了一整套正规的格式用于描述对象的结构，而不考虑语言上如何执行及这些数据的具体指代，也不用去考虑到底是什么样的应用程序。

52. 报文 message

答：是网络中交换与传输的数据单元，即站点一次性要发送的数据块。报文包含了将要发送的完整的数据信息，其长短很不一致，长度不限且可变。报文也是网络传输的单位，传输过程中会不断地封装成分组、包、帧来传输，封装的方式就是添加一些信息段，这就是报文头以一定格式组织起来的数据。

53. 布尔量 boolean

答：只有两个截然相反答案的情况在数学及电子技术中称为布尔量，它的答案称为布尔值。布尔值只有两个：true 和 false，其运算为逻辑运算。

54. 帧 frame

答：在网络中，计算机通信传输的是由“0”和“1”构成的二进制数据，二进制数据组成“帧”（frame），帧是网络传输的最小单位。

55. 单播 unicast

答：在发送者和每一接收者之间实现点对点网络连接。如果一台发送者同时给多个接收者传输相同的数据，也必须相应地复制多份的相同数据包。

56. 组播 multicast

答：一种通信模式。主机之间“一对一组”的通信模式，也就是加入了同一个组的主机可以接收到此组内的所有数据，网络中的交换机和路由器只向有需求者复制并转发其所需数据。主机可以向路由器请求加入或退出某个组，网络中的路由器和交换机有选择地复制并传输数据，即只将组内数据传输给那些加入组的主机。这样既能一次将数据传输给多个有需要（加入组）的主机，又能保证不影响其他不需要（未加入组）的主机的其他通信。

57. 广播 broadcast

答：是指在 IP 子网内广播数据包，所有在子网内部的主机都将收到这些数据包。广播意味着网络向子网每一个主机都投递一份数据包，不论这些主机是否乐于接收该数据包。所以广播的使用范围非常小，只在本地子网内有效，通过路由器和网络设备控制广播传输。

58. 总线 bus

答：具有通信器件的智能电子设备间的通信系统连接。

59. 点对点技术 peer-to-peer，P2P

答：又称对等互联网络技术，是一种网络新技术，依赖网络中参与者的计算能力和带宽，而不是把依赖都聚集在较少的几台服务器上。

60. UTC 时间 UTC time

答：协调世界时，又称世界统一时间、世界标准时间、国际协调时间，简称 UTC。它从英文“Coordinated Universal Time”/法文“Temps Universel Cordonné”而来。目前智能变电站适用的 IEC 61850 协议用的就是 UTC 时间，而非北京时间，其起始时刻为 1970 年 1 月 1 日 0 时 0 分 0 秒。

61. 标准零时区 the standard time zone

答：格林威治标准时间。

62. 传输延迟 transfer delay

答：信号通过电缆或系统所用的时间。

63. 采样延时 delay time of sampling

答：从一次模拟量产生时刻到合并单元对外接口输出数字量的时间。

64. 可扩展标志语言 extensible mark-up language，XML

答：用于标记电子文件使其具有结构性的标记语言，可以用来标记数据、定义数据类型，是一种允许用户对自己的标记语言进行定义的源语言。

65. 变电站配置语言 substation configuration description language，SCL

答：变电站配置语言 SCL 是 IEC 61850 采用的变电站专用描述语言，基于 XML1.0。它采用可扩展的标记语言清楚地描述变电站 IED 设备、变电站系统和变电站网络通信拓扑结构的配置。使用 SCL 能够方便地收集不同厂家设备的配置信息并对设备进行配置，使系统维护升级、智能电子器件控制变得更为简单易行。使用 SCL 形成标准的 IED 数据传输文件，可以避免协议转换的开销，同时大大减少数据集成和维护的成本。

66. ICD IED capability description

答：IED 能力描述文件，文件描述 IED 提供的基本数据模型及服务，但不包含 IED 实例名称和通信参数。

67. SSD system specification description

答：系统规格文件，描述变电站一次系统结构以及相关联的逻辑节点，最终包含在 SCD 文件中。

68. SCD substation configuration description

答：全站系统配置文件，描述所有 IED 的实例配置和通信参数、IED 之间的通信配置以及变电站一次系统结构，由系统集成厂商完成。SCD 文件应包含版本修改信息，明确描述修改时间、修改版本号等内容。

69. CID configured IED description

答：IED 实例配置文件，由装置厂商根据 SCD 文件中本 IED 相关配置生成，描述 IED 的实例配置和通信参数。

70. CCD configured IED circuit description

答：IED 回路实例配置文件，用于描述 IED 的 GOOSE、SV 发布/订阅信息的配置文件，包括发布/订阅的控制块配置、内部变量映射、物理端口描述和虚端子连接关系等信息。该文件从 SCD 文件导出后下装到 IED 中运行。

71. 物理系统 physical system

答：拥有物理系统功能和互联的物理通信网络的全部装置交集，系统边界由其逻辑或物理接口给出，其中枢是通信系统。

72. 物理连接 physical connection

答：物理装置之间的通信链路。

73. 逻辑系统 logical system

答：完成某种整体任务的全部应用功能（逻辑节点）通信集，如变电站管理。

74. 逻辑连接 logical connection

答：逻辑节点之间的通信链路。

75. 物理设备 physical device

答：代表设备（硬件和操作系统等）物理部分的实体。物理设备是逻辑设备的寄主。

76. 逻辑设备 logical device，LD

答：逻辑设备是指一种在逻辑意义上存在的设备，在未加以定义前，它不代表任何硬件设备和实际设备。逻辑设备是系统提供的，它也指为提高设备利用率、采用某种 I/O 技术独立于物理设备而进行输入输出操作的一种“虚拟设备”。在智能变电站中代表一组典型变电站功能的实体。

77. 逻辑节点 logical node，LN

答：一个交换数据功能的最小部分。逻辑节点是由其数据和方法定义的对象。

78. 功能 function

答：变电站自动化系统执行的任务，如继电保护、监视、控制等。一个功能由称作逻辑节点的子功能组成，它们之间相互交换数据。一个功能要同其他功能交换数据必须包含至少一个逻辑节点。

79. 数据 data

答：智能电子设备中，各种应用的具有意义、结构化的信息，它可读、可写。

80. 数据对象 data object，DO

答：一个逻辑节点对象部分，代表特定信息，如状态或测量量。数据对象是由数据属性构成的公用数据类的命名实例。

81. 数据属性 data attribute，DA

答：定义可能数值的名称（语义）、格式、范围，传输时表示该数值。

82. 类 class

答：享有相同的属性、服务、关系和语义的对象集描述。

83.（类的）实例 instance（of a class）

答：有唯一标识的实体，对于这个实体可应用一组服务，它具有可存储服务效果的状态。

注：实例和对象是同义词。

84. 数据自描述 data self-description

答：面向对象的数据自描述在数据源就对数据本身进行自我描述，传输到接收方的数据都带有自我说明，不需要再对数据进行工程物理量对应、标度转换等工作。由于数据本身带有说明，所以传输时可以不受预先定义限制，简化了对数据的管理和维护工作。

85. 数据集 dataset，DS

答：将各种数据、数据属性编成组，用以直接访问、报告、日志。

86. 数据集描述 dataset self-description

答：对数据集形象化的阐述，如保护事件（dsTripInfo）前面为数据集描述，括号中为数据集名。

87. 数据集类 dataset class

答：引用一个或多个功能约束数据（FCD）或功能约束数据属性（FCDA）的有序名称列表。用于组合常用数据对象，以方便检索。

88. 实例化 instantiation

答：创建特定类的一个实例。

89. 信息模型 information model

答：关于变电站功能（装置）借助于 IEC 61850 系列标准，使之可视、可访问的知识。该模型以抽象方式简化描述实际功能或装置。

90. 品质位 quality

答：传输数据时，数据本身自带的描述内容之一，表示数据本身品质属性，如：无效、检修等。

91. 服务 service

答：可用一系列服务原语建模的资源的功能方面能力。服务原语指抽象、独立实现的、要求服务者和提供服务者之间的交互描述。

92. 客户端 client

答：或称为用户端，是指与服务器相对应、为客户提供本地服务的程序。除了一些只在本地运行的应用程序之外，一般安装在普通的客户机上，需要与服务端互相配合运行。向服务器请求服务以及接收来自服务器非请求报文的实体。

93. 服务器 server

答：为客户服务或发出非请求报文的实体，服务的内容包括向客户端提供资源、保存客户端数据。

94. 客户端/服务器 client/server

答：又叫主从式架构，简称 C/S 结构，是一种网络架构，它把客户端（通常是一个采用图形用户界面的程序）与服务器区分开来。每一个客户端软件的实例都可以向一个服务器或应用程序服务器发出请求。

95. 发布/订阅 publish/subscribe

答：发布/订阅是一种消息范式，消息的发送者（发布者）不是计划发送其消息给特定的接收者（订阅者），而是将发布的消息分为不同的类别，但不需要知道什么样的订阅者订阅。订阅者对一个或多个类别表达兴趣，只接收感兴趣的消息，而不需要知道消息由什么样的发布者发布。这种发布者和订阅者的解耦可以允许更好的可扩放性和更为动态的网络拓扑。

96. 控制块 control block

答：控制从一个逻辑节点向一个客户端报告数据值的过程。

97. 报告控制块 report control block

答：用于控制 IED 生成各种不同报告的过程。

98. 缓存报告控制块 buffered report control block，BRCB

答：将内部事件立即发送报告或存储事件后传输，这样当传输数据流控制约束或连接断开后不会丢失数据值。

99. 非缓存报告控制块 unbuffered report control block，URCB

答：将内部事件“尽最大努力”立即发送报告，如果关联不存在或传输数据流不够快到足以支持报告传输，将丢失事件。

100. GOOSE 控制块 GOOSE control block，GOCB

答：用于控制 IED 生成各种不同 GOOSE 报文的过程。

101. SV 控制块 SV control block

答：用于控制 IED 生成各种不同 SV 报文的过程。

102. 模型 model

答：现实事物某些事物的表述。创建模型在于通过研究特定实体或现象的简洁表述，帮助理解、描述，或预测事物在实际情况中怎样工作。

103. 应用标识 APPID

答：用于选择 GOOSE 或 SV 报文帧，并能够区分应用关联。GOOSE 的 APPID 预留值范围是 0X0000 到 0X3fff；如 APPID 未配置，其缺省值为 0X0000。SV 的 APPID 预留值范围是 0X4000 到 0X7fff；如 APPID 未配置，其缺省值为 0X4000。缺省值用于表示缺乏配置。强烈建议在一个系统中，使用面向源的、唯一的应用标识 APPID，应由配置系统强行实施。

104. 配置版本号 ConfRev

答：配置版本号，32 位无符号整形数。对 GOOSE 报文，当 GOOSE 数据集引用成员发生变化或重新排序时，版本号加 1；对 SV 报文，当 SV 数据集引用成员发生变化，数据集重新排序，数据集成员配置属性改变或 SV 控制块参数发生变化时，版本号加 1。

105. GoCBReference

答：可视字符串，GOOSE 控制块引用名。

106. GoID

答：可视字符串，GOOSE 标识符。

107. 常规安全的直接控制 direct with normal security

答：采用 Operate 和 TimeActivateOperate 服务。控制对象的状态改变将产生报告，这个报告的产生和其他服务无关。

108. 常规安全的操作前选择（SBO）控制 SBO with normal security

答：采用 Select、Cancel、Operate 和 TimeActivateOperate 服务。控制对象的状态改变将产生 Report（报告），这个 Report（报告）的产生和其他服务无关。

109. 增强安全的直接控制 direct with enhanced security

答：采用 Operate、TimeActivateOperate 和 CommandTerminal 服务。控制对象的状态改变将产生 Report（报告），这个 Report（报告）的产生和其他服务有关。

110. 增强安全的操作前选择控制 SBO with normal security

答：采用 SelectWithValue、Cancel、Operate、TimeActivateOperate 和 CommandTermination 服务。控制对象的状态改变将产生 Report（报告），这个 Report（报告）的产生和其他服务有关。

111. GOOSE generic object oriented substation event

答：是一种面向通用对象的变电站事件。主要用于实现在多 IED 之间的信息传递，包括传输跳合闸信号（命令），具有高传输成功概率。

112. 状态号 StNum

答：StNum 参数是一个计数器，每发送一次 GOOSE 报文并且由 DatSet 规定的 DATA-SET 内已检出了值的改变，计数器加 1。StNum 的初始值为 1，值 0 为保留。

113. 顺序号 SqNum

答：SqNum 参数是一个计数器，每发送一次 GOOSE 报文，这个序号加 1。SqNum 的初始值为 1，值 0 为保留。

114. SV sampled vlue

答：采样值数字化传输信息基于发布/订阅机制，是过程层与间隔层设备之间通信的重要组成部分，通过 GB 20840、IEC 61850-9-2 等相关标准规范

SV 信息通信过程，交换采样数据集中的采样值的相关模型对象和服务，以及这些模型对象和服务到 ISO/IEC 8802–3 帧之间的映射。

115. MMS manufacturing message specification

答：制造报文规范，是 ISO/IEC 9506 标准所定义的一套用于工业控制系统的通信协议。MMS 规范了工业领域具有通信能力的智能传感器、智能电子设备（IED）、智能控制设备的通信行为，使出自不同制造商的设备之间具有互操作性。

116. 互换性 interchangeability

答：利用相同通信接口，替换同一厂家或不同厂家的装置，且至少提供相同功能，并对系统的其他部分没有影响的可能性。

117. 互操作性 interoperability

答：来自同一或不同制造商的两个及以上智能电子设备交换信息、使用信息以正确执行规定功能的能力。

118. 一致性测试 conformance test

答：检验通信信道上数据流与标准条件的一致性，涉及访问组织、格式、位序列、时间同步、定时、信号格式和电平、对错误的反应等。执行一致性测试，证明与标准或标准特定描述部分相一致。一致性测试应由通过 ISO 9001 验证的组织或系统集成者进行。

119. 循环冗余检查 cyclic redundancy check，CRC

答：是一种数据传输检错功能，对数据进行多项式计算，并将得到的结果附在帧的后面，接收设备也执行类似的算法，以保证数据传输的正确性和完整性。

120. 通信信息片 piece of information for communication

答：通信信息片描述两个逻辑节点间、给定逻辑连接且具有给定通信属性的信息交换。通信信息片也包含待传输信息和要求的属性，如功能。

121. 层功能 level function

答：与变电站自动化系统某些控制层有关的功能。

122. CPLD complex programmable logic device

答：复杂可编程逻辑器件，是从 PAL 和 GAL 器件发展出来的器件，相对而言规模大，结构复杂，属于大规模集成电路范围。是一种用户根据各自需要而自行构造逻辑功能的数字集成电路。

123. FPGA field programmable gate array

答：即现场可编程门阵列，它是在 PAL、GAL、CPLD 等可编程器件的基础上进一步发展的产物。它是作为专用集成电路（ASIC）领域中的一种半定制电路而出现的，既解决了定制电路的不足，又克服了原有可编程器件门电路数有限的缺点。

124. 虚端子 virtual terminator

答：GOOSE、SV 输入输出信号为通过网络上传递的变量，与传统屏柜的端子存在着对应的关系。为了便于形象地理解和应用 GOOSE、SV 信号，将这些信号的逻辑连接点称为虚端子。

125. 保护测控装置 integrated protection and contol equipment

答：将相关保护功能、测量控制等功能集成于一体的装置。装置在给应用对象提供继电保护功能的同时，能够为其正常运行提供必要的测量、监视和控制功能。

126. 插值同步法 interpolation method

答：电子互感器各自独立采样，并将采样的一次电流或电压数据以固定延时时间发送至 MU，MU 以同步时钟为基准进行插值运算，插值时刻必须由 MU 的秒脉冲信号锁定，每秒第一次插值的时刻应和秒脉冲的上升沿同步，且对应的时标在每秒内应均匀分布。

127. 保护装置动作时间 action time of protection

答：保护装置收到 MU 输出的数字量时刻到保护装置发出 GOOSE 跳闸命令的时间。

128. 智能终端动作时间 action time of smart terminal

答：智能终端收到 GOOSE 跳闸命令时刻至出口继电器动作时间。

129. 保护整组动作时间 whole action time of protection

答：从一次模拟量产生时刻到智能终端出口继电器动作时间。

130. 智能变电站二次回路 smart substation secondary circuit

答：互感器、合并单元、智能终端、保护及测控装置、交换机等智能装置之间的逻辑和物理连接。

131. 最小重发时间 minimum retransmission time

答：当 GOOSE 数据集的数据状态发生变化后，GOOSE 报文按照最小重发时间或该时间的某种规律时间间隔发送当前状态。

132. 心跳时间 heartbeat time

答：当 GOOSE 数据集的数据状态未发生变化时，GOOSE 报文按照心跳时间间隔发送当前状态。

133. 允许生存时间 time allowed to live

答：用于指明 GOOSE 报文在链路中的有效时间，是 GOOSE 接收方用于判断链路中断的时间条件，该时间为心跳时间的 2 倍。

134. 断链时间 scission time

答：GOOSE 接收方用于判断链路中断的时间，在生存时间的 2 倍时间内没有收到下一帧 GOOSE 报文即判断为中断。

135. 一体化监控系统 integrated supervision and control system

答：按照全站信息数字化、通信平台网络化、信息共享标准化的基本要求，通过监控主机、数据服务器、远动网关机、综合应用服务器等设备实现全站信息的统一接入、统一存储和统一展示，实现系统运行监视、操作与控制、综合信息分析与智能告警、运行管理和辅助应用等功能。

136. 远动网关机 remote gateway

答：一种通信服务装置。实现智能变电站与调度、生产等主站系统之间数据的纵向贯通，为主站系统实现智能变电站监视控制、信息查询和远程浏览等功能提供通信服务。

137. 综合应用服务器 comprehensive application server

答：通过与在线监测、消防、安防、环境监测等信息采集装置（系统）的数据通信，实现信息的统一接入、统一传输和模型转换，具备源端维护、状态信息接入控制器（CAC）、生产管理系统（PMS）维护终端等应用功能。

138. 数据服务器 data server

答：实现智能变电站全景数据的分类处理和集中存储，并经由消息总线向监控主机、远动网关机和综合应用服务器提供数据的查询、更新、事务管理、索引、安全及多用户存取控制等服务。

139. 特定通信服务映射 specific communication service mapping, SCSM

答：一个标准规则，它提供了抽象通信服务接口服务和对象对特定应用协议通信协议集的具体映射。

140. 设备 device

答：实体，它完成控制、执行和/或传感功能，并和自动化系统内其他类似实体接口。

141. 外部设备 external device

答：独立存在并完成能量传输功能的实体。如变压器、断路器、线路。

142. 配置表 configuration list

答：各种部件和智能电子设备所有兼容硬软件版本概况，包括用于变电站自动化系统产品系列中相关支持工具软件版本。配置表详细给出与其他制造商提供的智能电子设备通信所支持的传输协议。

143. 连接节点 connectivity node

答：一次设备终端间可标识、命名的公共连接点。其唯一的功能是电气上以最小电阻连接一次设备。如：母线为连接母线隔离开关的一个连接端点，与装置的连接在装置连接端点处完成。一个连接节点可连接任意数量终端（装置）。

144. 应用层 application layer

答：开放式系统互联 OSI 参考模型第七层，构成 OSI 环境和智能电子设备应用或用户应用之间的接口。

145. 关联 association

答：在客户和服务器间为报文交换建立的传输路径。

146. 属性 attribute

答：数据和特定类型的命名元素。

147. 通信连接 communication connection

答：为传输信息，使用一个或多个资源的通信映射功能的连接。

148. 通信栈 communication stack

答：多层栈。在七层开放式系统互联 OSI 参考模型中，每一层完成有关开放式系统互联通信的特定功能。

149.（系统或装置的）配置 configuration（of a system or device）

答：系统设计的一个步骤。例如，选择功能单元、功能单元定位和定义它们之间的连接。

150. 数据链路层 data link layer

答：开放式系统互联 OSI 参考模型第二层，负责物理介质上数据传输。建立链路后，数据链路层执行数据传送速率控制、差错检测、竞争/碰撞检测、服务质量监视和差错恢复。

151. 串 diameter

答：指 3/2 接线断路器布置，包括两条母线间成组开关设备，即：两条线路、3 台断路器与相关隔离开关、接地开关、电流互感器和电压互感器等。对于操作、维护和扩展，串具有共同的机能、相互关系。

152. 分布功能 distributed function

答：若一个功能由分布在不同的物理装置上的两个或多个逻辑节点完成，则该功能称之为分布功能。因所有功能都以某种方式进行通信，就地或分布功能的定义并不唯一，取决于直至功能完成，每一功能执行步骤的定义。若一个逻辑节点，即包含通信连接的节点故障时，分布功能可能完全被闭锁，或应用时性能有较大降级。

153. 扩展性 expandability

答：是一种借助于工程工具快速和有效地扩展变电站自动化系统（硬软件）的准则。

154. 灵活性 flexibility

答：在变电站自动化系统中使用工程工具，快速、有效地实现功能改变，包括硬件适应的准则。

155. 冻结 freeze

答：一般与测量和计数有关。冻结就是锁定并保持某一瞬间的数值。

156. 通用变电站事件模型 generic substation event model

答：定义多播或广播数据的两个类，即通用面向对象的变电站事件报告和通用变电站状态事件，用于在智能电子设备之间快速传递输入输出数据值。

157. 通用变电站状态事件 generic substation state event

答：类似通用面向对象变电站事件报告，但所包含数据仅为双点命令状态值数据（比特对），例如："分"、"合"、"转换中"、"无效状态"等。

158. 人机接口 human machine interface，HMI

答：显示屏或是智能电子设备 IED 的一部分或作为一个独立的装置。人机接口有条理地显示相关的数据，使用者与之交互。人机接口一般有窗口、图符、菜单、指针，并可能有按键，允许使用者访问和交互。

159. 智能电子设备参数集 IED–parameter set

答：定义智能电子设备行为和其适应变电站条件所需的全部参数值。在智能电子设备须独立运行的地方，可使用智能电子设备参数化工具，设置智能电子设备参数，无系统参数；在智能电子设备作为变电站自动化系统一部分的地方，智能电子设备参数可包括系统参数，且应通过使用通用参数化工具在变电站自动化系统层协调。

160. 网际协议 internet protocol

答：TCP/IP 标准网际协议定义提供无连接包传递基础的数据包，包括控制和差错报文协议，提供等价于开放式系统互联 OSI 参考模型第三层的网络服务功能。

161. 生存周期 life cycle

答：智能电子设备或系统的生存周期指从可行性规划或设计阶段直到最终退出运行这一段时间。

162. 日志 log

答：具有时间顺序数据的记录，例如：带有时间标志和注解的事件。

163. 铭牌 name plate

答：在设备的某一装置上的数据集名。如电力变压器、智能电子设备、保护继电器等，唯一描述装置的标识和属性。

164. 否定测试 negative test

答：验证装置或系统对下列标准给予否定响应为正确响应的测试：① 未在被测试装置或系统中实现的 DL/T 860 系列标准一致性信息和服务；② 发送给被测试装置或系统的非 DL/T 860 系列标准一致性信息和服务。

165. 网络层 network

答：开放式系统互联 OSI 参考模型第三层，提供无连接或连接传输模式功能和过程上手段，与通信路由和中继考虑无关，允许传输实体间数据透明传送。

166. 对象 object（实例 instance）

答：实体的一个类的实例描述。该实体在变电站自动化系统域内唯一标识，具有确定的边界及封装状态和行为的标识。属性表示状态，服务和状态机表示行为。

167. 物理层 physical layer

答：开放式系统互联 OSI 参考模型第一层，提供机械、电气、功能和过程上手段，激活、维持、终止数据链路实体间比特传输所需的物理链接。物理层实体通过物理介质互联。

168. 肯定测试 positive test

答：确认按制造商定义的系统能力得到正确无误实现的测试。肯定测试具有已陈述、规定的响应。

169. 表示层 presentation layer

答：开放式系统互联 OSI 参考模型第六层，在两通信实体间通信会话时，提供由应用层和协商抽象所用的具体本地句法与传输数据所用传输句法之间的接口。

170. 与接口有关的站层功能 interface related station level functions

答：与接口有关的站层功能表示变电站自动化系统当地变电站运行人员人机接口 HMI 与远方控制中心接口 TCI 或与用于监视和维护的远方工程监视接口 TMI 等功能。

171. 与过程有关的站层功能 process related station level functions

答：使用来自一个以上间隔的数据或整个变电站的数据，作用于多个间隔或整个变电站一次设备。这样功能的示例有：全站操作联锁、自动顺序控制、母线保护等。

172. 协议转换器 protocol converter

答：连接于两个通信网络间的智能电子设备。它能够将在一个网络中按一种协议接收的一个报文转换为另一种协议报文，以便在另一个网络中传输。或者相反过程。

173. 变电站自动化系统参数集 SAS parameter set

答：规定整个变电站自动化系统功能以及适应变电站条件所需的全部参数。变电站自动化系统参数集包括变电站自动化系统内全部智能电子设备的参数。

174. 会话层 session

答：开放式系统互联 OSI 参考模型第五层，管理会话层连接建立和释放，也对表示层实体间数据交换进行同步。

175. 系统参数 system parameters

答：系统参数是规定变电站自动化系统中智能电子设备协调运行的数据。在定义变电站自动化的配置、智能电子设备之间的通信、配置编排智能电子设备间数据、处理和查看来自其他智能电子设备的数据，如变电站层，以及参数化中，系统参数尤其重要。

176. 系统测试 system test

答：系统测试检验智能电子设备和整个变电站自动化系统在各种应用条件下是否正常工作。系统测试标志智能电子设备作为变电站自动化产品系列一部分开发的最后阶段。

177. 传输层 transport layer

答：开放式系统互联 OSI 参考模型第四层，建立传输连接和寻址，监视和控制数据流量，释放传输连接。允许变长数据文件无缝传输。

178. 统一建模语言 unified modelling language

答：标准化的图表、状态机结构和语义，用于描述和/或规定智能电子设备功能、对象模型和过程。

179. 主动数据或主动报文 unsolicited data or unsolicited message

答：无需客户预定而由服务器提供给客户的报文或数据。例如：复位、退出、对时等。传输时，不要求建立连接。

180. 数据采集与监视控制系统 SCADA

答：SCADA 系统是以计算机为基础的 DCS 与电力自动化监控系统。

第二章 基础知识

1. 请列出智能变电站建模的层次关系。

答：智能变电站建模应按照如下树状结构进行：服务器包含逻辑设备，逻辑设备包含逻辑节点，逻辑节点包含数据对象，数据对象包含数据属性。

2. 逻辑节点LLN0里可以包含哪些内容？至少列举四种。

答：数据集（DataSet）、报告控制块（Report Control）、GOOSE控制块（GSE Control）、SMV控制块（SMV Control）、定值控制块（Setting Control）。

3. IEC 61850标准第六部分中，变电站配置描述语言（SCL）定义了四种配置文档类型，请分别简述这四种文档的后缀名和含义。

答：ICD文件，IED能力描述文件，描述智能电子设备的能力；SSD文件，系统规范文件，描述变电站电气主接线和所要求的逻辑节点；SCD文件，变电站配置描述文件，描述全部实例化智能电子设备、通信配置和变电站信息；CID文件，IED实例配置文件，描述项目（工程）中一个实例化的智能电子设备。

4. 智能变电站中各装置要实现互操作需满足哪些要求？

答：获得互操作性的途径：统一的数据模型；统一的服务模型；统一的通信协议；统一的物理网络；统一的工程数据交换格式；统一的一致性测试标准。

5. 列举IED的配置原则。

答：IED的配置原则如下：

（1）系统配置工具导入ICD文件时不应修改ICD文件模型实例的任何参数。

（2）系统配置工具导入ICD文件时应能检测模板冲突。

（3）系统配置工具导入ICD文件时保留厂家私有命名空间及其元素。

（4）系统配置工具应支持数据集及其成员配置。

（5）系统配置工具应支持 GOOSE 控制块、报告控制块、采样值控制块、日志控制块及相关配置参数配置。

（6）系统配置工具应支持 GOOSE 和 SV 虚端子配置。

（7）系统配置工具应支持 ICD 文件中功能约束为 CF 和 DC 的实例化数据属性值配置。

6. 完整的 SCD 文件包括哪几个部分？各部分分别描述了哪些内容？

答：完整的 SCD 文件包括五个部分，即＜Header＞、＜Substation＞、＜Communication＞、＜IED$_{1\sim n}$＞、＜DataTypeTemplates＞。＜Header＞部分包含配置文件的版本信息和修订信息、文本书写工具标识以及名称映射信息；＜Substation＞部分包含变电站的功能结构、主元件和电气连接以及相应的功能节点；＜Communication＞部分定义了通信子网中 IED 接入点的相关通信信息，其中包括设备的网络地址和各层物理地址；＜IED$_{1\sim n}$＞部分描述了 IED 的配置情况，包括逻辑设备、逻辑节点、数据对象、数据属性实例和其所具备的通信服务能力；＜DataTypeTemplates＞部分是可实例化的数据类型模板。＜DataTypeTemplates＞部分和＜IED$_{1\sim n}$＞部分两者之间是类和实例的关系。

7. 请列举 IEC 61850 标准主要参考的其他标准和规约。

答：IEC 61850 标准主要参考的标准和规约如下：

（1）IEC 60870–5–101 远动通信协议标准。

（2）IEC 60870–5–103 继电保护信息接口标准。

（3）UCA2.0（Utility Communication Architecture2.0）（由美国电科院制定的变电站和馈线设备通信协议体系）。

（4）ISO/IEC 9506 制造商信息规范 MMS（Manufacturing Message Specification）。

8. 按照 DL/T 1146—2009《DL/T 860 实施技术规范》对逻辑设备的建模进行规范要求，逻辑设备按功能划分分为哪些类型？并写出对应的 inst（实例）名称。

答：逻辑设备的划分宜依据功能进行，按以下几种类型进行划分。

（1）公用 LD，inst 名为“LD0”。

（2）测量 LD，inst 名为“MEAS”。

（3）保护 LD，inst 名为“PROT”。

（4）控制 LD，inst 名为“CTRL”。

（5）录波 LD，inst 名为“RCD”。

（6）GOOSE 过程层访问点 LD，inst 名为“PIGO”。

（7）SV 过程层访问点 LD，inst 名为“PISV”。

（8）智能终端 LD，inst 名为“RPIT”。

（9）合并单元 GOOSE 访问点 LD，inst 名为“MUGO”。

（10）合并单元 SV 访问点 LD，inst 名为“MUSV”。

若装置中同一类型的 LD 超过一个则可通过添加两位数字尾缀以区别，如 PIGO01、PIGO02。

9. 说明 IEC 61850 标准的建模方法。

答：建模的标准方法是将应用功能分解为可与之交换信息的最小实体，合理的分配这些实体到专用智能设备（IED），这些实体称为逻辑节点 LN（例如，断路器类的虚拟表示，标准化名为 XCBR），几个逻辑节点可以构建为逻辑设备 LD（例如间隔单元），一个逻辑设备 LD 一般在一台 IED 中实现（不是多个 IED 来实现一个 LD，一个 IED 可以包含多个 LD），因此逻辑设备是非分布式的，即一个逻辑设备不会分布于多个不同的 IED。

10. XML 文档应满足哪几项基本原则?

答：XML 文档应满足以下基本原则：

（1）必须有 XML 声明语句。

（2）注意大小写。

（3）所有文档必须有且只有一个包含所有其他内容的根元素。

（4）属性值必须使用引号。

（5）所有的开始标记符必须有相应的技术标记符。

（6）标记符必须正确嵌套。

11. 数据集分为哪两种? 分别如何应用?

答：根据 IEC 61850 标准的规定，数据集分为永久性和非永久性两种。永久性数据集一般在配置文件预定义产生；非永久性数据集可以动态建立和删除（利用 CreatDataSet 服务建立，利用 DeleteDataSet 服务删除）。

12. 简述 IEC 61850 标准的主要特点。

答：IEC 61850 标准的主要特点有：

（1）信息分层。

（2）信息模型与通信协议独立。

（3）数据自描述。

（4）面向对象的数据统一建模。

13. IEC 61850 包含哪两种通信模式？各自使用范围是什么？

答：IEC 61850 包含“客户端/服务器”、“发布者/订阅者”两种通信模式。

MMS 服务在传输机制上采用了“客户端/服务器”通信模式。在变电站自动化系统中，站控层设备一般为客户端，如变电站监控主机、远动工作站，间隔层设备一般为服务器，如保护装置、测控装置等。

“发布者/订阅者”又称为对等通信模式，这种模式允许在一个数据发出者和多个接收者之间形成点对点的直接通信，适用于数据流量大且实时性要求高的场合。SV 和 GOOSE 两种服务对实时性要求比较高，二者均采用此通信模式。

14. 什么是协议数据单元？OSI 参考模型每层的协议数据单元分别是什么？

答：发送端主机每一层使用自己层的协议与接收端主机对应层进行通信，它们在对等层之间交换的信息被称为协议数据单元 PDU（protocol data unit）。OSI 参考模型每一层都将建立自己的协议数据单元 PDU。物理层的 PDU 是数据位（bit），数据链路层的 PDU 是数据帧（frame），网络层的 PDU 是数据包（packet），传输层的 PDU 是数据段（segment）；其他更高层次的是会话层协议数据单元（SPDU）、表示层协议数据单元（PPDU）和应用层协议数据单元（APDU）。

15. SendMSVMessage 服务的主要特点是什么？

答：SendMSVMessage 服务的主要特点如下：

（1）基于发布者/订阅者结构的组播传输方式。

（2）同步数据采样，SV 报文数据严格按时钟同步采样，并保持采样频率、次数和顺序恒定。

（3）应用服务数据单元可合并，为减少采样值传输的数据流量，提高网络传输效率，可将多个应用服务数据合并到一个应用协议数据单元发送。

（4）SV 报文携带优先级/VLAN 标志。

（5）应用层经表示层后，直接映射到数据链路层。

（6）基于数据集传输。

16. SendGOOSEMessage 服务的主要特点是什么？

答：SendGOOSEMessage 服务的主要特点如下：

（1）基于发布者/订阅者结构的组播传输方式。

（2）逐渐加长间隔时间的重传机制。

（3）GOOSE 报文携带优先级/VLAN 标志。

（4）应用层经表示层后，直接映射到数据链路层。

（5）基于数据集传输。

17. GOOSE 报文在智能变电站中主要用于传输哪些实时数据?

答：GOOSE 报文在智能变电站中主要用于传输的实时数据如下：

（1）保护装置的跳、合闸命令。

（2）测控装置的遥控命令。

（3）保护装置间的信息（启动失灵、闭锁重合闸、远跳等）。

（4）一次设备的遥信信号（断路器、隔离开关位置以及压力等）。

（5）间隔层的联闭锁信息。

18. 论述 GOOSE 报文传输机制。

答：IEC 61850–7–2 定义的 GOOSE 服务模型使系统范围内快速、可靠地传输输入、输出数据值成为可能。在稳态情况下，GOOSE 服务器将稳定的以 T_0 时间间隔循环发送 GOOSE 报文，当有事件变化时，GOOSE 服务器将立即发送事件变化报文，此时 T_0 时间间隔将被缩短；在变化事件发送完成一次后，GOOSE 服务器将以最短时间间隔 T_1，快速重传两次变化报文；在三次快速传输完成后，GOOSE 服务器将以 T_2、T_3 时间间隔各传输一次变位报文；最后 GOOSE 服务器又将进入稳态传输过程，以 T_0 时间间隔循环发送 GOOSE 报文（如图 2–1 所示）。

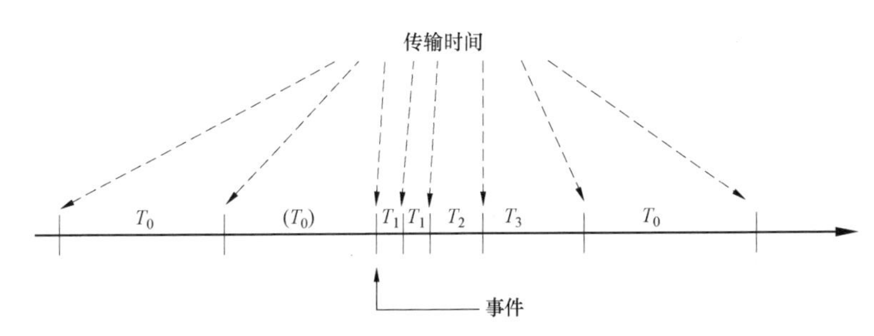

图 2–1　GOOSE 报文传输机制图

T_0—稳定条件（长时间无事件）下重传；（T_0）—稳定条件下的重传可能被事件缩短；
T_1—事件发生后，最短的传输时间；T_2、T_3—直到获得稳定条件的重传时间

19. 简述 GOOSE 告警机制。

答：GOOSE 告警机制如下：

（1）GOOSE 通信中断应送出告警信号。在接收报文的允许生存时间（Time Allow to live）的 2 倍时间内没有收到下一帧 GOOSE 报文时判断为中

断。双网通信时须分别设置双网的网络断链告警。

（2）GOOSE 通信时对接收报文的配置不一致信息须送出告警信号，判断条件为配置版本号及 DA 类型不匹配。

（3）ICD 文件中应配置有逻辑节点 GOAlmGGIO，其中配置足够多的 Alm 用于 GOOSE 中断告警和 GOOSE 配置版本错误告警。GOOSE 告警模型应按 inputs 输入顺序自动排列，系统组态配置 SCD 时添加与 GOOSE 配置顺序一致的 Alm 的“desc”描述和 dU 赋值。

20. GOOSE 发送机制有哪些？

答：GOOSE 发送机制如下：

（1）装置上电时 GOCB 自动使能，待本装置所有状态确定后，按数据集变位方式发送一次，将自身的 GOOSE 信息初始状态迅速告知接收方。

（2）GOOSE 报文变位后立即补发的时间间隔应为 GOOSE 网络通信参数中的 MinTime 参数（即 T_1）。

（3）GOOSE 报文中“timeAllowedtoLive”参数应为“MaxTime”配置参数的 2 倍（即 $2T_0$）。

（4）采用双重化 GOOSE 通信方式的两个 GOOSE 网口报文应同时发送，除源 MAC 地址外，报文内容应完全一致，系统配置时不必体现物理网口差异。

（5）采用直接跳闸方式的所有 GOOSE 网口同一组报文应同时发送，除源 MAC 地址外，报文内容应完全一致，系统配置时不必体现物理网口差异。

21. GOOSE 报文的检修处理机制如何实现？

答：GOOSE 报文实现检修机制如下：

（1）当装置检修压板投入时，装置发送的 GOOSE 报文中的 test 应置为 TRUE。

（2）GOOSE 接收端装置应将接收的 GOOSE 报文中的 test 位与装置自身的检修压板状态进行比较，只有两者一致时才将信号作为有效进行处理或动作，不一致时宜保持之前一致时的状态。

（3）当发送方 GOOSE 报文中 test 置位时发生 GOOSE 中断，接收装置应报具体的 GOOSE 中断告警，不应报“装置告警（异常）”信号，不应点“装置告警（异常）”灯。

22. 简述 SV 告警机制。

答：SV 告警机制如下：

（1）保护装置的接收采样值异常应送出告警信号，设置对应合并单元的采样值无效和采样值报文丢帧告警。

（2）SV 通信时对接收报文的配置不一致信息应送出告警信号，判断条件为配置版本号、ASDU 数目及采样值数目不匹配。

（3）ICD 文件中，应配置逻辑节点 SVAlmGGIO，其中配置足够多的 Alm 用于 SV 告警，SV 告警模型应按 inputs 输入顺序自动排列，系统组态配置 SCD 时添加与 SV 配置相关的 Alm 的 desc 描述和 dU 赋值。

23. SV 接收机制是什么？

答：SV 接收机制如下：

（1）接收方应严格检查 AppID、SMVID、ConfRev 等参数是否匹配。

（2）SV 采样值报文接收方应根据收到的报文和采样值接收控制块的配置信息，判断报文配置不一致，丢帧，编码错误等异常出错情况，并给出相应报警信号。

（3）SV 采样值报文接收方应根据采样值数据对应的品质中的 validity、test 位，来判断采样数据是否有效，以及是否为检修状态下的采样数据。

（4）SV 中断后，该通道采样数据清零。

24. SV 报文的检修处理机制如何实现？

答：SV 报文检修机制的实现如下：

（1）当合并单元装置检修压板投入时，发送采样值报文中采样值数据的品质 q 的 Test 位应置 True。

（2）SV 接收端装置应将接收的 SV 报文中采样通道品质的 test 位与装置自身的检修压板状态进行比较，只有两者一致时才将该信号用于保护逻辑，否则应按相关通道采样异常进行处理。

（3）对于多路 SV 输入的保护装置，一个 SV 接收软压板退出时应退出该路采样值，该 SV 中断或检修均不影响本装置运行。

25. MMS 报文映射举例。

答：根据 IEC 61850 的分层模型与 MMS 对象之间的映射关系，逻辑设备直接映射到 MMS 中的域，逻辑节点实例映射到 MMS 中的有名变量。例如逻辑设备“K03”映射到 MMS 中的“K03”；逻辑节点实例“Q0CSWI1”被映射到有名变量“Q0CSWI1”；有名变量“Q0CSWI1”属于结构体类型，其内部的成员由逻辑节点内的数据“Pos”和数据属性“stVal”、“q”映射得到。

26. 简述 MMS 双网冗余机制。

答：采用双重化 MMS 通信网络的情况下，应遵循如下规范要求：

（1）双重化网络的 IP 地址应分属不同的网段，不同网段 IP 地址配置采用双访问点描述，第二访问点宜采用“ServerAt”元素引用第一访问点。在站控层通信子网中，对两个访问点分别进行 IP 地址等参数配置。

（2）冗余连接组等同于 IEC 61850 标准中的一个连接，服务器端应支持来自冗余连接组的连接。

（3）冗余连接组中只有一个网的 TCP 连接处于工作状态时，可以进行应用数据和命令的传输；另一个网的 TCP 连接应保持在关联状态，只能进行读数据操作。

（4）由客户端控制使用冗余连接组中的哪一个连接进行应用数据的传输。

（5）来自于冗余连接组的连接应使用同一个报告实例号、同一个缓冲区映像进行数据传输。

（6）客户端可以通过冗余连接组的任何一个连接对属于本连接组的报告实例进行控制，但在注册报告控制块过程的一系列操作应由同一个连接完成。

（7）客户端应通过发送测试报文，如读取某个数据的状态，来监视冗余连接组的两个连接的完好性。

（8）客户端检测到处于工作状态的连接断开时，应通过冗余连接组另一个处于关联状态的连接清除本连接组的报告实例的使能位，写入客户端最后收到的本连接组的报告实例的 EntryID，然后重新使能本连接组的报告实例的使能位，恢复客户端与服务器的数据传输。

27. 基于 IEC 61850-9-2 的插值再采样同步必须具备哪几个基本条件？

答：IEC 61850-9-2 的插值再采样同步必须以下的基本条件：

（1）一次被测值发生到采样值报文开始传输的延时稳定。

（2）报文的发送、传输和接受处理的抖动延时小于 10μs。

（3）间隔层设备能精确记录采样值接收时间。

（4）通信规约符合 IEC 61850-9-2，满足互操作性要求。

（5）报文数据集中增加合并单元及互感器采样延时数据。

（6）一级级联传输延时不大于 1ms，二级级联传输延时不大于 2ms。

28. 目前采用的采样值传输协议有哪几种？特点是什么？

答：目前采样值传输有两种标准（IEC 60044-8、IEC 61850-9-2），其中 IEC 60044-8 标准最简单，点对点通信，报文传输采用固定通道模式，报文传输延时确定，技术成熟可靠，但需要铺设大量点对点光纤；IEC 61850-9-2 标准，技术先进，通道数可灵活配置，组网通信，需外部时钟进行同步，但报文传输延时不确定，对交换机的依赖度很高，且软/硬件实现较复杂。

29. q 属性概括哪些？

答：q 属性见表 2-1。

表 2-1　　q 属 性 表

位	DL/T 860.73		位　串	
	属性名称	属性值	值	缺省
0–1	合法性（Validity）	好（good）	0 0	00
		非法（Invalid）	0 1	
		保留（Resevered）	1 0	
		可疑（Questionable）	1 1	
2	溢出（overflow）		TRUE	FALSE
3	超量程（OutoRange）		TRUE	FALSE
4	坏引用（BadReference）		TRUE	FALSE
5	振荡（Oscillatory）		TRUE	FALSE
6	故障（Failure）		TRUE	FALSE
7	老数据（Olddata）		TRUE	FALSE
8	不一致（Inconsistent）		TRUE	FALSE
9	不准确（Inaccurate）		TRUE	FALSE
10	源（Source）	过程（Process）	0	0
		取代（Substituted）	1	
11	测试（Test）		TRUE	FALSE
12	操作员闭锁（OperatorBlocked）		TRUE	FALSE

30. 工程应用中，GOOSE 通信机制中报文优先级如何分类？

答： IEEE 802.1q 引入了媒体访问控制（MAC）报文优先级的概念，并将优先级的决定权授予使用者。在工程应用中，GOOSE 报文优先级按照由高到低的顺序定义如下：

（1）最高级：电气量保护跳闸；非电气量保护跳闸；保护闭锁信号。

（2）次高级：非电气量保护信号；遥控分合闸；断路器位置信号。

（3）普通级：隔离开关位置信号；一次设备状态信号。

31. 哪些信息通过 GOOSE 传输？哪些信息通过 MMS 传输？

答： MMS 报文主要用于传输站控层与间隔层之间的客户端/服务器端服务通信，传输带时标信号（SOE）、测量量、文件、定值、控制等总传输时间要求为不高的信息。

GOOSE 报文主要用于传输间隔层与过程层之间的跳闸信息，间隔层各装置之间的失灵、联闭锁等对总传输时间要求为高的简单快速信息。

32. 简述 GOOSE 双网冗余通信方法。

答：GOOSE 双网冗余通信方法如下：

（1）发送方和接收方通过双网相连，两个网络同时工作。

（2）GOOSE 报文中，StNum 序号的增加表示传输数据的更新，SqNum 序号的增加表示重传报文的递增，接收方将新接收的报文 StNum 与上一帧进行比较。

（3）若 StNum 大于上一帧报文，则判断为新数据，更新老数据。

（4）若 StNum 等于上一帧报文，再将 SqNum 与上一帧进行比较，如果 SqNum 大于等于上一帧，则判断是重传报文而丢弃，如果 SqNum 小于上一帧，则判断发送方是否重启装置，是则更新数据，否则丢弃数据。

（5）若 StNum 小于上一帧报文，则判断发送方是否重启装置，是则更新数据，否则丢弃报文。

（6）在丢弃报文的情况下，判断该网络故障，通过网络切换装置切换到备用网络进行传输。

图 2–2 所示为双网通信示意图。

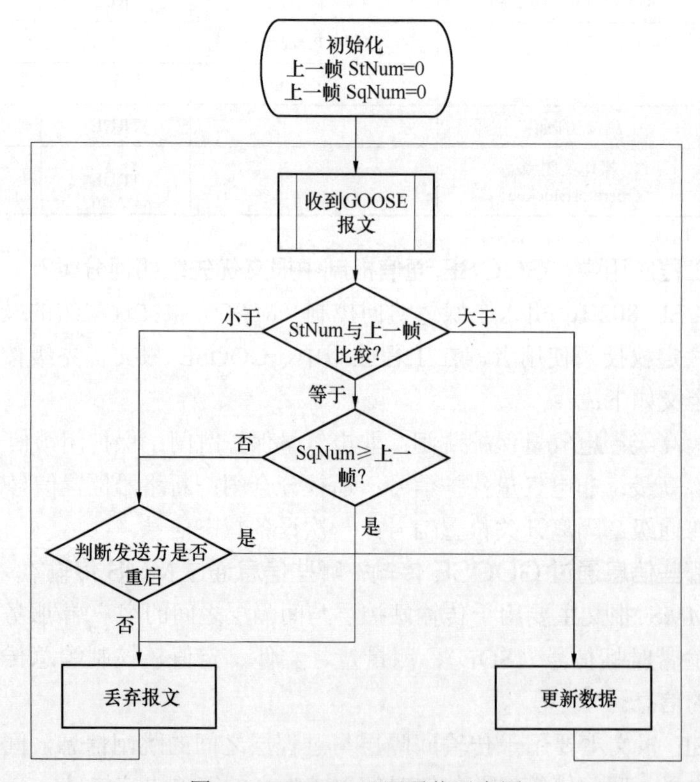

图 2–2　GOOSE 双网通信示意图

33. GOOSE 开入软压板设置原则是什么？

答：根据《智能变电站通用技术条件》，GOOSE 开入软压板除双母线和单母线接线启动失灵、失灵联跳开入软压板设在接收端外，其余皆应设在发送端。

34. 简述 IEC 61850 与 MMS 的映射关系。

答：IEC 61850 与 MMS 都采用面向对象的建模思想，均可分为数据模型和通信服务模型两个部分。IEC 61850–7 中定义的所有抽象通信服务除了通用面向对象变电站事件（GOOSE）和采样（SV）传输外均映射到应用层协议 MMS。在向 MMS 的映射中，IEC 61850 的信息模型和各种控制块分别映射到 MMS 的虚拟制造设备（VMD）、域（Domain）、有名变量（NamedVariable）、有名变量列表（NamedVariableList）、日志（Journal）和文件管理（FileManagement）模型，服务则对应地映射到 MMS 类的服务。解决了标准的稳定性与未来网络技术发展之间的矛盾，即当网络技术发展时只需要改动两者间的映射，而不需要修改 ACSI。

35. MMS 带确认服务的通信流程有哪几步？

答：MMS 带确认服务在客户端和服务器之间通信流程可以分为以下六个步骤：

（1）客户端发出一个服务请求（Request）。

（2）服务器收到该服务的指示（Indication）。

（3）服务器执行必要的操作。

（4）若操作成功，服务器发送肯定响应（Response+），不成功，服务器发送否定响应（Response–）。

（5）客户端收到服务器返回到的确认信息（Confirm）。

（6）通过以上流程完成一次带确认 MMS 服务。

36. ACSI 类服务模型有哪些？

答：ACSI 类服务模型有：

（1）数据集服务。

（2）定值组控制块模型。

（3）报告控制块和日志控制块模型。

（4）取代模型。

（5）控制模型。

（6）通用变电站事件（GSE）模型。

（7）采样值传输模型。

（8）时间和时间同步模型。

（9）文件传输。

37. IEC 61850 信息模型有哪些？

答：IEC 61850 信息模型有：

（1）服务器；

（2）逻辑设备；

（3）逻辑节点；

（4）数据对象。

38. 简述 ASN.1 的基本编码规则结构。

答：IEC 61850 在 MMS 编码/解码中使用的是 BER 基本编码规则，ASN.1 基本编码规则 BER 采用的编码结构由标记（Tag）、长度（Length）以及内容（Value）三个部分构成，一般称为 TLV 结构，其中，标记用于描述数据的类型；长度用于说明 Value 部分的长度；内容为数据的实际值。基本编码规则采用 8 位位组作为基本传送单位，因此 TLV 结构的三个部分都由一个或多个 8 位位组组成。

39. IEC 61850 提供哪些基本服务？

答：IEC 61850 服务的种类比较多，常用的服务有报告服务、控制服务、定值服务、文件服务、日志服务等。

40. 关联服务主要有哪些？

答：Associate（关联）、Abort（异常终止）、Release（释放）。

41. 报告控制模型定义了哪两类报告控制类？定义分别是什么？

答：报告控制模型定义了两类报告控制类。

（1）BUFFERED–REPORT–CONTROL–BLOCK（BRCB 缓存报告控制块）：将（按数据变化、品质变化、数据刷新引起的）内部事件立即发送报告或存储事件（到一定数量）后传输，这样由于传输数据流控制约束或连接断开不会丢失 DATA 值。BRCB 有提供事件顺序（SOE）的功能。

（2）UNBUFFERED–REPORT–CONTROL–BLOCK（URCB 非缓存报告控块）：将（按数据变化，品质变化，数据刷新引起的）内部事件“尽最大努力”立即发送报告，如果关联不存在或者传输数据流的速度不足以支持报告传输，那么将丢失事件。

42. DATA 数据服务主要有哪些？

答：DATA 数据服务主要有 GetDataValue（读数据值）、SetDataValue（设置数据值）、GetDataDirectory（读数据目录）、GetDataDefinition（读数据

定义）。

43. 控制服务主要有哪些？

答：控制服务主要有 Select（Sel 选择）/SelectWithValue（SelVal 带值选择）、Cancel（取消）、Operate（Oper 操作）/TimeActivatedOperate（TimOper 时间激活操作）、CommandTermination（CmdTerm 命令终止）。

44. GOOSE 和 SV 报文 MAC 地址范围建议如何分配？VLAN ID 和优先级默认值分别为多少？以太网类型及 APPID 分别是什么？

答：GOOSE 和 SV 报文前 3 个字节由 IEEE 分配为 01–0C–CD；第 4 个字节 GOOSE 为 01，多点传送采样值为 04；最后 2 个字节用作与设备有关的地址，建议的地址分配见表 2–2，表 2–3 为 GOOSE 及 SV 通信参数表。

表 2–2　　GOOSE 及 SV 地址分配表

类型	建议的取值范围	
服务	开始地址（16 进制）	结束地址（16 进制）
GOOSE 报文	01–0C–CD–01–00–00	01–0C–CD–01–01–FF
MSV 报文	01–0C–CD–04–00–00	01–0C–CD–04–01–FF

表 2–3　　GOOSE 及 SV 通信参数表

类型	默认 VID	默认优先级	以太网类型值	APPID
GOOSE 报文	0	4	88B8	00
MSV 报文	0	4	88BA	01

45. 报告服务中选项域（OptFlds）中各比特位的含义是什么？

答：报告服务中选项域各比特位的含义见表 2–4。

表 2–4　　报告服务中选项域比特位含义表

MMS 比特位	含　义	MMS 比特位	含　义
0	保留（Reserved）	5	数据索引（datareference）
1	序列号（sequencenumber）	6	缓冲区溢出（bufferoverflow）
2	报告时间戳（reporttime–stamp）	7	入口标识（entryID）
3	触发条件，又称包含原因（reason–forinclusion）	8	配置版本（conf–rev）
4	数据集名称（data–setname）	9	分段（Segmentation）

46. 报告服务中选项域（OptFlds）触发条件的各比特位含义是什么?

答：报告服务中选项域触发条件各比特位的含义见表 2–5。

表 2–5　报告服务中选项域触发条件比特位含义表

bit 的位置	内　容	含　义
0	reserved	保留
1	data–change	数据改变
2	quality–change	质量改变
3	data–update	数据刷新
4	Integrity	周期上送
5	general–interrogation	总召位

47. 简述 500kV 智能变电站线路保护配置方案。

答：每回线路配置两套包含有完整的主、后备保护功能的线路保护装置，线路保护中宜包含过电压保护和远跳就地判别功能。

线路间隔 MU、智能终端均按双重化配置，如图 2–3 所示，具体的配置方式如下：

（1）按照断路器配置的电流 MU 采用点对点方式接入各自对应的保护装置。

（2）出线配置的电压传感器对应两套双重化的线路电压 MU，线路电压 MU 单独接入线路保护装置。

（3）线路间隔内线路保护装置与合并单元之间采用点对点采样值传输方式，每套线路保护装置应能同时接入线路保护电压 MU、边断路器电流 MU、中断路器电流 MU 的输出，即至少三路 MU 接口。

（4）智能终端双重化配置，分别对应于两个跳闸线圈，具有分相跳闸功能；其合闸命令输出则并接至合闸线圈。

（5）线路间隔内，线路保护装置与智能终端之间采用点对点直接跳闸方式，由于 3/2 接线的每个线路保护对应两个断路器，因此每套保护装置应至少提供两路接口，分别接至两个断路器的智能终端。

（6）线路保护启动断路器失灵与重合闸采用 GOOSE 网络传输方式。合并单元提供给测控、录波器等设备的采样数据采用 SV 网络传输方式，SV 采样值网络与 GOOSE 网络应完全独立。

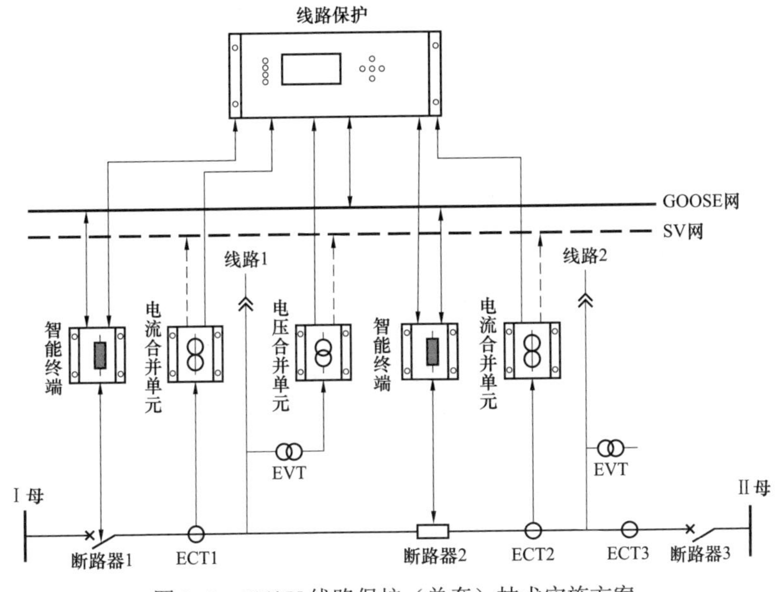

图 2–3　500kV 线路保护（单套）技术实施方案

48. 简述 500kV 智能变电站断路器保护配置方案。

答：断路器保护按断路器双重化配置，具体的配置方式如下：

（1）当失灵或者重合闸需要用到线路电压时，边断路器保护还需要接入线路 EVT 的 MU，中断路器保护任选一侧 EVT 的 MU。

（2）对于边断路器保护，当重合闸需要检同期功能时，采用母线电压 MU 接入相应间隔电压 MU 的方式接入母线电压，不考虑中断路器检同期。

（3）断路器保护装置与合并单元之间采用点对点采样值传输方式。

（4）断路器保护与本断路器智能终端之间采用点对点直接跳闸方式。

（5）断路器保护的失灵动作跳相邻断路器及远跳信号通过 GOOSE 网络传输，通过相邻断路器的智能终端、母线保护（边断路器失灵）及主变压器保护跳开关联的断路器，通过线路保护启动远跳。

图 2–4 所示为边断路器保护（单套）技术实施方案，图 2–5 所示为中断路器保护（单套）技术实施方案（以接入线路 1 合并单元为例）。

出线有隔离开关的接线型式，其短引线保护功能可集成在边断路器保护装置中，也可单独配置，本方案短引线保护单独配置。

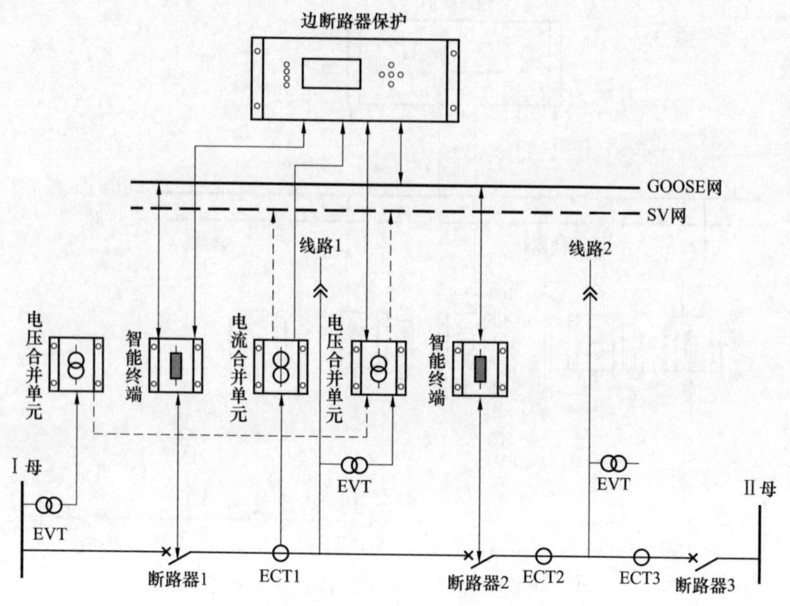

图 2-4　边断路器保护（单套）技术实施方案

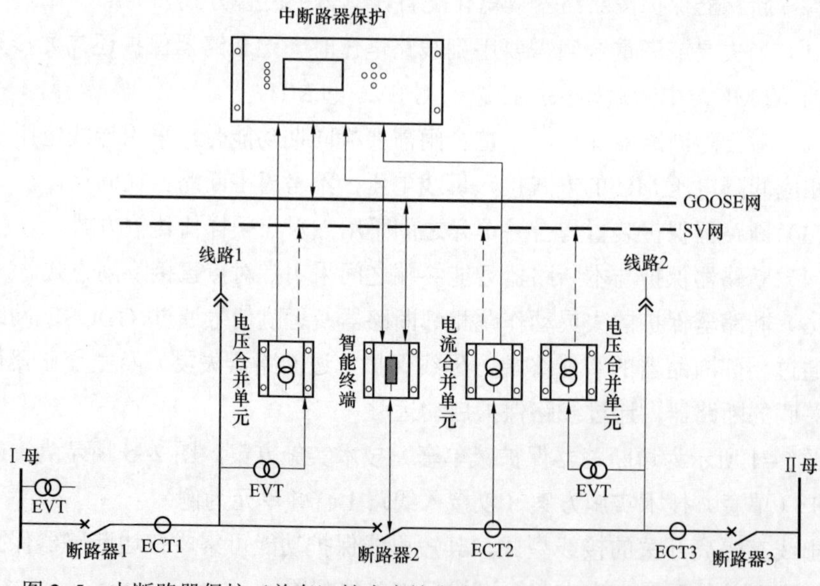

图 2-5　中断路器保护（单套）技术实施方案（以接入线路 1 合并单元为例）

49. 简述 500kV 智能变电站短引线保护配置方案。

答： 短引线保护（单套）技术实施方案见图 2–6 所示，图中边断路器电流 MU、中断路器电流 MU 均需要接入短引线保护，隔离开关位置经由边断路器智能终端传给短引线保护装置。

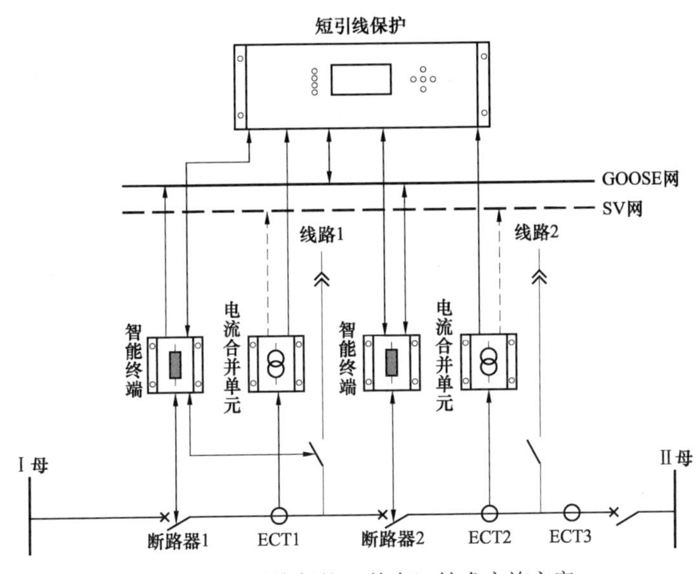

图 2–6　短引线保护（单套）技术实施方案

50. 简述 500kV 智能变电站变压器保护配置方案。

答： 每台主变压器配置两套含有完整主、后备保护功能的变压器电量保护装置。非电量保护就地布置采用直接电缆跳闸方式，动作信息通过本体智能终端上 GOOSE 网，用于测控及故障录波。

（1）按照断路器配置的电流 MU 点对点接入对应的保护装置，3/2 接线侧的电流由两个电流 MU 分别接入保护装置。

（2）3/2 接线侧配置的电压传感器对应双重化的主变压器电压 MU，主变压器电压 MU 单独接入保护装置。

（3）双母线接线侧的电压和电流按照双母线接线形式继电保护实施方案考虑。

（4）单母线接线侧的电压和电流合并接入 MU，点对点接入保护装置。

（5）主变压器保护装置与主变压器各侧智能终端之间采用点对点直接跳闸

方式。

（6）断路器失灵启动、解复压闭锁、启动变压器保护联跳各侧及变压器保护跳母联（分段）信号采用 GOOSE 网络传输方式。

51. 简述 500kV 智能变电站母线保护配置方案。

答：每条母线配置两套母线保护，母线保护采用直接采样、直接跳闸方式，当接入元件数较多时，可采用分布式母线保护形式。分布式母线保护由主单元和若干个子单元组成，主单元实现保护功能，子单元执行采样、跳闸功能。边断路器失灵经 GOOSE 网络传输启动母差失灵功能。

52. 简述 500kV 智能变电站高压并联电抗器保护配置方案。

答：高压并联电抗器的电流采样，采用独立的电子式电流互感器和 MU，跳闸需要智能终端预留一个 GOOSE 接口。电抗器首、末端电流合并接入电流 MU，电流 MU 按照点对点方式接入保护装置；保护装置电压采用线路电压 MU 点对点接入方式；高抗保护装置与智能终端之间采用点对点直接跳闸方式。高抗保护启动断路器失灵、启动远跳信号采用 GOOSE 网络传输方式。非电量保护就地布置，采用直接跳闸方式，动作信息通过本体智能终端上 GOOSE 网，用于测控及故障录波。非电量保护动作信号通过相应断路器的两套智能终端发送 GOOSE 报文，实现远跳。

53. 简述 220kV 智能变电站母线保护的配置方案。

答：母线保护按双重化进行配置，各间隔合并单元、智能终端均采用双重化配置。采用分布式母线保护方案时，各间隔合并单元、智能终端以点对点方式接入对应子单元。

母线保护与其他保护之间的联闭锁信号［失灵启动、母联（分段）断路器过电流保护启动失灵、主变压器保护动作解除电压闭锁等］采用 GOOSE 网络传输，220kV 母线保护（单套）技术实施方案图如图 2-7 所示。

54. 简述 220kV 智能变电站变压器保护的配置方案。

答：保护按双重化进行配置，各侧合并单元、智能终端均应采用双套配置。非电量保护应就地直接电缆跳闸，现场配置变压器本体智能终端上传非电量动作报文和分接开关调挡及中性点接地开关控制信息，技术实施方案图如图 2-8 所示。

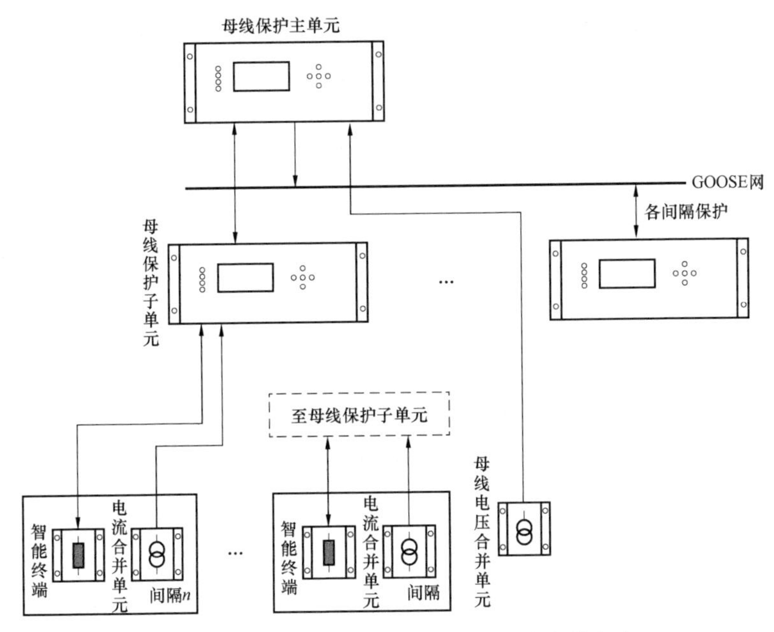

图 2-7　220kV 母线保护（单套）技术实施方案

注：本图以各间隔独立配置子单元为例。

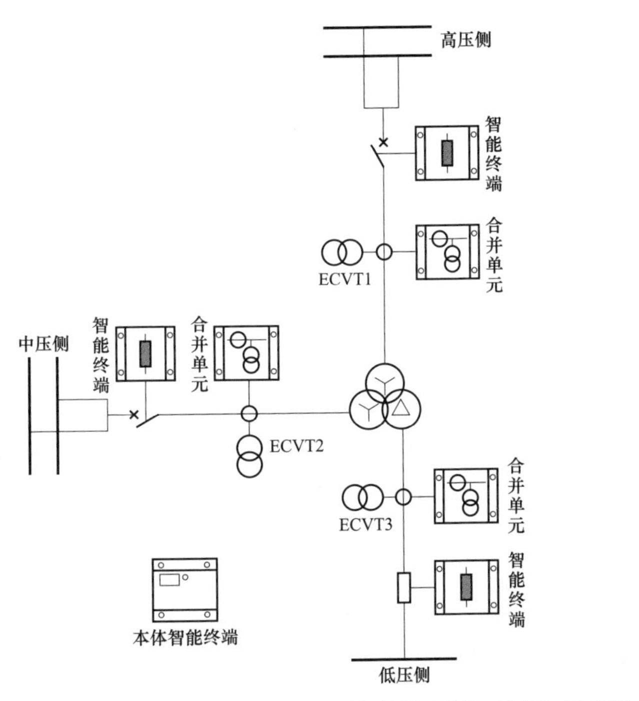

图 2-8　220kV 主变压器保护合并单元、智能终端配置（单套）示意图

55. 简述 220kV 智能变电站母联（分段）保护的配置方案。

答：单套技术实施方案图如图 2–9 所示。

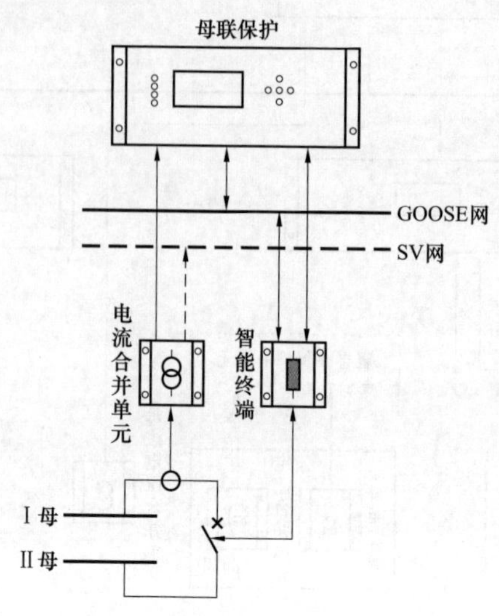

图 2–9　220kV 母联保护（单套）技术实施方案

56. 简述智能变电站 110kV 线路保护的配置方案。

答：每回线路宜配置单套完整的主、后备保护功能的线路保护装置。合并单元、智能终端均采用单套配置，保护采用安装在线路上的 ECVT 获得电流电压，110kV 线路保护技术实施方案，如图 2–10 所示。

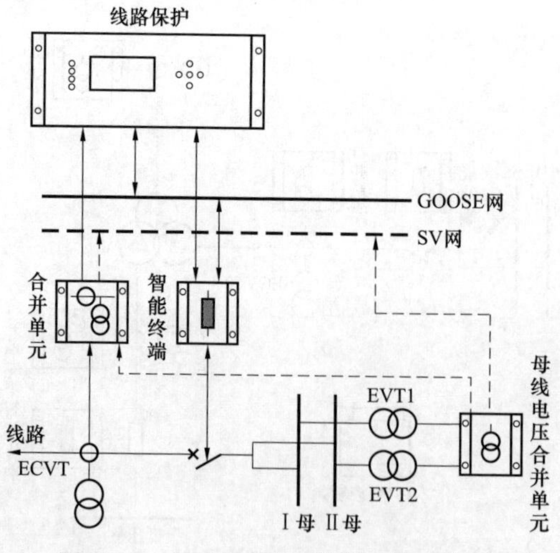

图 2–10　110kV 线路保护技术实施方案

57. 简述 110kV 智能变电站变压器保护的配置方案。

答：变压器保护宜双套进行配置，双套配置时应采用主、后备保护一体化配置。若主、后备保护分开配置，后备保护宜与测控装置一体化。

当保护采用双套配置时，各侧合并单元、各侧智能终端者宜采用双套配置。变压器非电量保护应就地直接电缆跳闸，现场配置本体智能终端上传非电量动作报文和调挡及接地开关控制信息。

本方案中采用双套主、后一体化配置，技术实施方案图如图 2–11 所示。

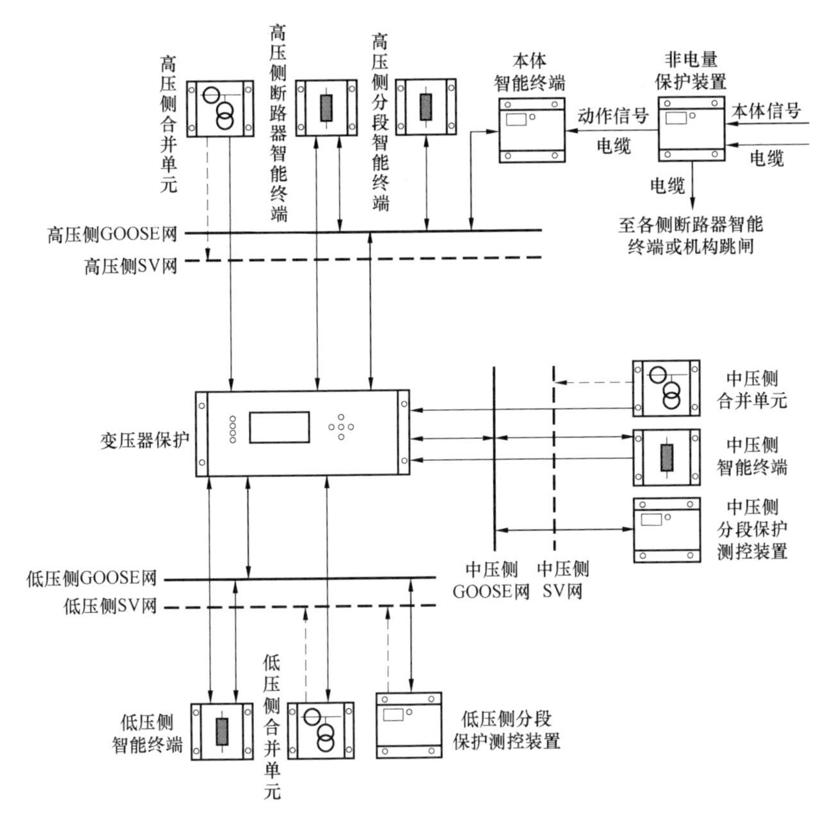

图 2–11　110kV 变压器保护（单套）技术实施方案

58. 简述 110kV 智能变电站分段（母联）保护的配置方案。

答：分段保护按单套配置，110kV 宜保护、测控一体化。110kV 分段保护跳闸采用点对点直跳，其他保护（主变压器保护）跳分段采用 GOOSE 网络方式，110kV 分段保护配置如图 2–12 所示。

35kV 及以下等级的分段保护宜就地安装，保护、测控、智能终端、合并单元一体化，装置应提供 GOOSE 保护跳闸接口（主变压器跳分段），接入110kV 过程层 GOOSE 网络。

59. 简述智能变电站 66kV、35kV 及以下间隔保护的配置方案。

答：66kV、35kV 及以下间隔保护采用保护测控一体化设备，按间隔单套配置。

当一次设备采用开关柜时，保护测控一体化设备安装于开关柜内。宜使用常规互感器，电缆直接跳闸，实施方案如图 2–13 所示。

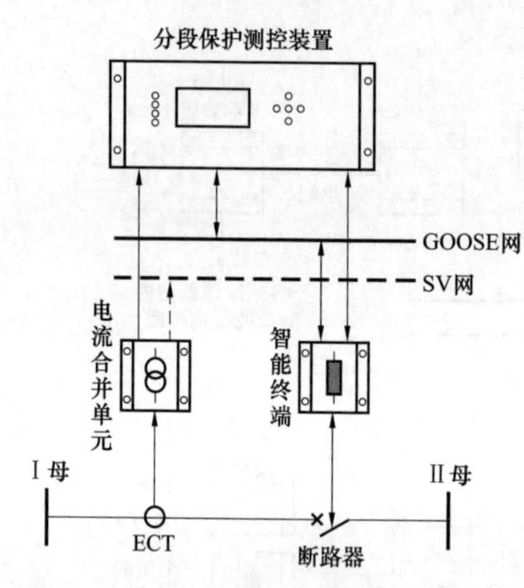

图 2–12　110kV 分段保护配置示意图

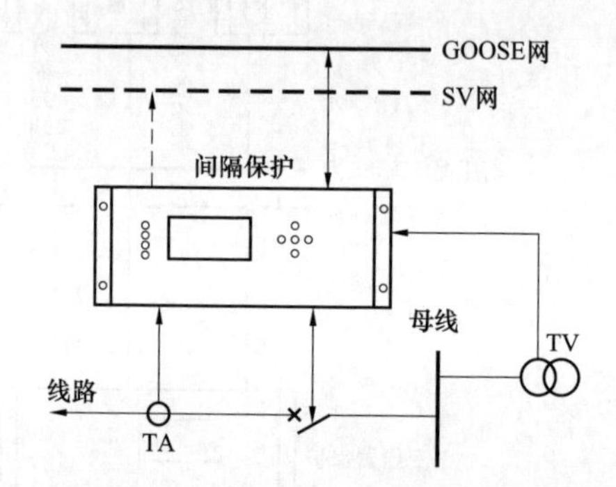

图 2–13　66kV、35kV 及以下间隔保护技术实施方案

60. 简述智能变电站双重化保护的配置要求。

答：智能变电站双重化的配置要求如下：

（1）每套完整、独立的保护装置应能处理可能发生的所有类型的故障。两套保护之间不应有任何电气联系，当一套保护异常或退出时不应影响另一套保护的运行。

（2）两套保护的电压（电流）采样值应分别取自相互独立的 MU。

（3）双重化配置的 MU 应与电子式互感器两套独立的二次采样系统一一对应。

（4）双重化配置保护使用的 GOOSE（SV）网络应遵循相互独立的原则，当一个网络异常或退出时不应影响另一个网络的运行。

（5）两套保护的跳闸回路应与两个智能终端分别一一对应；两个智能终端应与断路器的两个跳闸线圈分别一一对应。

（6）双重化的线路纵联保护应配置两套独立的通信设备（含复用光纤通

道、独立纤芯、微波、载波等通道及加工设备等），两套通信设备应分别使用独立的电源。

（7）双重化的两套保护及其相关设备（电子式互感器、MU、智能终端、网络设备、跳闸线圈等）的直流电源应一一对应。

（8）双重化配置的保护应使用主、后一体化的保护装置。

61. 智能变电站的交直流二次回路相对于常规站有什么优点？

答：采用了电子式互感器的智能变电站相对于常规站，交流采样回路完全取消，因此不会出现电流回路二次开路、电压回路二次短路接地，以及由于电流互感器本身特性原因造成死区、饱和等导致的保护无法正确动作现象。

采用了 GOOSE 报文的智能变电站相对于常规站来说，除直流电源、硬节点告警信号回路及一次设备与智能终端外，所有的直流电缆均取消。从工程建设方面来看，电缆的减少意味着工程建设量及成本的下降，同时电缆的减少也使得直流接地发生的概率大大降低。

另外，原有常规电缆回路接线正确及可靠性只能通过试验来验证，GOOSE 报文具备实时监测功能，能够实时监测回路的通断，具有明显的技术优势，方便了状态检修的开展。

62. 简述 IEC 60044–8、IEC 61850–9–2LE 智能保护电压量定义方式。

答：采样值通信规约为 IEC 60044–8（与 GB/T 20840.8 同等使用）时，额定值为 2D41H；采样值规约为 IEC 61850–9–2（与 DL/T 860.92 同等使用）时，0x01 表示 10mV。

63. 简述 IEC 60044–8、IEC 61850–9–2LE 智能保护电流量定义方式。

答：采样值通信规约为 IEC 60044–8（与 GB/T 20840.8 同等使用）时，额定值为 01CFH 或 00E7H；采样值规约为（与 DL/T 860.92 同等使用）时，0x01 表示 1mA。

64. 智能变电站保护装置有哪几块硬压板？

答：硬压板有远方操作压板和检修压板两块。

65. 继电保护装置应支持上送的信息有哪些？

答：装置应支持上送采样值、开关量、压板状态、设备参数、定值区号及定值、自检信息、异常告警信息、保护动作事件及参数（故障相别、跳闸相别和测距）、录波报告信息、装置硬件信息、装置软件版本信息、装置日志信息等数据。

66. 保护装置应支持远方召唤至少最近几次录波报告的功能？

答：Q/GDW 1808—2012《智能变电站继电保护通用技术条件》规定，保护装置应支持远方召唤至少最近 8 次录波报告的功能。

67. 智能变电站光纤类型一般有几种类型？芯径和波长是多少？光纤连接器类型有哪几种？

答：光线类型一般有多模和单模两种；光纤芯径为 62.5/125μm（或 50/125μm）；光波长为 1310nm 或 850nm；光纤连接器类型有 ST 或 LC 接口。

68. 智能变电站通用技术条件中对光纤发送功率和接受灵敏度的要求是什么？

答：智能变电站通用技术条件中对光纤发送功率和接受灵敏度的要求：

光波长 1310nm 光纤：

光纤发送功率为–20～–14dBm；光接收灵敏度为–31～–14dBm。

光波长 850nm 光纤：

光纤发送功率为–19～–10dBm（百兆口）或–9.5dBm～–3dBm（千兆口）；

光接收灵敏度为–24～–10dBm（百兆口）或–17dBm～–3dBm（千兆口）。

69. 保护装置检修压板投入时而智能终端检修压板未投时，保护装置是否能正常跳闸？为什么？

答：保护能够正常动作并发出带有跳闸信息的 GOOSE 报文，但一次断路器不会跳闸动作。因为此时保护跳闸的 GOOSE 报文中带有检修状态的 TEST 品质位，而作为接收和响应该 GOOSE 跳闸报文的智能终端装置的检修压板未投入，收、发两侧检修状态不一致，此时智能终端对本次动作不做任何响应，跳闸出口继电器不动作，断路器不会跳闸。

70. 目前典型智能变电站的功能有哪几层？各层包括哪些设备（每层设备至少列出一种）？

答：变电站的功能分成 3 层：过程层、间隔层、站控层。

（1）过程层设备典型的为远方 I/O、智能传感器和执行器。

（2）间隔层设备由每个间隔的控制、保护或监视单元组成。

（3）站控层设备有带数据库的计算机、操作员工作台、远动装置等组成。

71. 智能变电站继电保护设备主动上送的信息包括哪些？

答：智能变电站继电保护设备主动上送的信息应包括开关量变位信息、异常告警信息和保护动作事件信息等。

72. 智能变电站装置应提供哪些反映本身健康状态的信息？

答：智能变电站装置应提供以下反映本身健康状态的信息：

（1）该装置订阅的所有 GOOSE 报文通信情况，包括链路是否正常（如果是多个接口接收 GOOSE 报文的是否存在网络风暴），接收到的 GOOSE 报文配置及内容是否有误等。

（2）该装置订阅的所有 SV 报文通信情况，包括链路是否正常，接收到的 SV 报文配置及内容是否有误等。

（3）该装置自身软、硬件运行情况是否正常。

73. 智能变电站继电保护动作时间有哪些主要技术指标？

答：智能变电站继电保护动作装置在输入 2 倍整定值测试保护整组动作时间时：

（1）对于采用“常规互感器+合并单元”模式的情况：

线路纵联保护（不带通道延时）不应大于 39ms；

母线保护不应大于 29ms；

变压器差动速断保护不应大于 29ms，变压器比率差动保护不应大于 39ms。

（2）对于采用常规互感器不带合并单元的情况，应在上述时间的基础上减少 2ms。

（3）保护整组动作时间 T（ms），如下式所示

$$T=t_{sm}+t_{t1}+t_{p}+t_{t2}+t_{st}$$

式中 t_{sm}——采样延时，ms；

t_{t1}——MU 到保护传输时间，ms；

t_{p}——保护装置动作时间，ms；

t_{t2}——保护到智能终端传输时间，ms；

t_{st}——智能终端动作时间，ms。

74. 解释命名空间的定义，IEC 61850 引入命名空间的作用是什么？

答：命名空间是用统一资源标记符表示的一个虚拟空间。它通过给元素名添加统一资源标记符来区别相同名称的元素，每个命名空间都拥有一个唯一的标示符。IEC 61850 引入命名空间是为了解决命名冲突问题，防止出现相同名称却又代表不同含义的两个数据在一起使用发生命名冲突，同时也规范各制造商对标准的扩展原则。

75. 列举 IEC 61850 配置文件的扩展测试项目。

答：IEC 61850 配置的工程化测试项目有 IED 通信参数唯一性检查、IED 通信参数引用有效性检查、数据类型模板是否重复定义、数据类型模板是否未被实例化、模板与实例是否匹配、数据集索引有效性检查、GOOSE 连线索引有效性检查、数据类型模板检查、逻辑设备 LD 的 inst 名是否符合标准规定、报告控制块名、数据集名是否符合 Q/GDW 396—2012《IEC 61850 工程继电保

护模型》的规定。

76. 智能站 IED 检修压板作用与常规站有何变化?

答：装置的检修状态均由检修硬压板开入实现。在常规站中检修压板投入后，保护装置只会将其上送的 103 事件报文屏蔽。而在智能站中当此压板投入时，有以下作用：

（1）站控层—发送的 MMS 报文置检修状态标志，监控、远动、子站做相应的处理。

（2）过程层—发送的 GOOSE、SV 报文置检修状态标志。

（3）应用时—仅当继电保护装置接收到的 GOOSE、SV 报文与自身检修状态为同一状态时才处理收到的报文。

第三章 电子式互感器

1. 电子式互感器分类有哪些，以及它们的利用原理是什么？

答：电子式互感器分为有源式和无源式两种。

有源式 ECT 主要利用电磁感应原理；有源式 EVT 则主要采用电阻、电容分压和阻容分压等原理；无源式 ECT 主要是利用法拉第（Faraday）磁光感应原理；无源式 EVT 主要应用泡克耳斯（Pockels）效应和逆压电效应两种原理。图 3–1 所示为电子式互感器分类。

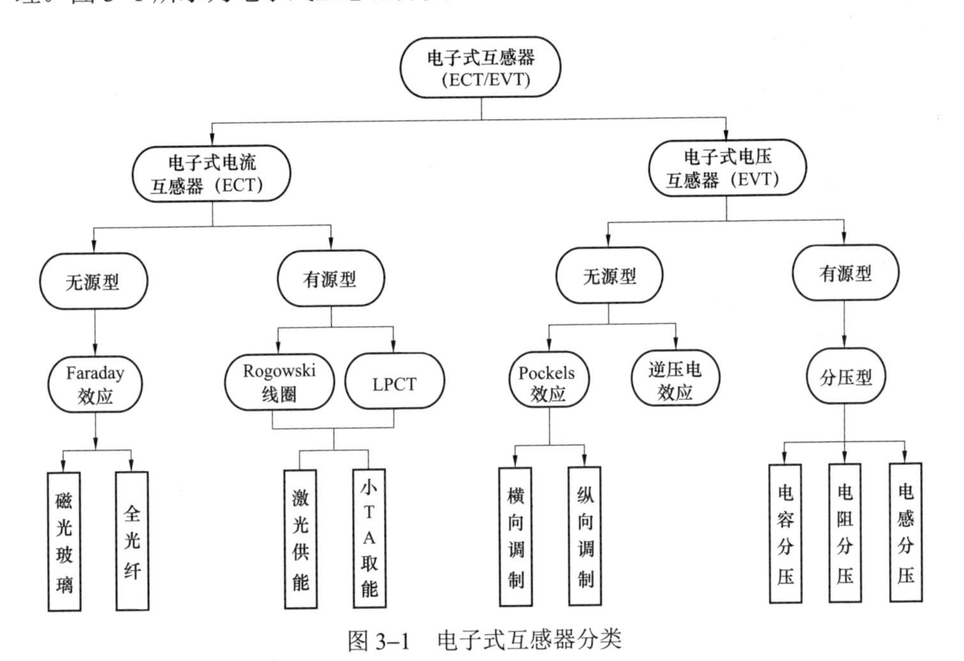

图 3–1 电子式互感器分类

2. 简述 Faraday 磁光效应原理。

答：当一束线性偏振光通过磁场作用下的介质传播时，其偏振平面受到正比于平行传播方向的磁分量作用而旋转，这种线性偏振光在磁场作用下的旋转现象，称为 Faraday 磁光效应。

3. 基于 Faraday 磁光效应的电流互感器结构及特点是什么?

答：基于 Faraday 磁光效应的电流互感器主要由光发射部分、光路部分和光接收部分这三个部分组成，如图 3–2 所示。

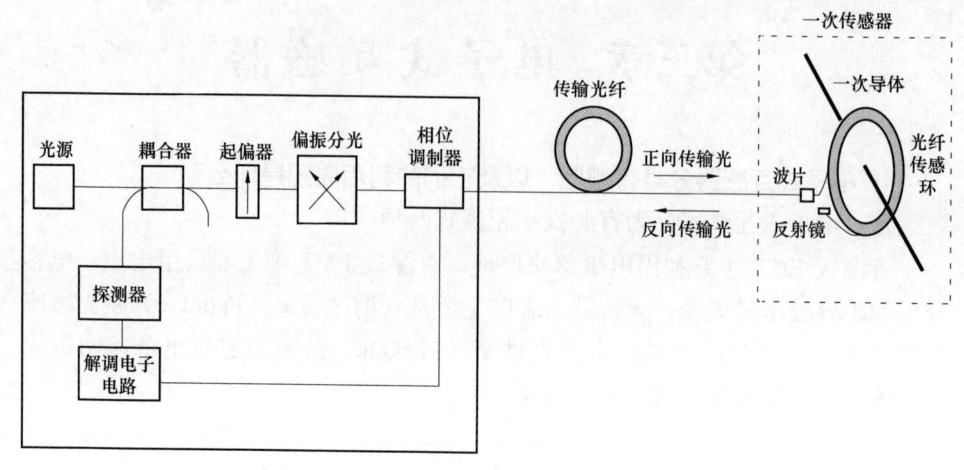

图 3–2　基于 Faraday 磁光效应的电流互感器

特点如下：

（1）传感元件和传输元件都是光纤。

（2）输入和输出光路通过同一根光纤，抗干扰能力大大提高，安全可靠性高。

（3）传感光纤环闭合结构杜绝了光纤环外的干扰影响。

4. 简述罗氏线圈（Rogowski）原理。

答：Rogowski 线圈原理是一种电磁耦合原理，与传统的电磁式电流互感器不同，它实际上是一种特殊结构的空心线圈，是密绕于非磁性骨架上的空心螺绕环。当被测电流从线圈中心通过时，在线圈两端将会产生一个感应电压，感应电压大小为：$v=\mu_0 ns\frac{\mathrm{d}i}{\mathrm{d}t}$，经积分变换等信号处理便可获知被测电流的大小。

5. 基于罗氏线圈（Rogowski）的电流互感器结构及特点是什么?

答：Rogowski 线圈原理是一种电磁耦合原理，与传统的电磁式电流互感器不同，它是密绕于非磁性骨架上的空心螺绕环，结构如图 3–3 所示。

罗氏线圈（Rogowski）的优点如下：

（1）Rogowski 线圈电流互感器消除了磁饱和现象，提高了电磁式电流互感器的动态响应范围。

（2）由于它不与被测电路直接接触，可方便地对高压回路进行隔离测量。

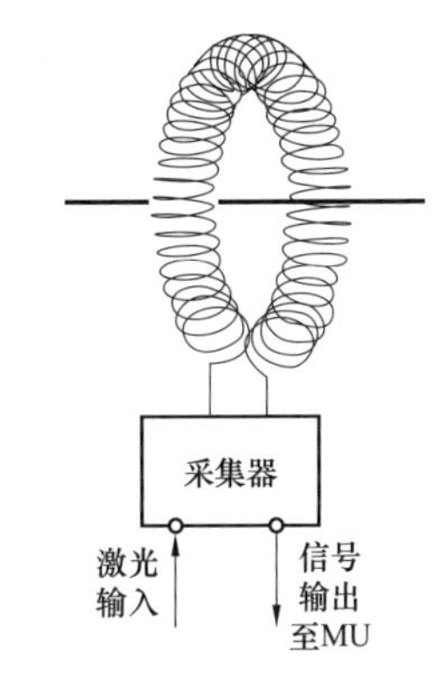

图 3–3　基于罗氏线圈的电流互感器结构

6. 低功率电流互感器（LPCT）的原理是什么?

答：工作原理与常规 TA 的原理相同，只是 LPCT 的输出功率要求很小，因此其铁芯截面就较小，它还集成了一个取样电阻，将电流输出转换成电压输出。

7. 简述低功率电流互感器（LPCT）结构及特点。

答：低功率电流互感器的结构如图 3–4 所示。

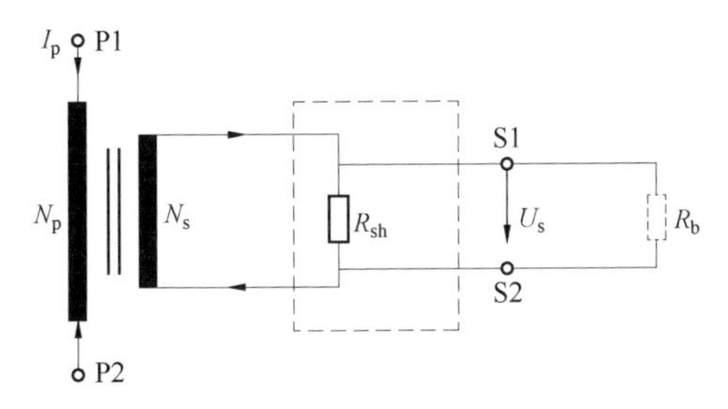

图 3–4　低功率电流互感器（LPCT）结构

低功率电流互感器（LPCT）的优点：LPCT 使传统电磁式互感器在非常高（偏移）一次电流下出现饱和的基本特性得到改善，并因此显著扩大测量范围。总消耗功率的降低，使 LPCT 有可能准确地测量短路电流，甚至是全偏移短路电流。除了量程比较宽，LPCT 的尺寸还可以设计得比传统电磁式电流互感器小。此外，还具有输出灵敏度高、技术成熟、性能稳定、易于大批量生产等特点。

8. 简述 Pockels 电光效应原理。

答：电光晶体在电场作用下会发生折射率改变，将使得沿特定方向的入射偏振光产生相应的相位延迟，且延迟量与外加电场成正比。

9. 简述基于 Pockels 电光效应的电压互感器结构及特点。

答：光源发出的单色光通过偏振器后变成线偏振光，由于双折射效应，入射电光晶体的光束会变为互相垂直偏振的两束光；由于电光效应的作用，它们在晶体中传播速度不同，出射时有一定的相位差，与晶体外加电场成正比；可用检偏器把它们变成偏振相同的相干光，从而产生干涉，将相位调制光变成强度调制光，通过光强度测量可获得电压数据。如图 3–5 所示为基于 Pockels 电光效应的电压互感器原理。

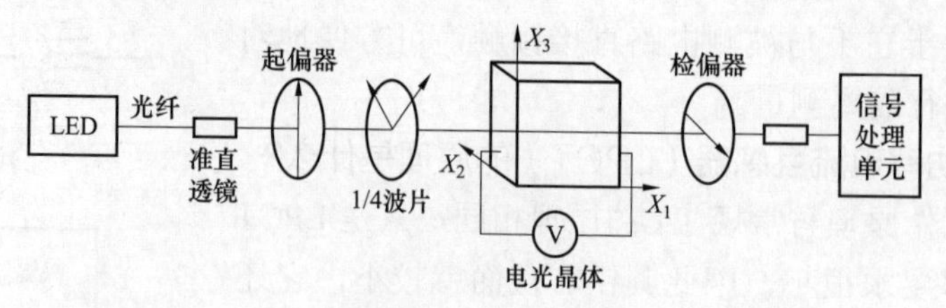

图 3–5　基于 Pockels 电光效应的电压互感器原理

10. 简述阻容分压式电压互感器原理。

答：电容分压是通过将柱状电容环套在导电线路外面来实现的，柱状电容环及其等效接地电容构成了电容分压的基本回路。考虑到系统短路后，若电容环的等效接地电容上积聚的电荷在重合闸时还未完全释放，便会在系统工作电压上叠加一个误差分量，严重时还会影响到测量结果的正确性及继电保护装置的正确动作，长期工作时等效接地电容也会因温度等因素的影响而变得不够稳定，所以对电容分压的基本测量原理进行了改进。在等效接地电容上并联一个小电阻 R 以消除上述影响，从而构成了阻容分压式电压互感器。

电阻上的电压 U_0 即电压传感头输出的信号：$U_0(t)=RC_1\dfrac{\mathrm{d}U_1(t)}{\mathrm{d}t}$，$R\ll 1/C_2$，阻容分压式电压互感器原理如图 3–6 所示。

11. 简述阻容分压式电压互感器结构及特点。

答：阻容分压式电压互感器是利用 GIS 的特点，将一次导体、中间环形电极及接地壳体构成同轴电容分压器，在低压电容 C_2 上并联精密电阻 R 可以消除导线等分布电容的影响，结构如图 3–7 所示。

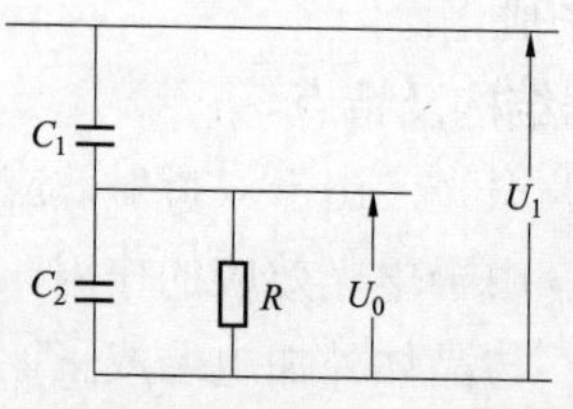

图 3–6　阻容分压式电压互感器原理

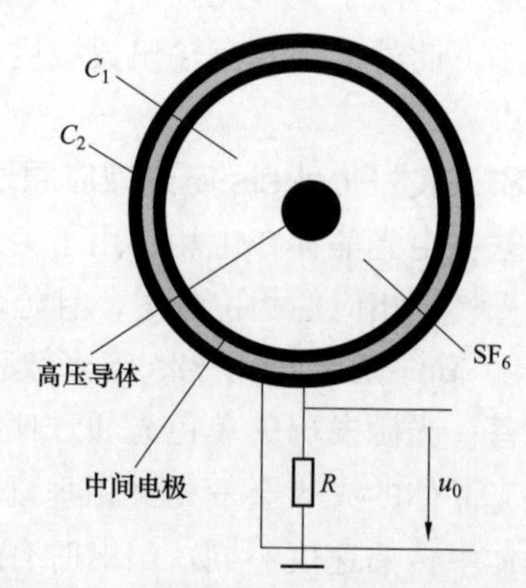

图 3–7　阻容分压式电压互感器结构

其特点是：高压低压间以 SF_6 气体绝缘，绝缘结构简单可靠；采用基于气体介质的电容分压测量技术，精度高、稳定性好；可将电流互感器与电压互感器组合为一体，可实现对一次电流及电压的同时检测。

12. 与传统电磁式互感器相比，电子式互感器的主要特点有哪些？

答：与传统电磁式互感器相比，电子式互感器的主要特点有以下几方面：

（1）从实现原理上根本避免了磁路饱和、铁磁谐振等问题，提高了采集线性度。

（2）频率响应宽，动态范围大，可有效进行高频大电流的测量，基于光学原理的电子式电流互感器还可进行直流的测量。

（3）没有电磁式互感器因采用油绝缘而导致的易燃易爆等缺陷，二次信号通过光纤传输，也没有电磁式互感器二次侧 TA 开路和 TV 短路等危险。

（4）二次侧信号通过光纤传输，也没有电缆传输方式的电磁干扰问题。

（5）绝缘结构简单，一次高压与二次设备通过光纤连接，无电磁式互感器的绝缘问题。

（6）体积小、质量轻、造价低，随着电压等级的升高这些优势更加明显。

（7）二次侧可直接输出数字信号与其他智能电子设备接口，满足 IEC 61850–9 或 IEC 60044–8 的接口要求。

13. 对有源电子式电流互感器而言，由于高压侧存在电子电路，必须要对电子线路提供电源，高压侧供能的方式有哪些？目前主要采用哪种方式？为什么？

答：高压侧供能方式主要有：

（1）激光供能；

（2）一次电流供能方式；

（3）电池供能方式；

（4）太阳能供能；

（5）超声电源供能。

一次电流供能方式的困难在于初始电流大幅度变化时难以保证直流电源的可靠性；电池供能方式的困难在于蓄电池寿命比较短，而且不易更换；超声电源供能方式由于超声波设备价格昂贵，难以达到实用程度；激光供能方式的优点是输出电源比较稳定，电源纹波小，而且激光器处于低压端，更换方便，因此当前在高压系统中一般采用激光供能。

14. 有源电子式互感器中，保护电流、测量电流分别通过哪种传感器采集电流？为什么？

答：有源电子式互感器通常采用 Rogowski 线圈（罗氏线圈）来进行保护

电流的测量，使用 LPCT（低功率线圈）实现测量电流的测量。因为罗氏线圈不含铁芯，密绕于非磁性骨架上的螺线管，具有很好的线性度，适用于保护，动态范围大，暂态特性好。而测量电流用低功率线圈与常规 TA 原理相同，输出功率要求很小、铁芯材料选用纳米晶，测量精度高、温度稳定性好，适用于测量、计量要求。

15. 电子式互感器目前有哪些标准依据？与传统标准相比有何异同？

答：目前电子式互感器相关标准有 IEC 60044-7、IEC 60044-8、IEC 61850 标准。

电子式互感器的标准和传统互感器标准 GB 1207、GB 1208 相比，大部分内容是相同的，较为明显的不同是增加了关于数字量的定义、原理、数学描述、试验规定等。

16. 简述电子式互感器与常规互感器主要参数及技术要求的异同点。

答：与常规互感器相同的主要技术参数为绝缘水平、工频耐压、雷电冲击、操作冲击等；额定一次电流、额定一次电压；局部放电；动热稳定电流温升；机械强度；无线电干扰电压；误差限值（TPE 除外）；准确限值系数；额定对称短路电流倍数；额定电压因数。

有别于常规互感器的主要参数及技术要求有：二次输出额定值：电流测量 2D41H、电流保护 01CFH、电压测量 2D41H；额定延迟时间：数据处理和传输所需时间的额定值；相位误差：相位差减去额定延迟时间；保护用电流互感器误差限值。

17. 数字量输出的电流比值误差怎样计算？

答：电子式电流互感器测量电流时出现的误差，是由于实际变比不等于额定变比而产生的。

对数字量输出，电流比值误差百分数用下式表示

$$\varepsilon=\frac{K_{rd}I_s-I_p}{I_p}\times 100\%$$

式中 K_{rd}——额定变比；

I_p——$i_p\ \mathrm{res}(t)=0$ 时实际一次电流的方均根值；

I_s——$I_{sdc}(n)+i_s\ \mathrm{res}(t_n)=0$ 时数字量输出的方均根值。

18. IEC 60044-8 和 IEC 61850-9-2 分别如何定义电子式电流互感器数字量输出相位差？

答：IEC 60044-8：对数字量输出，为一次端子某电流的出现瞬时，与所对应数字数据集在 MU 输出的传输起始瞬时，两者时间之差（用额定频率的角

度单位表示）。

IEC 61850–9–2：由于数字量输出要求与时钟脉冲同步，相位误差是时钟脉冲与数字量传输值对应的一次电流采样瞬时，两者之间的时间差（用额定频率的角度单位表示）。

19. 什么是电子式电流互感器的唤醒时间和唤醒电流?

答：对于由线路电流提供电源的电子式电流互感器，其电源的建立需要在一次电流接通后迟延一定时间，此延时称为“唤醒时间”，在此延时期间，电子式电流互感器的输出为零。唤醒电流是指唤醒电子式电流互感器所需的最小一次电流方均根值。

20. 简述保护用电子式电流互感器的准确级。

答：保护用电子式电流互感器的准确级，是以该准确级在额定准确限值一次电流下所规定最大允许复合误差的百分数来标称，其后标以字母“P”表示保护或字母“TPE”表示暂态保护电子式互感器准确级。

保护用电子式电流互感器的标准准确级为 5TPE、5P 和 10P，表 3–1 为保护用电子式电流互感器的准确级。

表 3–1　保护用电子式电流互感器的准确级

准确级	电流误差在额定一次电流下（%）	相位差在额定一次电流下		复合误差，在额定准确限值一次电流下（%）	最大峰值瞬时误差在准确限值条件下（%）
		（′）	crad		
5TPE	±1	±60	±1.8	5	10
5P	±1	±60	±1.8	5	—
10P	±3	—	—	10	—

注　TPE 级的定义为在准确限值条件、额定一次时间常数和额定工作循环下的最大峰值瞬时误差为 10%。

21. 简述测量用电子式电流互感器的准确级。

答：测量用电子式电流互感器的标准准确级为 0.1、0.2、0.5、1、3、5。0.2S 和 0.5S 级特殊用途电流互感器，测量用电子式电流互感器的准确级见表 3–2。

表 3–2　测量用电子式电流互感器的准确级

准确级	电流误差（%，在下列额定电流下）					相位误差（%，在下列额定电流下）				
	1	5	20	100	120	1	5	20	100	120
0.1	—	0.4	0.2	0.1	0.1	—	15	8	5	5
0.2S	0.75	0.35	0.2	0.2	0.2	30	15	10	10	10

续表

准确级	电流误差（%，在下列额定电流下）					相位误差（%，在下列额定电流下）				
	1	5	20	100	120	1	5	20	100	120
0.2	—	0.75	0.35	0.2	0.2	—	30	15	10	10
0.5S	1.5	0.75	0.5	0.5	0.5	90	45	30	30	30
0.5	—	1.5	0.75	0.5	0.5	—	90	45	30	30
1	—	3.0	1.5	1.0	1.0	—	180	90	60	60

准确级	电流误差（%，在下列百分数额定电流下）	
	50	120
3	3	3
5	5	5

注　3 级和 5 级的相位差不作规定。

22. 简述保护用电子式电压互感器的准确级。

答：准确级是以该准确级在 5%额定电压至额定电压因数相对应的电压及标准参考范围负荷下所规定最大允许电压误差的百分数来标称，其后标为字母“P”。

保护用电子式电压互感器的标准准确级为 3P 和 6P，见表 3–3。

表 3–3　保护用电子式电压互感器的准确级

准确级	电压误差（%，在下列额定电压下）			相位误差（%，在下列额定电压下）		
	2	5	100	2	5	100
3P	6	3	3	240	120	120
6P	12	6	6	480	240	240

23. 简述测量用电子式电压互感器的准确级。

答：测量用电子式电压互感器的标准准确级为 0.1、0.2、0.5、1、3，见表 3–4。

表 3–4　测量用电子式电压互感器的准确级

准确级	电压误差（%，在下列额定电流下）					相位误差（%，在下列额定电流下）				
	20	50	80	100	120	20	50	80	100	120
3	—	—	—	3	3	无规定				
1	—	—	1.0	1.0	1.0	—	—	40	40	40
0.5	—	—	0.5	0.5	0.5	—	—	20	20	20
0.2	0.4	0.3	0.2	0.2	0.2	20	15	10	10	10
0.1	0.2	0.15	0.1	0.1	0.1	10	7.5	5.0	5.0	5.0

24. 如何表示电子式电流互感器相对极性?

答：一次端子：P1、P2，二次端子：S1、S2。

对模拟量输出，所有标为 Pl、S1 的端子，在计及延迟时间（如果有）作用的同一瞬间应具有相同的极性。

对数字量输出，标为 P1 的端子是正极性时（负极性时），帧中对应 MSB 等于 0（等于 1）。

25. 简述电子式电压互感器相对极性表示方法。

答：以大写字母 A、B、C 和 N 表示一次电压端子，小写字母 a、b、c 和 n 表示相应的二次电压端子；字母 A、B、C 表示全绝缘端子，字母 N 表示接地端子，其绝缘低于其他端子；对模拟量输出，标有同一字母大写和小写的端子在同一瞬间具有同一极性；对数字量输出，标为 A、B、C 的端子是正极性时（负极性时），帧中对应 MSB 等于 0（等于 1）。

26. 简述电子式电压互感器的暂态性能要求。

答：电子式电压互感器的暂态性能要求如下：

（1）一次短路：在高压端子与接地低压端子之间的电压短路之后，电子式电压互感的二次输出电压应在额定频率的一个周波内下降到短路前峰值的 10% 以下。

（2）线路断开：线路断开导致滞留电荷出现时，二次电压分量 $U_{sdc}(t)$ 在一个周波内就要衰减到零。

（3）线路带滞留电荷的重合闸：在一次电压 $U_p(t)=\sqrt{2}K_uU_p$ 为峰值瞬时切断线路（K_u 为额定电压因数），再在 $U_p(t)=\sqrt{2}K_uU_p$ 瞬时（其符号与滞留电荷的相反）重合闸，额定频率时瞬时电压误差不超过表 3–5 的规定值，其中 $f\cdot t$ 是频率和时间的乘积，表示满足准确度的周波数。

表 3–5　　保护用电子式电压互感器暂态特性

说　明	f/f_n	U_p/U_{pn}	$U_{pdc}/U_{pn}\sqrt{2}$ $t\leqslant 0$ 时	φ_p	ε_u（%）	
					$2<f\cdot t\leqslant 3$	$3<f\cdot t\leqslant 4.5$
线路带标幺值为 k_u 的电荷，标幺值为 1 的反极性重合闸	1	1	k_u	$-\pi/2$	10	5
同上，但极性相反	1	1	k_u	$+\pi/2$	10	5

瞬时电压误差由下式定义：

$$\varepsilon_u(t)\% = \frac{K_n \cdot u_s(t) - u_p(t)}{U_P\sqrt{2}} \times 100\%$$

式中：K_n为电子式电压互感器的额定电压比。

27. 电子式电流互感器的最小信噪比是多少?

答：在制造厂规定的频带宽度内，ECT 输出的最小信噪比应为 30dB（相对于额定二次输出）。

注：信噪比为音响回放的正常信号与无信号时噪声信号（功率）的比值，信噪比数值越高，噪声越小。

28. 影响电子式互感器准确度的主要因素有哪些?

答：影响电子式互感器准确度的主要因素有两方面：一方面为传感器误差和数值处理误差，传感器误差与互感器的传感原理和制造工艺相关；另一方面为数值处理误差主要是计算的舍入误差。

29. 简述电子式互感器辅助信号输出要求。

答：电子式互感器需提供采集器状态、辅助电源/自身取电电源状态、检修测试状态等信号输出；应具有完善的自诊断功能，并能输出自检信息，输出基于状态检测要求的信号。输出在数字量输出时相关辅助信号以数字方式输出，在模拟量输出时则以空接点方式输出。

30. 电子式互感器采样同步的技术要求有哪些?

答：电子式电压互感器宜利用合并单元同步时钟实现同步采样，采样的同步误差应不大于±1μs。合并单元的时钟输入可以是电信号或光信号，时间触发在脉冲上升沿，每秒一个脉冲，合并单元应检验输入脉冲是否有误。

31. 电子式互感器传输系统采用什么介质?

答：数字输出的电子式互感器应采用光纤传输系统，采用 1310nm 多模光纤传输，ST 接口。每根光缆应备用 2～4 芯。模拟量输出的电子式互感器应采用屏蔽电缆。

32. 电子式互感器配置原则及技术要求有哪些?

答：电子式互感器配置原则及技术要求如下：

（1）电子互感器（含 MU）应能真实地反映一次电流或电压，额定延时时间不大于 2ms、唤醒时间为零。电子式电流互感器的复合误差不大于 5%、电子式电压互感器的复合误差不大于 3%。

（2）一套 ECT 内应具备两个保护用电流传感元件，每个传感元件由两路独立的采样系统进行采集（双 A/D 系统），进入一个 MU，每个 MU 输出两路数字采样值由同一路通道进入一套保护装置。

（3）一套 EVT 内应由两路独立的采样系统进行采集，每路采样系统应采用双 A/D 系统，进入相应 MU，每个 MU 输出两路数字采样值由同一路通道进入一套保护装置。

（4）一套 ECVT 内应同时满足上述（2）、（3）条要求。采样信号进入相应的 MU，每个 MU 输出两路数字采样值由同一路通道进入一套保护装置。

（5）用于双重化保护的电子互感器，其两个采样系统应由不同的电源供电并与相应保护装置使用同一直流电源。

（6）对于 3/2 接线方式，其线路 EVT 应置于线路侧。

（7）电子式互感器采样数据的品质标志应实时反映自检状态，不应附加任何延时或展宽。

33. 画出符合保护双重化要求的有源电子式互感器采集模块结构图。

答：根据保护双重化要求：一套 ECT 内应有两个保护线圈，每个保护线圈由两路独立的采样系统进行采集（双 A/D 系统），进入一个 MU，每个 MU 输出两路数字采样值由一路通道进入一套保护装置。一套 EVT 内有两个线圈，每个线圈由两路独立的采样系统进行采集（双 A/D 系统），进入相应 MU，每个 MU 输出两路数字采样值由一路通道进入一套保护装置，有源电子式互感器采集模块结构图，如图 3–8 所示。

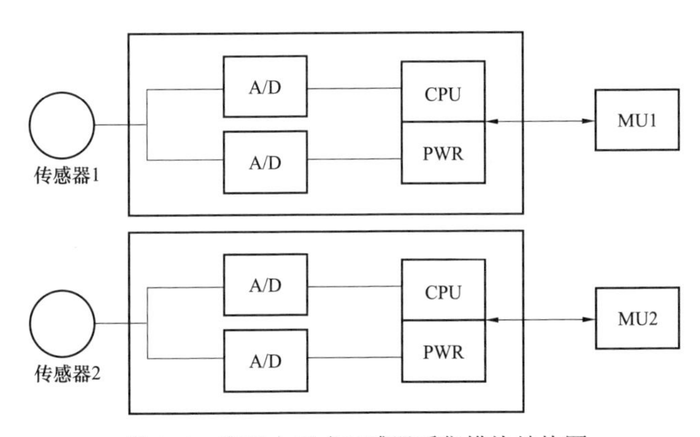

图 3–8　有源电子式互感器采集模块结构图

34. 列举电子式电流互感器的例行试验项目。

答：电子式电流互感器应在制造厂接受例行试验，试验应符合 GB/T 20840 标准所规定的试验项目和步骤。例行试验项目包括以下几项，但不限于此。

（1）端子标志检验；

（2）一次端的工频耐压试验；

（3）局部放电测量；

（4）低压器件的工频耐压试验；

（5）准确度试验；

（6）密封性能试验；

（7）电容量和介质损耗因数测量；

（8）数字量输出的补充例行试验；

（9）模拟量输出的补充例行试验。

准确度试验应在其他试验后进行，一次端的重复性工频耐压试验应在规定试验电压值的80%下进行。

35. 列举电子式电压互感器的例行试验项目。

答：电子式电压互感器应在制造厂接受例行试验，试验应符合GB/T 20840标准所规定的试验项目和步骤。例行试验项目包括以下几项，但不限于此。

（1）端子标志检验；

（2）一次电压端的工频耐压试验；

（3）局部放电测量；

（4）低压器件的工频耐压试验；

（5）准确度试验；

（6）电容量和介质损耗因数测量；

（7）密封性能试验；

（8）数字量输出的补充例行试验；

（9）模拟量输出的补充例行试验。

准确度试验应在其他试验后进行，一次端的重复性工频耐压试验应在规定试验电压值的80%下进行。

36. 不同类型的电子式电流互感器校验方法有何区别？

答：根据不同类型的电子式电流互感器，相应的校验方法和手段也有所区别。对输出有模拟电压信号的罗氏线圈和LPCT，将被测互感器与标准互感器的输出直接接至校验系统，直接读出比差和角差。对于经合并单元输出数字量，且依赖外部时钟同步的电子式电流互感器，由校验系统向合并单元发送采样同步采样脉冲，保证采样的同步性。对于经合并单元输出数字量，但不依赖外部时钟同步的电子式电流互感器，由校验仪补偿电子式电流互感器的固有延时。

37. 简述外部同步方式及固定延时方式下电子式电流互感器的准确度校验方法。

答：外部同步方式下，被测电子式互感器合并单元应接收到来自互感器校验仪的时钟同步信号（也可来自同一高精度时钟源），确保被测电子式互感器与互感器校验仪严格同步。互感器校验仪根据同步时钟采样标准器的模拟输出电流，与被测电子式互感器输出的采样值数据进行同采样序号比对，计算幅值和角度误差，其校验接线图，如图 3–9 所示。

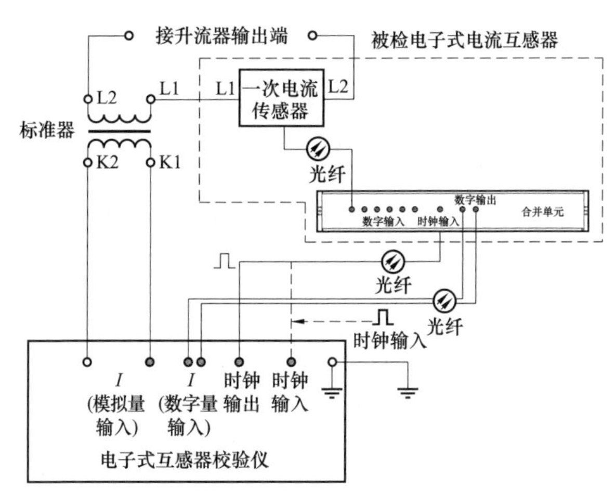

图 3–9　外部同步方式下电子式电流互感器的准确度校验接线图

固定延时同步方式下，被测电子式互感器不需要与互感器校验仪同步。互感器校验仪对被测电子式互感器采样值数据进行插值采样和延时补偿，然后与本校验仪按自身时钟采样的标准器数据进行比对，计算幅值和角度误差，其校验接线图，如图 3–10 所示。

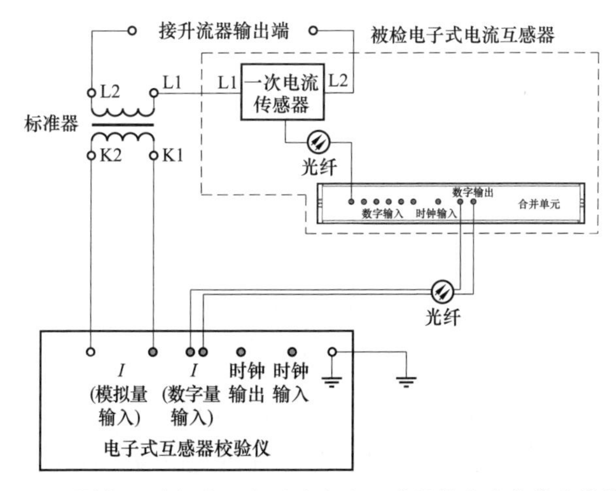

图 3–10　固定延时方式下电子式电流互感器的准确度校验接线图

38. 画图简述外部同步方式及固定延时方式下，电子式电压互感器的准确度校验方法。

答：外部同步方式及固定延时方式下，电子式电压互感器的准确度校验接线如图 3–11、图 3–12 所示。

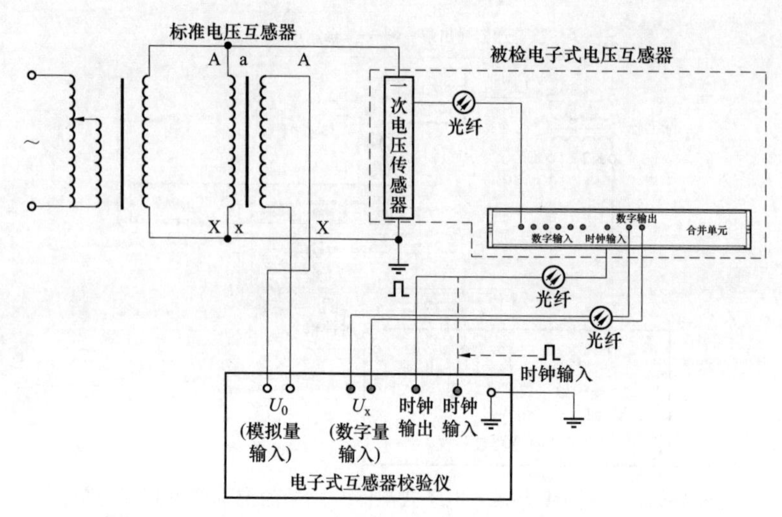

图 3–11　电子式电压互感器校验接线图（外部同步方式）

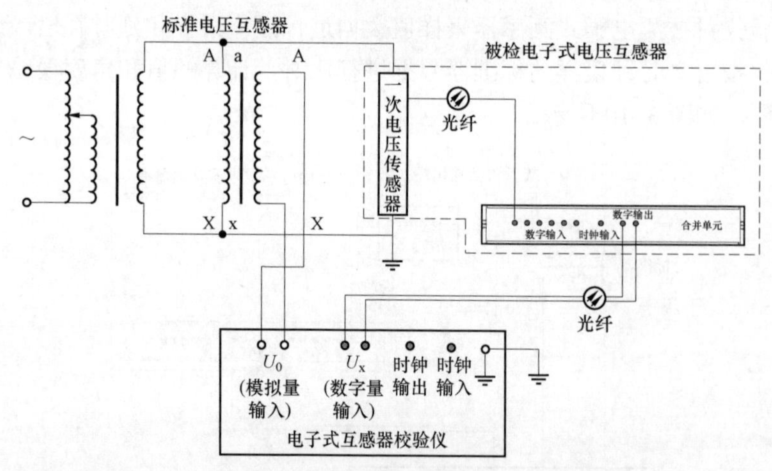

图 3–12　电子式电压互感器校验接线图（固定延时方式）

电子式电压互感器与电流互感器试验原理相同。

39. 为什么要对电子式互感器的延时进行测试？如何测试？

答：为了满足 Q/GDW 441—2010《智能变电站继电保护技术规范》中

“直接采样”的要求，电子式互感器要求能够正确输出额定延时以供保护采样时进行延时补偿。电子式互感器额定延时的正确与否直接关系到保护的采样正确性，甚至关系到保护动作行为的正确性。因此，必须对电子式互感器的延时进行测试，然后与其输出的额定延时进行比较，以校验其正确性。

电子式互感器额定延时测试系统与精度测试系统相同，忽略标准互感器的一、二次传变延时，可以通过比较被测电子式互感器与标准互感器之间的相位差来计算电子式互感器的额定延时。

40. 电子式电流互感器极性如何校验?

答：方法一：对于可传变直流电流的电子式互感器，可采用“直流法”测定其极性的正确性。从电子式电流互感器一次侧极性端通入直流电流，利用电子式互感器数据分析系统解析出合并单元的 SV 电流值，并以波形方式显示。若 SV 电流值为正，则表明电子式电流互感器为正极性接法；若 SV 电流值为负，则表明电子式电流互感器为反极性接法。

方法二：将待校验的电子式互感器和标准电流互感器的一次端按相同的极性串联在升流器的一次回路中，用电子式互感器校验仪检验电子式电流互感器的二次输出与标准电流互感器的二次输出的相位。若两者相位一致，则说明电子式电流互感器的极性正确；反之，极性错误。

41. 现用数字化保护校验装置模拟电子式电流互感器输出（采用 IEC 60044-8），校验装置一般需哪些设置?

答：首先设置连接数字化保护校验装置的计算机的 IP 地址与校验装置 IP 地址为同一网段，连接成功后再进行设置。

（1）设置系统参数主要为：额定相电流、相电压、额定频率；选择输出为一次值，应填入 TA、TV 变比；接口类型选择：IEC 60044-7/8。

（2）设置 IEC 60044-7/8 报文：① 采样率：每周波的采样点数，与互感器输出采样频率一致，一般为 80。② ASDU 设置：一般设为 1。③ MAC 目的地址：若采取组播方式，该值应与保护的组播地址相同；否则可按照广播方式设置，采取默认值 FFFFFFFFFFFF（对 IEC 60044-7/8 方式其实是无用的）。④ LDName：逻辑节点的名字，该值应与被测合并单元一致。⑤ MAC 源地址、状态字 1/2 一般不需要进行设置。⑥ SCP：保护用电子式电流互感器（二次变换器比例系数），一般默认值为 463；SCM：测量用电子式电流互感器（二次变换器比例系数），一般默认值为 11 585；SC（$3I_0$）：中性线电子式电流互感器（二次变换器比例系数），一般默认值为 463；SV：相电压用电子式电压互感器（二次变换器比例系数），一般默认值为 11 585。⑦ 延时时间的设置：根据互感器固有的输出延时。⑧ 被测保护装置采样率：要依据实际来设置，一般为4000。

（3）通道设置：一般是标准的 12 路通道，依次是 I_a、I_b、I_c、$3I_0$（保护），I'_a、I'_b、I'_c（测量），U_a、U_b、U_c、$3U_0$、U_x。

42. 电子式互感器在应用中有哪些需要注意的问题?

答：需注意以下几个问题：

（1）罗氏线圈模拟量小信号输出容易受到电磁干扰。

（2）罗氏线圈积分环节引起的波形漂移。

（3）光纤电流互感器小信号噪声。

（4）光纤电流互感器精度受温度影响。

（5）电子式互感器现场试验过程中的极性标注。

43. 电子式互感器的接地怎样要求?

答：每台设备装置的座架应提供具有紧固螺钉或螺栓的可靠接地端子，供连接适合于规定故障条件的接地导体。对于设备最高电压 U_m<36kV，电子式互感器的接地螺栓直径不得小于 8mm；对于 $U_m \geq$36kV，应最小为 12mm。接地处金属表面平坦，连接孔的接地板面积足够，并在接地处旁标有明显的接地符号。二次回路因取消了电信号通道传输，使二次光缆传输回路完全绝缘，因此没有接地要求。

44. 对 35kV 及以下保护装置开关柜安装方式，是否推荐采用电子式互感器？为什么?

答：对 35kV 及以下保护装置开关柜安装方式，不推荐采用电子式互感器。原因有以下几点：

（1）不能体现电子式互感器的优点，不能达到节省电缆、节约成本的目的。

（2）电子式互感器电压等级越低，成本优势越差。

（3）开关柜内电磁干扰对电子式互感器有影响，尤其是罗氏线圈原理互感器易受干扰。

45. IEC 61850 标准规定，电子式电流互感器额定输出测量采用 2D41H，保护采用 01CFH 或 00E7H，为什么?

答：电子式电流互感器的输出为 16 位二进制数其中最高位为符号位，故其最大输出值为0111 1111 1111 1111（二进制），即最大为 $2^{15}-1=32\,767$（十进制），测量要求 2 倍额定电流不发生溢出，故 32 767/2/1.414=11 585，即额定值2D41H。保护采用 01CFH 时，要 50 倍额定电流不溢出，故 32 767/50/1.414=463，即 01CFH。保护采用 00E7H 时，要求 100 倍额定电流不溢出，故

32 767/100/1.414=231，即 00E7H。

46. 某电子式电流互感器额定一次电流为 2000A，保护电流额定二次输出为 01CFH，那么该电子式互感器最大能测多少电流？20 倍短路电流时，保护输出电流值（数字量，均方根值）为多少？

答：当保护电流额定二次输出为 01CFH 时，即量程标志为 0，最大能测 50 倍额定电流，即 2000A×50=100 000A。

20 倍短路电流时，输出电流值为 20×01CFH=242CH。

47. 某 500kV 电子式电压互感器额定二次输出为 2D41H，若实际电压为 265kV，那么输出值为电压值（数字量，均方根值）多少？

答：输出电压值为 265/（500/1.732）×2D41H=298AH。

48. 某电子式电流互感器额定一次电流为 2000A，保护电流额定二次输出为 01CFH，那么保护装置测得电流数字量峰值为 168H 时，一次电流值（有效值）为多少？

答：01CFH=463D，168H=360D；

测得数字量（有效值）为 360/1.414=254.6；

故一次电流值（有效值）为 2000×（254.6/463）=1099.8（A）。

49. 某 500kV 电子式电压互感器额定二次输出为 2D41H，那么保护装置测得输出数字量（峰值）为 3E97H 时，一次电压值（有效值）为多少？

答：3E97H=16 023D，2D41H=11 585D；

测得数字量（有效值）为 16 023/1.414=11 331.68；

故一次电压值为（500/1.732）×（11 331.68/11 585）=282.37（kV）。

50. 电子式互感器（不含 MU）应能真实地反映一次电流或电压，其额定延时时间不应大于多少？若电子式电流互感器采集器采样频率为 5000 时，其额定延时不大于多少？

答：电子式互感器（不含 MU）应能真实地反映一次电流或电压，其额定延时时间不应大于 $2T_s$（2 个采样周期）。若采样频率为 5000 时，其额定延时不大于 0.4ms。

51. 电子式互感器接口有怎样的要求？

答：对电子式互感器接口要求如下：

（1）电子式互感器的端口包括输出端口和调试端口，其端口应封印。

（2）电子式互感器应具备内部数据修改保护措施，在未授权条件下，应无法对内部数据进行修改。

（3）加密信息采用国家密码管理局批准算法，对称加密算法推荐 SM1 或

SM7 算法，算法采用硬件方式实现。

（4）电子式互感器的输出形式分为模拟输出和数字输出，根据接口不同分为计量用模拟量输出接口、计量用数字输出接口、保护用模拟输出接口和保护用数字输出接口。

（5）计量用输出应独立。

52. 电子式互感器计量用合并单元模拟量输入接口的额定值应满足什么要求?

答：应满足如下要求：

（1）模拟电流输入额定值推荐 4V。

（2）模拟电压输入额定值推荐如下：单相系统或三相系统线间的单相电压互感器及三相电压互感器连接的合并单元输入额定值推荐 4V；三相系统线对地的单相电压互感器连接的合并单元输入额定值推荐 $4/\sqrt{3}$ V。

（3）连接成开口角以产生剩余电压的端子，其端子间的输出连接的合并单元输入额定值：对三相有效接地系统电网，输入额定值 4V；对三相非有效接地系统电网，输入额定值 4/3V；对二相电网，输入额定值 2V。

53. 电子式互感器与 MU 之间采用多模光纤传输系统，有什么样的要求?

答：要求如下：

（1）逻辑“1”定义为“光纤灭”，逻辑“0”定义为“光纤亮”。

（2）帧格式的传输速率宜为 10Mbit/s。

（3）采样率为 12 800Hz。

（4）光波长为 850nm。

（5）光纤类型为 62.5/125μm 多模光纤。

（6）光纤接头宜采用 ST 接头。

54. 电子式电流互感器的传感器如何选择?

答：可按如下方法选择：

（1）电子式电流互感器用于测量时，可配置低功率电流互感器，在满足测量准确度要求时，也可选用空心线圈电流互感器或光学电流互感器。

（2）电子式电流互感器用于保护时，可配置光学电流互感器或空心线圈电流互感器。

（3）AIS 用电子式电流互感器配置低功率或空心线圈互感器时，应采用地电位供电方式或者激光供能与 TA 取能相结合的供电方式。

（4）GIS 用电子式电流互感器采用地电位供电方式，此类互感器安装简单，便于集成化。

55. 电子式电流互感器的采样频率如何选择?

答：可按如下方法选择：

（1）输出给继电保护装置或测控装置的采样值的同步采样频率不低于4000Hz。

（2）输出给计量设备或电能质量分析装置的采样值的同步采样频率不低于12 800Hz。

第四章　过程层智能设备

1. 简述电子式互感器用合并单元的功能和作用。

答：电子式互感器的远端模块输出没有统一规定，各厂家使用的原理、介质系数、二次输出光信号含义不相同。因此，电子式互感器输出的光信号需要同步、系数转化等处理后，以统一的数据格式供二次设备使用。否则，电子式互感器无法与二次设备通信。

因此合并单元是电子式互感器接口的重要组成部分，是采样数据共享的基础。

2. 简述电子式互感器用合并单元的硬件结构框图和工作流程。

答：合并单元采集多路电子式互感器的光数字信号，并组合成同一时间断面的电流电压数据，按照统一的数据格式输出给过程层总线，电子式互感器用合并单元的硬件结构框图，如图 4–1 所示。

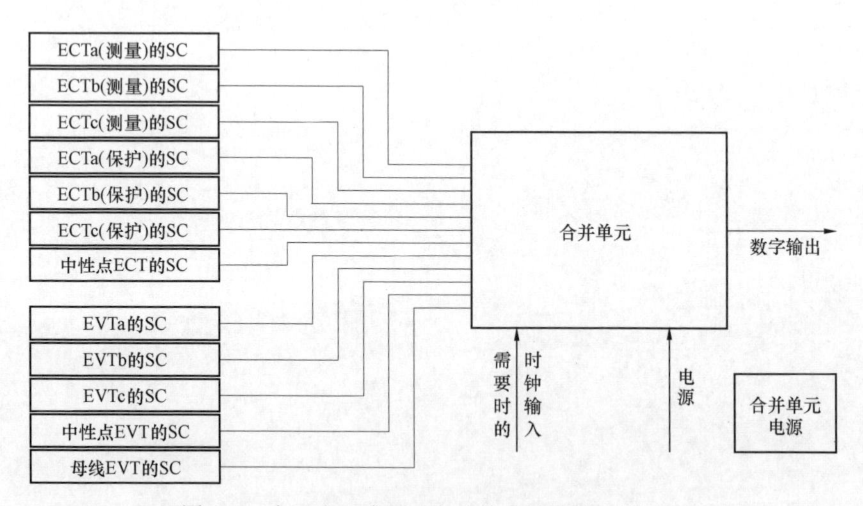

图 4–1　电子式互感器用合并单元的硬件结构框图

3. 简述合并单元前置的采集数据的处理机制。

答：电子式互感器将模拟量信号转变为小电压信号后，采集卡将采集到的小电压信号模数转化为光信号（FT3 或私有协议）传送给合并单元。

4. 合并单元与电子式互感器之间的通信速度和通信协议应满足何种条件?

答：合并单元与电子式互感器之间通信速度应满足最高采样率要求。合并单元与电子式互感器之间的通信协议应开放、标准，宜采用 IEC 60044–7/8 的 FT3 格式。

5. 简述常规合并单元用的硬件结构框图和工作流程。

答：装置对常规互感器输出的模拟量信号采样后，进行数据合并和处理，按照 IEC 61850–9–2 标准转化成以太网数据或者“支持通道可配置的扩展 IEC 60044–8”的 FT3 数据，再通过光纤输出到过程层网络或相关的智能电子设备中，其结构框图如图 4–2 所示。

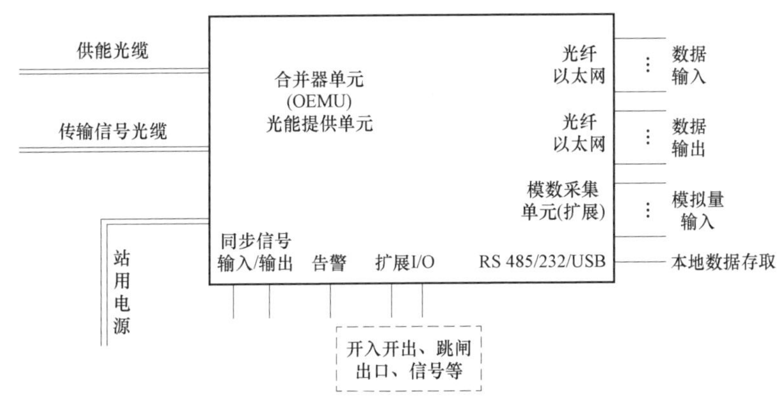

图 4–2　合并单元用的硬件结构框图

6. 常规合并单元使用的 AC 插件中 TA 和 TV 的精度为多少?

答：保护 TA 为 5TPE 级或 5P 级，测量 TA 为 0.2S 或 0.2 级，TV 为 0.2 级。

7. 简述常规互感器和电子式互感器与合并单元接口的区别。

答：合并单元与电子式互感器接口时，信号采集是由电子式互感器完成的。合并单元的主要功能是对电子式互感器传输的数据解码并组帧发送给测控、保护等装置。而其与常规互感器接口时，信号采集是由合并单元完成的，合并单元采集经过小 TV、小 TA 变换后的模拟量直接将数据组帧发送给测控、保护等装置。图 4–3、图 4–4 所示分别为电子式互感器与合并单元接口、常规互感器与合并单元接口。

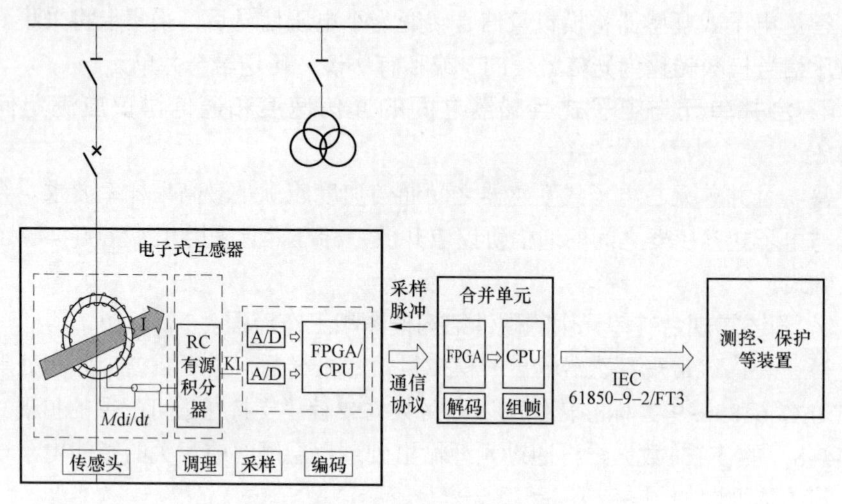

图 4–3 电子式互感器与合并单元接口

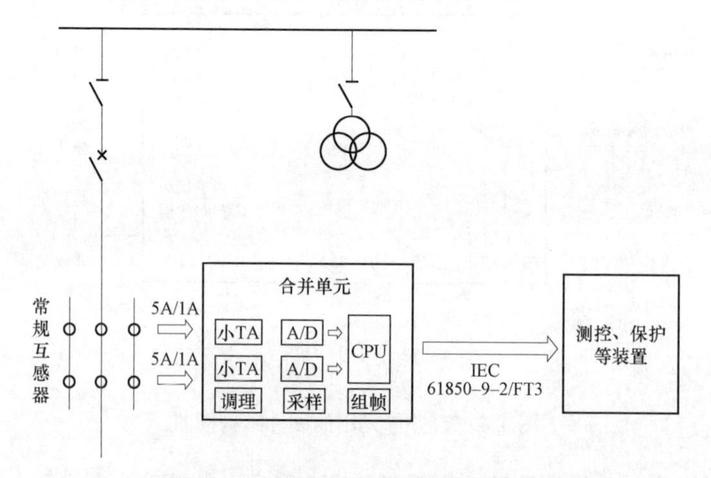

图 4–4 常规互感器与合并单元接口

8. 简述合并单元采样值同步的必要性。

答：一次设备智能化要求实时电气量和状态量采集由传统的集中式采样改为分布式采样，这样就不可避免地带来了采样同步的问题，主要表现在以下几个方面：

（1）同一间隔内的各电压电流量的同步。本间隔的有功功率、无功功率、功率因数、电流/电压相位、序分量及线路电压等问题都依赖于对同步数据的测量计算。

（2）关联多间隔之间的同步。变电站内存在某些二次设备需要多个间隔的电压、电流量，典型的如母线保护、主设备纵联差动保护装置等，相关间隔的合并单元送出的测量数据应该是同步的。

（3）关联变电站间的同步。输电线路保护采用数字式纵联电流差动保护（如光纤纵差）时，差动保护需要两侧的同步数据，这有可能将数据同步问题扩展到多个变电站之间。

（4）广域同步。大电网广域监测系统需要全系统范围内的同步相角测量，在大规模使用电子式互感器的情况下，必将出现全系统内采样数据同步。

合并单元输出的电压、电流信号必须严格同步，否则将直接影响保护动作的正确性，甚至在失去同步时要退出相应的保护。

9. 简述合并单元中计数器的工作机制。

答：当 SV 发包速率为 *n* 时，计数器在 0 到（*n*–1）之间正常翻转。例如每秒钟 4000 帧报文，0～3999 正常翻转。

合并单元失步后再同步，其采样周期调整步长应不大于 1μs。采样序号应在采样周期调整完毕后跳变，同时合并单元输出的数据帧同步位由不同步转为同步状态。

10. 简述合并单元守时工作机制及要求。

答：合并单元在同步状态下，使自身时钟和时钟源保持一致，并通过算法记录下一个参考时钟，在时钟源丢失后，依照参考时钟继续运行，保证在一段时间内参考时钟和时钟源偏差不大。

守时误差：在 10min 内应小于±4μs。

11. 合并单元对时精度以及守时精度的要求是什么？

答：合并单元对时误差要求不超过 1μs，守时 10min 误差不超过 4μs。

12. 简述合并单元失步后处理机制。

答：合并单元具有守时功能，要求在失去同步时钟信号 10min 以内 MU 的守时误差小于±4μs，合并单元在失步且超出守时范围的情况下应产生数据同步无效标志。

13. 为什么 MU 采样值发送间隔离散值不能超过 10μs？

答：理论上 MU 采样值应该等间隔发送，考虑到合并单元软硬件处理能力存在一定差异，会有一定的离散度，所以对合并单元的发送离散进行了规范要求，综合考虑目前各主流设备制造厂家硬件处理能力和满足现阶段电网继电保护性能指标不受影响的要求，标准中对合并单元离散度要求确定为 10μs。10μs 的角差为 0.18°，不会对以差动或方向为原理的保护有影响。

14. 电子式互感器用合并单元级联（延时）时的延时包括哪些环节?

答：合并单元级联延时主要包括以下方面：

（1）ECT 特性延时；

（2）远端模块处理延时；

（3）远端模块至 MU 传输延时；

（4）MU 级联延时；

（5）MU 处理延时；

（6）MU 至保护传输延时。

15. 为什么 MU 采样值传输延时不能超过 2ms?

答：合并单元采样值报文响应时间 t_d 为采样值自合并单元接收端口输入至输出端口输出的延时。合并单元采样响应时间不大于 1ms，考虑母线合并单元和间隔合并单元需经过一级级联，目前标准要求母线合并单元采样值传输延时不能超过 2ms，若采样数据延时超出此范围，间隔合并单元应报警。

16. 合并单元如何对不同电子式互感器的不同延时差异进行处理?

答：由于实现原理不同，电子式互感器传变采样值的延时不同，且各厂家对数据处理的方法也不同，这就导致不同电子式互感器从一次电流/电压到合并单元二次输出的延时各不相同，将给保护的插值同步带来很大误差。为此，合并单元必须计算出采样值从电子式互感器一次输入到其输出给保护装置整个过程的时间，并以“额定延时”通过采样值的一个数据通道传输给保护装置。保护装置据此将采样值还原到一次系统发生的真实时刻，以实现不同间隔采样值的同步。

17. 简述合并单元的同步机制和再同步机制。

答：采样同步状态转换图见图 4–5。

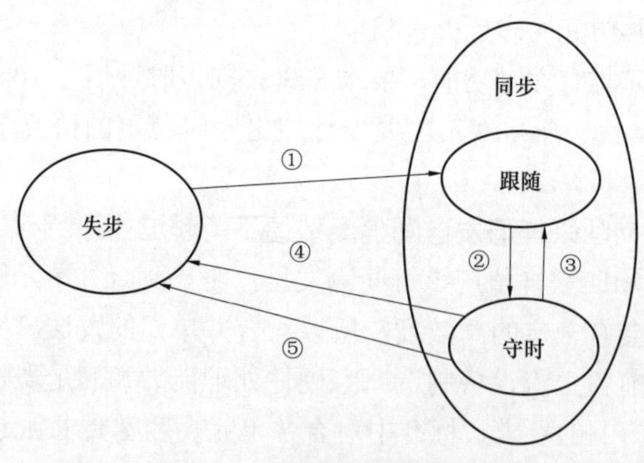

图 4–5　采样同步状态转换图

具体转换条件及过程说明如下：

（1）合并单元处于失步状态时，连续接收到 10 个有效时钟授时同步信号（时间均匀性误差小于 10μs）时，进入跟随状态，置同步标示。

（2）在合并单元处于跟随状态时，若接收到的有效时钟授时信号与自身时钟误差小于 10μs，则保持跟随状态；若未接收到时钟授时信号或授时信号与合并单元自身时钟时间差大于 10μs 时，则进入守时状态。

（3）在合并单元处于守时状态时，若接收到授时信号与合并单元自身时钟时间差小于 10μs 时，则进入跟随状态。

（4）在合并单元处于守时状态时，连续接收到 5 个与合并单元时间差大于 10μs 有效时钟授时信号时进入失步状态，清除同步标志。

（5）在合并单元处于守时状态时，若持续 10min 未接收到有效时钟进入失步状态，清除同步标志。

注：装置上电时，直接进入失步状态。

18. MU 应利用同步时钟同步电子式互感器的采样，同步可采用脉冲同步法或插值法，简要介绍这两种同步方法。

答：（1）脉冲同步法：由 MU 向电子互感器发送采样脉冲，数据采样的脉冲必须由 MU 的秒脉冲信号锁定，每秒第一次测量的采样时刻应和秒脉冲的上升沿同步，且对应的时标在每秒内应均匀分布。

（2）插值法：电子互感器各自独立采样，并将采样的一次电流或电压数据以固定延时时间发送至 MU，MU 以同步时钟为基准插值，插值时刻必须由 MU 的秒脉冲信号锁定，每秒第一次插值的时刻应和秒脉冲的上升沿同步，且对应的时标在每秒内应均匀分布。

19. 如何定义合并单元的最小电压单位及最小电流单位？

答：根据 IEC 61850–9–2LE 标准规定，电压采样值为 32 位整型，1LSB=10mV，电流采样值为 32 位整型，1LSB=1mA，数据分别代表一次电压、电流的大小。

32 位的最低位，即第 0 位代表 1mA 或 10mV；最高位，即第 31 位为符号位：0 为正，1 为负。

20. 二级合并单元需要对接收到的数据帧报文的品质以及中断做何处理？

答：若二级合并单元接收到的数据帧报文是置检修或无效，则发送的数据帧报文的相应通道也置检修或无效。

若二级合并单元接收数据帧报文回路断链，则数值为 0，品质置无效。

21. SV采样值报文的中断、重启检查要满足哪些技术要求?

答:（1）通信中断后，保护装置应可靠闭锁并发出告警信号；通信恢复后，保护装置告警信号应自动返回，保护功能应恢复正常。

（2）合并单元重启后，发送的 SV 报文内容应反映当前所有输入量的真实状态。

22. SV报文MAC地址推荐范围、以太网类型及APPID是什么?

答: SV 报文 MAC 地址推荐范围为 01–0c–cd–04–00–00～01–0c–cd–04–01–ff，以太网类型为 0x88BA，APPID = 0x4000～0x7fff。

23. 为保证合并单元AD采样值的正确性，通常会采用何种抗频率混叠措施?

答: 保护装置应根据装置采样频率设计数字滤波器，滤波器的截止频率小于等于采样频率的 1/2，以满足抗频率混叠的要求。

24. 何为双AD采样? 双AD采样的作用是什么?

答: 双 AD 采样为合并单元通过两个 AD 同时采样两路数据，如一路为电流 A、B、C，另一路为电流 A1、电流 B1、电流 C1。两路 A/D 电路输出的结果应完全独立，幅值差不应大于实际输入量幅值的 2.5%（或 $0.02I_n/0.02U_n$）。两路数据同时参与逻辑运算，即相互校验。

双 AD 采样的作用是避免在任一个 AD 采样环节出现异常时造成保护误出口。

25. 合并单元的输出接口应如何配置?

答: 合并单元应能提供输出 IEC 61850–9 协议的接口及输出 IEC 60044–8 的 FT3 协议的接口，能同时满足保护、测控、录波、计量设备使用的要求。对于采样值组网传输的方式，合并单元应提供相应的以太网口；对于采样值点对点传输的方式，合并单元应提供足够的输出接口分别对应保护、测控、录波、计量等不同的二次设备。输出接口应模块化并可根据需要增加输出模块。

26. 针对不同母线接线方式，如何配置母线电压合并单元?

答: 母线电压应配置单独的母线电压合并单元。母线电压合并单元可接收至少 2 组电压互感器数据，并支持向其他合并单元提供母线电压数据，根据需要提供电压并列功能。各间隔合并单元所需母线电压量通过母线电压合并单元转发。

（1）3/2 接线：每段母线配置合并单元，母线电压由母线电压合并单元点对点通过线路电压合并单元转接。

（2）双母线接线：两段母线按双重化配置两台合并单元。每台合并单元应具备 GOOSE 接口，以及接收智能终端传递的母线电压互感器隔离开关位置、母联隔离开关位置和断路器位置，用于电压并列。

（3）双母单分段接线：按双重化配置两台母线电压合并单元，不考虑横向并列。

（4）双母双分段接线：按双重化配置四台母线电压合并单元，不考虑横向并列。

（5）用于检同期的母线电压由母线合并单元点对点通过间隔合并单元转接给各间隔保护装置。

27. 合并单元电压切换应满足哪些技术要求?

答：对于接入了两段母线电压的按间隔配置的合并单元，根据采集的双位置隔离开关信息，进行电压切换。合并单元应支持 GOOSE 或硬接点方式完成电压并列和切换功能。切换逻辑应满足：

（1）当Ⅰ母隔离开关合位，Ⅱ母隔离开关分位时，母线电压取自Ⅰ母。

（2）当Ⅰ母隔离开关分位，Ⅱ母隔离开关合位时，母线电压取自Ⅱ母。

（3）当Ⅰ母隔离开关合位，Ⅱ母隔离开关合位时，理论上母线电压取Ⅰ母电压或Ⅱ母电压都可以；工程应用中一般取Ⅰ母电压，并在 GOOSE 报文中报同时动作信号。

（4）当Ⅰ母隔离开关分位，Ⅱ母隔离开关分位时，母线电压数值为 0，并在 GOOSE 报文中报失压告警信号，同时返回信号。

（5）采集隔离开关位置异常状态时报警。

（6）合并单元在进行母线电压并列或切换时，不应出现通信中断、丢包、品质输出异常改变等异常现象，采样值不应误输出、采样序号应连续。

28. 合并单元的告警功能应满足哪些技术要求?

答：合并单元的告警功能应满足如下技术要求：

（1）合并单元的自检应能对装置本身的硬件或通信方面的错误进行自诊断，并能对自检事件进行记录、追溯，通过直观的方式显示。记录的事件包括数字采样通道故障、时钟失效、网络中断、参数配置改变等重要事件。

（2）在合并单元故障时输出报警接点或闭锁接点。

（3）合并单元具备装置运行状态、通道状态等 LED 显示功能。

（4）具备完善的闭锁告警功能，能保证在电源中断、电压异常、采集单元异常、通信中断、通信异常、装置内部异常等情况下不误输出。

29. 合并单元应满足哪些技术要求?

答：合并单元应满足以下技术要求：

（1）合并单元应能满足最少 12 个模拟输入通道和至少 8 个采样值输出端口的要求。

（2）合并单元应具备报警输出接点或闭锁接点。

（3）合并单元应具备测试用秒脉冲信号输出接口。

（4）间隔合并单元应具备接入母线电压数字信号级联接口。

（5）具备采集断路器、隔离开关等位置信号功能（包含常规信号和GOOSE）。

（6）合并单元应能接受外部时钟的同步信号，同步方式应基于 1PPS、IRIG–B（DC）或 IEC 61588–2009（IEEE 1588–2008）PTP 协议中的一种方式。

30. 合并单元设计的技术原则有哪些?

答：合并单元设计时应符合以下原则：

（1）合并单元应支持 DL/T 860.92—2016《电力自动化通信网络和系统 第 9–2 部分：特定通信服务映射（SCSM）–基于 ISO/IEC 8802–3 的采样值》或 GB/T 20840.8—2007《互感器 第 8 部分：电子式电流互感器》等规约，通过 FT3 或 DL/T 860.92—2016 接口实现合并单元之间的级联功能。

（2）合并单元应能接受外部公共时钟的同步信号，与 ECT、EVT 的同步可采用同步采样脉冲。

（3）按间隔配置的合并单元应接收来自本间隔电流互感器的电流信号，若本间隔有电压互感器，还应接入本间隔电压信号。若本间隔二次设备需接入母线电压，还应级联接入来自母线电压合并单元的母线电压信号。

（4）若电子式互感器由合并单元提供电源，合并单元应具备对激光器的监视以及取能回路的监视能力。

31. 合并单元的检修压板应满足哪些技术要求?

答：（1）采用 DL/T 860.92—2016 协议发送采样数据：合并单元检修投入时，发送的所有数据通道置检修；按间隔配置的合并单元母线电压来自母线合并单元，仅母线合并单元检修投入时，则按间隔配置的合并单元仅置来自母线合并单元数据检修位。

（2）GOOSE 报文检修机制：合并单元检修投入时，GOOSE 发送报文置检修。合并单元断路器、隔离开关位置信息取自 GOOSE 报文时，若 GOOSE 报文中置检修，合并单元未置检修，则合并单元不使用该 GOOSE 报文中的断路器、隔离开关位置信息，保持断路器、隔离开关位置的原状态；若 GOOSE 报文中置检修，合并单元也置检修，则合并单元使用该 GOOSE 报文中的断路器、隔离开关位置信息；若 GOOSE 报文未置检修，合并单元置检修，则合并单元不使用该 GOOSE 报文中的断路器、隔离开关位置信息，保持断路器、隔离开关位置的原状态。

32. 模拟量输入式合并单元的输出功能应满足哪些技术要求？

答：（1）宜采用 DL/T 860.92 规定的数据格式输出数据，应输出电子式互感器整体的采样响应延时，满足直采的要求。

（2）采样值报文从接收端口输入至输出端口输出的总延时应不大于 1ms，级联合并单元采样响应延时应不大于 2ms。

（3）采样值发送的间隔的离散值应不大于 10μs（采样频率 4kHz）。

（4）装置在复位启动过程中应不误输出数据；在电源中断、装置电源电压异常、采集单元异常、通信中断、通信异常、装置内部异常等情况下不误输出。

（5）应支持至少 8 个采样值输出端口。

（6）DL/T 860.92 APDU 中包含的 ASDU 数目可配置，采样频率为 4kHz 时 ASDU 宜配置为 1，采样频率为 12.8kHz 时 ASDU 宜配置为 8。

33. 模拟量输入式合并单元的过载能力应满足哪些技术要求？

答：（1）交流电压回路，应满足：1.2 倍额定电压，长期连续工作；1.4 倍额定电压，允许 10s；2 倍额定电压，允许 1s。

（2）保护交流电流回路，应满足：1.2 倍额定电流，长期连续工作；10 倍额定电流，允许 10s；40 倍额定电流，允许 1s。

（3）测量交流电流回路，应满足：1.2 倍额定电流，长期连续工作；20 倍额定电流，允许 1s。

（4）装置经受过电流或过电压后，应无绝缘损坏、液化、炭化或烧焦等现象，被试设备仍应满足本标准规定的相关性能要求。

34. 合并单元的功耗参数有哪些要求？

答：（1）交流电压回路：当额定电压时，每相不大于 0.5VA。

（2）保护交流电流回路：当额定电流为 5A 时，每相不大于 0.5VA；当额定电流为 1A 时，每相不大于 0.3VA。

（3）测量交流电流回路：每相不大于 0.75VA。

（4）电源回路：当正常工作时，装置功率消耗不大于 50W；带激光电源输出的合并单元功耗不大于 75W。

35. 测试合并单元电磁兼容性能有哪些试验方法？

答：（1）1MHz 脉冲群抗扰度试验；

（2）静电放电抗扰度试验；

（3）射频电磁场辐射抗扰度试验；

（4）电快速瞬变脉冲群抗扰度试验；

（5）浪涌抗扰度试验；

（6）射频场感应的传导骚扰抗扰度试验；

（7）工频磁场抗扰度试验；

（8）阻尼振荡磁场抗扰度试验；

（9）脉冲磁场抗扰度试验；

（10）辅助电源端口电压暂降、短时中断、电压变化和纹波试验；

（11）传导发射限值试验；

（12）辐射发射限值试验。

36. 模拟量输入式合并单元数据输入有哪些功能要求？

答：（1）应支持电磁式互感器的接入；在接入电磁式互感器模拟量信号时，应支持保护用交流电压和电流双 A/D 数据采集，两路 A/D 电路应相互独立。

（2）模拟量输入式合并单元应至少支持 12 路传统互感器模拟信号接入；用于测量的交流模拟量幅值误差和相位误差应符合 GB/T 20840.7—2007 中 12.5 及 GB/T 20840.8—2007 中 12.2 的规定；用于保护的交流模拟量幅值误差、相位误差和复合误差应符合 GB/T 20840.7—2007 中 13.5 以及 GB/T 20840.8—2007 中 13.1.3 的规定。

（3）合并单元保护电流通道的最大峰值瞬时误差应不大于 10%；通过合并单元的采样值分析出的保护电流非周期分量衰减时间常数（0.1s）的测量误差应不大于 10%。

（4）模拟量和数字量混合接入时的采样同步误差要求以模拟量的相位误差为准。

（5）应具备断路器、隔离开关等位置信号采集功能，支持 GOOSE 或硬接点方式。

（6）按间隔配置的合并单元应具有数据级联功能，接收来自其他间隔合并单元的电压数据；应能对级联输入的采样值有效性进行判别，并能对数字采样值失步、无效、检修等事件进行记录。

37. 数字量输入式合并单元数据输入有哪些功能要求？

答：（1）应支持电子式互感器的接入。

（2）合并单元保护电流通道的最大峰值瞬时误差应不大于 10%；通过合并

单元的采样值分析出的保护电流非周期分量衰减时间常数（0.1s）的测量误差应不大于 10%。

（3）数字量输入式合并单元应能接收至少 6 路电子式互感器的采样信号，电子式互感器与合并单元之间的交互规约见智能变电站合并单元技术规范 Q/GDW 1426—2016 的附录 A。

（4）应具备断路器、隔离开关等位置信号采集功能，支持 GOOSE 或硬接点方式。

（5）按间隔配置的合并单元应具有数据级联功能，接收来自其他间隔合并单元的电压数据；应能对级联输入的采样值有效性进行判别，并能对数字采样值失步、无效、检修等事件进行记录。

（6）应对电子式互感器采样值品质、接收数据周期等异常事件进行判别并记录；若采用同步法同步时，还应对同步状态、报文错序进行判别和记录。

38. 合并单元异常时，该如何进行重启操作?

答：（1）当母线合并单元异常时，投入装置检修状态硬压板，关闭电源并等待 5s，然后再上电重启。

（2）当间隔合并单元异常时，若保护双重化配置，则将该合并单元对应的间隔保护改信号，母差保护仍投跳（500kV 母差保护因无复合电压闭锁需改信号），投入合并单元检修状态硬压板，重启装置一次；若保护单套配置，则相关保护不改信号，直接投入合并单元检修状态硬压板，重启装置一次。

39. 列举常见运行中合并单元发生的缺陷与异常（至少两点），并对此进行分析。

答：（1）合并单元装置告警：光口发送功率不足，装置插件损坏，装置端口损坏，装置内部参数设置错误等。

（2）SV 断链告警：光电转换装置损坏，光纤损坏，端口损坏等。

（3）GPS 对时异常告警：GPS 的 CPU 插件损坏，GPS 参数设置错误，GPS 对时光口发送功率不足等。

（4）解决方法：更换插件，采用备用芯和备用端口，内部参数重新设置。

40. 描述智能终端的典型结构。

答：智能终端的典型结构主要由以下几个模块组成：电源模块、CPU 模块、智能开入模块、智能开出模块、智能操作回路模块等，部分装置还包含模拟量采集模块。CPU 模块一方面负责 GOOSE 通信，另一方面完成动作逻辑，开放出口继电器的正电源；智能开入模块负责采集断路器、隔离开关等一次设备的开关量信息，再通过 CPU 模块传送给保护和测控装置；智能开出模块负责驱动隔离开关、接地开关分合控制的出口继电器；智能操作回路模块负责驱动断路器跳合闸出口继电器。

41. 智能终端应具备哪些功能?

答：智能终端应具备的功能有以下几方面：

（1）开关量输入（DI）和模拟量（AI）采集功能。输入量点数可根据工程需要灵活配置，开关量输入宜采用强电方式采集；模拟量输入应能接收 4～20mA 电流量和 0～5V 电压量。

（2）开关量输出（DO）输出功能。输出量点数可根据工程需要灵活配置，继电器输出接点容量应满足现场实际需要。智能终端的动作时间应不大于 5ms。

（3）断路器控制功能。可根据工程需要选择分相控制或三相控制等不同模式。

（4）断路器操作箱功能。它包含分合闸回路、合后监视、重合闸、操作电源监视和控制回路断线监视等功能。

（5）信息转换和通信功能。支持以 GOOSE 方式上传一次设备的状态信息，同时接收来自二次设备的 GOOSE 下行控制命令，实现对一次设备的实时控制功能。

（6）GOOSE 命令记录功能。可记录收到 GOOSE 命令时刻、GOOSE 命令来源及出口动作时刻等内容。

（7）闭锁告警功能。它包括电源中断、通信中断、通信异常、GOOSE 断链、装置内部异常等信号；其中装置异常及直流消失信号在装置面板上宜直接有 LED 指示灯。

（8）对时功能。能接收 IEC 61588 或 B 码时钟同步信号功能，装置的对时精度误差应不大于±1ms。

42. 对主变压器本体智能终端有哪些功能要求?

答：主变压器本体智能终端应包含完整的本体信息交互功能（非电量动作报文、调挡及测温等），并可提供用于闭锁调压、启动风冷、启动充氮灭火等出口接点，同时还宜具备就地非电量保护功能，所有非电量保护启动信号均应经大功率继电器重动，非电量保护跳闸通过控制电缆以直跳方式实现。

43. 智能终端发送的 GOOSE 数据集分为两类 GOOSE 数据集，分别包含什么?

答：智能终端发送的 GOOSE 数据集分为两个 GOOSE 数据集，其中一个包含断路器位置、隔离开关位置等供保护用的 GOOSE 信号；第二个数据集包含各种位置和告警信息，供测控装置使用。

44. 智能终端无法实现跳闸时应检查哪些方面?

答：智能终端无法实现跳闸时应检查的方面有：

（1）两侧的检修压板状态是否一致，跳闸出口硬压板是否投入。

（2）输出硬接点是否动作，输出二次回路是否正确。

（3）装置收到的 GOOSE 跳闸报文是否正确。

（4）保护（测控）装置 GOOSE 出口软压板是否正常投入。

（5）装置的光纤连接是否良好。

（6）保护（测控）及智能终端装置是否正常工作。

（7）SCD 文件的虚端子连接是否正确。

45. 智能终端是否需要对时? 对时应采用什么方式?

答：智能终端需要对时。对时有光纤 IRIG–B 码和电 IRIG–B 码两种对时方式，对时采用光纤 IRIG–B 码对时方式时，宜采用 ST 接口；采用电 IRIG–B 码对时方式时，采用直流 B 码，通信介质为屏蔽双绞线。

46. 对智能终端的配置有哪些要求?

答：双套配置的保护对应智能终端应双套配置，本体智能终端宜集成非电量保护功能，单套配置。

47. 智能终端的双重化配置的具体含义是什么?

答：智能终端的双重化配置是指两套智能终端应与各自的保护装置一一对应，两套操作回路的跳闸硬接点开出应分别对应于断路器的两个跳闸线圈，合闸硬接点则并接至合闸线圈，双重化智能终端跳闸线圈回路应保持完全独立。

48. 智能终端闭锁重合闸的组合逻辑是什么?

答：智能终端闭锁重合闸的组合逻辑有以下两种：

（1）闭锁本套重合闸逻辑为遥合（手合）、遥跳（手跳）、TJR、TJF、闭锁重合闸开入、本智能终端上电的“或”逻辑。

（2）双重化配置智能终端时，应具有输出至另一套智能终端的闭锁重合闸触点，逻辑为遥合（手合）、遥跳（手跳）、保护闭锁重合闸、TJR、TJF 的“或”逻辑。

49. 为什么智能终端发送的外部采集开关量需要带时标?

答：无论是在组网还是直采 GOOSE 信息模式下，间隔层 IED 订阅到的 GOOSE 开入量都带有了延时，该接收到的 GOOSE 变位时刻并不能真实反应外部开关量的精确变位时刻。为此，智能终端通过在发布 GOOSE 信息时携带自身时标，该时标真实反应了外部开关量的变位时刻，为故障分析提供精确的 SOE 参考。

50. 什么是智能终端动作时间?

答：智能终端的动作时间是指智能终端收到 GOOSE 跳闸命令时刻至智能终端出口动作的时间。通常包括智能终端订阅 GOOSE 信息后的 CPU 处理延时和出口继电器的动作时间。

51. 如何测智能终端的 GOOSE 开关量延时?

答：通过数字继电保护测试仪输出开关量信号给被测智能终端，同时接收该智能终端发出的 GOOSE 报文，并记录开关量开出与报文接收的时间差，智能终端硬接点开入延时应小于 10ms。

52. 智能终端是否需要实现防跳功能?

答：智能终端不需要实现防跳功能，断路器的防跳功能应在断路器本体机构中实现。

53. 智能终端如何实现跳闸反校报文?

答：智能终端提供了反校功能，以检测跳、合闸继电器是否动作。反校信息以 GOOSE 遥信上送，并在装置事件中记录。逻辑框图如 4–6 所示。

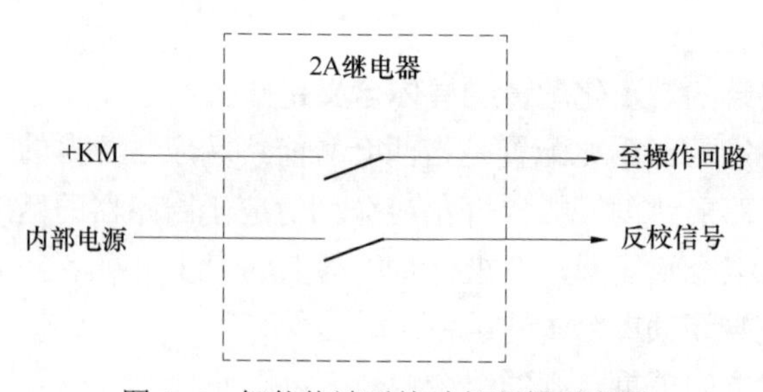

图 4–6　智能终端反校功能逻辑示意图

54. 为什么智能终端不设软压板?

答：智能终端不设置软压板是因为智能终端长期处于现场，液晶面板容易损坏。同时也是为了符合运行人员的操作习惯，所以智能终端不设软压板，而设置硬压板。

55. Q/GDW 1808—2012《智能变电站继电保护通用技术条件》对智能终端有哪些要求?

答：Q/GDW 1808—2012《智能变电站继电保护通用技术条件》对智能终端的要求有以下几方面：

（1）智能终端 GOOSE 订阅支持的数据集不应少于 15 个。

（2）智能终端可通过 GOOSE 单帧实现跳闸功能。

（3）智能终端动作时间不大于 7ms（包含出口继电器的时间）。

（4）开入动作电压应在额定直流电源电压的 55%～70%范围内，可选择单开入或双位置开入，输出均采用双位置。

（5）智能终端发送的外部采集开关量应带时标。

（6）智能终端外部采集开关量分辨率应不大于 1ms，消抖时间不小于 5ms，动作时间不大于 10ms。

（7）智能终端应能记录输入、输出的相关信息。

（8）智能终端应以虚遥信点方式转发收到的跳合闸命令。

（9）智能终端遥信上送序号应与外部遥信开入序号一致。

56. 智能终端需设置哪些类型的硬压板？

答：智能终端需设置的硬压板包括出口压板和检修压板。其中出口压板包括保护的跳、合闸出口压板和遥控出口压板。

57. 智能终端能否实现模拟量（AI）采集功能？能实现对什么的采集？对模拟量输入有什么要求？如何上送？

答：智能终端可以实现模拟量的采集，包括温度、湿度、压力、密度、绝缘、机械特性以及工作状态等。模拟量输入应能接收 4～20mA 电流量和 0～5V 电压量，智能终端将通过 GOOSE 模拟量采样数据集将采样值上送给测控装置。

58. 采用 GOOSE 来传输温度等模拟量信号时，如何避免模拟量信号频繁变化？

答：设置模拟量死区，在死区范围内不主动上送。

59. 220kV 及以上电压等级智能终端的配置有何要求？

答：（1）220kV 及以上电压等级智能终端按断路器双重化配置。

（2）220kV 及以上电压等级变压器各侧的智能终端均按双重化配置。

（3）双套配置的保护对应智能终端应双套配置。

（4）本体智能终端宜集成非电量保护功能，单套配置。

60. 10kV～110（66）kV 电压等级智能终端的配置有何要求？

答：（1）双套配置的保护对应智能终端应双套配置，宜采用合并单元、智能终端一体化装置。

（2）本体智能终端宜集成非电量保护功能，单套配置。

61. 标准化设计规范对本体智能终端的非电量保护提出了哪些技术原则？

答：（1）非电量保护动作应有动作报告。

（2）重瓦斯保护作用于跳闸，其余非电量保护宜作用于信号。

（3）用于非电量跳闸的直跳继电器，启动功率应大于 5W，动作电压在额定直流电源电压的 55%～70%范围内，额定直流电源电压下动作时间为 10～35ms，应具有抗 220V 工频干扰电压的能力。

（4）分相变压器 A、B、C 相非电量分相输入，作用于跳闸的非电量三相共用一个功能压板。

（5）用于分相变压器的非电量保护装置的输入量每相不少于 14 路，用于三相变压器的非电量保护装置的输入量不少于 14 路。

62. 本体智能终端非电量保护开关量包括哪些?

答:（1）开关量输入：

非电量输入：本体重瓦斯、本体压力释放、本体轻瓦斯、本体油位高、本体油位低、油温高发信、调压重瓦斯、调压轻瓦斯、调压油位高、调压油位低。

其他开关量输入：远方操作硬压板、保护检修状态硬压板、信号复归、启动打印（可选）。

（2）开关量输出：

保护出口：跳高压侧断路器（1 组）、跳高压桥断路器（1 组）、跳中压侧断路器（1 组）、跳低压 1 分支断路器（1 组）、跳低压 2 分支断路器（1 组）、闭锁高压侧备自投（1 组）、跳闸备用（4 组）。

信号触点输出：保护动作 [2 组不保持、1 组保持（可选）]、运行异常（至少 1 组不保持）；装置故障告警（至少 1 组不保持）。

63. 智能终端校验、消缺时的现场检修安全措施有哪些原则?

答: 智能终端可单独投退，也可根据影响程度确定相应保护装置的投退。

（1）双重化配置的智能终端单台校验、消缺时，可不停役相关一次设备，但应退出该智能终端出口压板，退出重合闸功能，同时根据需要退出受影响的相关保护装置。

（2）单套配置的智能终端校验、消缺时，需停役相关一次设备，同时根据需要退出受影响的相关保护装置。

64. 智能终端有哪些跳闸输入信号?

答: 智能终端能够接收保护、测控装置通过 GOOSE 报文送来的跳闸信号，同时支持手跳接点输入。某型号智能终端跳闸逻辑框图如图 4-7 所示。

（1）“GOOSE TA”、“GOOSE TB”、“GOOSE TC”是以 GOOSE 方式输入的分相跳闸信号，可用于保护装置分相跳闸。

（2）“GOOSE TJQ”是以 GOOSE 方式输入的三跳启动重合闸信号。

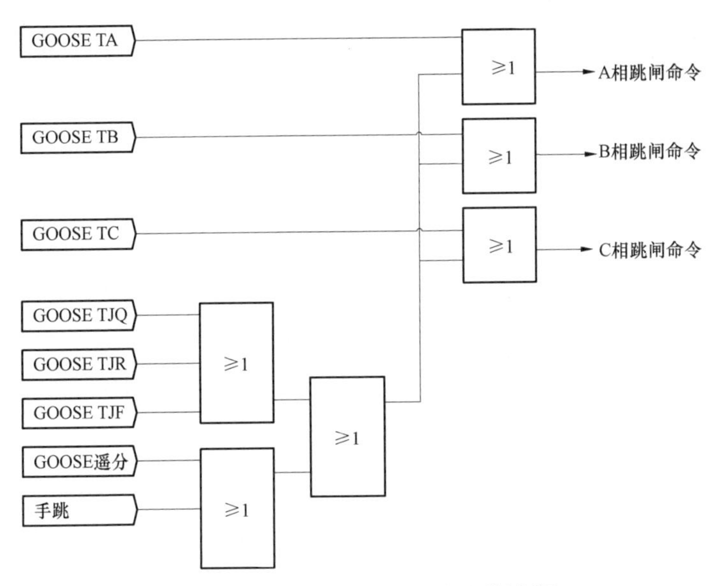

图 4–7 某型号智能终端跳闸逻辑框图

（3）“GOOSE TJR”是以 GOOSE 方式输入的三跳不启动重合闸而启动失灵保护的信号。

（4）“GOOSE TJF”是以 GOOSE 方式输入的三跳既不启动重合闸，又不启动失灵保护的信号。

（5）“GOOSE 遥分”是以 GOOSE 方式输入的测控装置遥分信号。

（6）“手跳”是以电缆方式输入的手跳硬接点开入。

65. 智能终端有哪些合闸输入信号?

答：智能终端能够接收保护、测控装置通过 GOOSE 报文送来的合闸信号，同时支持手合接点输入。某型号智能终端合闸逻辑框图如图 4–8 所示。

（1）“GOOSE HA”、“GOOSE HB”、“GOOSE HC”是以 GOOSE 方式输入的分相合闸信号，可用于与具有自适应重合闸功能的保护装置相配合。

（2）“GOOSE 重合闸”是以 GOOSE 方式输入的重合闸信号。

（3）“合闸压力低”是以电缆方式输入的断路器操作机构的合闸压力不足接点开入。

（4）“GOOSE 遥合”是以 GOOSE 方式输入的测控合闸信号。

（5）“手合”是以电缆方式输入的手合硬接点开入。

66. 智能终端如何实现压力低闭锁跳闸?

答：（1）压力低闭锁跳闸逻辑：智能终端提供专用开入接口接入断路器提

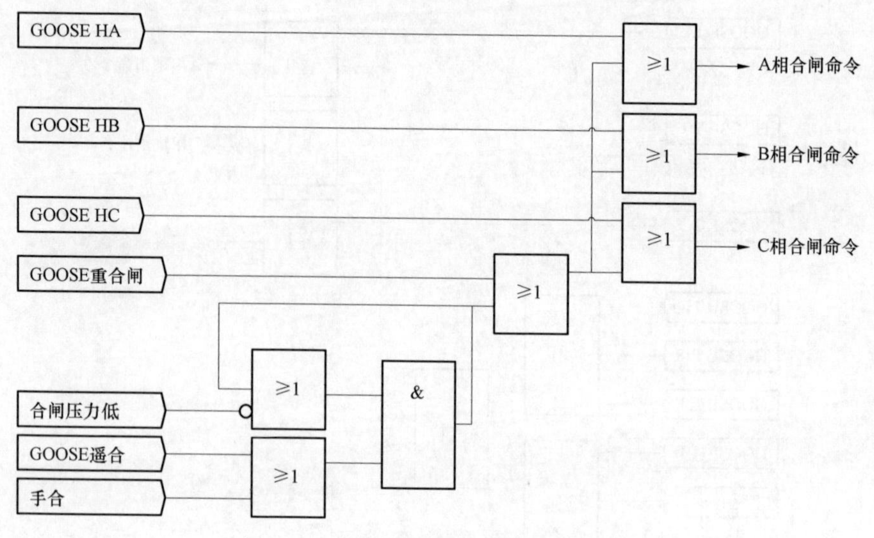

图 4–8　某型号智能终端合闸逻辑框图

供的压力低闭锁跳闸接点。在跳闸命令有效之前，如果该开入有效，则闭锁跳闸命令；而在跳闸命令有效之后，即在跳闸过程中出现该开入有效的情况，则不会闭锁跳闸，保证断路器可靠跳闸。

（2）压力低闭锁跳闸回路：智能终端操作插件的跳闸回路中串接压力低闭锁跳闸重动继电器常闭接点，该继电器由断路器提供的压力低闭锁跳闸接点驱动。当该接点有效时，压力低闭锁跳闸重动继电器动作，常闭接点打开，从而断开跳闸回路，实现闭锁功能。

（3）工程应用中，压力低闭锁跳闸功能由断路器机构本体实现，因此，智能终端的这个“跳闸压力低”不应接开入，跳闸回路中如有相关常闭接点串接，宜短接。

67. 智能终端如何实现压力低闭锁合闸?

答：（1）压力低闭锁合闸逻辑：智能终端提供专用开入接口接入断路器提供的压力低闭锁合闸接点。在手合、遥合命令有效之前，如果该接点有效，则闭锁合闸命令；而在手合、遥合命令有效之后，即在合闸过程中出现该开入有效的情况，则不会闭锁合闸，保证断路器可靠合闸。

（2）压力低闭锁合闸回路：智能终端操作插件的合闸回路中串接压力低闭锁合闸重动继电器常闭接点，该继电器由断路器提供的压力低闭锁合闸接点驱动。当该接点有效时，压力低闭锁合闸重动继电器动作，常闭接点打开，从而断开合闸回路，实现闭锁功能。

（3）工程应用中，压力低闭锁合闸功能由断路器机构本体实现，因此，智能终端的这个“合闸压力低”不应接开入，合闸回路中如有相关常闭接点串接，宜短接。

68. 智能终端如何实现闭锁（本套）重合闸逻辑?

答：（1）闭锁本套重合闸，逻辑为：遥合（手合）、遥跳（手跳）、TJR、TJF、闭重开入、本智能终端上电的“或”逻辑。某型号智能终端闭锁本体重合闸逻辑框图如图 4–9 所示。

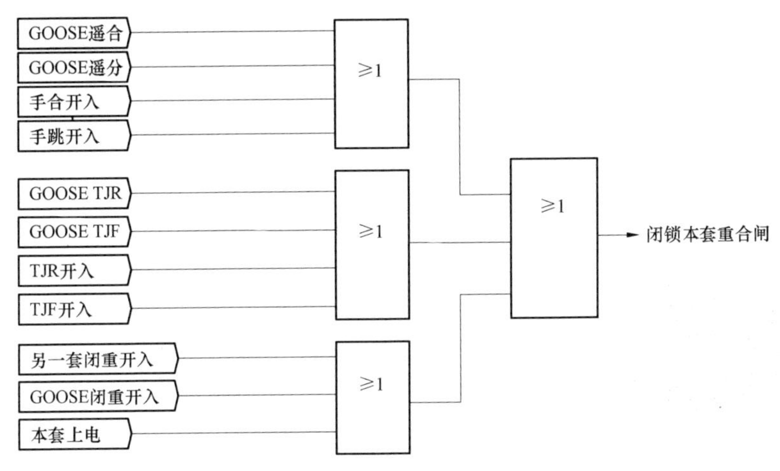

图 4–9　某型号智能终端闭锁本套重合闸逻辑框图

（2）双重化配置智能终端时，应具有输出至另一套智能终端的闭重触点，逻辑为：遥合（手合）、遥跳（手跳）、保护闭锁重合闸、TJR、TJF 的“或”逻辑；某型号智能终端闭锁另一套重合闸逻辑框图如图 4–10 所示。

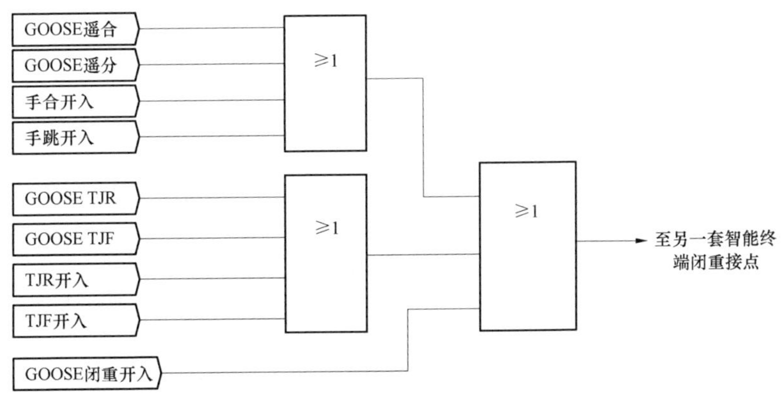

图 4–10　双重化配置时某型号智能终端闭锁另一套重合闸逻辑框图

69. 智能终端如何实现压力低（弹簧未储能）闭锁重合闸逻辑?

答：（1）将开关机构提供的“压力低（弹簧未储能）闭锁重合闸”（通常采用动合接点）接点作为普通遥信接入智能终端，生成 GOOSE 信号后，接入线路保护“低气压闭锁重合闸”开入，实现闭重功能。

（2）将开关机构提供的“压力低（弹簧未储能）闭锁重合闸”（通常采用动合、动断接点各一付）以及“开关气室压力低”接点作为专用开入接入智能终端的指定开入位置，通过逻辑运算，生成 GOOSE 信号，接入线路保护“低气压闭锁重合闸”开入，实现闭重功能。某型号智能终端压力降低闭锁重合闸逻辑如图 4–11 所示。

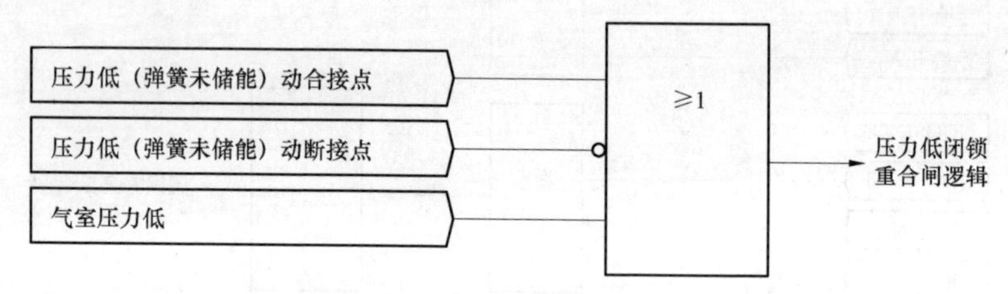

图 4–11　某型号智能终端压力低闭锁重合闸逻辑框图

（3）工程应用中，根据具体智能终端的要求进行接线。当采用“压力低闭锁重合闸逻辑”信号闭重时，如接入“压力低（弹簧未储能）”动合接点，则智能终端的“压力低（弹簧未储能）”动断接点开入接正电源；如接入“压力低（弹簧未储能）”动断接点，则智能终端的“压力低（弹簧未储能）”动合接点开入不接线。

70. 什么是合智装置?

答：合智装置就是合并单元和智能终端按间隔进行集成的装置，合并单元模块与智能终端模块共用电源和人机接口，但两个模块之间相互独立，装置应就地化布置。

71. 合智装置数据接入功能应满足哪些要求?

答：（1）应支持传统电磁式互感器和电子式互感器的接入，并支持双路数据采集。

（2）应支持 12 路电磁式互感器模拟信号接入。

（3）装置与电子式互感器采集器之间的数据传输协议应遵循 DL/T 282—2012《合并单元技术条件》。

（4）应具有合并单元级联功能，接收来自其他间隔合并单元的电压、电流数据。

（5）应对电子式互感器采样值有效性（失步、接收数据周期等）进行判别，对故障数据事件进行记录。

（6）应具有对电子式互感器采样值突变的判别功能，并能对突变数据事件进行记录。

（7）合并单元数字化接入应采用光纤传输，宜采用 ST 接口。

72. 合智装置数据输出功能应满足哪些要求?

答：（1）宜采用 DL/T 860.92 规定的数据格式通过以太网向保护、测控、计量、录波等智能电子设备输出采样数据，采样数据值为 32 位，其中最高位为符号位，交流电压采样值一个码值（LSB）代表 10mV，交流电流采样值一个码值（LSB）代表 1mA。

（2）为满足不同间隔层装置需求，装置每周波采样点应可以通过参数进行配置。

（3）输出给保护和测控装置的采样频率应为 4000Hz。

（4）采样值报文应包含电子式互感器整体的采样响应延时。

（5）采样值报文在装置从输入结束到输出结束的总传输时间应小于 0.5ms。

（6）装置在复位启动过程中不输出数据。

73. 合智装置有哪些一般要求?

答：（1）110（66）kV 电压等级合并单元和智能终端可按间隔进行集成，集成后的装置中其合并单元模块和智能终端模块应为分别独立的板卡；相应的 ICD 文件也宜分开下装；合智装置应就地化布置。

（2）装置应是模块化、标准化、插件式结构；任何一个模块故障或检修时，应不影响其他模块的正常工作。

（3）装置的所有插件应接触可靠，并且具有可更换性，以便检修时能迅速更换。

（4）装置应具备高可靠性，所有芯片选用微功率、宽温芯片，装置平均无故障时间大于 50 000h。

（5）装置及板卡内 CPU 芯片和电源功率芯片应采用自然散热；装置应采用全密封、高阻抗、小功率的继电器，尽可能减少装置的功耗和发热，以提高可靠性。

（6）在任何网络运行工况流量冲击下，装置均不应死机或重启，不发出错误报文，响应正确报文的延时不应大于 1ms。

（7）装置应具有自检告警功能。

（8）装置应支持点对点直接采样、直接跳闸和网络采样、网络跳闸的不同应用需求。

（9）合智装置就地下放屏柜应配置相应的恒温、恒湿、除凝露装置，应能够防止雨水、风沙的进入，满足装置运行的环境要求。

74. 合智装置硬件有哪些要求?

答：（1）装置的合并单元模块和智能终端模块应共用电源和人机接口。

（2）装置的合并单元模块和智能终端模块应共用 GOOSE 端口。

（3）应支持 SV、GOOSE 共端口传输。

（4）应至少提供 8 个光以太网接口。

（5）应配置检修压板。

（6）应提供网络调试端口，实现对装置配置和参数的远程修改。

75. 合智装置型式试验项目和检验内容除按 Q/GDW 691 执行外，还有哪些项目?

答：（1）GOOSE 一致性检验；

（2）智能终端功能检验；

（3）智能终端响应时间检验；

（4）智能终端 SOE 精度检验；

（5）自检功能检验；

（6）光功率检验；

（7）检修机制检验；

（8）电压并列功能检验；

（9）电压切换功能检验；

（10）级联功能检验；

（11）网络冲击性能检验。

76. 合智装置有哪些配置要求?

答：合并单元和智能终端功能采用独立的板卡，板卡发生故障时彼此之间互不影响，相应的 ICD 文件也宜分开下装；合并单元和智能终端集成装置应就地化布置。

77. 合智装置装置模块独立性有哪些技术要求?

答：（1）装置应是模块化、标准化、插件式结构，大部分板卡应容易维护更换。除公共模块外，任何一个模块故障或检修时，应不影响其他模块的正常工作。

（2）装置合并单元功能、智能终端功能应具备各自独立的程序版本和程序校验码，程序版本和程序校验码应一一对应。

（3）装置合并单元、智能终端的型号、额定参数（直流电源额定电压、交流额定电流和电压等）应与设计相符。

78. 合智装置装置模块独立性有哪些检验方法?

答：（1）观察并记录被测智能终端是否为插件式结构。

（2）模拟合并单元模块异常（断电拔掉 MU 的 CPU 板），测试装置是否能够正确响应分合闸 GOOSE 信号，并正确反映硬接点开入信号。

（3）记录合并单元功能和智能终端功能的程序版本和校验码，检查程序版本、校验码等的正确性。

（4）检查装置的型号、额定参数（直流电源额定电压、交流额定电流和电压等）是否与设计相符合。

（5）模拟智能终端模块异常（断电拔掉智能终端的 CPU 板），检测装置是否能够正确发送 SV 报文。

79. 合智装置的直流工作电源有哪些要求?

答：（1）基本参数要求如下：

额定电压：DC 220/DC 110V；

允许偏差：–20%～+15%；

纹波系数：不大于 5%。

（2）拉合直流电源以及插拔熔丝发生重复击穿火花时，装置不应误输出；直流电源回路出现各种异常情况（如短路、断线、接地等）时，装置不应误输出。

（3）按 GB/T 7261—2008 中的规定进行直流电源中断 20ms 影响试验，装置不应误输出；将输入直流电源的正负极性颠倒，装置无损坏。

（4）装置加上电源、断电、电源电压缓慢上升或缓慢下降，装置均不应误输出；当电源恢复正常后，装置应自动恢复正常运行。

（5）当正常工作时，装置功率消耗不大于 50W。

80. 合智装置的同步对时有哪些要求?

答：（1）应具备接收 IRIG–B 码或 IEC 61588 时钟同步信号功能。

（2）合并单元功能应具有守时功能，在失去同步时钟信号 10min 以内的守时误差应小于 4μs。

（3）合并单元功能在失去同步时钟信号且超出守时范围的情况下应产生数据同步无效标志。

（4）智能终端功能对时精度误差应不大于 1μs。

（5）当智能终端模块和合并单元模块均存在对时信号时，宜以合并单元模块对时为准。

81. 合智装置对时误差的检验方法?

答：（1）对时误差通过合并单元输出的 1PPS 信号与参考时钟源 1PPS 信号比较获得。

（2）对时误差的测试采用图 4–12 所示方案进行测试。标准时钟源给合并单元授时，待合并单元输出的采样值报文同步位为“1”，利用时钟测试仪以每秒测量 1 次的频率测量合并单元和标准时钟源各自输出的 1PPS 信号有效沿之间的时间差的绝对值 Δt，测试过程中测得的 Δt 的最大值即为对时误差的最终测试结果。

（3）进行装置型式试验时，对时误差测试时间应至少持续 24h，装置出厂检验时应至少持续 10min，对时误差应不大于 1μs。

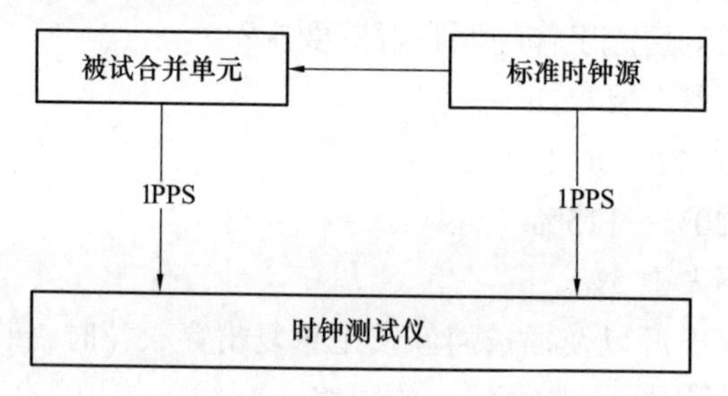

图 4–12　对时误差测试方案

82. 合智装置硬件资源检查应满足哪些技术要求?

答：（1）装置的合并单元功能和智能终端功能应共用电源和人机接口。

（2）装置的合并单元功能和智能终端功能应共用 GOOSE 端口。

（3）应支持 12 路电磁式互感器模拟信号接入。

（4）应具有合并单元级联功能，接收来自其他间隔合并单元的电压数据。

（5）应至少提供 8 个光以太网接口，必要时还可设置 1 个独立的 MMS 接口（用于上传状态监测信息）。

（6）应支持 SV、GOOSE 共端口传输。

（7）应配置检修压板。

（8）应具有开关量（DI）和直流模拟量（AI）采集功能，开关量输入最少配置 32 路；模拟量输入应能接收 4～20mA 电流量和 0～5V 电压量，最少配置 2 路（电压量和电流量至少各一路）。

（9）应具有开关量（DO）输出功能，输出量点数最少配置 12 路。

（10）至少提供一组三相跳闸接点和一组合闸接点。

（11）应具备报警输出接点或闭锁接点。

（12）应具备测试用秒脉冲信号输出接口。

（13）应具备接收 IRIG–B 码或 IEC 61588 时钟同步信号功能。

（14）应提供独立本地调试端口，实现对装置配置和参数的修改。

（15）装置硬件配置应符合 Q/GDW 1902—2013 的要求。

83. 合智装置告警功能有哪些技术要求?

答：（1）应能对装置本身的硬件或通信方面的错误进行自检，并能对自检事件进行记录；具有掉电保持功能，并通过直观的方式显示。记录的事件包括：SV 级联通道中断、时钟失效、GOOSE 网络中断、参数配置改变等重要事件。

（2）在装置故障时输出报警接点或闭锁接点。

（3）具备装置运行状态、通信状态、断路器位置指示灯等 LED 显示功能。

（4）具有完善的闭锁告警功能，能保证在电源中断/电压异常、通信中断、通信异常、装置内部异常、GOOSE 链路异常等情况下不误输出。

（5）告警信息通过 GOOSE 上送。

（6）应具备（断路器位置）指示灯位置显示和告警。

84. 合智装置告警功能有哪些检验方法?

答：（1）模拟电源中断、时钟失效、SV 级联中断、GOOSE 中断等情况，检验装置应通过硬接点、GOOSE 报文或者界面/LED 指示灯进行相应报警。

（2）检验在级联母线合并单元的采样通道异常、SV 网络中断时，装置发出数据采样值报文中相应通道品质为无效。

（3）修改装置配置参数，在装置液晶屏查看或通过维护工具查看相关参数的配置改变记录。

（4）改变模拟断路器位置，检查装置是否具备断路器位置的指示灯显示和告警功能。

85. 合智装置检修压板功能有哪些技术要求?

答：（1）采用 DL/T 860.92—2006 协议发送采样数据：检修投入时，发送的所有数据通道置检修；按间隔配置的合并单元母线电压来自母线合并单元，仅母线合并单元检修投入时，则按间隔配置的合并单元仅置来自母线合并单元数据检修位。

（2）检修压板投入后发送的 GOOSE 报文应带检修位；检修压板投入后，接收保护、测控的信息应能正确反应。

86. 合智装置检修压板功能有哪些检查方法？

答：（1）投入装置检修压板，通过网络报文记录仪分析 SV 采样值数据及 GOOSE 数据帧中检修品质应置位。退出检修压板后，SV 采样值数据及 GOOSE 数据帧中检修品质应复位。

（2）投入装置检修压板，用数字式继电保护测试仪给装置发送带检修位的分合闸信号等 GOOSE 信号，装置应响应该 GOOSE 报文中的数据，进行分合闸；用数字式继电保护测试仪给装置发送不带检修位的分合闸信号等 GOOSE 信号，装置应不响应该 GOOSE 报文中的数据，不进行分合闸。

（3）退出装置检修压板，用数字式继电保护测试仪给装置发送带检修位的分合闸信号等 GOOSE 信号，装置应不响应该 GOOSE 报文中的数据，不进行分合闸；用数字式继电保护测试仪给装置发送不带检修位的分合闸信号等 GOOSE 信号，装置应使用该 GOOSE 报文中的数据，进行分合闸。

（4）级联的母线电压 SV 置检修，核实装置发送的 SV 数据中只有级联母线电压数据置检修，其余 SV 数据不置检修。

87. 合智装置智能终端操作箱功能有哪些技术要求？

答：（1）应具备开入功能，开入信号宜选用 DC 110V/220V。

（2）开入动作电压应在额定直流电源电压的 55%～70%范围内，断路器和隔离开关位置采用双位置开入，输出也采用双位置。

（3）具备断路器控制功能，三相控制模式。

（4）应具备合后监视、操作电源监视和控制回路断线监视、分合闸回路、分合隔离开关回路、闭锁重合闸等断路器操作箱功能。

88. 合智装置合并单元功能的交流采集准确度检验中，保护交流有哪些技术要求？

答：保护的交流模拟量幅值误差应符合 GB/T 20840.7—2007 中 13.5 及 GB/T 20840.8—2007 中 13.1.3 的规定，并符合表 4–1 和表 4–2。

表 4–1　　保护电流模拟量采样误差

准确级	额定电流下的电流误差±%	相位误差		在额定准确限值电流下的幅值误差±%
		±（′）	±crad	
5P	1	60	1.8	5

表 4–2　　保护电压模拟量采样误差

准确级	在下列额定电压（%）下								
	2			5			*X*		
	电压误差±1%	相位误差±（′）	相位误差±crad	电压误差±1%	相位误差±（′）	相位误差±crad	电压误差±1%	相位误差±（′）	相位误差±crad
3P	6	240	7	3	120	3.5	3	120	3.5
6P	12	480	14	6	240	7	6	240	7

注　*X* 表示 100、120、150、190。

第五章　IEC 61850 工程应用模型

1. 什么是对象（object）？对象具有哪些含义？

答：对象是指现实世界中某个具体的物理实体或概念在计算机逻辑中的映射和体现。对象是一个封装体，将对象的属性及其操作封装在一起。

对象具有的含义如下：

（1）现实世界中，对象是客观世界中的一个实体，实体可以是人也可以是物；可以指实际的对象，也可以是某些概念；可以指事物本身，也可以指事物与事物之间的联系。例如，一个职工、一个部门，部门的一次采购等。

（2）在面向对象程序中，可表达成计算机可理解、可操纵，并具有一定属性和行为的对象。

（3）在计算世界中，对象是一个可标识的存储程序。

2. 什么是属性？

答：对象具有的特性称为属性，一个对象可以由若干个属性来描述。例如，一个职工可以由工号、姓名、年龄、部门等属性组成（3178905、李明、25、男、财务部），这些属性共同表征了一个职工。

3. 什么是服务（行为）？

答：服务是描述对象动态特征（行为）的一个操作序列，他描述了对象执行的功能，这些操作序列构成了对象向外提供的服务。一个对象通过发消息的形式才能访问别的对象所提供的服务，对象间通过消息传递而产生联系。对象的内部状态只能由对象内部操作来改变。对象以提供外部接口（或协议）的形式公开自己能提供的服务。

4. 什么是类？类和对象有什么关系？

答：类是对具有共同属性和行为的一组对象的描述。一个类上层可有父类，下层可有子类，从而形成类的层次结构。类的上层类称为父类，下层类称为子类。

类是对象的抽象，对象是类的实例。

例如，类：学生（学号、姓名、年龄、性别、系、年纪），是对学生这个团体共同属性的抽象；而对象：李明（7689032、李明、男、电气工程系、22），是学生这一类的实例。

5. 对象间有哪四种关系？分别为什么含义？

答：面向对象方法中对象间具有四种关系，分别为继承（inheritance）、聚合（aggregation）、关联（association）和消息（message）。

继承关系是从一般到特殊的关系，是父类和子类之间共享数据和方法的机制。继承性具有传递性，特殊类能继承一般类定义的全部属性和内部操作，包括单继承和多重继承。

聚合关系反映事物的构成，是整体和部分的关系，其中一个类的某些对象是另一个类的某些对象的组成部分。

关联关系是两个或者多个类的一个关系（即这些类的对象实例集合的笛卡尔乘积的一个子集合），其中的元素提供了被开发系统的应用领域中的一组有意义的信息。

消息关系是对象间的动态联系，是对象之间相互请求或相互协作的途径，是要求某个对象执行某个功能操作的规格说明，反映了事物之间的行为依赖关系。消息内容通常包含接收方及请求接收方完成的功能信息；发送方发出消息，请求接收方相应；接收方收到消息后，经过解释，激活方法，予以响应。

6. 依照 IEC 61850 体系标准，应如何建立 IED 信息模型？

答：智能变电站建模的基本信息模型有服务器（Server）、逻辑设备（LD）、逻辑节点（LN）、数据（Data）。IED 设备应包含 Server 对象，Server 对象中至少包含一个 LD 对象，每个 LD 对象中至少包含 3 个 LN 对象：LLN0、LPHD 及其他应用逻辑节点。IED 信息模型的分层结构如图 5–1 所示；Server 代表设备的外部可视性能；LD 包含一组特定功能，如控制；LN 是一个特定应用功能如开关控制；Data 代表一个信息，如断路器位置。智能变电站基本信息模型如图 5–1、图 5–2 所示。

7. 什么是通信协议栈？IED 信息模型如何实现与外部模型的映射？

答：通信协议栈是指网络中各层协议的总和，其形象地反映了一个网络中文件传输的过程：由上层协议到底层协议，再由底层协议到上层协议。在 IEC 61850 中，通信协议基于已有的 IEC/IEEE/ISO/OSI 可用的通信标准，通信协议栈全貌如图 5–3 所示。

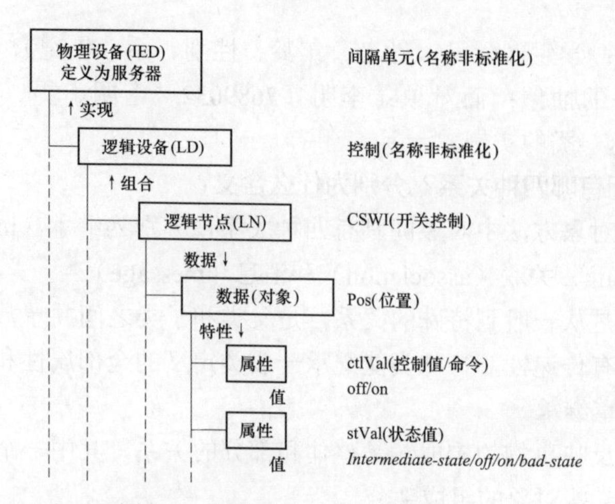

图 5–1　智能变电站基本信息模型 1

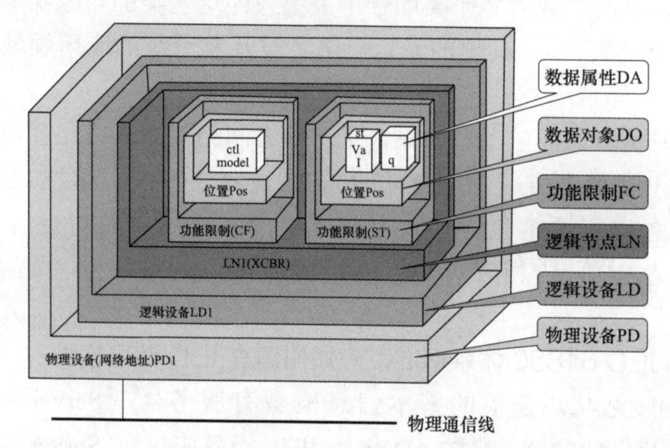

图 5–2　智能变电站基本信息模型 2

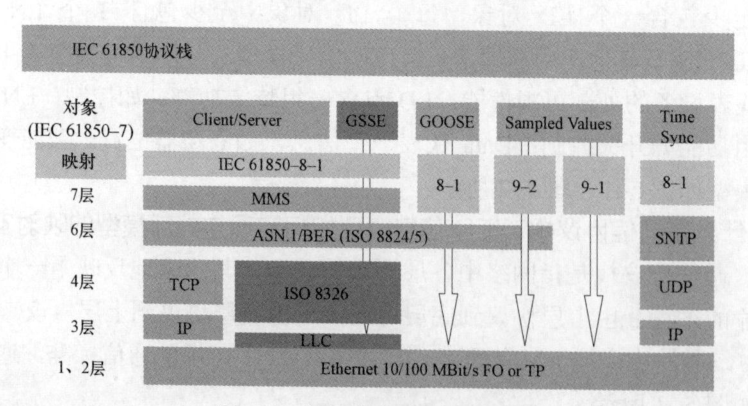

图 5–3　智能变电站通信协议栈

■ UCA2.0 不强制兼容于 IEC 61850。

IEC 61850 标准总结了变电站内信息传输所必需的通信服务，设计了独立于所有网络和应用层协议的抽象通信服务接口（ACSI）。在 IEC 61850–7–2 中，建立了标准兼容服务器所必须提供的通信服务模型，包括服务器模型、逻辑设备模型、逻辑节点模型、数据模型和数据集模型。客户通过 ACSI，由特定通信服务映射（SCSM）映射到所采用的具体协议栈，例如，制造报文规范（MMS）等。IEC 61850 标准使用 ACSI 和 SCSM 技术，解决了标准的稳定性与未来网络技术发展之间的矛盾，即当网络技术发展时只需要改动 SCSM，而不需要修改 ACSI。接口服务的协议栈结构如图 5–4 所示。

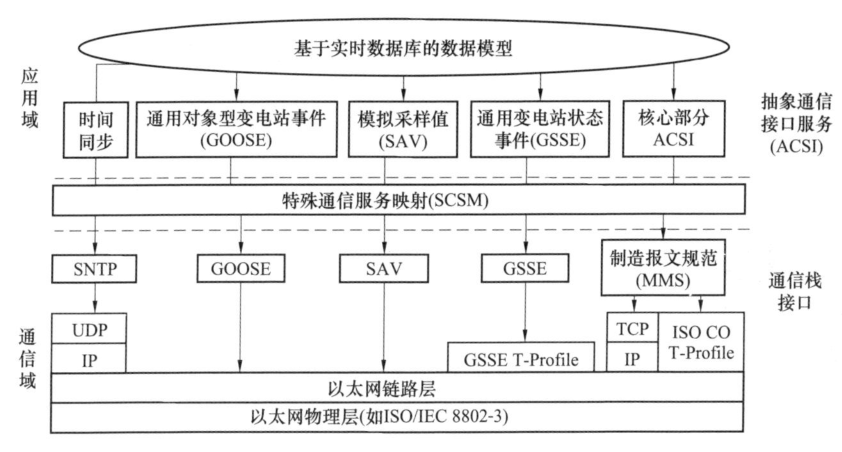

图 5–4　智能变电站通信服务接口

8. 变电站配置描述语言 SCL 主要基于 XML 语言，什么是 XML 技术？XML 技术的优越性表现在什么地方？

答：XML 全称为 eXtensible Markup Language，即可扩展标记语言，是万维网联盟 W3C 制定的用于描述数据文档中数据的组织和安排结构的语言，它适用于定义特殊领域有关的、语义结构化的标记语言。XML 使用文档类型定义（DTD）或者模式（Schema）来描述 XML 的文档格式。XML 是一种简单的数据存储语言，使用一系列简单的标记描述数据，易于掌握和阅读。

XML 的优越性表现在以下三个方面：

（1）异构系统间的信息互通。异构系统间可以方便地借助 XML 作为交流媒介，各种类型的信息，不论是文本信息还是二进制信息，都能用 XML 标注。

（2）数据内容和显示处理分离。XML 强调数据本身的描述和数据内容的组织存放结构，可被不同的使用者按照自身的需要从中提取相关的数据，用于不同目的。

（3）自定义性和可扩展性。由于 XML 是一种元标记语言，因而没有能够用于所有领域中所有用户的固定标签和元素，但它允许开发者和编写者根据需要定义元素。通过扩展 XML 文档描述的数据信息不仅可以清晰可读，而且还能对数据的搜索和定位更为精确。

9. Q/GDW 11471—2015《智能变电站继电保护工程文件技术规范》中定义的继电保护工程文件包含哪几类，它们的含义是？

答：继电保护工程文件是指使用变电站配置描述语言 SCL，用于描述继电保护设备能力或其网络通信拓扑结构的文件，包括 ICD、SSD、SCD、CID、CCD 等。其中，① ICD 文件：IED 能力描述文件，描述智能电子设备的能力；② SSD 文件：系统规范描述文件，描述变电站一次系统结构以及相关的逻辑节点，全站唯一，由系统集成商提供，并最终包含在 SCD 文件中；③ SCD 文件：变电站配置描述文件，描述全部实例化智能电子设备、通信配置和变电站信息；④ CID 文件：已配置的 IED 描述文件，描述项目（工程）中一个实例化的智能电子设备；⑤ CCD 文件：回路实例配置文件，描述 IED 的 GOOSE、SV 发布/订阅信息的配置文件，包括发布/订阅的控制块配置、内部变量映射、物理端口描述和虚端子连接关系等信息，该文件从 SCD 文件导出后下装到 IED 中运行。

10. 说明 Q/GDW 11471—2015《智能变电站继电保护工程文件技术规范》中规定的 ICD 文件命名要求。

答：ICD 文件采用“文件名.icd”的格式。文件名应包含装置型号（含保护“选配功能”代码）、ICD 文件版本号和 ICD 文件校验码三部分，以半角字符中横杠（‘–’）连接。

11. 说明 Q/GDW 11471—2015《智能变电站继电保护工程文件技术规范》中规定的 ICD 文件 IED 节点属性要求。

答：IED 节点属性应包含制造商（manufacturer）、型号（type）和配置版本（configVersion）等信息，描述规则如下。

（1）制造商（manufacturer）属性值应使用生产厂家代码。

（2）型号（type）应与 ICD 文件名中装置型号（含选配功能代码）一致，在 type 属性值中约定。

（3）配置版本（configVersion）应为 ICD 文件版本号。

12. 简述 Q/GDW 11471—2015《智能变电站继电保护工程文件技术规范》中规定的 SCD 文件技术要求。

答：智能变电站 SCD 模型文件应具备：一次设备模型，一、二次模型关联原则，过程层交换机，压板与控制对象的对应关系等模型规范，以满足智能变电站继电保护和安全自动装置、合并单元、智能终端、过程层交换机等装置的开发、制造、检测和工程应用要求。

13. 简述 Q/GDW 11471—2015《智能变电站继电保护工程文件技术规范》中规定的 CCD 文件技术要求。

答：CCD 文件应完整包含装置配置的 GOOSE、SV 发布/订阅信息，装置其他配置文件的改变不应影响装置过程层 GOOSE、SV 发布/订阅的配置，装置的 GOOSE、SV 配置信息以 CCD 文件为准；CCD 文件应仅从 SCD 文件中导出。CCD 文件采用 UTF–8 编码的 XML 文件格式，扩展名采用 ccd。

14. 简述 Q/GDW 11471—2015《智能变电站继电保护工程文件技术规范》中规定的 CCD 文件格式。

答：IED 元素是 CCD 文件的根节点，根节点下依次包含 GOOSEPUB（GOOSE 发布）元素、GOOSESUB（GOOSE 订阅）元素、SVPUB（SV 发布）元素、SVSUB（SV 订阅）元素、CRC（校验码）元素。① GOOSEPUB 元素是从 SCD 文件中提取的装置过程层 GOOSE 输出配置信息，GOOSEPUB 元素下包含按 SCD 文件顺序配置的 GOOSE 控制块；② GOOSESUB 元素是从 SCD 文件中提取的装置过程层 GOOSE 输入配置信息，GOOSESUB 元素下包含按 SCD 文件顺序订阅的外部 IED 的 GOOSE 控制块；③ SVPUB 元素是从 SCD 文件中提取的装置过程层 SV 输出配置信息，SVPUB 元素下包含按 SCD 文件顺序配置的 SV 控制块；④ SVSUB 元素是从 SCD 文件中提取的装置过程层 SV 输入配置信息，SVSUB 元素下包含按 SCD 文件顺序订阅的外部 IED 的 SV 控制块；⑤ CRC 元素是按规则计算的 CCD 文件 CRC 校验码信息。CCD 文件采用 UTF–8 编码的 XML 文件格式，扩展名采用 ccd。

15. 简述 Q/GDW 11471—2015《智能变电站继电保护工程文件技术规范》中规定的 CCD 文件提取原则。

答：除 CCD 文件格式中规定的 IED 描述、FCDA 描述、intAddr 描述外，SCD 文件中其余描述性属性 desc、dU 元素不提取到 CCD 文件中。所有提取元素的子元素应与 SCD 文件中的顺序一致；所有提取元素的属性按字母顺序从 a–z 的顺序排列；没有子元素和赋值的元素应采用“/>”结尾。

16. 简述 Q/GDW 11471—2015《智能变电站继电保护工程文件技术规范》中规定的 CCD 文件 CRC 校验码计算规则。

答：CCD 文件中 CRC 校验码计算规则如下：

（1）用于计算 CRC 校验码的序列中应剔除 CCD 文件中 desc 属性、IED

元素除 name 外的属性、GOOSE 和 SV 订阅中 FCDA 元素除 bType 外的属性、CRC 元素、元素间及属性间的空格、换行符、回车符、列表符，保留元素值及属性值中的空格后转换成 UTF–8 序列，计算四字节 CRC–32 校验码（生成项 Poly：04C11DB7），计算的四字节 CRC–32 校验码不满四字节的，高字节补 0x0。

（2）为每个 IED 的 CCD 文件计算 CRC 校验码，用于单装置 CCD 文件管理；按 IED 命名升序合成所有 IED 的 CCD 文件 CRC 校验码，再应用此计算规则生成全站 CCD 文件 CRC 校验码，用于全站 CCD 文件管理。CRC 校验码中的英文字母应为大写。

17. 简述 Q/GDW 11471—2015《智能变电站继电保护工程文件技术规范》中规定的 CCD 文件对于装置的应用要求。

答：CCD 文件对于装置的应用要求如下：

（1）装置上电后应计算 CCD 文件 CRC 校验码，计算的 CRC 校验码与 CCD 文件中的 CRC 校验码不一致时，应闭锁装置并显示告警信息，该告警状态未消除前不能手动复归。

（2）装置运行后宜通过 MMS 服务上送 CCD 文件的 CRC 校验码和文件生成时间，对不具有 MMS 服务的装置可通过 GOOSE 方式上传。

18. 请画出智能变电站继电保护工程配置流程图。

答：智能变电站继电保护工程配置流程图如图 5–5 所示。

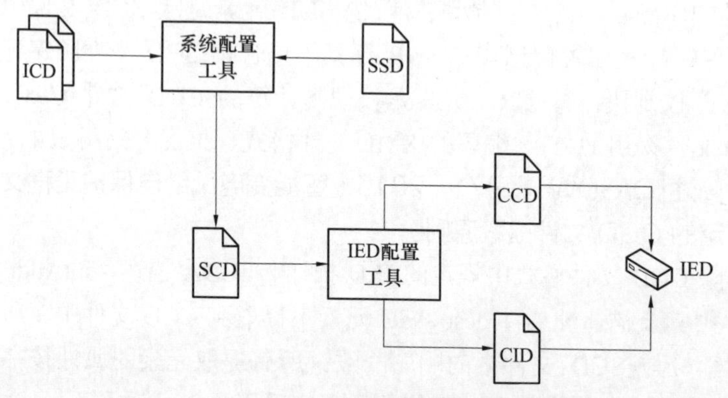

图 5–5　智能变电站继电保护工程配置流程图

19. 简述 Q/GDW 11485—2016《智能变电站继电保护配置工具技术规范》中规定的继电保护配置工具的类型及定义。

答：标准规定的继电保护配置工具包括系统配置工具和 IED 配置工具。系统配置工具（system configurator）指：处理系统中 IED 间通信、多个 IED 通用属性配置以及 IED 功能块与受监控的过程层之间逻辑关联的工具。IED 配置工具（IED configurator）指：针对特定类型的特定 IED，处理其配置数据的特定配置和下装的工具。

20. 简述 Q/GDW 11485—2016《智能变电站继电保护配置工具技术规范》中规定的系统配置工具应具备的 SCD 文件错误校验功能。

答：系统配置工具应具备的 SCD 文件错误校验功能如下：

（1）Schema 语法校验。

（2）模型实例与模版一致性校验。

（3）控制块引用数据集有效性校验。

（4）数据集成员有效性校验。

（5）虚端子关联部分内外端子合法性校验。

（6）IED 名称、IP 地址、MAC 地址、APPID、appID、smvID 的唯一性、正确性和缺失校验。

（7）访问点通信配置重复校验。

21. 简述 Q/GDW 11485—2016《智能变电站继电保护配置工具技术规范》中规定的系统配置工具应具备的文件导出功能。

答：系统配置工具应具备的文件导出功能如下：

（1）应支持虚端子关联导出功能。

（2）应支持虚端子 CRC 校验码列表导出功能。

（3）应支持导出全站四遥信息点表功能。

（4）可支持导出 CAD 图形文件。

22. 简述 Q/GDW 11485—2016《智能变电站继电保护配置工具技术规范》中规定的 IED 配置工具技术要求。

答：IED 配置工具的技术要求如下：

（1）IED 配置工具应能导入符合 DL/T 860 和 Q/GDW 1396 标准的 SCD 文件并能自动导出符合 DL/T 860 和 Q/GDW 11471 标准的 CID 和 CCD 文件，导出的文件不应丢弃私有命名空间元素。

（2）IED 配置工具在导出某 IED 的 CID 文件和 CCD 文件时，如果 SCD 文件中与该 IED 相关部分有错误时应能自动提示导出失败及具体原因。

（3）IED 配置工具应支持上传、下装 CID 文件和 CCD 文件的功能，采用标准规定的统一的上传、下装方式。

（4）IED 配置工具下装时应自动先上传装置内部配置文件与待下装配置文件对比并显示区别，提示是否继续下装，对于厂家、型号、ICD 配置版本不同的要单独告警提示是否确认下装。

23. 说明 Q/GDW 11485—2016《智能变电站继电保护配置工具技术规范》中规定的 IED 配置工具上传、下装 CID 文件和 CCD 文件的要求。

答：IED 配置工具上传、下装 CID 文件和 CCD 文件的要求如下：

（1）工具采用 FTP 协议上传下装，下载模式采用二进制模式，用户名“sgcc”，密码“sgcc”。

（2）工具上传下装 IP 地址为“100.100.100.100”，子网掩码为“255.255.255.0”。

（3）工具上传下装路径为“/configuration”或“\configuration”。

（4）工具应自动适应文件路径分隔符为“/”或“\”。

（5）工具在下装时应自动转换文件名为“configured.cid”和“configured.ccd”下装装置。

（6）工具应按绝对路径上传下装文件。

24. 简述 Q/GDW 11485—2016《智能变电站继电保护配置工具技术规范》中规定的配置文件上传下装时对装置提出的技术要求。

答：装置技术要求如下：

（1）装置应在检修状态才开放 FTP 服务。

（2）装置下装完毕应重启一次后生效。

（3）装置通过装置以太网调试端口（RJ45）上传下装。

（4）装置统一采用 FTP 协议上传下装，设置统一用户名“sgcc”，密码“sgcc”。

（5）装置统一上传下装 IP 地址为“100.100.100.100”，子网掩码为“255.255.255.0”。

（6）装置统一上传下装路径为“/configuration”或“\configuration”，且装置针对“sgcc”用户名应限制访问其他路径。

（7）装置应支持带绝对路径的文件传输。

（8）装置应具备的一定容错性，在当下装的 CID 文件和 CCD 文件存在以下错误时，装置重启后应闭锁并告警，包括：CID 文件模型实例与模版不匹配；CID 文件数据集成员不存在；CCD 文件中配置参数缺失；CCD 文件中配置参数错误；CCD 文件中 CRC 校验码错误。

25. Q/GDW 1396—2012《IEC 61850 工程继电保护应用模型》中规定的服务器（Server）的建模原则是什么？

答：服务器描述了一个设备外部可见（可访问）的行为，每个服务器至少应有一个访问点（AccessPoint）。访问点体现通信服务，与具体物理网络无关。一个访问点可以支持多个物理网口。无论物理网口是否合一，过程层GOOSE 服务与 SV 服务应分访问点建模，站控层 MMS 服务与 GOOSE 服务（联闭锁）应统一访问点建模。

支持过程层的间隔层设备，对上与站控层设备通信，对下与过程层设备通信，应采用 3 个不同访问点分别与站控层、过程层 GOOSE、过程层 SV 进行通信。所有访问点，应在同一个 ICD 文件中体现。

26. Q/GDW 1396—2012《IEC 61850 工程继电保护应用模型》中规定的逻辑设备（LD）的建模原则是什么？

答：逻辑设备建模原则，应把某些具有公用特性的逻辑节点组合成一个逻辑设备。LD 不宜划分过多，保护功能宜使用一个 LD 来表示。SGCB 控制的数据对象不应跨 LD，数据集包含的数据对象不应跨 LD。

27. 每个 LD 对象必须含有哪些 LN 对象？

答：每个 LD 对象中至少包含 3 个 LN 对象，即 LLN0（管理逻辑节点）、LPHD（物理设备逻辑节点）、其他应用逻辑节点。

28. Q/GDW 1396—2012《IEC 61850 工程继电保护应用模型》中规定的逻辑节点（LN）的建模原则是什么？

答：需要通信的每个最小功能单元建模为一个 LN 对象，属于同一功能对象的数据和数据属性应放在同一个 LN 对象中。LN 类的数据对象统一扩充。

29. 逻辑节点中数据的选择可分为 M、C、O，它们分别代表什么意思？

答：M、C、O 的含义如下：

（1）M—针对该 LN 适应的功能都必须存在的数据。

（2）C—在一定条件下这些数据必须存在。

（3）O—可存在或不存在。

30. 逻辑节点内数据 mod 有几种值？各代表什么意思？

答：mod 有 5 种值，分别是：

（1）on：工作（允许）状态。

（2）blocked：闭锁状态。

（3）test：测试状态。

（4）test/blocked：测试/闭锁状态。

（5）off：关闭（禁止）状态。

31. Q/GDW 1396—2012《IEC 61850 工程继电保护应用模型》中规定的 LN 实例化建模要求是什么？

答：LN 实例化建模有以下要求：

（1）分相断路器和互感器建模应分相建不同的实例。

（2）同一种保护的不同段分别建不同实例，如距离保护、零序过电流保护等。

（3）同一种保护的不同测量方式分别建不同实例，如相过电流 PTOC 和零序过电流 PTOC，分相电流差动 PDIF 和零序电流差动 PDIF 等。

（4）涉及多个时限，动作定值相同，且有独立的保护动作信号的保护功能应按照面向对象的概念划分成多个相同类型的逻辑节点，动作定值只在第一个时限的实例中映射。

（5）保护模型中对应要跳闸的每个断路器各使用一个 PTRC 实例。例如，母差保护按间隔建 PTRC 实例，变压器保护按每侧断路器建 PTRC 实例；3/2 接线线路保护则建 2 个 PTRC 实例。

（6）保护功能软压板宜在 LLN0 中统一加 Ena 后缀扩充。停用重合闸、母线功能软压板与硬压板采用“或”逻辑，其他均采用“与”逻辑。

（7）GOOSE 出口软压板应按跳闸、启动失灵、闭锁重合、合闸、远传等重要信号在 PTRC、RREC、PSCH 中统一加 Strp 后缀扩充出口软压板，从逻辑上隔离相应的信号输出。

（8）GOOSE、SV 接收软压板采用 GGIO.SPCSO 建模。

（9）站控层和过程层存在相关性的 LN 模型，应在两个访问点中重复出现，且两者的模型和状态应关联一致，例如，跳闸逻辑模型 PTRC、重合闸模型 RREC、控制模型 CSWI、联闭锁模型 CILO。

（10）常规交流测量使用 MMXU 实例，单相测量使用 MMXN 实例，不平衡测量使用 MSQI 实例。

（11）标准已定义的报警使用模型中的信号，其他的统一在 GGIO 中扩充；告警信号用 GGIO 的 Alm 上送，普通遥控信号用 GGIO 的 Ind 上送。

32. 涉及多个时限时，动作定值相同的保护逻辑节点如何建模？

答：涉及多个时限时，动作定值相同，且有独立的保护动作信号的保护功能应按照面向对象的概念划分成多个相同类型的逻辑节点，动作定值只在第一个时限的实例中映射。

33. 保护定值中多个LN公用的启动定值和功能软压板如何建模？

答：保护定值应按面向LN对象分散放置，一些多个LN公用的启动定值和功能软压板放在LLN0下。

34. 逻辑节点名称中P代表什么含义？常用的差动保护、距离保护、断路器失灵保护、重合闸、保护跳闸逻辑节点名是什么？

答：P代表保护功能逻辑节点。差动保护逻辑节点名是PDIF；距离保护逻辑节点名是PDIS；断路器失灵保护逻辑节点名是RBRF；重合闸逻辑节点名是RREC；保护跳闸条件逻辑节点名是PTRC。

35. 保护的启动信号建模有何要求？

答：启动信号Str应包含数据属性“故障方向”，若保护功能无故障方向信息，应填“unknown”值；装置的总启动信号映射到逻辑节点PTRC的启动信号中；IEC 61850标准要求每个保护逻辑节点均应有启动信号，装置实际没有的可填总启动信号，也可不填；对于归并的启动信号，如后备启动，可映射到每个后备保护逻辑节点的启动信号上送，也可放在GGIO中上送。

36. 在LN实例建模中，为什么重合闸检同期相关定值在自动重合闸RREC中扩充，而不单独建模？

答：因为同期模型RSYN，主要适用于控制，不适用于保护。因此重合闸检同期相关定值在自动重合闸RREC中扩充，不单独建模。

37. 同一个LD的相过电流和零序过电流其LN名都为PTOC，该如何区分？

答：可以根据LN实例号或前缀来区分。如相过电流二段使用“PhPTOC2”，零序过电流二段使用“ZerPTOC2”。

38. 保护跳闸条件节点PTRC的作用是什么？

答：逻辑节点应用于连接一个或多个保护功能的跳闸输出，形成一个传递给逻辑节点XCBR的公用“跳闸”信号。

39. 逻辑节点PTRC中的Str、Op、Tr分别代表什么意思？其属性类型分别是什么？

答：PTRC中的Str为保护启动信号，Op为保护动作信号，Tr为经保护出口软压板后的跳闸出口信号。Str属性类型是ACD（方向保护动作信息，启动信号Str应包含数据属性“故障方向”，若保护功能无故障方向信息，应填“unknown”值），Op和Tr属性类型是ACT（保护动作）。

40. 过程层设备智能化将如何建立断路器、隔离开关模型？

答：过程层设备智能化，测控装置中将无可选的XCBR、XSWI等逻辑节点。断路器逻辑节点 XCBR、隔离开关逻辑节点 XSWI，将位于过程层智能设备，断路器位置、隔离开关位置采用数据对象 Pos 的数据属性 stVal 建模。间隔层测控装置通过 GOOSE 接收过程层智能设备的断路器、隔离开关的位置信息。这些位置信息在间隔层设备建模为 CSWI（与该断路器或者隔离开关的控制模型对应），采用数据对象 Pos 的数据属性 stVal，供站控层设备与间隔层设备交换信息使用。

41. 过程层设备非智能化将如何建立断路器、隔离开关模型？

答：过程层设备非智能化，断路器逻辑节点 XCBR，隔离开关逻辑节点 XSWI，位于间隔层测控装置，断路器位置、隔离开关位置采用数据对象 Pos，数据属性 stVal 建模。对站控层设备通信，断路器、隔离开关位置信息在间隔层设备建模为 CSWI（与该断路器或者隔离开关的控制模型对应），采用数据 Pos，数据属性 stVal。由于无智能化过程层设备，故断路器、隔离开关 LN 置于间隔层设备。

42. 断路器、隔离开关接入单位置，该如何建模？

答：断路器、隔离开关接入单位置，建模分为两种情况：

（1）过程层设备智能化，具有过程层通信的情况。由过程层智能设备处理单位置到双位置的转换，建模同断路器位置接入合位和分位，具有过程层通信的模型。

（2）过程层设备非智能化，无过程层通信的情况。由间隔层智能设备处理单位置到双位置的转换，建模同断路器位置接入合位和分位，具有过程层通信的模型。

43. 断路器与隔离开关分别使用什么实例？两者的控制使用什么实例？

答：断路器使用 XCBR 实例，隔离开关使用 XSWI 实例，两者的控制均使用 CSWI 实例。

44. 母差保护中的失灵保护如何建模？

答：母差保护应按照面向对象的原则为每个间隔相应逻辑节点建模。如母差保护内含失灵保护，母差保护每个间隔单独建 RBFR 实例，用于不同间隔的失灵保护。失灵保护逻辑节点中包含复压闭锁功能。

45. 录波装置如何建模？

答：一台录波装置应建模为一个 IED 对象，而对于该装置上不同的物理功能模块则采用建立一个或多个逻辑设备 LD，并建议 LD 名称前缀为 RCD。对于独立硬件实现稳态录波功能的录波装置，独立的稳态录波可建模为一个 IED 对象，该 IED 对象的建模与暂态录波一致。对于非独立硬件实现的稳态录波功能的录波装置，稳态录波可建模为一个 LD，该 LD 与暂态录波一致。

46. 故障录波功能如何建模？保护装置故障简报功能如何实现？

答： 故障录波应使用逻辑节点 RDRE 进行建模。保护装置只包含一个 RDRE 实例，专用故障录波器可包含多个 RDRE 实例，每个 RDRE 实例应位于不同的 LD 中。

保护装置故障简报功能通过上送录波头文件实现，保护整组动作并完成录波后，通过报告上送故障序号 FltNum 和录波完成信号 RcdMade，录波头文件放置于装置的\COMTRADE 目录下，文件名按录波文件名要求实现，客户端通过文件读取服务获得录波头文件，解析出故障简报信息。录波头文件统一采用 XML 文件格式。

47. 故障报告分为哪几个信息体？各代表什么意思？

答： 故障报告主要分为 TripInfo、FaultInfo、DigitalStatus、DigitalEvent、SettingValue 五种信息体。各信息体表述内容如下：

（1）TripInfo 部分记录故障过程中的保护动作事件。

（2）FaultInfo 部分记录故障过程中的故障电流、故障电压、故障相、故障距离等信息。

（3）DigitalStatus 部分记录故障前装置开入自检等信号状态。

（4）DigitalEvent 部分记录保护故障过程中装置开入自检等信号的变化事件。

（5）SettingValue 部分记录故障前装置定值的值。

48. 告警信号和普通遥信信号在 GGIO 分别用什么属性名上送？如需扩充，如何实现？

答： 告警信号用 GGIO 的 Alm 上送，普通遥信信号用 GGIO 的 Ind 上送。扩充 DO 应按 Ind1，Ind2，Ind3…；Alm1，Alm2，Alm3…的标准方式实现。

49. GOOSE 出口软压板如何建模？其目的是什么？

答： GOOSE 出口软压板应按跳闸、启动失灵、闭锁重合、合闸、远传等重要信号在 PTRC、RREC、PSCH 中统一加 Strp 后缀扩充出口软压板，从逻辑上隔离相应的信号输出。

50. 简述 IEC 61850-7-3 中关于状态信息的公用数据类规范中定义了哪几类数据类。

答： 根据 IEC 61850-7-3 部分，共包括以下几种公用数据类：

（1）单点状态信息（SPS）：主要用于单点遥信信息建模。

（2）双点状态信息（DPS）：主要用于双点遥信信息建模。

（3）整数状态信息（INS）：主要用于整数状态信息建模。

（4）保护激活信息（ACT）：主要用于不带方向的保护信息建模。

（5）方向保护激活信息（ACD）：主要用于带方向的保护信息建模。

（6）安全违例计数信息（SEC）。

（7）二进制计数器读数信息（BCR）：主要用于电度量建模。

51. IEC 61850-7-3 公用数据类规范中将数据类按照其应用分为哪几大类？分别包括什么？

答：数据类按照其应用分为以下几大类：

（1）状态信息类：包括单点状态信息（SPS）、双点状态信息（DPS）、整数状态信息（INS）、保护激活信息（ACT）、方向保护激活信息（ACD）、安全违例计数信息（SEC）、二进制计数器读数信息（BCR）。

（2）测量值信息类：包括测量值（MV）、复数测量值（CMV）、采样值（SAV）、三相系统中相对地相关测量值（WYE）、三相系统中相对相相关测量值（DEL）、序分量（SEQ）、谐波值（HMV）、WYE 谐波值（HWYE）、DEL 谐波值（HDEL）。

（3）可控状态信息类：可控单点（SPC）、可控双点（DPC）、可控整数（INC）、二进制受控步位置信息（BSC）、整数受控步位置信息（ISC）。

（4）可控模拟信息类：可控模拟设点信息（APC）。

（5）状态定值类：单点定值（SPG）、整数状态定值（ING）。

（6）模拟定值类：模拟定值（ASG）、定值曲线（CURVE）。

（7）描述信息类：设备铭牌（DPL）、逻辑节点铭牌（LPL）、曲线形状描述（CSD）。

52. 装置参数数据集和装置定值数据集名称分别是什么？

答：装置参数数据集名称为 dsParameter，装置定值数据集名称为 dsSetting。

53. 功能约束（FC）的作用是什么？

答：功能约束可以看做是数据属性（DataAttribute）的过滤器，它表征 DataAttribute 的特定用途。

54. 断路器、隔离开关双位置数据属性有哪些状态？

答：断路器、隔离开关双位置数据属性类型 Dbpos 值应按“00 中间态，01 分位，10 合位，11 无效态”执行。

55. 公用数据属性类型 Quality（品质）中 validity（有效性）有哪几个状态？分别代表什么意思？

答：validity（有效性）属性共有 3 种状态，分别是 good（好）、invalid

（无效）及 questionable（可疑）。

（1）good（好）：如果没有检出采集功能或者信息源的反常状态，值就标上 good；

（2）invalid（无效）：当监视功能确认采集功能或者信息源（丢失或者无工作刷新）的反常状态，值就标上 invalid，无效标记用于向客户指明值不正确，而不能被采用；

（3）questionable（可疑）：当监视功能检出了反常行为，但是值可能仍然有效，值就被标上 questionable，客户负责决定是否采用标上 questionable 的值。

56. 若间隔层设备某数据处于取代使能状态，此后若该设备与其对应过程层数据源设备通信中断，此时该数据品质中 validity 属性应如何变化?

答：数据处于取代状态即数据品质中 source 属性是“substituted”状态时，validity 属性由被取代的值的定义决定，与过程层数据无关。

57. 试举例说明逻辑节点中数据对象 Health 的作用。

答：Health 用于反映逻辑节点有关硬件软件的状态，共有三种状态：“1”表示 OK（正常运行），2 表示 Warning（异常），3 表示 Alarm（严重问题）。

58. 何为双边应用关联服务?

答：双边应用关联服务定义了在客户和服务器间管理关联的服务，用于实现设备间通信，提供双向面向连接的信息交换。包括关联（Assoicate）、异常终止（Abort）、释放（Release）服务。

59. 关联服务中异常终止（Abort）服务和释放（Release）服务都可用于断开客户和服务器的应用关联，它们有何不同?

答：Abort 服务用于突然地断开客户和服务器之间的特定应用关联，突然意味着将舍弃发出的所有服务请求，不再处理服务。而 Release 服务用于圆满地断开客户和服务器之间的应用关联。圆满是指发出的全部服务请求在应用关联结束之前已完成。

60. 服务器与客户端建立关联后，若通信意外中断，通信故障的检出时间要求为?

答：当服务器端与客户端的通信意外中断时，服务器端通信故障的检出时间不大于 1min，客户端应能检测服务器端应用层是否正常运行，通信故障时，客户端检出时间不大于 1min。

61. Q/GDW 1396—2012《IEC 61850 工程继电保护应用模型》中规定报告模型应支持哪些服务?

答：报告服务可使用 Report（报告）、GetBRCBValues（读缓存报告控制块值）、SetBRCBValues（设置缓存报告控制块值）、GetURCBValues（读非缓存报告控制块值）、SetURCBValues（设置非缓存报告控制块值）服务。

62. Q/GDW 1396—2012《IEC 61850 工程继电保护应用模型》对报告控制块模型有什么要求?

答：BRCB 和 URCB 均采用多个实例可视方式，报告实例数应不小于 12。装置 ICD 文件应预先配置与预定义的数据集相对应的报告控制块，报告控制块的名称应统一，各装置制造厂商应预先正确配置报告控制块中的参数。遥测类报告控制块使用无缓冲报告控制块类型，报告控制块名称以 urcb 开头；遥信、告警类报告控制块为有缓冲报告控制块类型，报告控制块名称以 brcb 开头。

63. 报告控制块中的缓存时间属性 BufTm 分别设置为 0 及大于 0 时，数据变化产生的报告中数据有何不同?

答：BufTm 属性规定由 dchg、qchg 或 dupd 引起的内部事件的缓存事件间隔，在此时间间隔内产生的内部事件将储存到单个报告中。当 BufTm=0 时，表示不使用缓存时间属性，每个内部事件都将引起单个报告的发送，报告仅包含产生该内部事件的 DATA-SET 成员值。当 BufTm＞0 时，报告包含缓存时间内引起内部事件的全部 DATA-SET 成员值。

64. 报告服务中触发选项有哪几类，分别代表什么意思?

答：触发选项分为 dchg、qchg、dupd、integrity、GI（general- interrogation）。dchg 是由于数据属性值的变化触发；qchg 是由于品质属性值的变化触发；dupd 是由于刷新数据属性值触发；integrity 是由于设定周期时间到后触发；GI 是由于客户启动总召后触发。

65. Q/GDW 1396—2012《IEC 61850 工程继电保护应用模型》中规定数据集应在哪个文件中生成与定义?

答：应在装置 ICD 文件中预先定义统一名称的数据集，并由装置制造厂商预先配置数据集中的数据。若某类数据集内容为空，可不建该数据集。

66. 故障信号数据集（dsAlarm）和告警信号数据集（dsWarning）有何区别?

答：故障信号数据集（dsAlarm）中包含所有导致装置闭锁无法正常工作的报警信号；告警信号数据集（dsWarning）中包含所有影响装置部分功能，

装置仍然继续运行的告警信号。

67. 装置参数数据集中通常包含哪些参数?

答：装置参数数据集中包含要求用户整定的设备参数，例如，定值区号、被保护设备名、保护相关的电压、电流互感器一次和二次额定值，不应包含通信等参数。

68. 遥测、遥信和告警类报告控制块应分别使用何种类型报告控制块?

答：遥测类报告控制块使用无缓冲报告控制块类型，报告控制块名称以 urcb 开头；遥信、告警类报告控制块为有缓冲报告控制块类型，报告控制块名称以 brcb 开头。

69. 保护装置预配置哪些报告控制块?

答：保护装置预定义下列报告控制块，前面为描述，括号中为名称：

（1）保护事件（brcbTripInfo）；

（2）保护压板（brcbRelayEna）；

（3）保护录波（brcbRelayRec）；

（4）保护遥测（urcbRelayAin）；

（5）保护遥信（brcbRelayDin）；

（6）故障信号（brcbAlarm）；

（7）告警信号（brcbWarning）；

（8）通信工况（brcbCommState）。

70. 测控装置预配的报告模块有哪些?

答：测控装置预配置下列报告控制块，前面为描述，括号中为名称：

（1）遥测（urcbAin）；

（2）遥信（brcbDin）；

（3）故障信号（brcbAlarm）；

（4）告警信号（brcbWarning）；

（5）通信工况（brcbCommState）；

（6）联锁（brcbInterLock）。

71. Q/GDW 1396—2012《IEC 61850 工程继电保护应用模型》中规定断路器隔离开关、装置复归、软压板、变压器挡位分别采用什么控制方式?

答：断路器隔离开关遥控使用 sbo with enhanced security 方式；装置复归使用 direct control with normal security 方式；软压板采用 sbo with enhanced security 的控制方式；变压器挡位采用 sbo with enhanced security 的控制方式。

72. 什么是取代模型？取代模型的作用是什么？取代模型中四个特定的数据属性是什么？

答： 取代模型提供了对 DataAttributes 的功能约束为 MX（模拟值）或 ST（状态值）值的取代。基本上，取代用于具有 FC（为 MX 和 ST）的 DataAttributes 和相关的品质属性。取代使能时，对特定 DataAttribute，DATA 向客户提供这些取代值代替过程值。

取代模型的作用为在取代的典型应用中，客户侧操作员向系统人工输入（位于特定设备的）DataAttribute 的值，客户设置 DataAttribute 为输入值。如果客户访问 DataAttribute 的值，客户接收的是人工输入（取代）值以代替过程值。

取代模型中四个特定的数据属性分别为取代使能（subEna）、取代过程值的值（subVa、subMag、subCMag）、品质取代值（subQ）、取代启动者 ID（subID）。

73. Q/GDW 1396—2012《IEC 61850 工程继电保护应用模型》中对取代服务实现有何要求？

答： 装置站控层访问点 MMS 及 GOOSE（联锁）应支持取代，过程层 GOOSE 和 SV 访问点不应支持取代服务。装置重启后，取代状态不应保持。

74. Q/GDW 1396—2012《IEC 61850 工程继电保护应用模型》中规定定值模型应支持哪些服务？

答： 定值服务使用 SelectActⅣeSG（选择激活定值组）、SelectEditSG（选择编辑定值组）、SetSGValuess（设置定值组值）、ConfirmEditSGValues（确认编辑定值组值）、GetSGValues（读定值组值）和 GetSGCBValues（读定值组控制块值）服务。

75. Q/GDW 1396—2012《IEC 61850 工程继电保护应用模型》中规定保护定值的建模原则是什么？

答： 保护定值的建模原则有以下三个：

（1）保护定值应按面向 LN 对象分散放置，一些多个 LN 公用的启动定值和功能软压板放在 LLN0 下。

（2）定值单采用装置 ICD 文件中定义固定名称的定值数据集的方式。装置参数数据集名称为 dsParameter，装置参数不受 SGCB 控制；装置定值数据集名称为 dsSetting。客户端根据这两个数据集获得装置定值单进行显示和整定。参数数据集 dsParameter 和定值数据集 dsSetting 由制造厂商根据定值单顺序自行在 ICD 文件中给出。定值数据集必须是 FC=SG 的定值集合；参数数据集必须是 FC=SP 的定值集合。

（3）保护当前定值区号按标准从 1 开始，保护编辑定值区号按标准从 0 开始，0 区表示当前不允许修改定值。

76. 简述 Q/GDW 1396—2012《IEC 61850 工程继电保护应用模型》中规定的装置 GOOSE 输出配置原则。

答：ICD 文件中应预先定义 GOOSE 控制块；装置（除测控联闭锁用 GOOSE 信号外）应在 ICD 文件中预先配置满足工程需要的 GOOSE 数据集，数据集成员应采用 FCDA，数据集应支持在工程中系统配置时修改、删除或增加成员。

77. 简述 Q/GDW 1396—2012《IEC 61850 工程继电保护应用模型》中规定的装置 GOOSE 输入建模原则。

答：GOOSE 输入采用虚端子模型。GOOSE 输入虚端子模型为包含“GOIN”关键字前缀的 GGIO 逻辑节点实例中定义四类数据对象：DPCSO（双点输入）、SPCSO（单点输入）、ISCSO（整形输入）和 AnIn（浮点型输入），DO 的描述和 dU 可以明确描述该信号的含义，作为 GOOSE 连线的依据。装置 GOOSE 输入进行分组时，可采用不同 GGIO 实例号来区分。

78. 已知某保护 A 相跳闸出口的 GOOSE 信号路径名称如下：

“PIGO/GOPTRC1STTr$phsA”，请写出 GOOSE 信号的 LD inst、lnClass、DO name 及 DA name。

答：LD inst=PIGO；lnClass=PTRC；DO name=Tr；DA name=phsA。

79. GOOSE 链路中断应由发送侧还是接收侧装置报警？如何判断链路中断？

答：GOOSE 链路中断应由接收侧装置报警，GOOSE 接收侧根据 GOOSE 报文中的允许生存时间（Time Allow to Live）来检测链路中断，若在允许生存时间的 2 倍内没有收到下一帧 GOOSE 报文，判为中断。

80. 哪几种情况会引起 GOCB 中配置版本（ConfRev）的改变？

答：以下情况会引起 GOCB 中配置版本（ConfRev）的改变：

（1）删除 DATASET 成员；

（2）DATASET 成员重新排序；

（3）DATASET 属性值改变。

81. Q/GDW 1396—2012《IEC 61850 工程继电保护应用模型》中规定的装置的单网 GOOSE 接收机制是怎样的？

答：装置的单网 GOOSE 接收机制，如图 5-6 所示，装置的 GOOSE 接收缓冲区接收到新的 GOOSE 报文，接收方严格检查 GOOSE 报文的相关参数后，首先比较新接收帧和上一帧 GOOSE 报文中的 StNum（状态号）参数是否相等。若两帧 GOOSE 报文的 StNum 相等，继续比较两帧 GOOSE 报文的 SqNum（顺序号）的大小关系，若新接收 GOOSE 帧的 SqNum 大于上一帧的 SqNum，丢弃此 GOOSE 报文，否则更新接收方的数据。若两帧 GOOSE 报文的 StNum 不相等，更新接收方的数据。

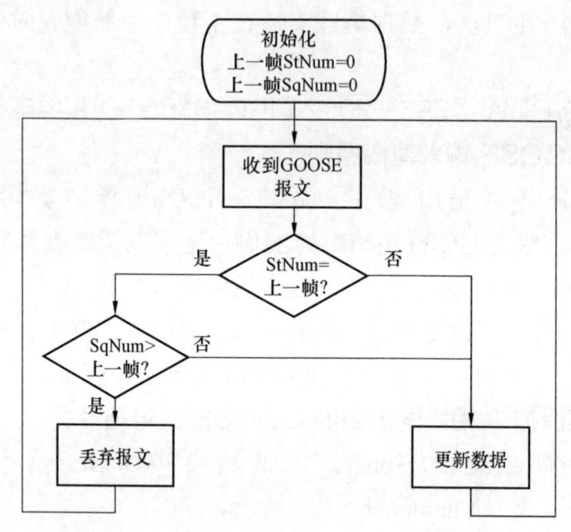

图 5-6　智能变电站单网 GOOSE 接收机制

82. 保护装置 GOOSE 接收机制中应检查哪些参数的匹配性?

答：保护装置应严格检查 AppID、GOID、GOCBRef、DataSet、ConfRev 等参数是否匹配。

83. GOOSE 报文接收时如遇到网络中断或者发布者装置故障的情况，该如何处理?

答：GOOSE 报文接收时应考虑通信中断或者发布者装置故障的情况，当 GOOSE 通信中断或配置版本不一致时，GOOSE 接收信息宜保持中断前状态。

84. 简述保护装置 SV 告警机制。

答：SV 告警机制为以下三点：

（1）保护装置接收采样值异常应送出告警信号，设置对应合并单元的采样值无效和采样值报文丢帧告警。

（2）SV 通信时对接收报文的配置不一致信息应送出告警信号，判断条件为配置版本号、ASDU 数目及采样值数目不匹配。

（3）ICD 文件中，应配置有逻辑节点 SVAlmGGIO，其中配置足够多的 Alm 用于 SV 告警，SV 告警模型应按 inputs 输入顺序自动排列，系统组态配置 SCD 时添加与 SV 配置相关的 Alm 的 desc 描述和 dU 赋值。

85. 简述保护装置 SV 接收机制。

答：SV 接收机制为以下四点：

（1）接收方应严格检查 AppID、SMVID、ConfRev 等参数是否匹配；

（2）SV 采样值报文接收方应根据收到的报文和采样值接收控制块的配置信息，判断报文配置不一致、丢帧、编码错误等异常出错情况，并给出相应报警信号；

（3）SV 采样值报文接收方应根据采样值数据对应的品质中的 validity、test 位，来判断采样数据是否有效，以及是否为检修状态下的采样数据；

（4）SV 中断后，该通道采样数据清零。

86. GOOSE 报文帧中应用标识符（APPID）的标准范围是什么？SV 报文帧中应用标识符（APPID）的标准范围是什么？

答：GOOSE 报文帧中应用标识符（APPID）的标准范围是 0000–3FFF；SV 报文帧中应用标识符（APPID）的标准范围是 4000–7FFF。

87. 简述智能变电站配置文件运行管理系统的基本功能。

答：智能变电站配置文件运行管理系统是用于智能变电站新（改、扩）建验收、运维、反措、技改过程中配置文件统一管理的技术支持系统，供调度控制、运维检修、工程设计、建设调试等相关单位访问使用。主要包括 SCD 管理模块、CID 及 CCD 管理模块、ICD 管理模块、配置文件离线管理功能模块及辅助功能模块。

88. 简述浙江省 SCD 管控系统中五种权限账户的分工。

答：账户分工如下：

（1）运维（检修）人员：具备下载最新文件、申请新建、申请修改、申请扩建、申请改造等权限；

（2）地市检修公司/省检公司专职：具备下载所有文件、新建变电站、批准新建/修改/扩建/改造申请、新建/修改/扩建/改造 SCD 文件初审、110kV 及以下智能变电站新建/修改/扩建/改造 SCD 文件批准生成新版本存档等权限；

（3）省电科院专职：具备下载所有文件、系统维护、系统升级、异常技术支持、SCD 文件检查和比对项目设置、220kV 及以上智能变电站新建/修改/扩建/改造 SCD 文件复审等权限；

（4）省调专职：具备下载所有文件、220kV 及以上智能变电站新建/修改/扩建/改造 SCD 文件批准生成新版本存档权限；

（5）地市公司调度专职：具备下载所有文件、110kV 及以下智能变电站新建/修改/扩建/改造 SCD 文件批准生成新版本存档权限。

89. 简述 SCD 文件审核的技术原则。

答：文件审核由管控系统完成，以表格方式自动生成检查和比对报告，详细列出错误和不同之处。文件检查项目和新旧文件比对项目由省电科院设置和管理维护，各级权限人员发现系统异常时应及时联系省电科院进行核实。SCD 文件中涉及二次回路连接原理的正确性应由实际调试人员、检修人员和设计保证。

90. 简述 SCD 文件上传的要求。

答：文件上传时必须详细填写必要的修改说明，上传 SCD 文件与现场一致性声明扫描文件，由系统或客户端自动完成文件语法、语义和其他校核，自动给出报告并记录存档，如不能通过则无法上传成功（属性为“旧”的变电站仍可以上传）。具体检查项目由省电科院负责设置和维护。

91. 简述 SCD 文件审核校验的要求。

答：文件初审包括文件正确性校核（语法、语意等）和新旧文件比对，均由系统自动进行，自动形成报告并记录存档，审核人负责查看报告判断是否通过。具体检查和比对项目由省电科院负责设置和维护。

92. 简述 SCD 文件批准的要求。

答：220kV 及以上变电站文件批准由省调按自动化和保护专业分别执行，110kV 变电站文件批准由地调按自动化和保护专业分别执行。文件批准无须审核配置文件，只对管控流程起监督职责。

93. 简述 SCD 文件的管控流程。

答：220kV 及以上变电站应通过电科院复审、省调批准；110kV 及以下变电站无须电科院复审、省调复审，由各地区局自行批准。省检由运维检修部保护和自动化专职复审，运维检修部主管批准。

94. 简述智能变电站配置文件管理职责分工。

答：（1）调控部门：负责智能变电站配置文件归口管理；负责制定智能变电站配置文件相关规定和标准。

（2）建设单位：工程投产前负责向调控部门和运维单位移交配置文件及相关资料。

（3）运维单位：负责智能变电站配置文件的验收及审核；负责运维阶段的

智能变电站配置文件管理。

（4）检测机构：负责智能变电站装置 ICD 文件的入网检测及发布。

（5）设计单位：负责智能变电站新建、改建、扩建、技改等工程的设计，提供 SCD 文件。

95. 简述 SCD 文件签入签出机制。

答：SCD 文件全站只有一个，但由于其内容涵盖变电站全部二次装置、涉及各二次系统相关专业，为防止因多人同时修改导致的冲突，方便版本管理，SCD 文件变更管理采用签入、签出机制，规定：凡是导致 SCD 变更的工作或工程，应在变更前执行签出，变更完成后执行签入。机制定义如下：执行某变电站 SCD 文件的签出操作后，系统将变电站的 SCD 文件设为锁定状态，即不允许再签出及修改，直至下次签入完成；签出后，签出人员交付 SCD 给现场人员修改，并在工程验收后由同一人员执行签入。

96. 简述 SCD 文件管控中配置一致性保证书内容及一致性保证方法。

答：配置一致性保证书是保证 SCD 文件与现场装置配置相一致的文件，其内容至少包括：SCD 文件中所有二次装置虚端子 CRC 校验码以及与现场装置读出的虚端子 CRC 校验码的比对情况表，SCD 配置单位、调试单位及验收单位相关人员的签字确认表。

由于系统定位于Ⅲ区或Ⅳ区，不具备与变电站内装置直接通信的条件，因此 SCD 文件与现场一致性的保证方法须利用管理手段，管控系统提供技术支持。具体方法是：根据提交的 SCD 文件生成一致性保证书模板，模板中列出 SCD 文件中所有二次装置的 CRC 校验码，与从现场相应装置中读出的 CRC 校验码进行核对，核对情况填入表中，并由现场人员签字确认，制作成配置一致性保证书的扫描件或照片后，随 SCD 一同提交到管理模块。

97. 简述智能变电站配置文件运行管理系统中 SCD 文件签出管理模块功能要求。

答：签出 SCD 文件时，应由具备操作权限的人员执行，签出 SCD 文件时操作人员应录入操作人员姓名、签出用途等；签出成功后，管控系统管理模块应立即将该变电站的 SCD 文件锁定，直至下次签入成功。当该变电站的 SCD 文件锁定时，不允许执行签出及相关属性的编辑操作，只允许浏览、下载操作。签出成功后，应允许具备操作权限的人员取消 SCD 文件签出状态。管理模块应提供显示界面，方便查阅签出状态及签出人员。管理模块应支持签出操作的审核流程。

98. 简述智能变电站配置文件运行管理系统中 SCD 文件签入管理模块功能要求。

答：签入 SCD 文件时，应由具备操作权限的人员执行，签入 SCD 文件时，管理系统应执行检查和校核工作，签入成功的必要条件包括：提供配置一致性保证书的扫描件或照片；SCD 文件通过管理系统的合法性校验；各装置及全站虚端子 CRC 校验码正确。签入成功后，管理系统解除该 SCD 文件的锁定状态，形成 SCD 文件新版本，管理系统应按要求对 SCD 文件重新命名，并记录文件的原有名称，完成归档。

99. 简述智能变电站配置文件运行管理系统中 SCD 文件查看/可视化功能。

答：SCD 文件查看/可视化具体功能包括：

（1）子网信息展示：以图形化方式直观展示各通信子网的基本信息，展示子网中的智能装置以及智能装置与子网的连接信息，如：IP 地址、MAC 地址等。

（2）智能装置互操作关系展示：以图形化方式直观展示智能装置及其包含的控制块，并通过控制块展示智能装置之间的数据收发关系。

（3）虚回路展示：以图形化方式直观展示智能装置之间的虚回路。

（4）虚端子展示：以图形化方式直观展示智能装置的输入、输出端子，并展示端子关联的外部信息。

（5）对象属性展示：以列表方式全面展示 SCD 文件版本及变更记录、子网属性、智能装置属性、控制块属性、数据集属性等信息。

100. 简述智能变电站配置文件运行管理系统中 SCD 文件差异比较和展示功能。

答：SCD 文件差异比较和展示功能具体包括：

（1）通信子网差异比较：全面比较子网内的访问点、智能装置、控制块、IP 地址、MAC 地址等信息。

（2）智能装置差异比较，包括：① 属性差异：比较 IED 的名称、描述等属性信息；② 控制块差异：比较控制块及其属性信息；③ 数据集差异：比较数据集、数据集成员及属性信息；④ 回路差异：比较回路信息。

（3）SCD 文件基本信息比较：比较 SCD 文件版本信息、版本修订记录、全站虚端子 CRC 校验码等信息。

101. 简述智能变电站配置文件运行管理系统中 CID 及 CCD 管理模块功能。

答：管理系统应支持对 CID 文件、CCD 文件、过程层交换机配置文件等装置实例化类文件的管理，并以变电站二次设备台账列表为结构进行组织管理。

具体功能包括：

（1）支持 CID、CCD、过程层交换机配置文件上传和下载；

（2）CID、CCD 文件与 SCD 文件的一致性检测，保障数据的有效性；

（3）不同版本 CID、CCD 文件的差异比较功能；

（4）检索各历史版本的 CID、CCD、过程层交换机配置文件。

102. 简述智能变电站配置文件运行管理系统中 ICD 管理模块功能。

答：具体功能包括：

（1）管理系统应支持对系统配置所使用的各类智能装置 ICD 文件的管理，用于分析 SCD 文件所使用的 ICD 文件的同源性。

（2）管理员用户可上传专业检测机构统一发布的 ICD 文件并提供相关信息。

（3）工程用户可上传系统配置使用到的、但尚未统一发布的装置 ICD 文件。上传时，系统应详细记录这类文件的工程名称、厂家、装置型号、装置软件版本、上传人员等信息，并依据 Q / GDW 11156《智能变电站二次系统信息模型校验规范》进行合法性检查，检查出的问题应给出提示。

103. 简述智能变电站配置文件运行管理系统中配置文件离线管理模块的功能要求。

答：具体功能要求包括：

（1）应支持在移动工作站上创建工程用户，并为用户授权，且用户信息应能同步到管理系统。

（2）应提供数据同步功能，要求为：签出操作后，管理系统应能将与某变电站工程相关的所有数据下载到一台用于现场管理的移动工作站（便携式电脑）上；同时，管理系统上该变电站所有实例化配置相关数据进入锁定状态；工程结束后执行数据同步操作时，管理系统从该移动工作站自动批量导入配置文件及相关资料，管理系统上该变电站配置相关数据解除锁定状态，同时移动工作站（便携式电脑）上的数据设为失效状态。

（3）移动工作站上部署的系统应提供文件上传服务，供在本机或局域网上提交配置文件。提交最终版本（签入前的最后一版）SCD 文件时，应同时提交配置一致性保证书扫描文件或照片。

（4）应支持根据 IED 虚端子 CRC 校验码变更情况等自动生成配置一致性保证书模板，方便在现场制作配置一致性保证书扫描件或照片。

（5）其他应具备的功能包括 SCD 合法性检查、虚端子 CRC 校验码校核、

SCD 可视化查看、差异化比较和展示、装置虚回路变化跟踪等功能。

104. 简述智能变电站配置文件运行管理系统中的辅助功能。

答：辅助功能包括：

（1）装置虚回路变化跟踪。管理系统应支持展示装置的虚端子 CRC 校验码随 SCD 文件版本变更的情况。

（2）身份验证和权限控制。用户的各种操作应基于权限控制；管理系统应支持基于角色的权限设置。

（3）文档检索及下载。管理系统应具备按照文件类型、时间、版本、提交人员、文件名、工程名称等方式查询、检索各种类型配置文件的功能，并支持文件下载。查询浏览及下载应受用户权限控制。

（4）统计分析。管理模块应提供统计功能，方便管理人员或现场人员掌握 SCD 等配置文件的规范性、完整性、变更影响范围等情况。

第六章 保护通用技术要求

1. 什么是合并单元异常大数?

答: 合并单元由于软件缺陷、电磁干扰和过热损坏等原因出现工作异常时，可能会使输出的电流采样值畸变放大，这类异常畸变放大的数据称为合并单元异常大数。

2. 典型 110kV 及以上智能变电站线路保护装置为什么采用双 A/D 采样数据? 保护装置正常运行时对这几路采样数据如何处理?

答: 如果采用单 A/D 结构，采样回路出错后，启动和逻辑运算均同时满足，容易导致保护误动作，因此要求采用双 A/D 结构，同时使用 A/D 冗余结构是有效防异常大数的措施之一。智能变电站保护装置可以采用双 CPU 设计，接收 MU 数据集中的 A/D1 和 A/D2 数据。双 A/D 之间数据会做对比处理，当不一致时会告警模拟量采集错，闭锁保护。数据通道设计如图 6–1 所示。

保护出口延用常规线路保护方式，保护对外的 GOOSE 插件，只有在同时收到跳（合）闸和启动的 GOOSE 命令以后（跳闸和启动是冗余“与”逻辑），才能对外发布 GOOSE 跳（合）闸令。

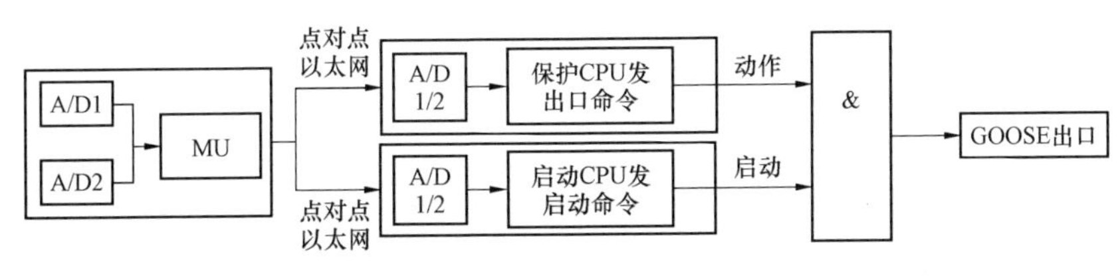

图 6–1 数据通道逻辑图

3. 智能变电站线路差动保护装置两侧分别采用常规互感器和电子式互感器对线路保护有什么影响?

答: 电磁式互感器和电子式互感器混用时对线路差动保护影响如下:

（1）电子式互感器不存在饱和问题，而电磁式互感器在特定工况下存在饱和问题。

（2）电子式互感器与电磁式互感器传递特性不同，尤其是对于衰减的直流分量。

（3）电子式互感器与电磁式互感器的同步问题。

（4）电子式互感器的采样异常问题。

4. 线路差动保护装置如何适应两端分别采用常规互感器和电子式互感器的情况?

答：目前光纤差动保护同步方法一般为采样时刻调整法，对于采用一侧常规互感器，另一侧采用电子互感器的光纤差动保护，需要针对两侧采样延时差进行补偿。

5. 图 6–2 所示为某 220kV 线路保护装置的一帧 GOOSE 报文，其 GOOSE 数据集发送的数据内容如图所示。在下一帧心跳报文到来之前，将装置的检修压板投入后做 C 相瞬时性故障试验，请写出保护动作后的第一帧报文的内容（从 StateNumber 行开始）。

```
⊟ PDU
    IEC GOOSE
    {
      Control Block Reference*:    PL2204BGOLD/LLN0$GO$gocb0
      Time Allowed to Live (msec):  10000
      DataSetReference*:    PL2204BGOLD/LLN0$dsGOOSE0
      GOOSEID*:    PL2204BGOLD/LLN0$GO$gocb0
      Event Timestamp:  2009-10-30 14:13.16.027000  Timequality: 0a
      StateNumber*:    47
      SequenceNumber*:    Sequence Number:  60
      Test*:    FALSE
      Config Revision*:    1
      Needs Commissioning*:    FALSE
      Number Dataset Entries:  8
      Data
      {
        BOOLEAN:  FALSE
        BOOLEAN:  FALSE
        BOOLEAN:  FALSE
        BOOLEAN:  FALSE
        BOOLEAN:  FALSE
        BOOLEAN:  FALSE
        BOOLEAN:  FALSE
        BOOLEAN:  FALSE
      }
    }
```

No.	Data Reference	DA Name	FC	DOI Description	dU Attribute
1	GOLD/GOPTRC1.Tr	phsA	ST	跳闸输出_GOOSE	跳闸输出_GOOSE
2	GOLD/GOPTRC1.Tr	phsB	ST	跳闸输出_GOOSE	跳闸输出_GOOSE
3	GOLD/GOPTRC1.Tr	phsC	ST	跳闸输出_GOOSE	跳闸输出_GOOSE
4	GOLD/GOPTRC1.StrBF	phsA	ST	启动失灵_GOOSE	启动失灵_GOOSE
5	GOLD/GOPTRC1.StrBF	phsB	ST	启动失灵_GOOSE	启动失灵_GOOSE
6	GOLD/GOPTRC1.StrBF	phsC	ST	启动失灵_GOOSE	启动失灵_GOOSE
7	GOLD/GOPTRC1.BlkRecST	stVal	ST	闭锁重合闸_GOOSE	闭锁重合闸_GOOSE
8	GOLD/GORREC1.Op	general	ST	重合闸_GOOSE	重合闸_GOOSE

图 6–2　某 220kV 线路保护装置的一帧 GOOSE 报文

答：StateNumber*：　　48

SequenceNumber*：　　Sequence Number：　0

Test*：　　TRUE

Config Revision*：　　1

Needs Commissioning*：　　FALSE

Number Dataset Entries：　8

Data

{

BOOLEAN：　FALSE

BOOLEAN：　FALSE

BOOLEAN：　TRUE

BOOLEAN：　FALSE

BOOLEAN：　FALSE

BOOLEAN：　TRUE

BOOLEAN：　FALSE

BOOLEAN：　FALSE

}

6. 双母线接线方式下，为什么 220kV 线路保护采用单相重合闸方式时（已投入跳位启动重合闸），两套保护装置不需要相互闭锁重合闸?

答：单相重合闸方式是单相故障保护单跳单重，相间故障保护三跳不重；此时如果第一套保护三相永跳，第二套保护收到三相跳位开入就会放电不重合，故不会导致第二套保护依据断路器三相跳位而启动重合闸。所以，不需要两套保护装置重合闸相互闭锁。

7. 双母线接线方式下，为什么 220kV 线路保护采用三相重合闸方式时（已投入跳位启动重合闸），两套保护装置需要相互闭锁重合闸?

答：两套保护均选用三相重合闸方式以及多相故障不重合时，如果发生相间故障，第一套保护动作三相永跳，第二套保护拒动或者认为是单相故障，会导致第二套保护依据断路器三相跳位而误启动重合闸，因此两套保护装置需要相互闭锁重合闸。

8. 简述线路间隔内保护装置与智能终端之间采用的跳闸方式、保护装置的采样传输方式、跨间隔信息（例如启动母线保护失灵功能和母线保护动作远跳功能等）采用的传输方式。

答：采用的传输方式分别是：

（1）继电保护设备与本间隔智能终端之间通信应采用 GOOSE 点对点通信方式。

（2）继电保护装置的采样为光纤点对点传输，并支持 SV 单光纤接收方式。

（3）继电保护之间的联闭锁信息、失灵启动等信息宜采用 GOOSE 网络传输方式。

9.“六统一”之后，常规站和智能站中 220kV 及以上的高抗保护分别如何实现三相启动失灵?

答：常规站中可以采用操作箱内 TJR 触点启动失灵保护；智能站宜由高抗保护直接启动失灵保护。

10. 简述智能变电站 220kV 线路间隔的典型配置（直采直跳方式）。

答：220kV 及以上线路按双重化配置保护装置。

（1）每套完整、独立的保护装置应能处理可能发生的所有类型的故障。两套保护之间不应有任何电气联系，当一套保护异常或退出时不应影响另一套保护的运行。

（2）两套保护的电压（电流）采样值应分别取自相互独立的 MU。

（3）双重化配置的 MU 应与电子式互感器两套独立的二次采样系统一一对应。

（4）双重化配置保护使用的 GOOSE 网络应遵循相互独立的原则，当一个网络异常或退出时不应影响另一个网络的运行。

（5）两套保护的跳闸回路应与两个智能终端分别一一对应；两个智能终端应与断路器的两个跳闸线圈分别一一对应。

（6）双重化的两套保护及其相关设备（电子式互感器、MU、智能终端、网络设备、跳闸线圈等）的直流电源应一一对应。

（7）双重化配置的保护应使用主、后一体化的保护装置。

（8）线路过电压及远跳就地判别功能应集成在线路保护装置中，站内其他装置启动远跳经 GOOSE 网络启动。

（9）线路保护直接采样，直接跳断路器；经 GOOSE 网络启动断路器失灵、重合闸。

11. 简述 220kV 及以上电压等级配置光纤差动保护的线路中，当电流互感器发生二次回路断线时，本侧线路保护和对侧线路保护对零序保护、距离保护、纵联差动保护的处理原则。

答：处理原则如表 6–1 所示。

表 6–1　　电流互感器二次回路断线时线路保护处理原则

保护元件		本侧线路保护处理方式	对侧线路保护处理方式
零序保护	零序反时限	闭锁	不闭锁
	零序Ⅱ段	闭锁	不闭锁
	零序Ⅲ段	闭锁	不闭锁
距离保护	距离Ⅱ段	不闭锁	不闭锁
	距离Ⅲ段	不闭锁	不闭锁
纵联差动保护	TA 断线闭锁差动控制字投入	闭锁分相差、零差	闭锁分相差、零差
	TA 断线闭锁差动控制字退出	闭锁零差，分相差抬高断线相定值且延时 150ms 三跳闭重	闭锁零差，分相差抬高断线相定值且延时 150ms 三跳闭重

电流互感器二次回路断线造成两侧差动保护退出后，两侧均应有相关告警。

12. 简述 220kV 母线保护中发生支路电流互感器、母联电流互感器以及电压互感器 SV 无效现象时的处理原则。

答：SV 无效包括二次回路断线、SV 检修不一致、SV 通信中断、SV 报文配置异常。SV 无效时的处理原则如表 6–2 所示。

表 6–2　　电流 SV 无效时母线保护处理原则

元件现象	支路电流互感器故障处理原则	母联电流互感器故障处理原则	母线电压互感器故障处理原则
SV 无效	闭锁无效相大差及所在母线小差	发生无效相故障，先跳开母联，延时 100ms 后选择故障母线	装置发异常告警，开放复压闭锁元件

双母单分段中的分段开关 SV 无效后并不影响大差，应按照母联支路电流 SV 无效处理；双母双分段中的分段开关 SV 无效后可能导致差动误动作，应按照普通支路电流 SV 无效处理。

13. 简述双母线接线方式下，合并单元故障或失电时，线路保护装置的处理方式。

答：保护装置应处理 MU 上送的数据品质位（无效、检修等），及时准确提供告警信息。在异常状态下，利用 MU 的信息合理地进行保护功能的退出和保留，瞬时闭锁可能误动的保护，延时告警，并在数据恢复正常之后尽快恢复被闭锁的保护功能，不闭锁与该异常采样数据无关的保护功能。例如，TV 合并单元故障或失电，线路保护装置收电压采样无效，闭锁与电压相关保护（如纵联和距离）；如果是线路合并单元故障或失电，线路保护装置收线路电流采样无效，闭锁所有保护。

14. 智能变电站中如何处理无效的开关量输入信号？母线保护采集线路保护失灵开入，当与接收线路保护 GOOSE 断链时或者与接收线路保护检修不一致时，该失灵开入如何处理？

答：（1）以保护不误动为原则来处理无效的开关量输入信号。对于双点开入信号，如断路器位置以及隔离开关位置，建议按照保持无效之前状态处理；对于单点信号，建议按照“0”状态处理，如远跳信号、失灵信号等。

（2）母线保护采集线路保护失灵开入，当母差保护与接收线路保护 GOOSE 断链时或者与接收线路保护检修不一致时，应对接收到的失灵开入清零处理。

15. 简述智能变电站中 220kV 线路保护 GOOSE 输入包含哪些内容。

答：包含如下内容：

（1）断路器分相跳闸位置 TWJa、TWJb、TWJc。

（2）远传 1（适用于光纤通道）。

（3）远传 2（适用于光纤通道）。

（4）其他保护动作。

（5）闭锁重合闸。

（6）低气压闭锁重合闸。

16. 简述 110kV 智能变电站中线路保护配置原则。

答：配置原则如下：

（1）每回 110kV 线路的电源侧应配置一套线路保护，负荷侧可以不配置保护。

（2）根据系统要求需要快速切除故障及采用全线速动保护后，能够改善整个电网保护的性能时，应配置一套纵联保护，优先选用纵联电流差动保护。

（3）需考虑互感影响时，宜配置一套纵联电流差动保护。

（4）对电缆线路以及电缆与架空混合线路，宜配置一套纵联电流差动保护。

（5）110kV 环网线（含平行双回线）、电厂并网线应配置一套纵联电流差动保护。

（6）长度小于 10km 短线路宜配置纵联电流差动保护。

（7）线路保护应能反映被保护线路的各种故障及异常状态。

（8）保护应能适应负荷频繁波动的特点。不应因冲击性负荷导致保护启动、复归信息频繁上送监控系统和其他站控层主站，频繁自动打印启动报告。

（9）110kV 电压等级作为地区主网的线路配置智能化线路保护时，应配置独立的智能化保护装置和智能化测控装置，其他 110kV 线路应按间隔采用智能化保护测控集成装置。

17. 智能变电站双重化配置的 220kV 线路间隔的两套智能终端如何实现重合闸的相互闭锁？合闸应该用哪组智能终端的操作电源？对运行有什么影响？

答：智能变电站双重化配置的 220kV 线路间隔有两套保护装置，分别对应一个智能终端，两套保护的重合闸功能是相互独立的，当一套线路保护永跳出口时，该套智能终端通过输出闭锁重合闸硬接点至另外一套智能终端闭锁重合闸开入。合闸使用第一套智能终端的操作电源，在第一套智能终端失电时，断路器无法进行合闸操作。

18. 简述智能站双重化配置的线路间隔两套智能终端之间的联系。

答：（1）“六统一”规定无任何联系，只有投三相重合闸或综合重合闸时，有闭锁重合闸，每套装置的重合闸发现另一套装置重合闸完成已将断路器合上后，立即放电闭锁本装置的重合闸，防止出现不允许的二次重合闸。

（2）事故总信号，手合开入并联，防止误发事故总信号。

（3）母差保护，母联智能终端手合开入节点并联，防止充电死区（电缆）。

19. 智能化变电站线路保护装置中，举例说明有哪些软压板与硬压板。

答：线路保护装置软压板是通过逻辑置位参与内部逻辑运算，主要包括保护功能软压板、SV 接收软压板、GOOSE 跳闸软压板、GOOSE 重合闸软压板、GOOSE 启动失灵软压板。

硬压板是通过接入实际电位遥信参与内部逻辑运算，包括检修状态硬压板、远方操作硬压板。

20. 根据继电保护信息规范，智能站保护装置应有中间节点信息的展示功能，220kV 线路保护的中间节点信息中应包含哪些关键逻辑结果？并以线路纵联差动保护为例，画出 A 相跳闸的装置中间节点动作逻辑示意图。

答：智能站保护装置的中间节点信息应包括启动元件，纵联距离保护元件，纵联零序方向元件，纵联差动，接地距离Ⅰ、Ⅱ、Ⅲ段，相间距离Ⅰ、Ⅱ、Ⅲ段，零序Ⅱ、Ⅲ段，零序反时限，过电压，过流过负荷，三相不一致，重合闸，充电状态，TV 断线，TA 断线等关键逻辑结果。

线路纵联差动A相跳闸的中间节点动作逻辑示意图如图6–3所示。

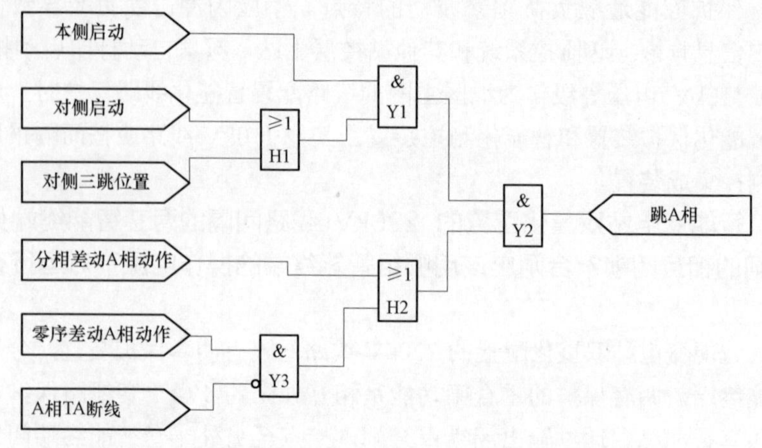

图6–3　线路纵联差动A相跳闸中间节点动作逻辑图

21. 智能变电站双重化配置的 220kV 线路间隔的两套智能终端如何实现重合闸？合闸应该用哪组智能终端的操作电源？

答：智能变电站双重化配置的220kV线路间隔有两套保护装置，分别对应两套智能终端，两套保护的重合闸功能是相互独立的，当两套保护装置重合闸动作时，先动作的一套对应的智能终端出口，使用第一套智能终端的操作电源。

22. 智能变电站双母线接线方式下，线路间隔的电压切换如何实现？切换装置断链后的处理逻辑是什么？

答：线路间隔的电压切换通过线路合并单元以组网方式获得隔离开关位置进行电压切换；切换装置断链后保持断链前的状态。

23. 如何解决 3/2 断路器接线的中断路器、桥接线的桥断路器、角形接线的断路器两回出线保护要求 MU 输出极性相反的问题？

答：目前有三种方案可解决此问题：

（1）方案一是在合并单元处进行调整，合并单元同时输出正反极性 SV，保护装置可以根据需求订阅正负极性 SV，但是这种方式会增大过程层网络 SV 信息的处理流量，对 MU 和保护装置数据处理影响较大。

（2）方案二是在保护装置处调整，合并单元只输出正极性 SV，通过修改保护装置的配置文件或控制字来进行负极性 SV 的订阅，但是这种方式增加了保护装置管理的难度。

（3）方案三是完全通过虚端子连接进行调整，合并单元只输出正极性

SV，但是保护装置有正反两种极性的 SV 输入，通过修改合并单元与保护装置的虚端子连接可以实现保护装置正负极性 SV 的订阅。

目前较多的是采用方案三实现。这种方式可以有效地减少合并单元 SV 的发送数据量，减轻过程层网络负载，降低保护装置管理的难度；另外通过调整虚端子连接方式延续了常规站更改互感器电流极性时更改电缆接线的做法。

24. 简述线路保护 ICD 文件结构和内容。

答：ICD 文件即 IED 能力描述文件，由装置厂商提供给系统集成商，该文件描述 IED 提供的基本数据模型及服务，但不包含 IED 实例名称和通信参数。

线路保护的 ICD 文件中应包含 Header、Communication、IED、DataTypeTemplates 等基本结构，见表 6–3。

表 6–3　线路保护的 ICD 文件

模　　块	是否配置	是否实例化	实例化内容
Header（信息头）	配置	无实例化	
Substation（变电站描述）	不配置		
Communication（通信系统）	配置	无实例化	
IED（智能设备）	配置	无实例化	
DataTypeTemplates（数据类型模板）	配置		

配置文件结构如图 6–4 所示。

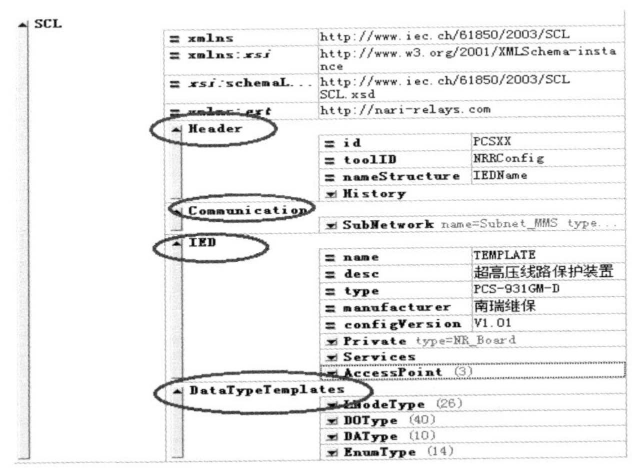

图 6–4　配置文件结构图

（1）＜Header＞部分。该部分用于标示一个 SCL 配置文件及其版本，＜history＞元素中包含配置文件修订的历史信息，如修改原因、修改内容、修改人、修改时间等，ICD 文件＜Header＞部分如图 6–5 所示。

```
ttp://nari-relays.com />
<Header id="PCSXX" toolID="NRRConfig" nameStructure="IEDName">
    <History>
        <Hitem version="1.0" revision="0.9" when="2010/09/30 09:37:46" why="update the file"/>
    </History>
</Header>
```

图 6–5　ICD 文件＜Header＞部分

（2）＜Communication＞部分。主要包含 IED 的通信参数配置信息，一般至少包括一个 type“8–MMS”的 MMS 通信子网，对于过程层采用 GOOSE 通信的配置，还应包含一个 type 为“IEC GOOSE”的 GOOSE 通信子网，ICD 文件＜Communication＞部分 IP 地址，如图 6–6 所示。

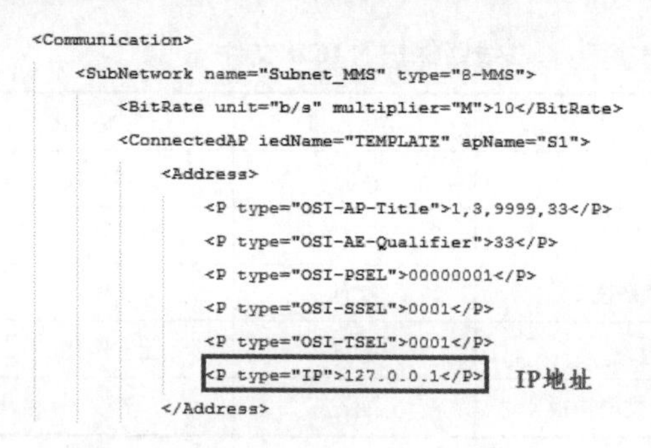

```
<Communication>
    <SubNetwork name="Subnet_MMS" type="8-MMS">
        <BitRate unit="b/s" multiplier="M">10</BitRate>
        <ConnectedAP iedName="TEMPLATE" apName="S1">
            <Address>
                <P type="OSI-AP-Title">1,3,9999,33</P>
                <P type="OSI-AE-Qualifier">33</P>
                <P type="OSI-PSEL">00000001</P>
                <P type="OSI-SSEL">0001</P>
                <P type="OSI-TSEL">0001</P>
                <P type="IP">127.0.0.1</P>
            </Address>
```


图 6–6　ICD 文件＜Communication＞部分 IP 地址

MMS 通信子网部分主要包含装置的网络地址信息，最主要的是 IP 地址和子网掩码。

GOOSE 通信子网部分主要包含装置的 GOOSE 通信参数，包括 MAC 组播地址、虚拟局域网 VLAN–ID，VLAN 优先级和 APPID 等，ICD 文件＜Communication＞部分 GOOSE 通信参数如图 6–7 所示。

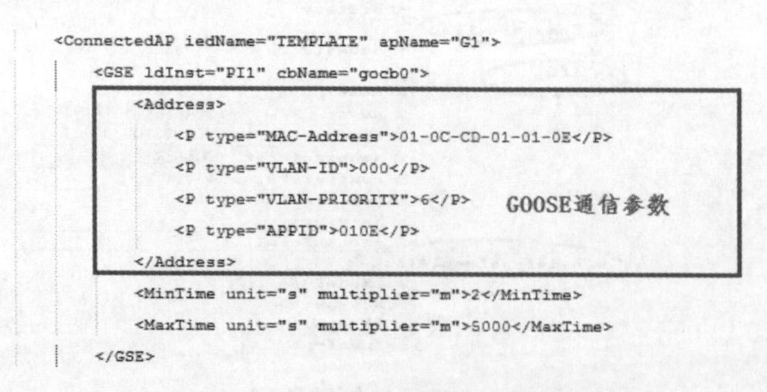

```
<ConnectedAP iedName="TEMPLATE" apName="G1">
    <GSE ldInst="PI1" cbName="gocb0">
        <Address>
            <P type="MAC-Address">01-0C-CD-01-01-0E</P>
            <P type="VLAN-ID">000</P>
            <P type="VLAN-PRIORITY">6</P>
            <P type="APPID">010E</P>
        </Address>
        <MinTime unit="s" multiplier="m">2</MinTime>
        <MaxTime unit="s" multiplier="m">5000</MaxTime>
    </GSE>
```


图 6–7　ICD 文件＜Communication＞部分 GOOSE 通信参数

（3）<IED>部分。包括：<private>、<services>、<ACCESSpoint>三个部分。

<private>部分用于存放装置厂商对 SCL 语言的私有扩展信息。当配置文件在不同厂家的配置工具之间进行传递时，<private>部分的内容会被原封不动地保存，ICD 文件<private>部分如图 6–8 所示。

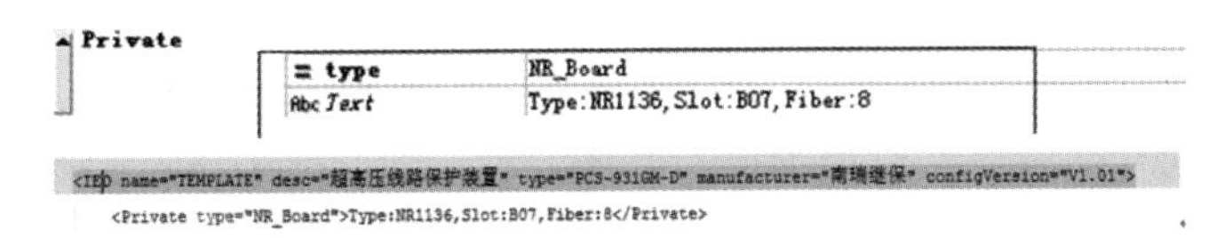

图 6–8　ICD 文件<private>部分

<services>部分用于描述该 IED 所支持的 ACSI 服务类型。在客户端一服务器建立通信关联时，客户端与服务器端将互相告知对方本端所支持的服务类型，ICD 文件<services>部分如图 6–9 所示。

```
<Services>
    <DynAssociation />
    <SettingGroups>
        <SGEdit />
        <ConfSG />
    </SettingGroups>
    <GetDirectory />
    <GetDataObjectDefinition />
    <DataObjectDirectory />
    <GetDataSetValue />                服务类型
    <SetDataSetValue />
    <DataSetDirectory />
    <ConfDataSet max="32" maxAttributes="256" />
    <ReadWrite />
    <ConfReportControl max="32" />
    <GetCBValues />
    <ReportSettings cbName="Conf" datSet="Dyn" rptID="Dyn" optFields="Dyn" bufTime="Fix" trgOps="Dyn" intgPd="Dyn" />
    <GOOSE max="64" />
    <FileHandling />
    <ConfLNs fixPrefix="true" fixLnInst="true" />
</Services>
```

```
Services
    {} DynAssociation
    SettingGroups
    {} GetDirectory
    {} GetDataObje...
    {} DataObjectD...
    {} GetDataSetV...
    {} SetDataSetV...
    {} DataSetDire...
    ConfDataSet max=32 maxAttributes=256
    {} ReadWrite
    ConfReportControl max=32
    {} GetCBValues
    ReportSettings cbName=Conf datSet=Dyn rptID=Dyn optFields=Dyn bufTime=Fix trgOps=Dyn intg...
    GOOSE max=64
    {} FileHandling
    ConfLNs fixPrefix=true fixLnInst=true
```

图 6–9　ICD 文件<services>部分

<AccessPoint>：IED 的分层信息模型，包括服务器、逻辑设备、逻辑节点、数据和数据属性均包含在访问点<AccessPoint>中。图 6–10 所示为线路保护装置的 ICD 文件截图，它拥有 S1（MMS 服务）、G1（GOOSE 服务）和 M1（采样值 SV 服务）三个访问点，每个访问点中包含一个服务器 Server。

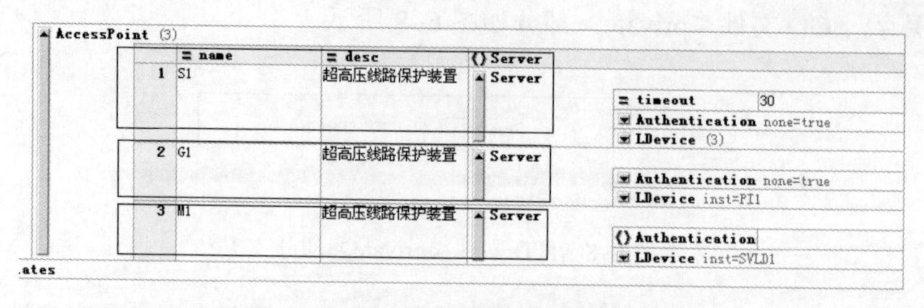

图 6–10　ICD 文件<AccessPoint>部分

（4）<DataTypeTemplates>。<DataTypeTemplates>是可实例化的数据类型模板，包含<LNodeType>、<DOtype>、<DAType>和<EnumType>四个部分。<IED>部分的逻辑节点/数据对象/数据属性实例，就是由<DataTypeTemplates>实例化生成的，二者之间是类和实例的关系，图 6–11 所示为 ICD 文件<Date Type Templates>部分。

DataTypeTemplates
LNodeType (26)
DOType (40)
DAType (10)
EnumType (14)

图 6–11　ICD 文件<DataTypeTemplates>部分

<LNodeType>的 id 属性是该 LNType 的名字，InClasss 属性代表该 InType 是在哪一种兼容逻辑节点类的基础上扩充的。每个 LNodeType 都由一系列数据<DO>组成，图 6–12 所示为 ICD 文件<LNode Type>部分。

```
<LNodeType id="NRR_PDIF_LINE" lnClass="PDIF">
  <DO name="Mod" type="CN_INC_Mod" ext:eOption="M" desc="Mode" />
  <DO name="Beh" type="CN_INS_Beh" ext:eOption="M" desc="Behaviour" />
  <DO name="Health" type="CN_INS_Health" ext:eOption="M" desc="Health" />
  <DO name="NamPlt" type="CN_LPL_LNO" ext:eOption="M" desc="Name Plate" />
  <DO name="Str" type="CN_ACD" ext:eOption="O" desc="Start " />
  <DO name="Op" type="CN_ACT_3P" transient="true" ext:eOption="M" desc="Operate " />
  <DO name="DifAClc" type="CN_WYE" ext:eOption="O" desc="Differential Current " />
  <DO name="LinCapac" type="CN_ASG_SG_EX" ext:eOption="E" desc="Line capacitance (for load currents)" />
  <DO name="LinCapacCO" type="CN_ASG_SG_EX" ext:eOption="E" desc="Zero Sequence Line Capacitance" />
  <DO name="LocShReactX" type="CN_ASG_SG_EX" ext:eOption="E" desc="X value of Local Shunt Reactor" />
  <DO name="LocNReactX" type="CN_ASG_SG_EX" ext:eOption="E" desc="X value of Local Reactor of Neutral Point" />
  <DO name="StrValSG" type="CN_ASG_SG_EX" ext:eOption="E" desc="PDIF operate value" />
  <DO name="Enable" type="CN_SPG_SG_EX" ext:eOption="E" desc="Enable" />
  <DO name="CTBlkEna" type="CN_SPG_SG_EX" ext:eOption="E" desc="TA broken Block PDIF Enable" />
  <DO name="RemShReactX" type="CN_ASG_SG_EX" ext:eOption="E" desc="X value of Local Shunt Reactor" />
  <DO name="RemNReactX" type="CN_ASG_SG_EX" ext:eOption="E" desc="X value of Local Reactor of Neutral Point" />
  <DO name="CCCEna" type="CN_SPG_SG_EX" ext:eOption="E" desc="Capacitive Current Compensate Enable" />
  <DO name="BrkPDIFEnab" type="CN_SPG_SG_EX" ext:eOption="E" desc="Break value  PDIF Enable" />
  <DO name="ZeroPDIFBlkRec" type="CN_SPG_SG_EX" ext:eOption="E" desc="Zero sequence PDIF  blocking recloser" />
  <DO name="TAFact" type="CN_ASG_SG_EX" ext:eOption="E" desc="TA Factor" />
  <DO name="CTBlkSet" type="CN_ASG_SG_EX" ext:eOption="E" desc="PDIF operate value when TA broken" />
</LNodeType>
```

图 6–12　ICD 文件<LNodeType>部分

<DOtype>的 id 属性是该数据类型的名字，该名字与<LNodeType>中的一个 DO 属性值一致，用于说明该<DO>引用了哪种数据对象类型（DOType）。每个 DOType 都由一系列数据属性<DA>组成，如图 6–13 所示为 ICD 文件<DOtype>部分。

```
</DOType>
<DOType id="CN_SPS" cdc="SPS">
    <DA name="stVal" bType="BOOLEAN" dchg="true" fc="ST" />
    <DA name="q" bType="Quality" qchg="true" fc="ST" />
    <DA name="t" bType="Timestamp" fc="ST" />
    <DA name="subEna" bType="BOOLEAN" fc="SV" />
    <DA name="subVal" bType="BOOLEAN" fc="SV" />
    <DA name="subQ" bType="Quality" fc="SV" />
    <DA name="subID" bType="VisString64" fc="SV" />
    <DA name="dU" bType="Unicode255" fc="DC" />
</DOType>
```

图 6–13　ICD 文件<DOtype>部分

<DAtype>的 id 属性是该数据类型的名字，该名字与<DOType>中的一个 DA 属性值一致，用于说明该<DA>引用了哪种数据对象类型（DAType），如图 6–14 所示为 ICD 文件<DAtype>部分。

```
<DAType id="CN_PulseConfig">
    <BDA name="cmdQual" bType="Enum" type="PulseConfigCmdQual" />
    <BDA name="onDur" bType="INT32U" />
    <BDA name="offDur" bType="INT32U" />
    <BDA name="numPls" bType="INT32U" />
</DAType>
```

图 6–14　ICD 文件<DAtype>部分

<EnumType>的 id 属性是该枚举类型的名字，该名字被某个<DA>元素引用，与该<DA>的 type 属性值一致，用于说明该<DA>引用了哪一种<EnumType>，如图 6–15 所示为 ICD 文件<Enum Type>部分。

```
</EnumType>
<EnumType id="ctlModel">
    <EnumVal ord="0">status-only</EnumVal>
    <EnumVal ord="1">direct-with-normal-security</EnumVal>
    <EnumVal ord="2">sbo-with-normal-security</EnumVal>
    <EnumVal ord="3">direct-with-enhanced-security</EnumVal>
    <EnumVal ord="4">sbo-with-enhanced-security</EnumVal>
</EnumType>
```

图 6–15　ICD 文件<EnumType>部分

25. 简述智能变电站中 220kV 及以上电压等级线路保护装置定值设置的相关要求。

答：（1）保护装置电流、电压和阻抗定值应采用二次值，并输入电流互感器（TA）和电压互感器（TV）的变比等必要的参数。

（2）保护总体功能投/退，通过投/退软压板实现。

（3）运行中基本不变的保护分项功能，采用控制字投/退。

（4）保护装置的定值清单应按以下顺序排列：① 设备参数定值部分；② 保护装置数值型定值部分；③ 保护装置控制字定值部分。

（5）保护装置软压板与保护定值相对独立，软压板的投退不应影响定值。

（6）线路保护装置至少设16个定值区，其余保护装置至少设5个定值区。

（7）保护装置具有可以实时上送定值区号的功能。

（8）装置上送后台定值及软压板应符合相关要求。

26. 简述智能变电站主变压器非电量保护的跳闸模式。

答：智能变电站主变压器非电量保护一般在现场配置主变压器非电量智能终端和非电量保护装置，或配置集成非电量保护的本体智能终端，非电量保护就地直接采集主变压器的非电气量信号，当主变压器故障时，通过电缆接线直接作用于主变压器各侧智能终端的“其他保护动作三相跳闸”输入端口，直接启动出口中间继电器分别作用于断路器的两个跳闸线圈上而不启动失灵保护，本体智能终端通过光缆将非电量保护动作信号“发布”到GOOSE网，用于测控信号监视及录波等，其跳闸模式如图6–16所示。

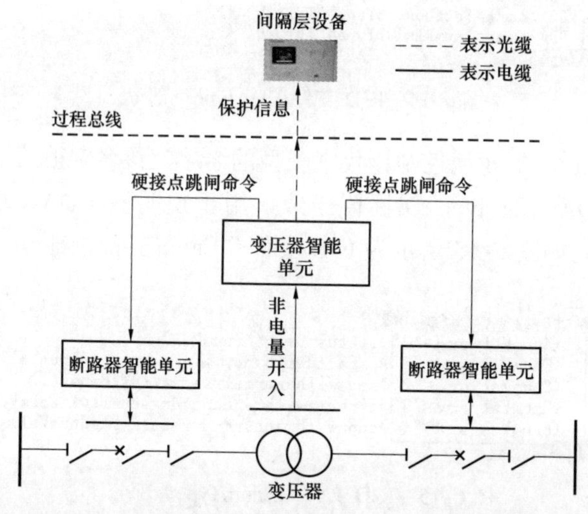

图6–16　智能变电站主变压器非电量保护的跳闸模式

27. 智能变电站主变压器保护GOOSE出口软压板退出时，是否发送GOOSE跳闸命令?

答：智能变电站中“GOOSE出口软压板”代替的是常规站保护屏柜上的

跳合闸出口硬压板，当“GOOSE 出口软压板”退出后，保护动作信号数据集相应数据位始终为 0。

28. 简述智能变电站主变压器保护当某一侧 MU 的压板退出后，保护装置如何处理。

答：智能变电站主变压器保护当某一侧 MU 压板退出后，该侧所有的电流、电压采样数据显示为 0，装置底层硬件平台接收处理采样数据，采样数据状态标志位为有效，采样数据不参与该侧相关的差动保护和后备保护逻辑。当 MU 压板投入后（需确认），装置自动开放与该侧相关的差动保护，投入该侧后备保护。

29. 简述智能变电站中双重化配置的主变压器保护与合并单元、智能终端的连接关系。

答：220kV 电压等级及以上智能变电站中主变压器保护通常双重化配置，对应的变压器各侧的合并单元和断路器智能终端也双重化配置，本体智能终端单套配置，其中第一套主变压器保护仅与各侧第一套合并单元及智能终端通过点对点方式连接，第二套主变压器保护仅各侧第二套合并单元及智能终端通过点对点方式连接，第一套与第二套间没有直接物理连接和数据交互，分别独立。

30. 分析合并单元异常后，对 220kV 双绕组主变压器保护的影响有哪些?

答：数据异常有以下几方面：

（1）变压器差动相关的电流通道异常时，闭锁相应的差动保护和该侧的后备保护。

（2）变压器中性点零序电流、间隙电流异常时，闭锁该侧后备保护中对应使用该电流通道的零序保护、间隙保护。

（3）相电压异常时，保护逻辑按照该侧 TV 断线处理，若该侧零序电压采用自产电压，则闭锁该侧的间隙保护和零序过电压保护。

（4）零序电压异常时，闭锁该侧的间隙保护和零序过电压保护。

31. 简述智能变电站主变压器保护中插值同步的原理，如何保证各侧同步。

答：插值同步适用于点对点采样方式，由于点对点方式下采样值报文到达时间具有确定性（到达时间抖动在±10μs 以内），因此可以根据报文额定延时、报文到达时间戳与插值点三者之间的时间对应关系，通过插值算法计算出插值点的采样值，实现采样值同步。

对于跨间隔的主变压器保护装置采样值采用点对点接入方式，采样同步由保护装置实现。变压器各侧合并单元的额定延时不同，保护装置根据接收到的合并单元的时间戳，通过报文解析其第一路通道中合并单元的额定延时，将该合并单元的采样回退到绝对时间，每个合并单元都是同样的方式，再根据保护需要的采样间隔设定插值点，以线性插值计算出插值点的采样值，从而实现采样同步。

32. 当主变压器保护 GOOSE 通信中断时的处理步骤有哪些?

答：首先，根据保护装置显示通信中断情况检查 GOOSE 交换机上对应的端口物理连接是否正常，即指示灯是否闪烁。若指示灯正常，则表明光缆连接正常，反之，则可能是光缆发生断链或是光缆的接口接触不良。如果物理连接正常，接着就需要通过数字化测试仪或抓包软件分别在保护侧和保护显示与之中断的智能设备侧进行抓包分析，最终定位造成通信中断的原因，是保护未正确处理信号，还是智能设备未正确发送信号，或是反之。

33. 双绕组变压器保护，通入电流，且产生的差流超过保护动作定值，各侧 MU 及装置检修压板分别见表 6-4，主变压器保护中各侧 MU 接收软压板按正常运行摆放，试问主变压器差动保护动作情况?

表 6-4　主变压器保护相关装置检修状态

高压合并单元（检修位）	低压合并单元（检修位）	保护装置（检修位）	保护动作情况
0	0	0	
0	0	1	
0	1	1	
1	1	0	
1	0	0	
1	1	1	

答：主变压器差动保护动作情况见表 6-5。

表 6-5　主变压器差动保护动作情况

高压合并单元（检修位）	低压合并单元（检修位）	保护装置（检修位）	保护动作情况
0	0	0	动作
0	0	1	不动作
0	1	1	不动作
1	1	0	不动作
1	0	0	不动作
1	1	1	动作，但出口报文置检修

34. 简述智能变电站变压器保护配置原则。

答：智能变电站变压器保护配置原则是如下：

（1）220kV 及以上变压器电量保护按双重化配置，每套保护包含完整的主、后备保护功能；变压器各侧及公共绕组的 MU 均按双重化配置，中性点电流、间隙电流并入相应侧 MU。

（2）110kV 变压器电量保护宜按双套配置，每套保护包含完整的主、后备保护功能；变压器各侧 MU 按双套配置，中性点电流、间隙电流并入相应侧 MU。

（3）变压器保护直接采样，直接跳各侧断路器；变压器保护跳母联、分段断路器及闭锁备自投、启动失灵等可采用 GOOSE 网络传输。变压器保护可通过 GOOSE 网络接收失灵保护跳闸命令，并实现失灵跳变压器各侧断路器。

（4）变压器非电量保护采用就地直接电缆跳闸，信息通过本体智能终端上送过程层 GOOSE 网。

（5）保护可采用分布式保护。分布式保护由主单元和若干个子单元组成，子单元不应跨电压等级。

35. 简述 220kV 主变压器非电量保护的主要功能和技术要求。

答：非电量保护跳闸不启动 220kV 失灵保护，其主要功能和技术要求如下：

（1）非电量保护动作信息通过本体智能终端上送过程层 GOOSE 网。

（2）重瓦斯保护作用于跳闸，其余非电量保护宜作用于信号。

（3）作用于跳闸的非电量保护，启动功率应大于 5W，动作电压在额定直流电源电压的 55%～70%范围内，额定直流电源电压下动作时间为 10～35ms，应具有抗 220V 工频干扰电压的能力。

（4）用于三相变压器的非电量保护装置（属于智能组件的扩展功能）的输入量不少于 14 路。

36. 简述 500kV 智能变电站中主变保护装置阻抗保护无效状态判别条件。

答：（1）本侧后备保护功能压板退出；

（2）本侧阻抗保护控制字不投；

（3）本侧电压压板退出；

（4）本侧 TV 断线；

（5）本侧阻抗保护用任意电流检修不一致；

（6）本侧阻抗保护用任意电流采样无效；

（7）本侧阻抗保护用电压检修不一致；

（8）本侧阻抗保护用电压采样无效；

（9）装置故障；

（10）本侧阻抗保护相关电流 SV 接收压板退出；

（11）本侧阻抗保护电压 SV 接收软压板退出。

满足以上任意条件判无效。

37. 简述220kV及以上变压器间隙保护中间隙电流和零序电压的选取原则。

答：（1）间隙电流取中性点间隙专用 TA。

（2）零序电压可选自产或外接，零序电压选外接时固定为 180V，选自产时固定为 120V。当选取自产时零序过压保护经电压压板，当选取外接时零序过压保护不经电压压板。

（3）常规站保护零序电压宜取TV开口三角电压，受本侧“电压压板”控制。

（4）由于智能站配置电子式互感器时无外接零序电压，因此智能站保护零序电压宜取自产电压。

38. 500kV主变压器非电量保护的主要功能和技术要求是什么？

答：非电量保护跳闸不启动 500kV 及 220kV 失灵保护，其主要功能和技术要求如下：

（1）非电量保护动作信息通过本体智能终端上送过程层 GOOSE 网。

（2）重瓦斯保护作用于跳闸，其余非电量保护宜作用于信号。

（3）作用于跳闸的非电量保护，启动功率应大于 5W，动作电压在额定直流电源电压的 55%～70%范围内，额定直流电源电压下动作时间为 10～35ms，应具有抗 220V 工频干扰电压的能力。

（4）分相变压器 A、B、C 相非电量分相输入，作用于跳闸的非电量保护三相共用一个功能压板。

（5）用于分相变压器的非电量保护装置（属于智能组件的扩展功能）的输入量每相不少于 14 路，用于三相变压器的非电量保护装置的输入量不少于 14 路。

39. 现场系统联调时主变压器保护装置（以 PST1200U 为例）和高压侧合并单元、中压侧合并单元、低压侧合并单元连接，还与高压侧智能终端、中压侧智能终端、低压侧智能终端连接。将所有 IED 设备的 ICD 文件提供给系统集成商做好 SCD 文件后，各设备依据 SCD 文件导出配置下装开始进行互联互操作联调。请根据下列现象回答问题。

（1）通过传统继电保护测试仪在高压侧合并单元侧加三相正序 5A 电流，保护装置面板显示的采样值为 2.5A。试具体分析问题产生的可能原因。

（2）主变压器保护外接高压侧零序电压。当通过合并单元加额定 57.74V

的电压时，发现保护装置显示的值为 100V。此合并单元所加 A、B、C 三相电压时保护装置显示二次值正确。通过报文分析软件分析合并单元发送的 SV 报文数据中零序电压通道准确无误。试分析问题产生的原因和解决方法。

（3）主变压器保护高压侧、低压侧同时加量比较两侧差流。高、低侧加三相平衡电流。在装置液晶上显示保护有较大差流，进一步分析发现保护装置高压侧所加幅值和相角正确，低压侧幅值正确，相角比实际所加角度大 9°。试分析问题的原因。

答：（1）可能原因：① 合并单元侧配置文件中一次变比系数设置不正确，一次变比设置是实际变比的 0.5 倍；② 主变压器保护参数定值高压侧一次变比系数设置不正确，一次变比设置是实际变比的 2 倍。

（2）问题产生的原因和解决方法：参数定值中无零序电压一次值参数整定，必须通过厂家自有软件（SgView）在内部定值参数中设置 smvValIn，高侧值默认设置为 1，将此设置为 1.732 即可。

（3）点对点传输方式下发现角度偏差，多数是额定合并单元延时输出和固有延时输出不一致导致的。通过输入监视的合并单元延时菜单，观察两侧合并单元输出的额定延时是否正确解析。此问题原因是低压侧合并单元延时输出不正确导致的，通过合并单元测试仪检测合并单元固有延时，应能得出额定延时配置比固有延时多了 500μs。

40. 220kV 及以上智能化母线装置与各间隔合并单元、智能终端采用点对点的通信方式，请简述母线保护采用这种通信方式的优缺点。

答：优点是智能站母线保护采用点对点方式和各间隔智能终端、合并单元通信，充分保证了设备运行不受网络通信的影响，提高了可靠性；缺点是母线保护光口多，发热量大。

41. 简述 SV 报文品质对母线差动保护的影响。

答：母差保护运行时需要对母线所连的所有间隔的电流信息进行采样计算，所以当任一间隔的电流 SV 报文中品质位为无效时，将会影响母差保护的计算，母差保护将闭锁差动保护。当母联电流品质异常时，若此时发生母差区故障，则先跳开母联，延时 100ms 后选择故障母线。

当母线电压 SV 报文品质异常时，母差保护报母线电压无效，母差保护开放复合电压闭锁。

42. 智能变电站母差保护在电流采样和电压采样通信中断时处理机制有何不同?

答：母差保护运行时需要对母线所连的所有间隔的电流信息进行采样计

算，所以当任一间隔的电流采样中断时，母差保护将闭锁差动保护。当母联电流采样中断时，若此时发生母差区故障，则先跳开母联，延时100ms后选择故障母线。母线电压采样中断，母差保护开放复合电压闭锁。

43. 智能变电站母线保护在某间隔MU检修压板误投入时是否应该闭锁母差保护?

答：当任一线路、主变压器间隔MU检修压板误投入时，母差保护将闭锁差动保护。当母联间隔MU检修压板误投入时，若此时发生母差区故障，则先跳开母联，延时100ms后选择故障母线。

44. 智能变电站中220kV母差保护宜设置哪些GOOSE压板?

答：智能变电站母差保护一般配置有SV接收压板，启动失灵接收软压板、失灵联跳发送软压板，跳闸（兼远跳、闭锁重合闸）GOOSE发送压板。

45. 简述智能站中线路保护和元件保护GOOSE、SV软压板设置的异同点。

答：相同点：

（1）宜简化保护装置之间、保护装置和智能终端之间的GOOSE软压板；

（2）保护装置应在发送端设置GOOSE输出软压板；

（3）保护装置应按MU设置“SV”接收软压板。

不同点：

（1）线路保护及辅助装置不设GOOSE接收软压板；

（2）除母线保护的启动失灵开入、母线保护和变压器保护的失灵联跳开入外，接收端不设GOOSE接收软压板。

46. 简述220kV常规保护装置和智能化装置保护出口压板设置方式的区别。

答：（1）常规保护装置和智能化装置都设置跳闸出口硬压板，常规保护装置的出口硬压板设置在保护屏上，而智能化装置的跳闸出口硬压板设置在智能终端上；

（2）常规保护装置不配置跳闸出口软压板，智能化装置设置跳闸出口（GOOSE输出）软压板；

（3）常规保护装置中线路保护起失灵通过投入线路保护硬压板实现，智能化装置中起失灵通过投入线路保护失灵出口（GOOSE输出）软压板和母差的失灵输入（GOOSE接收）软压板实现；

（4）常规保护装置中母差保护起远跳通过母差保护跳闸2经远跳出口硬压板或者通过线路保护操作箱TJR继电器重动后开入给线路保护的其他保护动作

实现远跳功能；智能站中线路保护接收母差保护启动远跳信号与智能终端接收母差保护跳闸信号为同一来源，只是路径不同，所以只设置一块母差跳闸出口软压板；

（5）常规保护装置中失灵联跳通过投入母差保护失灵联跳硬压板实现，智能化装置中失灵联跳通过投入母差保护失灵联跳出口（GOOSE 输出）软压板和主变的失灵联跳输入（GOOSE 接收）软压板实现；

（6）常规保护装置中主变保护解复压闭锁通过投入主变保护解复压闭锁硬压板实现，智能化装置中由于智能站变压器保护解除电压闭锁采用 GOOSE 命令，其来源、路径和失灵保护相同，母线保护变压器支路收到变压器保护“启动失灵”GOOSE 命令的同时启动失灵和解除电压闭锁，因此不单独设置主变解除电压闭锁压板。

47. 在某些故障情况下，断路器失灵保护电压闭锁原件灵敏度不足，220kV 母差保护应如何解决?

答：为解决某些故障情况下，断路器失灵保护电压闭锁元件灵敏度不足的问题，对于常规站，变压器支路应具备独立于失灵启动的解除电压闭锁的开入回路，“解除电压闭锁”开入长期存在时应告警，宜采用变压器保护“跳闸触点”解除失灵保护的电压闭锁，不采用变压器保护“各侧复合电压动作”触点解除失灵保护电压闭锁，启动失灵和解除失灵电压闭锁应采用变压器保护不同继电器的跳闸触点；对于智能站，母线保护变压器支路收到变压器保护“启动失灵”GOOSE 命令的同时启动失灵和解除电压闭锁。

48. 对于智能变电站 220kV 母差保护，为什么主变压器支路不需要单独设置“解除复压闭锁”开入?

答：传统变电站母线失灵保护是为了防止节点粘连导致母差保护误动作，所以启失灵和解复压两个节点分开。由于智能站变压器保护启动失灵、解除电压闭锁采用 GOOSE 命令，其来源、路径均相同，母线保护不分别设置启动失灵、解除电压闭锁的 GOOSE 输入，母线保护变压器支路收到变压器保护“启动失灵”GOOSE 命令的同时启动失灵和解除电压闭锁。

49. 什么是分布式母线保护?

答：分布式母线保护是相对于集中式母线保护而言，集中式母线保护是将每个连接单元的 TA 和 TV 以及隔离开关节点、跳闸节点等接入母线屏柜，集中处理，带来的问题是二次回路复杂，给运维带来了困难。而分布式微机母线保护是将传统的集中式母线保护分散成若干个（与被保护母线的出线回路数相同）母线保护单元，分散装设在各回路保护屏上，各保护单元用网络连接起来，每个保护单元只接入本出线的电流量，将其转换成数字量后，通过网络传送给其他所有出线的保护单元，各保护单元根据本出线的电流量和从网络上获得的其他所有出线的电流量，进行母线差动保护的计算。这种用网络实现的分布式母线保护方案，比传统的集中式母线保护有较高的可靠性。如果一个保护单元受到干扰或计算错误而误动时，只能错误地跳开本出线，不会造成使母线整个被切除的恶性事故，这对于具有超高压母线的系统枢纽非常重要。

50. 试举例说明智能变电站母差保护采用点对点连接时，主机和子机的同步方式。

答：在智能变电站母差保护采用点对点连接时，由于单元数过多，主机无法全部接入，需要配置子机实现。采用点对点时，母差保护采样值基于插值同步，子机的作用是将收到的 SV9–2 报文转发给主机，主机将本身采集的采样值和通过子机发送的采样值综合插值后送给保护 CPU 处理，子机报文转发均基于 FPGA 处理，延时小于 5μs，所以在点对点情况下主机和子机之间不设置特殊的同步机制。

51. 为什么母差保护插值同步算法适用于直接采样方式，不适用于网络采样方式?

答：为了实现点对点插值同步，合并单元必须等间隔地采样，然后将额定延时附于报文内，忽略直采通路的传输延时，间隔层设备将报文接收时刻减去额定延时可以获得每个采样值的真正采样时刻，进而通过插值算法实现采样同步。插值同步不适用于网采，其原因在于通用工业交换机带来的网络延时不能忽略且不可预测，这将导致采样值的真正采样时刻不可计算。

52. 母差保护用网络采样方式如何实现同步?

答：母差保护如采用网采方式，需采用时标同步法对采样值进行同步。由 GPS 时钟源统一对合并单元进行授时同步，这就导致了采样同步依赖于 GPS 时钟源，降低了保护的可靠性。

53. 智能变电站 220kV 母差保护 GOOSE 输入有哪些?

答：智能变电站 220kV 母差保护 GOOSE 输入如下：

（1）母联分相断路器位置：A/B/C 相断路器位置；

（2）分段 1、分段 2 分相断路器位置：A/B/C 相断路器位置；

（3）母联 SHJ（手动合闸继电器）开入；

（4）分段 1 SHJ 开入、分段 2 SHJ 开入；

（5）母联三相跳闸启动失灵开入；

（6）分段 1 三相跳闸启动失灵开入、分段 2 三相跳闸启动失灵开入；

（7）各支路隔离开关位置开入；

（8）线路支路分相和三相跳闸启动失灵开入；

（9）变压器支路三相跳闸启动失灵开入；

（10）变压器支路解除失灵保护电压闭锁（按支路设置）。

注：对于双母线接线，无第（2）、（4）、（6）项；对于母联和分段支路，无第（7）项；对于双母单分段接线，第（1）、（2）、（3）、（4）、（5）、（6）项描述对象为“母联 1”、“分段”、“母联 2”；当线路支路也需要解除失灵保护电压闭锁时，智能站母线保护可选配“线路失灵解除电压闭锁”功能，通过投退相关各线路支路的线路解除复压闭锁控制字实现。

54. 简述智能变电站 220kV 及以上线路保护装置应具备哪些接口以及该接口实现哪些功能。

答：保护装置应具备以下接口：

（1）对时接口：应支持接收对时系统发出的 IRIG–B 对时码。条件成熟时也可采用 GB/T 25931 标准进行网络对时，对时精度应满足要求；

（2）MMS 通信接口：装置应支持 MMS 网通信，3 组 MMS 通信接口（包括以太网或 RS–485 通信接口），MMS 至少需 2 路 RJ45 电口；

（3）智能站 SV 和 GOOSE 通信接口：GOOSE 组网和点对点通信、SV 组网和点对点通信。SV 和 GOOSE 光口数量应满足需求，并应支持 SV 单光纤接收；

（4）其他接口：调试接口、打印机接口。

55. 假设主接线为双母线接线，若某运行线路支路（负荷电流为 $0.2I_n$）现场实际为Ⅰ母隔离开关合位、Ⅱ母隔离开关分位，由于母线保护装置中该线路Ⅰ、Ⅱ母隔离开关位置接反（不考虑母线保护的闸刀修正功能），此时发生Ⅱ母母线区内故障，按照新“六统一”规范的母线保护装置怎么处理？与非“六统一”规范母线保护装置处理方式的区别是什么？

答：（1）双母线隔离开关接反会造成两段母线都有小差，同时无大差电流，保护装置启动母联 TA 断线逻辑。发生断线相故障时，对于按照新“六统一”规范的母线保护装置将先跳开母联，延时 100ms 后选择故障母线。此时故障点在Ⅱ母母线上，Ⅱ母差动动作，隔离故障点。由于母差保护装置中该运行线路Ⅱ母隔离开关合位，该运行线路开关将被跳开，此时母差保护装置上Ⅰ母没有小差，继续运行。

（2）非“六统一”规范母线保护装置也是启动母联 TA 断线逻辑，将母线置互联并告警，区内故障按互联处理跳开两条母线。

56. 继电保护装置输出的告警信息报文中包含了哪些信号？这些信号与Q/GDW 1396 规定的保护装置 ICD 文件数据集如何对应？

答：告警信息包含故障信号、告警信号、通信工况、保护功能闭锁；与保护装置 ICD 文件中数据集对应关系如下：故障信号（dsAlarm）、告警信号（dsWarning）、通信工况（dsCommState）、保护功能闭锁（dsRelayBlk）。

57. 根据继电保护信息规范，智能站中高抗保护动作信息输出应包含哪些内容？

答：高抗保护动作信息应包含数据集 dsTripInfo 中的差动速断动作、差动保护动作、匝间保护动作、主电抗器过流动作、主电抗器零序过流、中性点电抗器过流。

58. 简述常规站和智能站双母接线的母差保护在隔离开关辅助触点异常时的处理机制。

答：双母线接线的母线保护，通过隔离开关辅助触点自动识别母线运行方式时，应对隔离开关辅助触点进行自检，且具有开入电源掉电记忆功能。当与实际位置不符时，发“隔离开关位置异常”告警信号，常规站应能通过保护模拟盘校正隔离开关位置。智能站通过“隔离开关强制软压板”校正隔离开关位置。当仅有一个支路隔离开关辅助触点异常，且该支路有电流时，保护装置仍应具有选择故障母线的功能。

59. 智能变电站 220kV 母差保护是否需要配置启动失灵 GOOSE 接收软压板？

答：智能化变电站 220kV 母差保护需要配置启动失灵 GOOSE 接收软压板，原因是智能化母差保护装置失灵保护需要接收线路保护装置、主变压器保护装置、母联保护装置的失灵启动开入，为防止误开入，对应支路应配置失灵启动软压板，只有压板投入的情况下，失灵开入才计算入失灵逻辑，利用此法提高保护的可靠性。

60. 在长线路地区，220kV 及以上母差保护中为什么需要线路支路解除失灵保护电压闭锁开入？针对该开入智能站和常规站中的母差保护配置有什么区别？

答：当长线路末端发生故障时，此时线路首端电压变化不大，无法满足复压开放。因此为了解决长线路支路失灵时电压闭锁元件灵敏度不足的问题，应独立设置线路支路解除电压闭锁的开入回路，母线保护只有同时收到失灵启动和解除电压闭锁的两个开入，才确认线路保护的失灵启动和解除电压闭锁有效，从而提高了失灵启动回路的可靠性。

常规站中母线保护通过增加线路各支路共用的“线路支路解除复压闭锁”开入来实现解除电压闭锁的功能；智能站中母线保护通过投退各线路支路的“支路 *N* 解除复压闭锁”控制字来实现解除电压闭锁的功能。

61. 简述智能变电站母差保护接收软压板配置方式。

答：按间隔配置间隔接收软压板，间隔软压板退出后整个间隔的 SV 和 GOOSE 接收信号均退出，并配置一个电压 SV 接收软压板。

62. 双母线接线的母差保护，采用点对点连接时，哪些信号采用点对点连接的 GOOSE 传输，哪些信息采用 GOOSE 组网传输?

答：对于双母线接线的母线保护，如果采用点对点连接时，母差保护与每个间隔的智能终端有点对点物理连接通道（点对点 GOOSE 跳闸），因此跟间隔相关的开关量信息直接通过点对点连接的 GOOSE 传输，例如：线路/主变压器间隔的隔离开关、母联间隔的 TWJ/SHJ 等，而母差保护装置与线路保护装置、主变压器保护装置之间一般不设计点对点连接的物理通道，因此各间隔至母差保护的“启动失灵”通过 GOOSE 组网传输。

所有开关量信息均可通过 GOOSE 组网传输（所有信息均在网络上共享），出于管理、运维以及可靠性的考虑，已经有链路连接的，直接走专有点对点通道，没有相互物理连接的，走网络通道。

63. 某智能变电站 220kV 母差保护配置按实际规划配置，现需新增一个间隔；请问母差保护需要完成哪些工作?

答：如果按实际规划配置，当要增加一个新间隔时需要以下工作：

（1）退出差动、失灵保护功能软压板，投入检修压板（保护退出运行），并保证检修压板处于可靠合位，直到步骤（8）。

（2）更新与这个增加间隔相关的配置（SV、GOOSE 等）。

（3）投入该支路 SV 接收压板，在该支路合并单元加相应电流，核对母线保护装置显示的电流幅值和相位信息。

（4）开出传动本间隔断路器，验证跳闸回路的正确性。

（5）投入该支路失灵接收软压板，核对 GOOSE 信息输入的正确性。

（6）在该支路做相应保护试验，验证逻辑以及回路的正确性（投上相应保护功能软压板，验证 SV 接收、GOOSE 开入、GOOSE 开出功能及数据是否正确）。

（7）对该套母差保护对应的运行间隔相关回路进行测试。

（8）验证结束后，执行定值单，并将该支路相关的软压板按要求投入（投入 SV 接收软压板、失灵开入 GOOSE 软压板、GOOSE 跳闸软压板等），投入母差保护差动、失灵保护功能软压板，退出检修压板。

64. 某智能变电站 220kV 母差保护配置按远期规划配置，现阶段只有部分间隔带电运行，请问，在运行过程中需要注意哪些问题？

答：需要注意以下两方面：

（1）未投入运行的间隔相关压板（SV 接收软压板、失灵开入 GOOSE 软压板、GOOSE 跳闸软压板）应保证处于“退出”状态。

（2）为提高可靠性，未投入支路（备用支路）参数，即“TA 一次值”可整定为 0。

65. 某智能变电站 220kV 母差保护配置按远期规划配置，现阶段只有部分间隔带电运行，现需新增一个间隔，请问投入该间隔的过程？

答：如果按远期规划配置，当要增加一个新间隔时，投入的过程如下：

（1）退出相应差动、失灵保护功能软压板，投入保护及合并单元、智能终端的检修压板，并保证检修压板处于可靠合位，直到步骤（6）。

（2）投入该支路 SV 接收压板，在该支路合并单元加相应电流，核对母线保护装置显示的电流幅值和相位信息。

（3）需要开出传动本间隔断路器，验证跳闸回路的正确性。

（4）投入该支路失灵接收软压板，核对 GOOSE 信息输入的正确性。

（5）在该支路做相应保护试验，验证逻辑以及回路的正确性（投上相应保护功能软压板，验证 SV 接收、GOOSE 开入、GOOSE 开出功能及数据是否正确）。

（6）验证结束后，执行定值单，并将该支路相关的软压板按要求投入（投入 SV 接收软压板、失灵开入 GOOSE 软压板、GOOSE 跳闸软压板等），投入母差保护差动、失灵保护功能压板，退出检修压板。

66. 保护装置信号的简化原则是什么？并简述常规保护设备和智能保护设备对保护装置信号触点要求的区别。

答：保护装置信号的简化原则遵循“重要信号以硬触点形式上送，充分利用网络软报文”的原则。区别：① 常规站保护装置的跳闸信号和告警信号都需要触点，其中跳闸信号需要 2 组不保持触点和 1 组保持触点，过负荷、运行异常和装置故障等告警信号需要至少 1 组不保持触点；② 智能站保护装置的运行异常和装置故障告警信号需要 1 组不保持触点。

67. 假设某智能变电站的主接线为双母线，母联 TA 靠近Ⅰ母侧，采用 BP-2C 母线保护装置，分析下列情况时母线保护装置的动作情况。

（1）一次系统进行合母联开关给另一段母线充电的操作。操作过程中各开关量（母联 TWJ、充电手合接点等）正确反映一次状态。若Ⅱ母往Ⅰ母充电，母联开关与 TA 之间发生故障，保护正确的动作情况是什么？

（2）双母线分列运行，现场母联开关为分位，此时母差保护显示与母联智能终端之间 GOOSE 断链，母联智能终端上没有告警信号。若此时发生死区故障，请阐述母线保护的动作行为，并提供分析过程。

答：（1）母联充电至死区故障保护动作，跳开母联开关后故障切除。

（2）动作行为：先大差动作跳母联动作，然后启动母联失灵保护动作。

过程分析：此时母差保护装置与母联智能终端之间 GOOSE 断链，未能收到母联开关 TWJ，将默认母联处于合位。此时若母联开关与母联 TA 之间发生故障，考虑母联 TA 靠近Ⅰ母侧，因Ⅰ母无差流，Ⅰ母差动不会动作；Ⅱ母虽然有差流，但由于Ⅱ母与故障隔离，Ⅱ母差动复合电压不开放，因此Ⅱ母差动也不动作。此时，大差动作跳母联保护逻辑动作是将先母联开关切除，之后通过母联失灵保护将两条母线切除。

68. 智能站光缆及其敷设有什么要求？

答：（1）线径及芯数要求如下：① 光纤线径宜采用 62.5/125μm；② 多模光缆芯数不宜超过 24 芯，每根光缆至少备用 20%，最少不低于 2 芯。

（2）敷设要求如下：① 双重化配置的两套保护不共用同一根光缆，不共用 ODF 配线架；② 保护屏（柜）内光缆与电缆应布置于不同侧，或有明显分隔。

69. 继电保护装置输出的报文分哪五大类？

答：继电保护装置输出的报文包括保护动作信息、告警信息、在线监测信息、状态变位信息和中间节点信息。

（1）保护动作信息：保护事件、保护录波；

（2）告警信息：故障信号、告警信号、通信工况、保护功能闭锁；

（3）在线监测信息：交流采样、定值区号、装置参数、保护定值、内部状态监视；

（4）状态变位信息：保护遥信、保护压板、保护功能状态、装置运行状态、远方操作保护功能投退；

（5）中间节点信息：通过中间文件上送，不设置数据集。

70. 采用“主机+子机”模式对传统母差保护进行智能化改造的优缺点是什么？

答：优点：改造过程不影响全站的保护运行方式及负荷分配，且适用于各种主接线方式；减少了改造期间设备的停电时间，被改造的设备仅需停电一次，母差保护退出时间较短，电网运行可靠性高；降低施工难度，提高工作效率；投资较小，仅需增加子机屏柜。

缺点：增加母差保护子机接线，改造过程增加现场接线工作量。另外，母差保护主机需同时接入母差子机以及合并单元交流采样，需解决两者同步问题。

71. 采用“主机+子机”模式对传统母差保护进行智能化改造应注意完成哪些测试?

答：在改造中采用“主机+子机”的模式，必须完成必要的测试工作，保护方可投入，具体应完成以下测试：

（1）母差保护子机与间隔合并单元同步测试。由于交流采样同步性对母差保护差流计算影响较大，故需对母差保护子机以及合并单元的同步性进行测试。为保证交流采样同步性，本站母差保护主机采用插值同步方式，采样同步不依赖于外部同步时钟，且合并单元与母差保护子机需支持等间隔发送，并保证通道延时与实际延时保持完全一致。

（2）改造过程中母差保护配置测试。由于改造间隔数量多，改造时间紧，改造过程相对复杂，母差保护配置对改造过程顺利进行影响重大。故应在联调过程中单独针对改造各阶段对母差保护进行配置文件测试，同时将配置文件进行保存备份。

72. 母差保护子机与各合并单元如何进行同步专项测试?

答：测试方法为采用互感器校验仪对合并单元与母差保护子机的采样延时时间进行测试。将标准源输出的模拟交流量连接到校验仪的交流采样输入，将同一路交流采样接入合并单元或者母差保护子机，同时将合并单元与子机数字采样输出光口连接到校验仪的光口。将变电站的同步信号接到校验仪的同步信号输入，或者将检验仪的同步信号输出连接到合并单元。根据校验仪输出的角差与比差，可测试合并单元以及母差子机输出延时是否准确，并确定采样波形是否合格。通过串接电流与并接电压的方式对母差保护子机以及合并单元的系统同步性能进行验证测试。

73. 母差保护智能化改造采用“主机+子机”方式一般分哪几个阶段?

答：母差保护智能化改造过程采用“主机+子机”模式，一般可分为三个阶段。

（1）第一阶段为母差保护主机与子机接线改造并投入运行。为减少改造过程中一次设备停电时间并保证母线设备处于有保护状态运行，需采用以下工程实施方案：

对于双重化保护配置情况，使一套保护始终投入运行，而另一套保护退出运行，并将相关回路接线接入数字化母差保护主机与子机，待所有接线更改完成并进行测试后再将数字化母差保护主机与子机投入运行。

对于单重化保护配置情况，若母差保护所需接入开入及交流采样等有备用接点时，可在不退出现有母差保护情况下，将相关回路接线接入数字化母差保护主机与子机，待所有接线更改完成并进行测试后再将数字化母差保护主机与子机投入运行。若无备用接点，则为减少一次设备停电时间，需退出现有的母线保护，并尽快完成数字化母差保护主机与子机接线改造与测试，测试正常后立即投入运行。

考虑到母差保护重要性，除前期联调过程中完善保护调试，对保护程序及配置文件进行验证备份外，还需在接线改造完成后对母线保护主机与子机进行详细的调试，以保证接线的正确性与测试完整性。

第一阶段改造完的母线保护主机与子机接线如图 6–17 所示。

（2）第二阶段为停电改造间隔接入母差保护主机。第二阶段配合停电改造间隔进行数字化改造，改造间隔一次设备需停电，将原有的传统母差保护退出运行。本阶段是母差保护智能化改造的重点，改造过程中主要包括以下步骤：

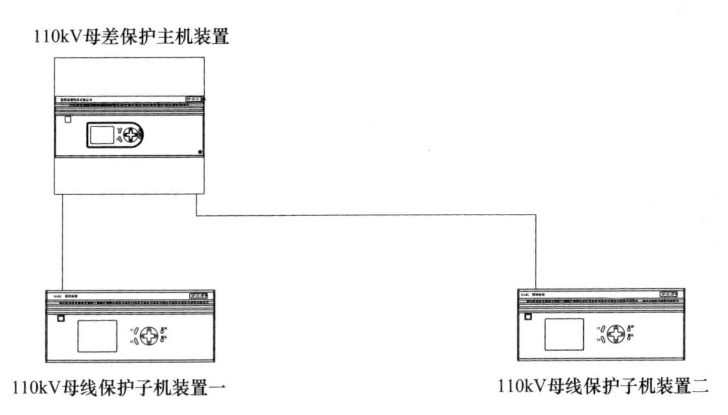

图 6–17　母线保护主机与子机改造接线示意图（一）

注：1. 母线保护主机及子机采用主控室组屏安装。
2. 母线保护主机与子机之间用光纤跳线连接。
3. 每台母差保护子机可接入 12 个间隔交流量及开入开出信号。

改造间隔一次设备停电后，进行间隔相关保护以及回路接线的智能化改造，并将母差保护相关接线进行更改，去掉母差保护子机已改造完成间隔的接线，接入对应间隔合并单元及智能终端，并更换母差保护主机的配置文件。

对改造完成后的母差保护进行调试，验证母差保护逻辑、开入开出量、ICD、CID、SCD 文件及相关虚端子接线的正确性。

投入改造间隔一次设备，观察母差保护各间隔交流采样正确性及同步性，观察差流及开入正确性，若母差保护运行正常，可投入母差保护。

第二阶段改造过程中的母线保护接线如图 6–18 所示。

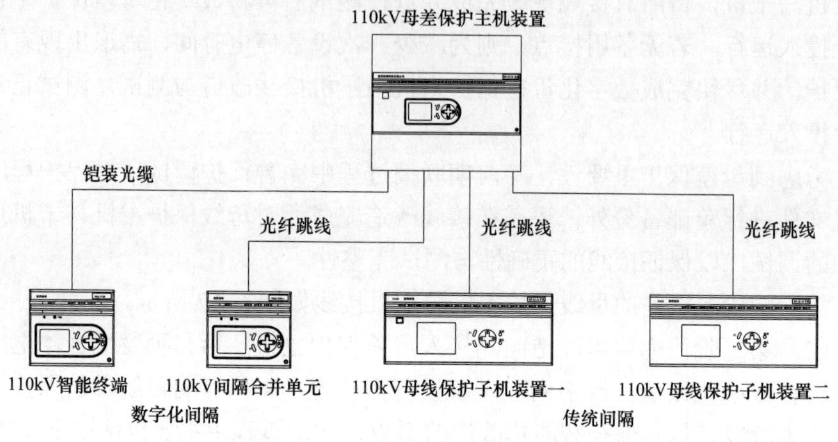

图 6–18　母线保护主机与子机改造接线示意图（二）

（3）第三阶段为所有改造间隔均接入母差保护主机。待所有停电改造的间隔均接入母差保护的主机后，子机可完全拆除，母差保护改造完成。母线保护主机接线如图 6–19 所示。

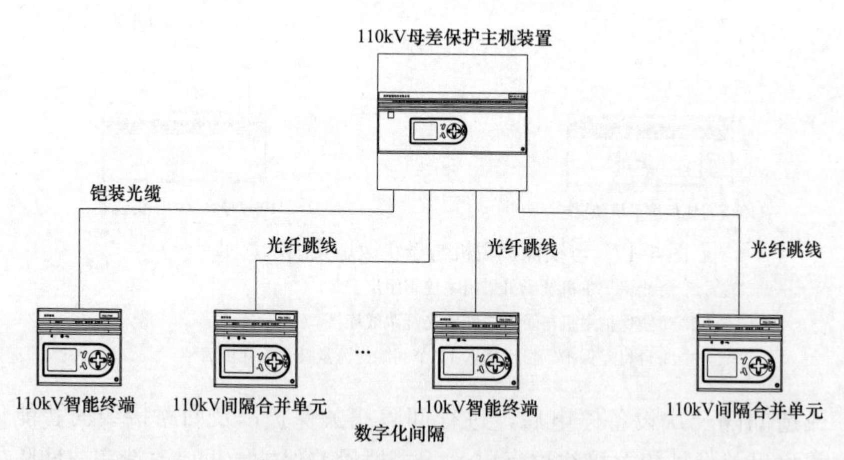

图 6–19　母线保护主机接线示意图

74. 智能站断路器保护与常规站断路器保护的配置有何区别?

答：配置区别为断路器保护按断路器配置，常规站单套配置，智能站双套配置。断路器保护具有失灵保护、重合闸、充电过电流（2 段过电流+1 段零序电流）、三相不一致和死区保护等功能；常规站配置单套双跳闸线圈分相操作箱，智能站配置双套单跳闸线圈分相智能终端。

75. 试分析智能站断路器保护双重化配置的原因及优劣。

答：由于智能变电站 GOOSE 的 A/B 双网遵循相互完全独立的原则，若只有一套断路器保护要同时接入 A/B 网以接受两套网络中的启失灵及闭锁信息，将会导致 A/B 网独立原则遭到破坏。因此断路器保护随着 GOOSE 双网化而双重化。

断路器保护双重化后能提高保护“*N*+1”的可靠性，从而使断路器保护可以满足不停电检修。缺点是双重化将增加一套保护，使变电站建造费用提高，经济性下降。

76. 3/2 接线各断路器保护间及与相关智能终端如何进行联系?

答：断路器保护跳本断路器采用点对点直接跳闸；本断路器失灵时，经 GOOSE 网络通过相邻断路器保护、相邻断路器的智能终端或母线保护跳相邻断路器。

（1）中断路器保护如图 6–20 所示。

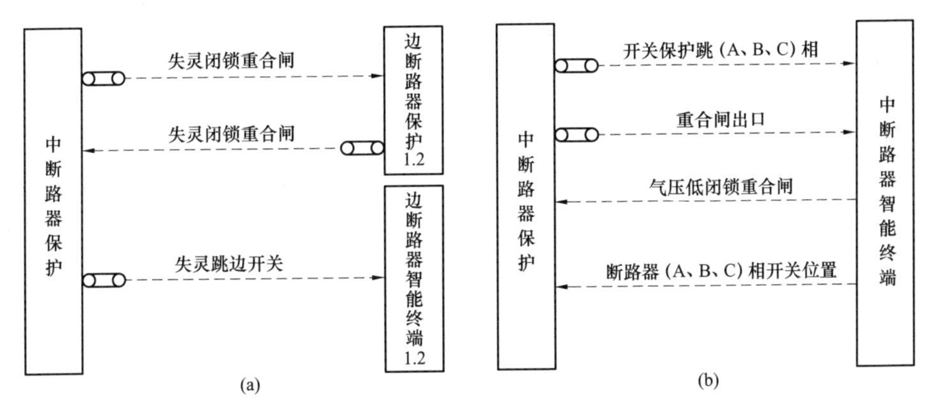

图 6–20　中断路器保护示意图

（a）经 GOOSE 网络；（b）经点对点光纤

（2）边断路器保护如图 6–21 所示。

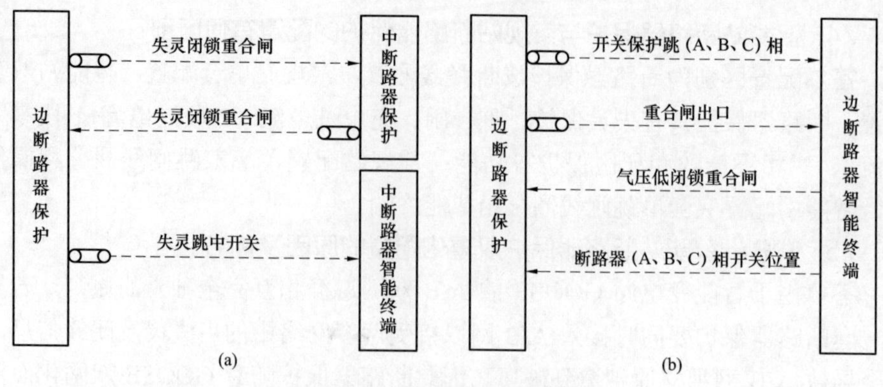

图 6-21　边断路器保护示意图

（a）经 GOOSE 网络；（b）经点对点光纤

（3）主变压器侧断路器保护如图 6-22 所示。

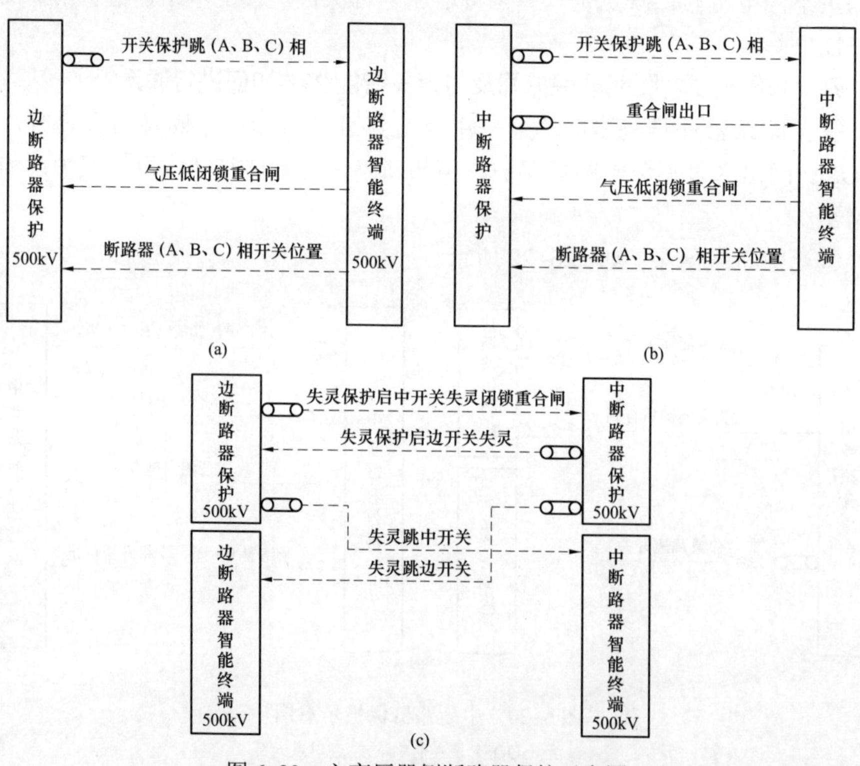

图 6-22　主变压器侧断路器保护示意图

（a）边断路器保护经点对点光纤；（b）中断路器保护经点对点光纤；（c）经 GOOSE 网络

77. 智能站内，断路器保护就地化配置有何要求？有何优劣？

答：要求为就地安装继电保护装置的汇控柜和智能控制柜应符合相应的技术

规范，具有规定的防护性能和环境调节性能，为继电保护装置提供必需的运行环境；就地安装的继电保护装置应具有运行、位置指示灯和告警指示信息，可不配备液晶显示器，但应具有用于调试、巡检的接口和外设装置；当为常规互感器时，宜直接用电缆接入交流电流电压回路；保护装置（子单元）的跳闸出口接点应采用电缆直接接至智能终端（操作箱）；保护装置需要的本间隔的断路器和隔离开关位置信号宜用电缆直接接入，保护联闭锁信号等宜采用光纤 GOOSE 网交换。

优点：节省二次电缆，保护装置到一次设备采用短电缆联系，从根本上解决了长电缆对地电容以及电磁干扰影响，提高保护的可靠性。

缺点：现场环境恶劣，对保护装置元件正常运行不利。给二次人员检修带来不方便。

78. 3/2 接线方式下断路器保护如何与其他保护相配合？

答：断路器保护跳本断路器采用点对点直接跳闸；本断路器失灵时，经 GOOSE 网络通过相邻断路器保护或母线保护跳相邻断路器。以某 500kV 变电站为例进行说明（图中虚线为 GOOSE 联系）。

（1）主变压器侧断路器保护如图 6–23 所示。

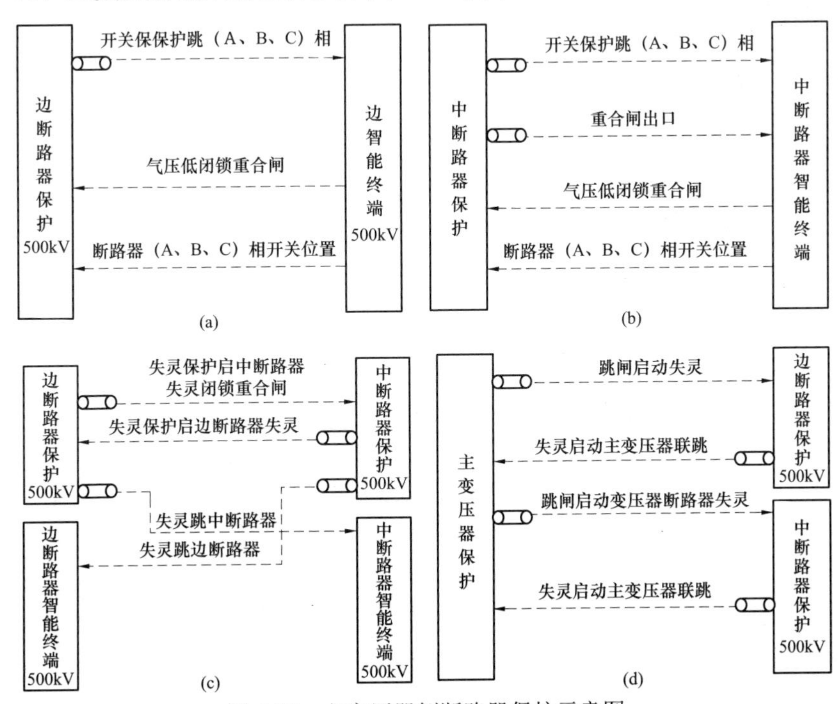

图 6-23　主变压器侧断路器保护示意图

（a）边断路器保护经点对点光纤；（b）中断路器保护经点对点光纤；
（c）断路器保护间经 GOOSE 网络；（d）主变保护经 GOOSE 网络

（2）线路侧断路器保护如图 6–24 所示。

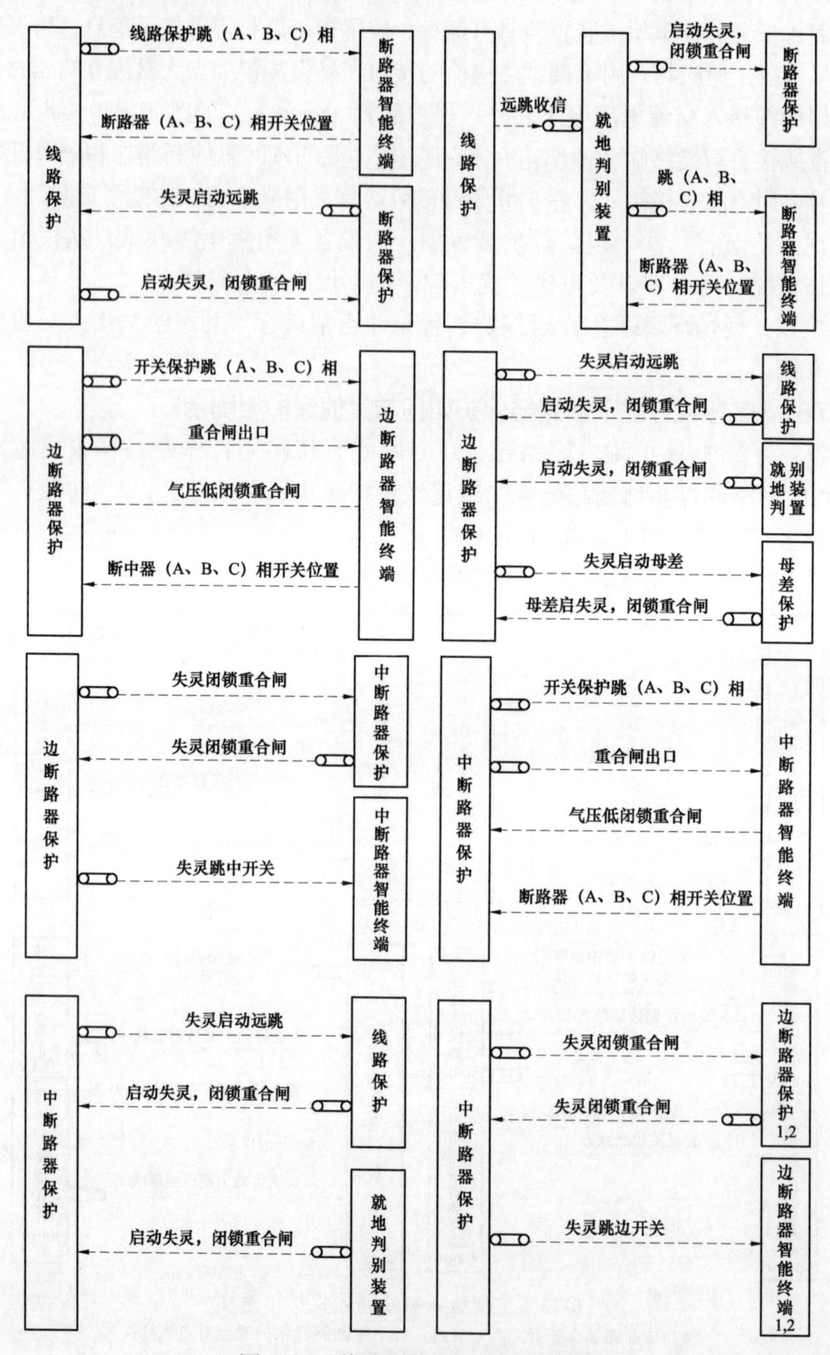

图 6–24　线路侧断路器保护示意图

79. 什么是站域保护控制系统?

答：由一台或若干台装置构成，基于智能变电站网络数据共享，综合利用站内多间隔线路、元件的电气量、开关量信息，采用网采网跳方式实现安全自动控制功能及站内保护冗余、优化、补充的系统。

80. 110kV 站域保护控制系统应用时根据需要选配哪些保护控制功能?

答：（1）冗余保护功能：包括含重合闸功能的线路后备距离保护、线路后备零序方向过流保护及母联分段过流保护，作为单套配置保护的冗余保护功能。

（2）优化后备保护功能：包括 110kV 失灵保护、基于 GOOSE 信息的低压简易母线保护及加速主变低压侧过流保护。

（3）安全自动控制功能：包括低周减载、低压减载、主变过负荷联切及站域备自投功能。

81. 110kV 站域保护有哪些技术特点?

答：（1）间隔保护临时代路。站域保护利用智能变电站数据共享优势，智能识别二次设备运行状态，当分散配置的间隔保护退出后，投入相应间隔保护，实现了临时代路，实现一次设备不停电情况下二次设备检修。

（2）快速后备保护。站域保护基于全站信息，根据运行方式，智能划分母线、变压器等差动区域，实现变电站内部故障精确定位，经短延时跳开故障断路器，解决了后备保护动作时间长容易烧毁一次设备的问题。

（3）站域备自投。站域保护整合了保护、备自投等功能，可实现基于全站信息共享的站域备自投功能，智能选择最优备自投策略，缩短系统失电时间，提高了供电可靠性。

（4）快速切除母线故障。110kV 变电站一般不配置母线保护，无法快速切除母线故障，站域保护在不增加硬件和相关回路的基础上，实现了母线保护功能，可快速切除母线故障，保证主设备安全可靠运行。

（5）提高电网自愈能力。站域保护率先实现了保护、控制、数据通信一体化，可作为广域保护控制系统的数据采集和执行单元，实现区域备自投、低频低压减载、负荷优化控制、故障解列小电源等安全稳定控制功能，提高电网自愈能力。

82. 110kV 站域保护的站域范围如何界定? 并举例说明。

答：站域范围界定为该变电站与其他变电站相连输电线路对侧断路器内的范围。也就是站域范围不跨越变电站进出线路对侧断路器构成的边界，如图 6–25 所示，以 B2 所示变电站为例。B2 的边界范围由断路器 1、

4、8 构成，同时 2、3、7 也是 B2 站距离和零序后备保护对应控制的断路器集合。

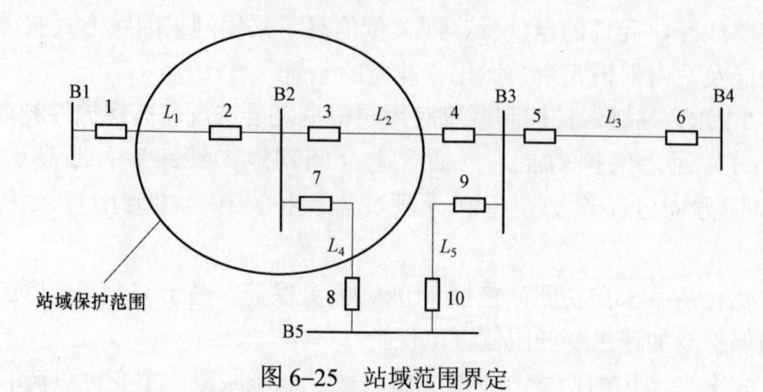

图 6–25　站域范围界定

第七章　安全自动装置

1. 频率紧急协调控制系统由哪几部分组成?

答: 频率紧急协调控制系统由协控主站、多直流协调控制系统、抽蓄切泵控制系统、精准负荷控制系统四大部分组成。

2. 简述频率紧急协调控制系统的主要功能。

答: 频率紧急协调控制系统的主要功能是:监测各回直流、所有抽蓄机组及大量可控负荷的实时运行状态,当直流故障闭锁或功率紧急速降而导致电网出现大功率缺额时,按事先制定的控制策略,优先进行多直流功率紧急提升控制,控制容量不足时再采取抽蓄切泵控制,最后采取快速切除可中断负荷的控制措施,尽可能避免第三道防线的低频减负荷动作,减少社会影响。

3. 简述协控总站的功能。

答:(1)接收直流协控主站、抽蓄切泵主站及负荷控制主站的信息,监视各直流、抽蓄机组及负荷的实时运行状态。

(2)当发生直流故障闭锁或直流功率紧急回降时,采取以下控制措施:① 若功率损失量大于门槛定值 1,按照事先制定的控制策略,优先采取其他直流的功率紧急提升控制;② 若多直流功率提升容量不足时,再按照优先级顺序,"逐厂逐机"切除抽蓄机组;③ 若多直流控制和抽蓄切泵控制总容量仍然不满足要求,且剩余需控制容量大于门槛功率定值 2,同时直流损失量大于门槛定值 3 时,则按容量采取切负荷控制的措施。

动作门槛功率及动作欠切功率由运行方式一压板、运行方式二压板、运行方式三压板选择。

上述控制措施,由系统在统一决策后,一次性发送至相关的控制主站和控制执行站。

4. 简述直流协控主站功能。

答:(1)接收各直流控制子站的直流运行功率,并上送协控总站。

(2)接收各直流控制子站的最大可提升功率,将其与本地设定的直流总可提升功率上限定值比较，取小者上送总协调控制主站。

（3）接收各直流控制子站直流故障故障信息及损失的功率量。

（4）接收协控总站发来的按容量提升直流命令，并按照直流子站优先级逐个按照各直流最大可提升容量依次控制，控制原则为最小过切。

5. 简述抽蓄切泵主站主要功能。

答：（1）向协控总站上送所有抽蓄电站总可切容量：根据每个抽蓄电站上送的水泵机组运行状态以及允切信息，计算总可切容量，经由 2M 通道上送至协控总站。

（2）接收协控总站发来的按容量切除水泵命令，并按照如下控制原则进行控制：各抽蓄电厂将本厂所有抽蓄泵工况的允切机组，按照优先级顺序上送至抽蓄主站，抽蓄主站采用逐厂逐机切泵（即 A 厂第 1 优先可切水泵，B 厂第 1 优先可切水泵，…，A 厂第 2 优先可切水泵，B 厂第 2 优先可切水泵，…），切除原则为最小过切。

上述控制措施，抽蓄主站统一决策后，一次性将各抽蓄切泵命令下发至相应的抽蓄电站执行。

6. 简述直流协控子站功能。

答：（1）采集各极（阀组）换流变的三相电压、电流等模拟量；接收直流控保发送的非正常停运信号、直流控制模式、直流降压运行模式、直流可调制、直流换相失败、直流可提升挡位等开关量信号；判断本站直流故障［含直流闭锁及功率突降（只有数字化接口厂站才能判别功率突降）］，根据直流运行模式计算直流双极功率损失量，并将功率损失量上送至直流协控主站。

（2）采集换流变电压频率，当频率达到低频动作定值和延时定值时，就地实现按频率直流调制功能，目前各站考虑一轮。

（3）向直流协控主站上送本站直流功率损失容量、直流故障类型信息、直流最大可提升功率、直流运行功率等信息。

（4）接收直流协控主站发送来的直流功率提升容量命令，以开关量或数字量的形式发送至直流控制保护系统提升直流。

7. 简述抽蓄切泵子站功能。

答：（1）向抽蓄切泵系统主站上送本站水泵运行功率（功率为正时表示抽水，为负时表示发电）、允切信息及优先级定值。

（2）接收抽蓄切泵系统主站发来的指定切除水泵机号命令，结合本地频率确认，切除指定水泵：当收到主站命令后，如果就地频率满足条件，则动作出口，否则不执行远方命令。

（3）根据本电站出线电压，判断电网是否低频，达到低频动作定值时，切除本站水泵。

8. 什么是低频减负荷装置？（Q/GWD 421—2010《电网安全稳定自动装置技术规范》中规定）

答：低频减负荷装置是在电力系统发生事故出现功率缺额引起频率急剧大幅度下降时，自动切除部分用电负荷使频率迅速恢复到允许范围内，以避免频率崩溃的自动装置。

9. 什么是低压减负荷装置？（Q/GWD 421—2010《电网安全稳定自动装置技术规范》中规定）

答：低压减负荷装置是为防止系统无功缺额，引发电压崩溃事故，自动切除部分负荷使运行电压恢复到允许范围内的自动装置。

10. 低频低压减负荷装置的基本要求是什么？（Q/GWD 421—2010《电网安全稳定自动装置技术规范》中规定）

答：电网低频低压减负荷装置的基本要求是：当系统在实际可能的各种运行情况下，因故发生突然的有功功率和无功功率缺额后，必须按计划切除相应容量的部分负荷，使保留运行的系统频率能迅速恢复至 49.5Hz 以上，不发生频率崩溃，也不使事故后的系统频率长期悬浮在低于 49.2Hz 的水平，当因过切负荷引起恢复时的系统频率过调时，其最大值不应超过 51.0Hz；电压能迅速恢复到 85%U_n 以上，不发生电压崩溃。

11. 低频减负荷装置整定时为什么需统一电网内低频减负荷装置的轮次和定值？（Q/GWD 421—2010《电网安全稳定自动装置技术规范》中规定）

答：为防止电网出现低频事故时，各网低频减负荷装置动作不一致（如某局部电网低频减负荷装置动作，另一局部网低频减负荷装置不动作），造成网间联络线交换功率突变，威胁电网的安全稳定运行，因此各级电网应统一本电网内低频减负荷装置的轮次和定值。

12. 低频减负荷装置设置短延时的基本轮和长延时的特殊轮的作用是什么？一般如何取值？（Q/GWD 421—2010《电网安全稳定自动装置技术规范》中规定）

答：低频减负荷装置应设置短延时的基本轮和长延时的特殊轮，基本轮用于快速抑制频率的下降，特殊轮用于防止系统频率长时间悬浮于某一较低值（如 49.2Hz 以下），使频率恢复到长期允许范围（49.5Hz 以上）。

基本轮频率级差宜选用 0.2Hz、动作延时 0.2～0.3s（不宜超过 0.3s），推荐按频率设置不大于 6 轮。装置的频率整定值应根据系统的具体条件、大型火电机组的安全运行要求，以及由装置本身的特性等因素决定。提高最高轮的动作频率值，有利于抑制频率下降幅度，一般不宜超过 49.2Hz。考虑大电网、大机组对电网频率的要求较为严格，最低轮的动作频率值不宜低于 48.0Hz。

延时较长的特殊轮，一般宜选用一个频率定值，按延时长短划分若干个轮次，一般不大于 3 轮，特殊轮起动频率不宜低于基本轮的最高动作频率，最小动作时间可为 10～20s，级差不宜小于 5s。

13. 对双重化配置的安全自动装置回路和装置要求有哪些？（Q/GWD 421—2010《电网安全稳定自动装置技术规范》中规定）

答：对安全自动装置双重化配置回路和装置的要求有：

（1）两套装置应分别组在各自的屏（柜）内，装置退出、消缺或试验时，宜整屏（柜）退出。

（2）两套装置应采用相互独立的输入、输出回路，装置电源及信号传输通道也应独立。

（3）两套装置通道应相互独立，通道及接口设备的电源也应相互独立。

（4）两套装置的跳闸回路应与断路器的两个跳闸线圈分别一一对应。

（5）两套装置的相关回路宜与相联系的两套主保护相关回路一一对应。即：第一套装置的输入电流、输入电压、输入的保护动作信号应取自线路（主变）的第一套主保护；第一套装置与线路（主变）的第一套主保护的电源宜取自同一直流分屏。第二套装置同理。

（6）每套装置电流回路宜采用与对应线路（或主变）保护相同的 TA 次级，电流回路应串接于线路（或主变）保护之后、故障录波器之前。

（7）每套装置宜采用与对应线路（或主变）保护相同的 TV 次级。

14. 简述电网安全稳定自动装置对测量和采样精度的要求。（Q/GWD 421—2010《电网安全稳定自动装置技术规范》中规定）

答：（1）装置的测量精度应满足电网各种运行工况下保证装置功能正常的要求。

（2）装置的频率采样精度应不低于 0.01Hz。

（3）对于 220kV 及以上电压等级的安全稳定自动装置，其采样回路应使用 A/D 冗余结构，采样频率应不低于 1200Hz。交流电流采样回路应能满足 $0.1I_N$ 以下使用要求，在 $0.04\sim5I_N$ 时交流电流有效值测量误差不大于 $\pm1\%I_N$ 或 $2\%I_N$。

15. 简述安全稳定控制系统的组成结构。（Q/GDW 11356—2015《电网安全自动装置标准化设计规范》中规定）

答：安全稳定控制系统由两个及以上厂站的安全稳定控制装置通过通信联络构成。不同厂站的安全稳定控制装置根据在安全稳定控制系统中所处位置和作用不同，一般可分为稳定控制主站、稳定控制子站、稳定控制测量站、稳定控制执行站四种类型。安全稳定控制系统结构见图 7–1。

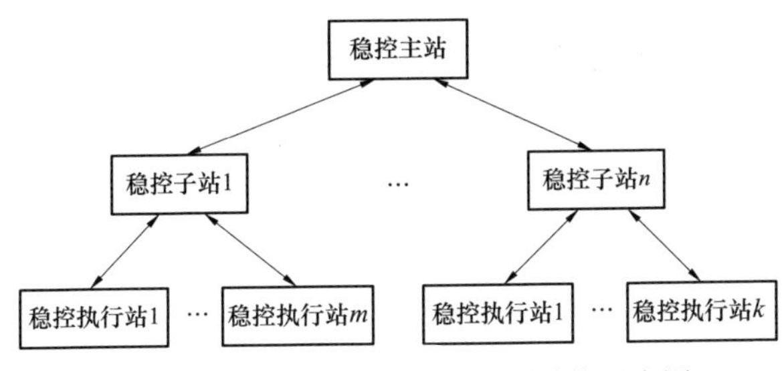

图 7–1 安全稳定控制系统典型结构示意图

系统中一般设置 1 个稳定控制主站，其余为稳定控制子站（测量站）和稳定控制执行站，各站之间通过复用 2Mbit/s 通道或专用光纤通道连接。① 稳定控制主站一般设置在枢纽变电站、电厂，具备较复杂的区域稳定控制功能，汇集本站和相关站点的信息，根据预定的控制策略，下达具体控制措施至执行站或直接操作本站控制对象。② 稳定控制子站一般设置在变电站、电厂，具备局部区域的稳定控制功能，汇集本站和相关站点的信息并上传至控制主站，接收主站的控制措施并下达至执行站。③ 稳定控制测量站一般设置在变电站、电厂，采集本站元件信息并上传至上级控制主站（子站）。④ 稳定控制切负荷执行站一般设置在变电站，采集本站负荷线路信息并上传至上级控制主站（子站），接收上级控制主站（子站）的切负荷命令，实施切负荷控制；稳定控制切机执行站一般设置在电厂，采集机组信息并上传至上级控制主站（子站），接收上级控制主站（子站）的切机命令，实施切机控制。

16. 简述安全稳定控制系统主机和从机应具备的功能。（Q/GDW 11356—2015《电网安全自动装置标准化设计规范》中规定）

答：安全稳定控制系统主机装置应具备如下功能：

（1）在稳定控制主站及子站中，主机装置实现电网运行方式识别、控制策略处理，以及与其他厂站的主机装置通信和信息交换；与从机装置进行通信和信息交换，下达控制命令；同时也可兼有从机装置信息采集、判断功能。

（2）在稳定控制执行站中，主机装置与稳定控制主站（子站）的主机装置进行通信和信息交换，接收稳定控制主站（子站）的主机装置控制命令；与从机装置进行通信和信息交换，下达控制命令。

从机装置应具备如下功能：

（1）负责信息采集、判断，并将结果上送主机装置。

（2）执行主机装置下发的控制命令。

17. 安全稳定控制装置用通信通道的一般要求有哪些？（Q/GDW 11356—2015《电网安全自动装置标准化设计规范》中规定）

答：（1）安全稳定控制装置优先采用 2Mbit/s 数字接口，与通信设备采用 75Ω 同轴电缆不平衡方式连接，复用光纤通道误码率应小于 10^{-8}。

（2）安装在通信机房的安全稳定控制装置通信接口设备的直流电源应取自通信直流电源，并与所接入通信设备的直流电源相对应，采用–48V 电源，该电源的正端应连接至通信机房的接地铜排。

（3）安全稳定控制装置通道的收发双向路径应保持一致。

（4）控制主站发出的控制命令经多级通道传输到最后一级执行装置的总传输延时，对于光纤通道不宜超过 20ms。

（5）双重化配置的两套安全稳定控制系统，其通信通道及相关接口设备应相互独立，并应使用不同的通道路由。不同路由的两个通道，其任一环节的延时差不宜大于 10ms。

18. 安全稳定控制装置对通信协议、通信报文的要求有哪些？（Q/GDW 11356—2015《电网安全自动装置标准化设计规范》中规定）

答：（1）安全稳定控制系统应保证在 1.667ms 内实现一次数据与命令交换。

（2）通信协议采用 HDLC 协议，使用 CRC－CCITT 16 位校验，防止通道误码。

（3）通信内容采用帧传送方式，普通数据帧和命令报文帧的报文头有效区分。普通报文帧的报文头特征码为 0x5500＋地址，命令报文帧的报文头特征码为 0x9900＋地址。

（4）帧报文采用多重校验，包括报文头校验、报文地址校验、报文校验和校验，同步通信帧格式见表 7–1。

（5）命令报文进行至少连续 3 帧有效命令报文确认，必须要求连续 3 次收到同样的命令报文才进行远方命令确认并执行。

表 7–1　　同步通信帧格式

<table>
<tr><td>报文位置</td><td>帧头</td><td colspan="2">0x7e</td></tr>
<tr><td rowspan="8">链路层</td><td rowspan="6">应用层</td><td colspan="2">特征码＋地址码</td></tr>
<tr><td>Word1</td><td rowspan="4">报文内容</td></tr>
<tr><td>Word2</td></tr>
<tr><td>Word3</td></tr>
<tr><td>……</td></tr>
<tr><td colspan="2">校验码（FFFF 求和校验）</td></tr>
<tr><td>CRC 码</td><td colspan="2">CRC–16</td></tr>
<tr><td>帧尾</td><td colspan="2">0x7e</td></tr>
</table>

19. 已投入运行的安全稳定自动装置，正常情况下，未经调控部门值班调度员同意，并下达调度指令时，严禁的操作或行为有哪些？（Q/GWD 421—2010《电网安全稳定自动装置技术规范》中规定）

答：已投入运行的安全稳定自动装置，正常情况下，未经调控部门值班调度员同意，并下达调度指令时，严禁以下操作或行为：

（1）启/停安全稳定自动装置或安全稳定自动装置的功能（调度机构明确由现场负责的调整操作除外）。

（2）修改安全稳定自动装置运行定值。

（3）进行可能影响安全稳定自动装置正常运行的工作。

（4）擅自改变安全稳定自动装置硬件结构和软件版本。

（5）安全稳定自动装置动作切除的负荷通过备用电源自动投入装置转供，或擅自恢复联切负荷的供电。

（6）安全稳定自动装置动作切机后，将被切机组的出力自行转到其他机组。

20. 双重化配置的电网安全稳定控制装置（系统）应采用何种运行方式？（Q/GDW 11356—2015《电网安全自动装置标准化设计规范》、Q/GWD 421—2010《电网安全稳定自动装置技术规范》中规定）

答：双重化配置的电网安全稳定控制装置（系统）的两套装置有两种运行方式：并列运行方式和主辅运行方式。在并列运行模式下，两套装置应相互独立，互不影响。在主辅运行模式下，由主运装置动作出口并立即闭锁辅运装置；若主运装置拒动，则由辅运装置延时动作出口并同时闭锁主运装置。

电网安全稳定控制系统中按双重化配置的主站，宜采用并列运行方式，必要时采用主辅运行方式；按双重化配置的执行站，当两套稳控装置的动作措施不会出现有交叉动作的现象时优先采用并列运行方式，否则宜采用主辅运行方式。

21. 什么是故障解列?

答：在变电站 110kV 及以下电压等级侧的并网联络线路设置合适的解列点，在并网联络线路发生故障时，解列地区电源确保主网的安全和地区电网重要用户安全供电的措施。

22. 故障解列装置应具备哪些保护功能?

答：（1）装置宜具备低电压、过电压、低频、过频和零序过电压解列功能。装置宜按母线配置。

（2）低电压解列应具备两段解列功能，同时应具备 TV 断线闭锁功能。

（3）过电压解列宜具备两段解列功能，过电压元件应采用线电压进行判断。

（4）低频解列宜具备两段解列功能。

（5）过频解列宜具备两段解列功能。

（6）零序过电压解列宜具备两段解列功能，同时宜具备母线自产零序电压校核功能。

（7）装置应具备 TV 断线告警功能。

第八章　对　时　系　统

1. 简述时钟同步的意义。

答：（1）为系统故障分析和处理提供准确的时间依据。

（2）时钟同步是提高综合自动化水平的必要技术手段。

（3）电子式互感器的应用中，时钟同步是保证网络采样同步的基础。

2. 简述智能变电站同步对时的要求。

答：（1）智能变电站应配置一套全站公用的时间同步系统，为变电站用时设备提供全站统一的时间基准。

（2）用于数据采样的同步脉冲源应全站唯一，可采用不同接口方式将同步脉冲传递到相应装置。

（3）地面时钟系统应支持通信光传输设备提供的时钟信号。

（4）同步脉冲源应不受错误秒脉冲的影响。

（5）支持网络、IRIG–B 等同步对时方式。

3. 简要介绍目前变电站中应用的时钟源类型。

答：（1）全球定位系统（Global Positioning System，GPS）。GPS 是美国从 20 世纪 70 年代开始研制的。由于 GPS 授时的应用较早、精度高（可达 100ns）、可靠性高，因而在电力系统中得到了普遍应用。变电站 GPS 时间同步系统由主时钟、扩展时钟和时间同步信号传输通道组成，主时钟和扩展时钟均由时间信号接收单元、时间保持单元和时间同步信号输出单元组成。

（2）北斗授时技术。北斗卫星导航系统是中国独立开发的全球卫星导航系统。它提供海、陆、空全方位的全球导航定位服务，类似于美国的 GPS 和欧洲的伽利略定位系统，授时精度可达到 20ns。目前已将 13 颗北斗导航系统组网卫星顺利送入太空预定转移轨道，预计在 2020 年建成由 30 多颗卫星组成的、覆盖全球的“北斗”卫星导航定位系统。

4. 变电站中时间同步系统是由什么组成的?

答：时间同步系统由主时钟单元、时钟扩展单元、传输介质组成。其中主时钟单元由时间信号同步单元、守时单元、时间信号输出单元、显示与告警单元组成。

5. 时间信号同步单元的技术要求是什么？

答：（1）时间信号同步单元接收基准时间信号，并将本地时间同步到基准时间，时间信号同步单元应能同时接收北斗基准时间信号、GPS 基准时间信号、地面时间中心通过网络传递来的基准时间信号（当地面时间中心存在时）。

（2）主时钟应双重化配置，支持北斗系统和 GPS 系统单向标准授时信号，优先采用北斗系统，有条件的厂站可以接入 IEEE 1588 网络时钟信号源。

（3）主时钟支持两路以上时钟信号源同时输入，根据时钟信息的状态、时间质量、主备控制策略等进行自动优化、选择及锁定当前授时信号。

（4）时钟源信号切换时秒脉冲（PPS）输出稳定，跳变不超过 0.1μs。

6. 时间信号输出单元的技术要求有哪些？

答：（1）输出单元应保证时间信号有效时输出，时间无效时应禁止输出或输出无效标志。

（2）在多时间源工作模式下，时间输出应不受时间源切换的影响。

（3）主时钟时间信号输出端口在电气上均应相互隔离。

（4）时间输出信号有脉冲信号、IRIG–B 码、串行口时间报文、网络时间报文等方式。

（5）站控层设备宜采用 NTP/SNTP 网络对时方式。

（6）间隔层设备和过程层设备宜采用 IRIG–B（DC）、1PPS 对时方式，条件具备时也可采用 IEEE 1588 对时方式。

（7）具备异常时钟信息的防误功能。

7. 守时单元技术要求有哪些？

答：守时单元技术要求如下：

（1）守时单元应采用高精度、高稳定性的恒温晶体作为本地守时时钟。

（2）守时单元应包括本地守时时钟和辅助电源（电池）。

（3）时间信号同步单元正常工作时，守时单元的时间被同步到基准时间，当接收不到有效的基准时间信号时，应在规定的保持时间内，输出符合守时精度要求的时间信号。

8. 时钟扩展单元技术要求有哪些？

答：因主时钟的时间信号输出路数有限，故应根据实际需要配置时钟扩展单元。时钟扩展单元应满足如下规定：

（1）时钟扩展单元的时间信号由主时钟通过光接口输入，应支持 A、B 路输入，两路间自动切换。

（2）时钟扩展单元应具有延时补偿功能，用来补偿主时钟到扩展单元间传输介质引入的时延。

（3）时钟扩展单元应具备自诊断功能，并支持通过本地人机界面、外部信息接口显示信息、设置配置参数。

（4）时钟扩展单元的技术要求除了上述三条外，同时还应满足时间信号输出单元技术要求规定。

（5）时钟扩展单元具有简单的守时功能，守时指标应满足守时单元技术要求的规定。

（6）装置故障（含失电）、装置异常、时间有效性等表征装置运行状态的信息硬接点输出。

9. 时间同步系统对传输介质的要求有哪些？

答：主时钟时间信号输出单元和时钟扩展单元要能支持使用同轴电缆、屏蔽控制电缆、音频通信电缆、光纤等传输介质来传递时间信号。

10. 时间同步系统对电源的要求有哪些？

答：主时钟、时钟扩展单元应采用双电源供电功能，能同时适应以下供电电源：

（1）交流电源。额定电压为 220V，允许偏差为–20%～+15%；频率为 50Hz，允许偏差±5%；交流电源波形为正弦波，谐波含量小于 5%。

（2）直流电源。额定电压为 220、110、48V，允许偏差为–20%～+15%；直流电源电压纹波系数小于 5%。

（3）装置双电源均需经过防雷设施，在装置内自动切换。

11. 时间同步系统有哪几种配置方式？

答：时间同步系统典型形式有基本式、主从式、主备式三种。

12. 什么是基本式时间同步系统？

答：基本式时间同步系统由一台主时钟和信号传输介质组成，为被授时设备或系统对时，根据需要和技术要求，主时钟具有接收上一级时间同步系统下发的有线时间基准信号的接口。

13. 什么是主从式时间同步系统？

答：主从式时间同步系统由一台主时钟、多台从时钟和信号传输介质组成，为被授时设备或系统对时，根据需要和技术要求，主时钟具有接收上一级时间同步系统下发的有线时间基准信号的接口。

14. 什么是主备式时间同步系统?

答：主备式时间同步系统由两台主时钟、多台从时钟和信号传输介质组成，为被授时设备或系统对时，根据实际需要和技术要求，主时钟可留有接口，用来接收上一级时间同步系统下发的有线时间基准信号。

15. 时间同步系统的运行方式有哪些?

答：时间同步系统有独立运行和组网运行两种运行方式。

（1）独立运行方式：时间同步系统不接入时间同步网，独立运行。

（2）组网运行方式：时间同步系统接入时间同步网，除接受无线时间基准信号之外，还接收上一级时间同步系统下发的有线时间基准信号。两类时间基准信号输入都有效时，无线时间基准信号作为系统的优先授时源；在无线时间基准信号异常时，以有线时间基准信号作为系统的授时源。

16. GPS 时钟接收器由哪几部分组成?

答：GPS 时钟接收器由以下几部分组成：

（1）GPS 接收天线；

（2）GPS 接收模块；

（3）GPS 接收器内部电池。

17. 什么是主时钟? 什么是从时钟?

答：主时钟是指能同时接收至少两种外部基准信号（其中一种应为无线时间基准信号），具有内部时间基准（晶振或原子频标），按照要求的时间准确度向外输出时间同步信号和时间信息的装置。

从时钟是指能同时接收主时钟通过有线传输方式发送的至少两路时间同步信号，具有内部时间基准（晶振或原子频标），按照要求的时间准确度向外输出时间同步信号和时间信息的装置。

18. 时间同步信号有哪些类型?

答：时间同步信号类型如下：

（1）PPS 脉冲信号；

（2）PPM 脉冲信号；

（3）PPH 脉冲信号；

（4）IRIG–B（DC）时码；

（5）IRIG–B（AC）时码；

（6）时间报文（PTP、SNTP）。

19. 时间同步信号输出的电接口类型有哪几种?

答：时间同步信号输出的电接口类型如下：

（1）静态空接点输出；
（2）TTL 电平输出；
（3）串行数据通信接口 RS–232；
（4）串行数据通信接口 RS–422；
（5）串行数据通信接口 RS–485；
（6）20mA 电流环接口；
（7）网络接口 RJ–45；
（8）AC 调制信号接口。

20. 对时系统准确度检验要进行哪些检验?

答：对时系统准确度检验如下：
（1）检验主时钟输出的时钟准确度；
（2）检验被对时设备对时输入端口的时钟准确度；
（3）主备钟切换试验。

21. 智能变电站的常用对时方式有哪些?

答：智能变电站常用对时方式如下：
（1）SNTP 网络对时，精度为 10ms；
（2）串口+脉冲对时，精度为 1ms；
（3）IRIG–B 码对时，精度为 1μs；
（4）IEEE 1588 对时，精度为 1μs。

22. 简述脉冲对时方式原理及特点。

答：脉冲对时信号主要分为三种，即秒脉冲信号 PPS（pulse per second）、分脉冲信号 PPM（pulse per minute）、时脉冲信号 PPH（pulse per hour）。其输出方式有 TTL 电平、静态空接点、RS–422、RS–485 和光纤等。脉冲对时方式进行对时时，装置利用 GPS 所提出的时间脉冲信号进行时间同步校准，常见的秒脉冲信号如图 8–1 所示。

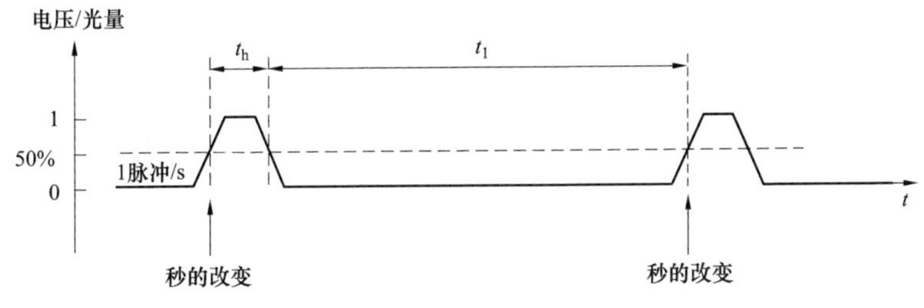

图 8–1　秒脉冲信号

智能变电站的过程层设备若采用 1PPS 对时方式，应采用 850nm 波长的光纤接口，其技术指标如下：

（1）脉冲宽度 t_h＞10ms；

（2）秒准时沿：上升沿，上升时间≤100ns；

（3）上升沿的时间准确度：优于 1μs；

（4）使用光纤传导时，亮对应高电平，灭对应低电平，由灭转亮的跳变对应准时沿。

脉冲对时方式的特点如下：

（1）实现简单，可用电缆或光缆作为传输通道；

（2）抗干扰能力弱于 IRIG–B 码；

（3）不能传输完整的时间信息，需与串口报文等其他报文配合使用；

（4）对时误差小于 1μs，只能对时到秒。

23. 简述 IRIG–B 码对时方式的原理及特点。

答：IRIG–B 码对时兼顾了通信对时报文和脉冲信号的优点，是一种精度很高并且又含有标准的时间信息的对时方式。其报文中包含了秒、分、小时、日期等相关时间信息，同时每一帧报文的第一个跳变又对应于整秒，相当于秒脉冲同步信号，如图 8–2 所示。装置进行 IRIG–B 码对时时，利用内嵌解码模块，检测出时间信息和对时脉冲，通过串口将时间信息直接下发到各个功能插件。

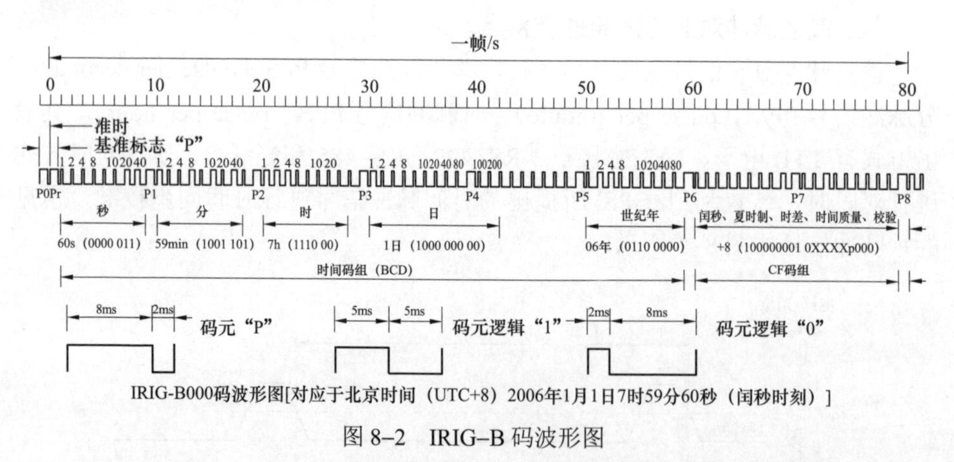

IRIG-B000码波形图[对应于北京时间（UTC+8）2006年1月1日7时59分60秒（闰秒时刻）]

图 8–2　IRIG–B 码波形图

IRIG–B 码对时有交流（AC）码和直流（DC）码两种方式。其中 AC 码以调制的方式编码，适合较远距离传送，DC 码是依靠电平逻辑来编码，传送距离较近。按技术规范规定凡新投运的需授时变电站，间隔层设备宜采用

RS–485 接口的 IRIG–B 码（DC）对时信号，过程层设备宜采用 1310nm 波长光纤接口的 B 码对时信号，如图 8–3 所示。

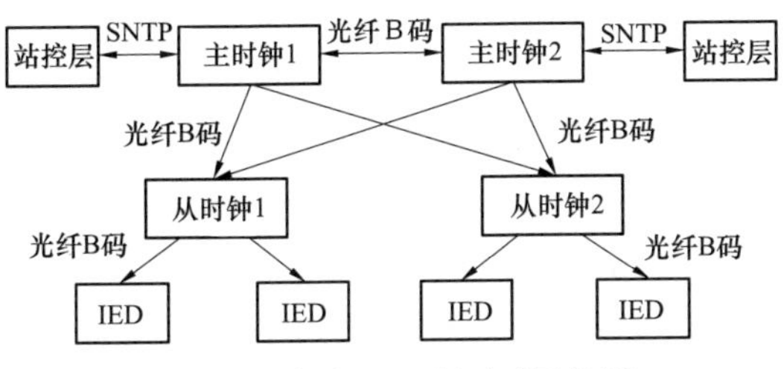

图 8–3　变电站 B 码对时网络图

IRIG–B 码对时方式的特点为：实现方式简单，当采用 B 码对时，不需要现场总线的通信报文对时方式，也不需要 GPS 输出大量脉冲接点信号；同步精度高，可靠性好，源脉冲带有完整时间信息；软件冗错复杂，硬件解码稍复杂，需建立全站独立同步网。

IRIG–B 码的技术特点为：

（1）每秒 1 帧，包含 100 个码元，每个码元 10ms；

（2）传送格式为 1 秒 1 帧，每帧共 100 个码元，每个码元占用 10ms；

（3）分为 3 种码元，即 P 码元、1 码元、0 码元；

（4）P 码元对应高电平为 8ms，0 逻辑对应高电平为 2ms，1 逻辑对应高电平为 5ms；

（5）P 码元为一帧的开始，其中第二个 P 码元为 PPS（秒脉冲），其上升沿为该秒的整秒时刻。

IRIG–B 码的技术指标为：

（1）脉冲上升时间≤100ns；

（2）抖动时间≤200ns；

（3）秒准时沿的时间准确度优于 1μs；

（4）使用光纤传导时，亮对应高电平，灭对应低电平，由灭转亮的跳变对应准时沿，可支持闰秒。

24. 网络时间同步协议有哪些?

答：网络时间同步协议有如下几种：

（1）网络时钟同步协议 NTP；

（2）简单网络时钟同步协议 SNTP；

（3）精确时钟同步协议 PTP（IEEE 1588）。

25. 简述 SNTP 具有的两种工作模式。

答：（1）服务器/客户端模式。用户向 1 个或多个服务器提出服务请求，并根据获得的信息选择最优时钟源对本地时钟进行调整。

（2）广播模式。1 个或多个服务器在固定的周期向客户端广播。

26. 简述简单网络时钟同步协议 SNTP 的原理。

答：网络时间协议 NTP（network time protocol）和简单网络时间协议 SNTP（simple network time protocol）是使用最普遍的国际互联网时间传输协议。NTP 属于 TCP/IP 协议族，采用了复杂的时间同步算法，可提供的对时精度在 1～50ms 之间。而 SNTP 是 NTP 的一个简化版，没有 NTP 复杂的算法，应用于简单的网络中。在 IEC 61850 中规定的时间同步协议就是 SNTP，在多数情况下，其精度可以保持在 1ms 内，主要应用于变电站站控层网络的对时。

SNTP 对时主要采用客户端/服务器的通信模式。服务器以接收的 GPS 标准时间信息（或者自带的原子钟）作为系统基准时间。客户端通过定期访问服务器获得准确的时间信息，并调整自己的时钟，以达到时间同步的目的，SNTP 工作原理如图 8–4 所示。

如图 8–4 所示，客户机首先发送一个请求数据包，服务器收到该请求数据包后回送一个应答数据包。两个数据包中都携带着被发出时刻和被接收时刻的时间信息，即时间戳，根据这四个时间戳，客户机就可以计算出与服务器的时间偏差和网络时延。

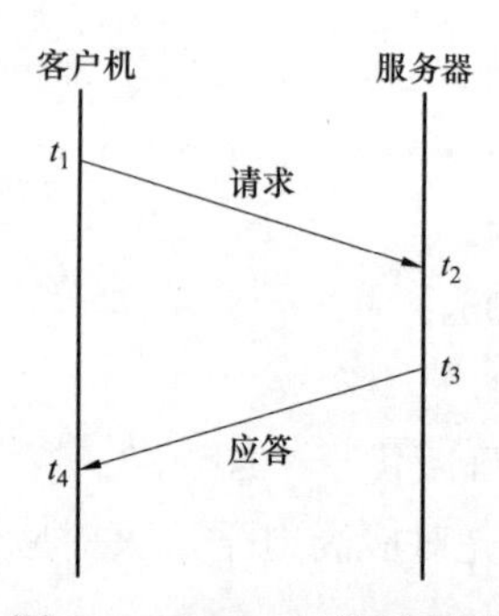

图 8–4 SNTP 工作原理图

t_1—客户机发出请求数据包时刻（以客户机的时间系统为参照）；t_2—服务器收到请求数据包时刻（以服务器的时间系统为参照）；t_3—服务器回复应答数据包时刻（以服务器的时间系统为参照）；t_4—客户机收到应答数据包时刻（以客户机的时间系统为参照）

数据包在网络上的传输时间为

$$\Delta=(t_4-t_1)-(t_3-t_2)$$

假设请求包和应答包在网络上传输时间相同，则单程网络延时为传输延时的一半，即

$$\delta=\frac{(t_4-t_1)-(t_3-t_2)}{2}=\frac{(t_2-t_1)+(t_4-t_3)}{2}$$

由此可算出客户机和服务器两个时间系统的偏差为

$$\theta=t_2-(t_1+\delta)=\frac{(t_2-t_1)-(t_4-t_3)}{2}$$

客户机通过 t_1、t_2、t_3 和 t_4 计算出时间偏差和网络延时后，在本地时间上加上时间偏差就可以达到和服务器的时间同步。

27. 概述 IEEE 1588 精确时钟同步协议。

答：IEEE 1588 协议的全称为《网络测量和控制系统精确时钟同步协议标准》，它定义了一种精确时间协议 PTP（precision time protocol），采用主从工作模式，在 MAC 层进行时间戳记录，根据“乒乓”对时算法，通过软件、硬件结合的对时方式，对标准以太网或其他采用多播技术的分布式总线系统中的传感器、执行器以及其他终端设备中的时钟进行亚微秒级同步。

28. 简述 IEEE 1588 时钟中关于时间信息传输的一步法和二步法。

答：根据提供时间信息方式的不同，IEEE 1588 时钟分为一步法和两步法。一步法时钟通过 Sync 报文来传输必要的时间信息，无跟随报文，在 Sync 报文中包含报文发送时刻的真实时间。一步法需要物理层专用的以太网芯片对报文进行修改，以及添加时间标签，对硬件要求较高。

二步法时钟通过跟随报文传输必要的时间信息。时钟首先发出一帧 Sync 报文，以太网芯片会自动记录 Sync 报文发出的时间，然后时钟紧接着再发送一帧 Follow_Up 报文，在 Follow_Up 报文中包含芯片记录的 Sync 报文发出时刻。

目前智能变电站中的应用中，二步法的使用更为广泛。

29. IEEE 1588 对时协议中时钟有哪些类型？

答：IEEE 1588 协议将节点时钟分为三类，即普通时钟、边界时钟和透明时钟，如图 8–5 所示。

（1）普通时钟：只包含 1 个 PTP 端口，可工作在主时钟、从时钟和无源时钟三种状态，具体工作在哪一个状态由最佳主时钟 BMC 算法决定。系统中的时钟源应当是系统中精度最高的主时钟，称为超主时钟。

（2）边界时钟：包含 2 个或 2 个以上的 PTP 端口，其每个端口可以处于主时钟、从时钟和无源时钟三种状态，具体工作在哪一个状态由最佳主时钟

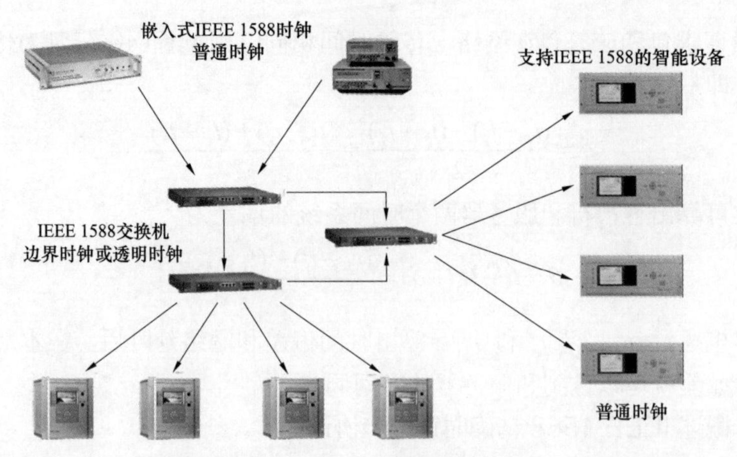

图 8–5　IEEE 1588 对时系统

BMC 算法决定。引入边界时钟后，可以解决主时钟和从时钟距离较远而引起非对称性误差，影响同步精度的问题。边界时钟将对时系统划分成不同域，逐级同步。

（3）透明时钟：PTP 端口数目和在对时网络中的作用与边界时钟类似，但透明时钟没有主从状态之分，不需要逐级同步，各从时钟端口通过透明时钟与超主时钟直接进行同步。

30. 简述 IEEE 1588 协议中链路延迟测量的两种方法。

答：在 IEEE 1588 对时协议中进行链路延迟测量主要包括两种方法，即延迟请求响应机制和对等延迟机制。

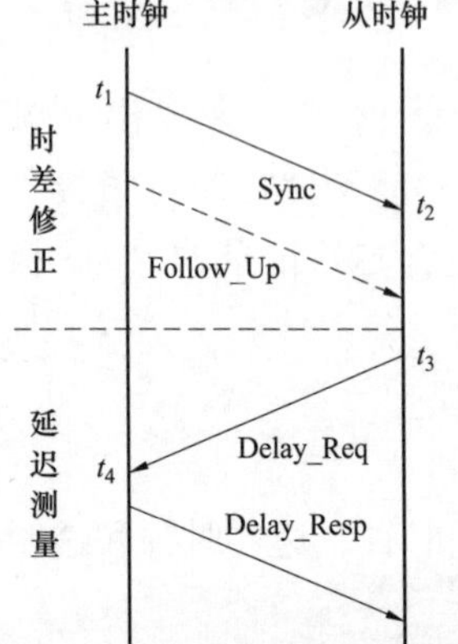

图 8–6　延迟请求响应机制

延迟请求响应机制主要用于 E2E 透明时钟中进行延迟的测量，其主要交换过程如图 8–6 所示（二步法为例）。

（1）主时钟在 t_1 时刻发送同步报文至从时钟；

（2）从时钟根据解析跟随报文后，得到主时钟发送同步报文的真实值，再与自身接收到同步报文的时间 t_2 相减，就可以得到：

t_2-t_1=meanPathDelay+Offset；

（3）从时钟在 t_3 时刻，发送 DelayReq 消息；

（4）主时钟记录消息到达时间 t_4，并发送消息 DelayResp，该消息中含有 t_4 时间戳；

t_4-t_3=meanPathDelay–Offset；

（5）meanPathDelay=$[(t_2-t_1)+(t_4-t_3)]/2$；

（6）Offset=$[(t_2-t_1)-(t_4-t_3)]/2$。

对等延迟机制主要用于 P2P 透明时钟进行延时的测量，其主要的交换过程如图 8–7 所示（以二步法为例）。

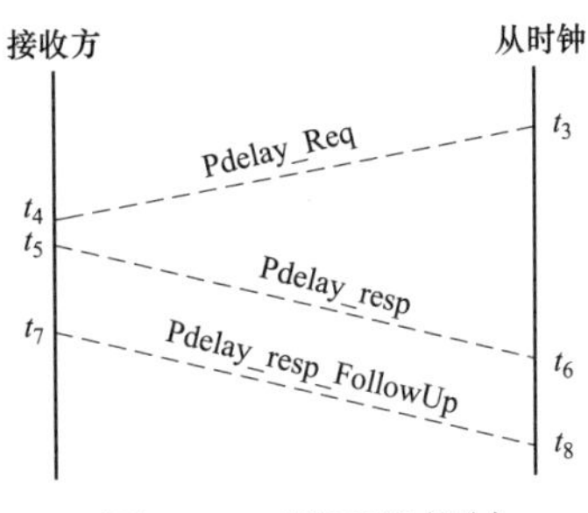

图 8–7　对等延迟机制

（1）延时发送端时钟在 t_3 时刻，发送延迟请求报文至延时响应端；

（2）延时响应端在 t_4 时刻接收到该请求报文；

（3）延迟响应端在 t_5 时刻发送 PDelayResp 报文；

（4）延迟响应端在 t_7 时刻发送 PDelayResp_ FollowUp 报文；

（5）延时发送端在 t_6 时刻收到延时响应端发送的 PDelayResp 报文；

（6）延时发送端在 t_8 时刻收到 PDelayResp_FollowUp 报文，并根据该报文解析出 t_5；

（7）meanPathDelay=$[(t_6-t_5)+(t_4-t_3)]/2$；

（8）Offset =(t_2-t_1)−meanPathDelay−correctionFieldOfFollowup。

31. 简述根据 P2P 透明时钟进行组网的 IEEE 1588 对时原理。

答： P2P 透明时钟对时网络如图 8–8 所示，P2P 透明时钟每一个 P2P 端口具有两个功能，一是计算报文穿越它的驻留时间，二是计算该端口与它相接的对侧 P2P 端口之间的链路传输延迟，该传输延时利用对等延时机制进行测量。这两个时间都会添加到同步报文的修正域 correctionField 中。

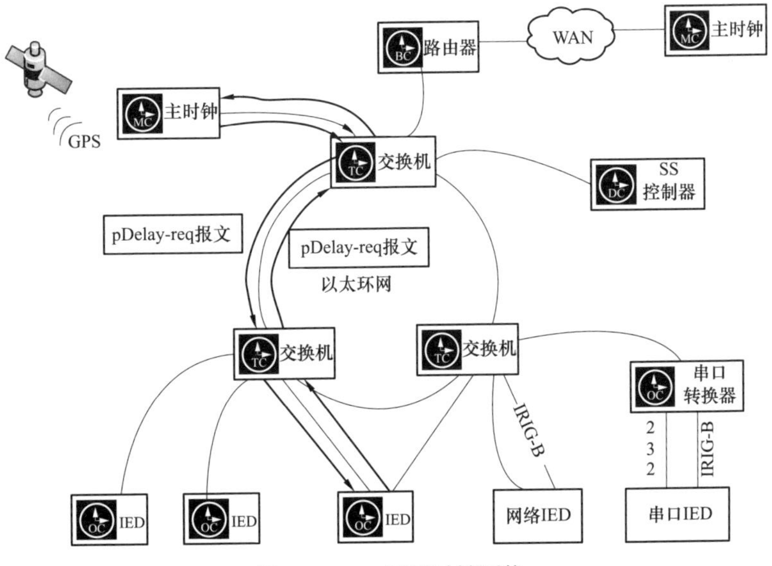

图 8–8　P2P 透明时钟网络

各级传输延时测量和驻留时间测量如图 8–9 所示，主时钟和从时钟之间的时间偏差 T_{offset} 为

$$T_{offset}=T_m-T_s-\text{correctionField}$$

式中：T_m 为主时钟发出对时报文的时间；T_s 为从时钟接收对时报文的时间；correctioonField 为对时报文修正域中的时间值，包含各级驻留时间和各级链路传输延时。

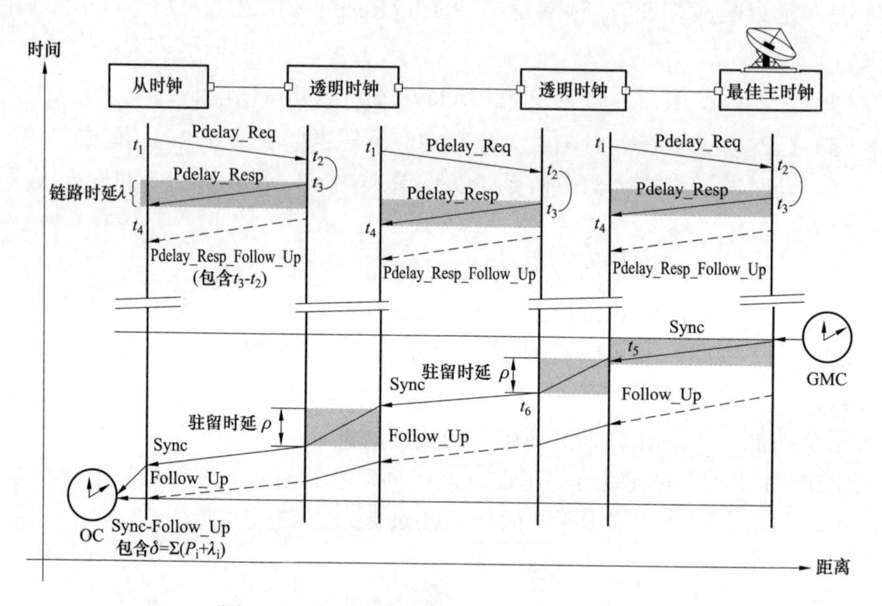

图 8–9 P2P 透明时钟传输延时和驻留时间

32. 简述根据 E2E 透明时钟进行组网的 IEEE 1588 对时原理。

答： E2E 透明时钟网络如图 8–10 所示，利用延时请求响应机制测量一对主从式 PTP 端口之间的链路延迟，在实际应用中主从时钟可能存在多个 E2E 透明时钟，延迟请求响应机制测得的传输延迟是同步报文穿越这几个 E2E 透明时钟总的链路延迟。其与 P2P 透明时钟不同之处是不需要测量各级的传输延迟，只要计算报文通过的驻留时间即可。各级透明时钟的驻留时间都会累加到报文的修正域 correctionField 字段中。

对时报文穿越所有透明时钟，完成一次传递后，可得到主、从时钟之间的时间偏差 T_{offset}

$$T_{offset}=T_s-T_m-T_{delay}-\text{correctionField}$$

式中：T_m 为主时钟发出对时报文的时间；T_s 为从时钟接收对时报文的时间；

T_{delay}为总的链路延迟，利用延迟请求响应机制测量；correctioonField 为对时报文修正域中的时间值。

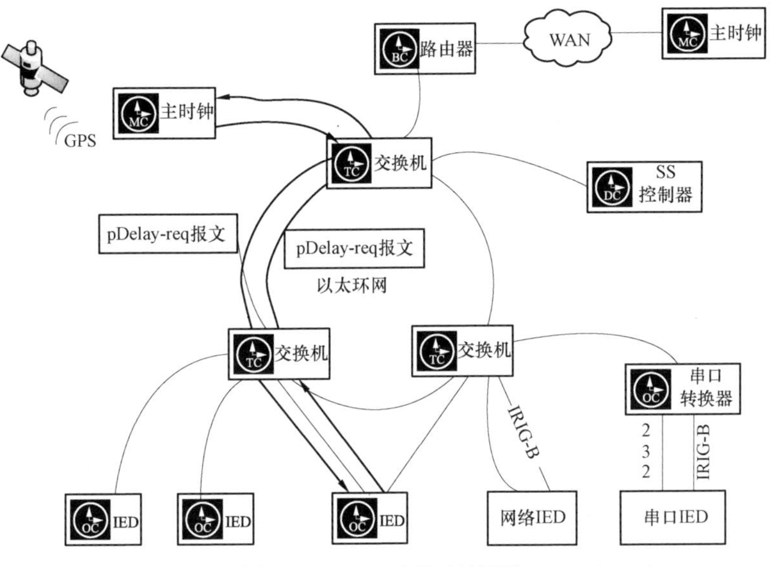

图 8–10　E2E 透明时钟网络

33. 简述 BMC 算法作用。

答：由于智能变电站会采用主备时钟方式，因此需通过 BMC 算法确定网络中的最佳主时钟，以便于时钟之间的时间同步，BMC 算法分为两个部分：一部分是用状态决定算法来计算每个时钟端口的状态；另一部分是用数据集比较算法来计算两个相关时钟端口数据集的二进制关系，确定最佳主时钟。

34. IRIG–B 码和 PTP（IEEE 1588）对时的区别有哪些?

答：两者区别如下：

（1）IRIG–B 码采用单向传输方式，需要人工手动方式对误差进行时差延时补偿，对时精度为 1μs。

（2）PTP（IEEE 1588）采用双向授时方式，会自动计算主从时钟误差以及路径时延，授时精度及可靠性高，对时精度为 500ns。

（3）PTP（IEEE 1588）属于网络授时方式，IRIG–B 码采用专线方式，变电站内配线方式比 IRIG–B 码简单。

35. 简述 IEEE 1588 对时、IRIG–B 码对时和 PPS 对时在电网中的应用情况。

答：IEEE 1588：技术基本成熟，成本较高，不需要单独的对时网络，但主钟与交换机可靠性还有待提高，应用中会出现抖动等异常现象，可用于全站所有设备的对时。

IRIG–B：技术成熟，在系统中应用多年，需要单独的对时网络，可用于全站所有设备的对时。

PPS：主要应用于脉冲同步，无法传输绝对时间报文。

36. 变电站时间同步装置组屏原则？（Q/GDW 11539—2016《电力系统时间同步及监测技术规范》中规定）

答：组屏（柜）原则如下：

（1）屏（柜）端子排设置应遵循“功能分区，端子分段”的原则；

（2）端子排按段独立编号，每段应预留备用端子；

（3）公共端、同名出口端采用端子连线；

（4）一个端子的每一端只能接一根导线；

（5）户内时间同步屏（柜）内应设照明回路。

37. 变电站时间同步装置屏（柜）端子排设计原则？（Q/GDW 11539—2016《电力系统时间同步及监测技术规范》中规定）

答：屏（柜）内每台装置自上而下依次排列如下：

（1）直流电源段（ZD）（强电域）：装置直流电源取自该段；

（2）遥信告警段（YD）（强电域）：装置失电告警、装置故障告警等信号；

（3）有线对时输入段（LD）（弱电域）：地面授时信号；

（4）对时输出段（TD）（弱电域）：用于各类对时信号输出；

（5）集中备用段（BD）（弱电域）；

（6）当有多台装置同屏布置时，在标识之前加数字进行区分，如有三台装置时端子应按如下顺序进行排列：ZD、1YD、1LD、1TD、2YD、2LD、2TD、3YD、3LD、3TD、BD；

（7）屏柜端子排强电域与弱电域应有明显分割；

（8）1K、2K、3K 为电源空气断路器，按顺序排列。

38. 承载 PTP 系统的网络应满足哪些条件？（DL/T 1100.2—2013《电力系统的时间同步系统　第 2 部分：基于局域网的精确时间同步》中规定）

答：（1）传输 PTP 协议的网络在逻辑上不应有环网存在；

（2）与 PTP 主时钟相连的网络交换设备端口应使用单独 VLAN；

（3）网络组件（如交换机）将引入时间抖动和偏差，若未被纠正将可能降低对时时间准确性。若有可能，该网络组件应被 PTP 透明时钟代替；

（4）传输网络产生的双向不对称延时应小于 25ns。

39. 简述时间同步装置多时钟源选择判据。（Q/GDW 11539—2016《电力系统时间同步及监测技术规范》中规定）

答：（1）主时钟多源选择：

主时钟多源选择旨在根据外部独立时源的信号状态及钟差从外部独立时源中选择出最为准确可靠的时钟源，参与判断的典型时源包括本地时钟、北斗时源、GPS 时源、地面有线、热备信号。多时钟源选择流程如图 8–11 所示。

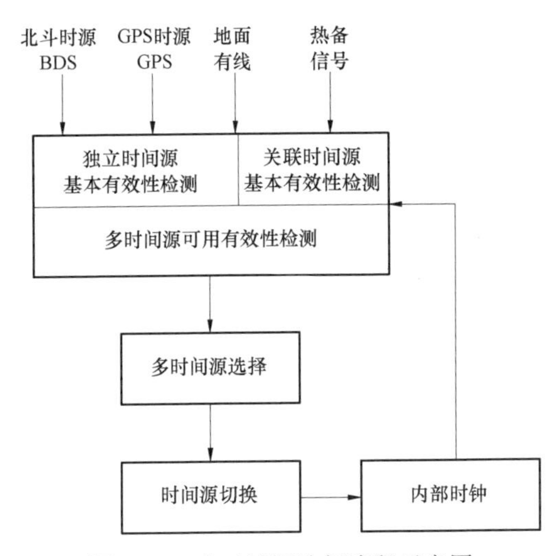

图 8–11　多时钟源选择流程示意图

主时钟外部独立时间源信号优先级应可设，默认优先级为：北斗＞GPS＞地面有线。参与多源选择逻辑判断的时间源信号应为有效信号，依据时间源提供的状态标志对其状态进行有效性判断，具体判断方式见表 8–1。非有效的逻辑都置为无效，不允许存在不定态。各个时源自身状态判断为正常的，才可参与到下一个步骤的运算。

表 8–1　时间源有效性判断条件表

信号源	判断依据	产生的状态量
北斗	北斗模块相关标志位正常为有效	外部时源信号状态
GPS	GPS 模块相关标志位正常为有效	

续表

信号源	判断依据	产生的状态量
地面有线	IRIG–B 时间质量正常为有效若为其他标准的信号，相关标志位报告正常为有效	
热备信号	IRIG–B 时间质量高于本钟	

主时钟多源选择分为主时钟开机初始化及守时恢复状态时的多源选择和运行状态时的多源选择。开机初始化及守时恢复多源选择时不考虑本地时钟，仅两两比较有效的外部时源之间的时钟差（时钟差测量表示范围应覆盖年、月、日、时、分、秒、毫秒、微秒、纳秒），选择出最优的基准信号，具体选择逻辑如表 8–2 所示。

表 8–2　　主时钟开机初始化及守时恢复多源选择逻辑表

BDS 信号	GPS 信号	有线时间基准信号	BDS 信号与 GPS 信号的时间差	BDS 信号与有线时间基准信号的时间差	GPS 信号与有线时间基准信号的时间差	基准信号选择
有效	有效	有效	小于 5μs	无要求	无要求	选择 BDS 信号
			大于 5μs	小于 5μs	无要求	选择 BDS 信号
			大于 5μs	大于 5μs	小于 5μs	选择 GPS 信号
			大于 5μs	大于 5μs	大于 5μs	连续进行不少于 20min 的有效性判断后，若保持当前条件不变则选择 BDS 信号
有效	有效	无效	小于 5μs	—	—	选择 BDS 信号
			大于 5μs	—	—	连续进行不少于 20min 的有效性判断后，若保持当前条件不变则选择 BDS 信号
有效	无效	有效	—	小于 5μs	—	选择 BDS 信号
			—	大于 5μs	—	连续进行不少于 20min 的有效性判断后，若保持当前条件不变则选择 BDS 信号

续表

BDS信号	GPS信号	有线时间基准信号	BDS信号与GPS信号的时间差	BDS信号与有线时间基准信号的时间差	GPS信号与有线时间基准信号的时间差	基准信号选择
无效	有效	有效	—	—	小于5μs	选择GPS信号
			—	—	大于5μs	连续进行不少于20min的有效性判断后，若保持当前条件不变则选择GPS信号
有效	无效	无效	—	—	—	连续进行不少于20min的有效性判断后，若保持当前条件不变则选择BDS信号
无效	有效	无效	—	—	—	连续进行不少于20min的有效性判断后，若保持当前条件不变则选择GPS信号
无效	无效	有效	—	—	—	连续进行不少于20min的有效性判断后，若保持当前条件不变则选择有线时间基准信号
无效	无效	无效	—	—	—	保持初始化状态或守时

注 连续进行不少于20min的有效性判断内，满足表中其他条件时，按照所满足条件的逻辑选择出基准时源。

主时钟运行状态时的多源选择逻辑应考虑本地时钟，两两比较各个有效时源之间的时钟差（时钟差测量表示范围应覆盖年、月、日、时、分、秒、毫秒、微秒、纳秒），选择出最优的基准信号，具体选择逻辑如表8–3所示。

表8–3　　主时钟运行状态的多源选择逻辑表

有效独立外部时源路数	时源钟差区间分布比例（每5μs为一个区间）	热备信号	基准信号选择
3	4:0	无要求	从数量为4的区间中按照优先级选出基准信号
	3:1	无要求	从数量为3的区间中按照优先级选出基准信号

续表

有效独立外部时源路数	时源钟差区间分布比例（每 5μs 为一个区间）	热备信号	基准信号选择
3	2:2	无要求	选择 BDS 信号
	2:1:1	无要求	从数量为 2 的区间中按照优先级选出基准信号
	1:1:1:1	无要求	连续进行不少于 20min 的有效性判断后，选择 BDS 信号
2	3:0	无要求	从数量为 3 的区间中按照优先级选出基准信号
	2:1	无要求	从数量为 2 的区间中按照优先级选出基准信号
	1:1:1	无要求	连续进行不少于 20min 的有效性判断后，按照优先级选出基准信号
1	2:0	无要求	从数量为 2 的区间中按照优先级选出基准信号
	1:1	无要求	连续进行不少于 20min 的有效性判断后，按照优先级选出基准信号
0	—	有效	选择热备信号作为基准信号
	—	无效	无选择结果，进入守时

注 1. 本地时源计入时源总数。
2. 阈值区间为±5μs，即两两间钟差的差值都（与关系）小于±5μs 的时源，则认为这些时源在一个区间内。
3. 选择热备信号为基准信号时，本地时钟输出时间信号的时间质量码应在热备信号的时间源质量码基础上增加 2。

（2）从时钟多源选择：

从时钟外部输入 IRIG–B 码信号主时钟信号优先级高于备时钟信号，根据其有效性和优先级选择出最优基准信号。具体时源选择逻辑如表 8–4 所示。

表 8–4　从时钟时源选择逻辑表

主时钟信号	备时钟信号	初始化或守时状态基准信号选择	运行状态基准信号选择
有效	有效	选择主时钟信号作为基准信号	选择主时钟信号作为基准信号
有效	无效	选择主时钟信号作为基准信号	选择主时钟信号作为基准信号
无效	有效	选择备时钟信号作为基准信号	选择备时钟信号作为基准信号
无效	无效	无法完成初始化	保持守时状态

40. 时间同步装置有哪些技术要求？（Q/GDW 11539—2016《电力系统时间同步及监测技术规范》中规定）

答：（1）电力系统时间同步装置应具有为调度机构、变电站、发电厂内的被授时设备提供高精度时间信号的能力，同时具备对被授时设备时间同步状态进行监测的功能；

（2）电力系统时间同步装置时钟源应采用以天基授时为主、地基授时为辅的模式；

（3）天基授时应采用以北斗卫星导航系统（BDS）为主、全球定位系统（GPS）为辅的单向方式；

（4）地基授时宜充分利用现有通信系统的频率信号作为地基授时的时间源；

（5）时间同步监测应采用 NTP、GOOSE 方式实现对被授时设备的时间同步监测；

（6）调度机构、变电站、发电厂内的被授时设备应支持 NTP 时间同步监测方式或 GOOSE 时间同步监测方式。

41. 同步时钟装置验收项目有哪些？

答：（1）装置电源功能检查；

（2）装置告警功能检查；

（3）装置发送的光功率检验；

（4）主时钟守时精度检查；

（5）多时钟源选择功能检查；

（6）时间同步监测功能检查；

（7）装置时间同步输出信号检查；

（8）装置数据存储功能检查。

42. 简述智能变电站时间同步系统组网要求。（DL/T 5510—2016《智能变电站设计技术规定》、Q/GDW 10393—2016《110（66）kV～220kV 智能变电站设计规范》中规定）

答：（1）变电站应配置 1 套全站公用的时间同步系统，主时钟应双重化配置，支持北斗系统和 GPS 系统单向标准授时信号，优先采用北斗系统，时钟同步精度和守时精度满足站内所有设备的对时精度要求。

（2）时间同步系统对时或同步范围包括监控系统站控层设备、保护及故障信息管理子站、保护装置、测控装置、故障录波装置、故障测距、相量测量装置、智能终端、合并单元及站内其他智能设备等。

（3）站控层设备宜采用 SNTP 网络对时方式；间隔层和过程层设备宜采用 IRIG－B（DC）、1PPS 对时方式，条件具备时也可采用 IEC 61588 对时方式。图 8–12 为应用 SNTP 与 IRIG－B 对时方式组成的同步时钟系统。

（4）采样值同步应不依赖于外部时钟。

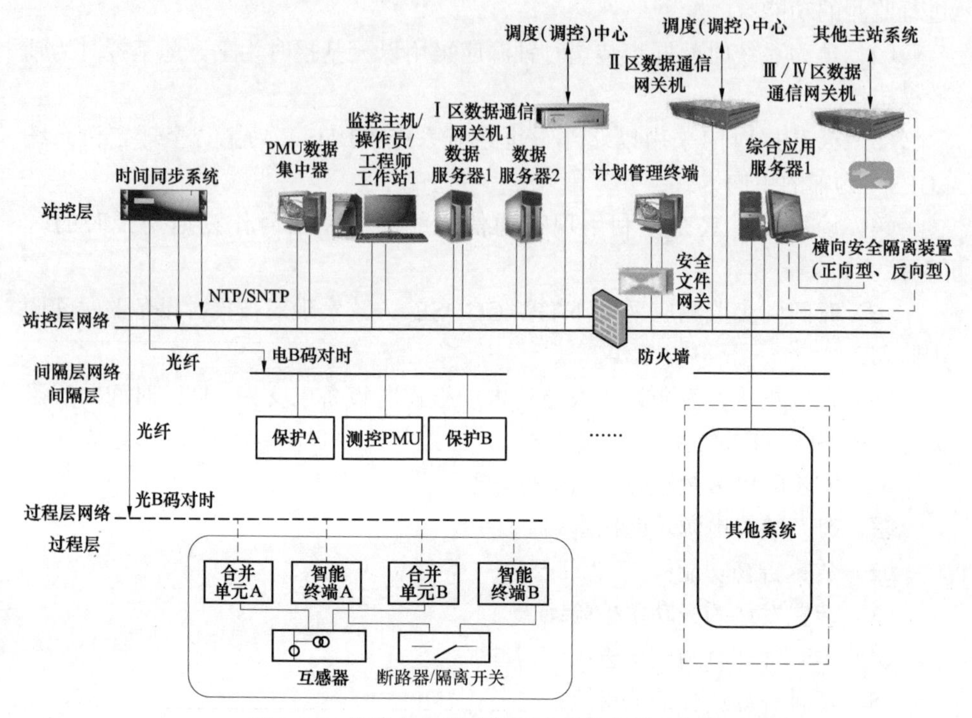

图 8–12　智能变电站时间同步系统应用示意图

第九章　交换机与网络

1. 简述交换机的工作原理。

答： 交换机根据收到的数据帧中的源 MAC 地址建立该地址同交换机端口的映射，并将其写入 MAC 地址表中。交换机将数据帧中的目的 MAC 地址同已建立的 MAC 地址表进行比较，以决定由哪个端口进行转发。如果数据帧中的目的 MAC 地址不在 MAC 地址表中，则向所有端口转发。这一过程称之为泛洪（flood）。广播帧向所有端口转发，组播帧向同一组内的所有端口转发。

2. 简述交换机与集线器在工作原理上的区别。

答： 交换机与集线器在外型上非常相似，都遵循 IEEE 802.3 及其扩展标准，介质存取方式均为 CSMA/CD，但是在工作原理上有着根本的区别。简单地说，由交换机构建的网络称之为交换式网络，每个端口都能独享带宽，所有端口都能够同时通信，并且能够在全双工模式下提供双倍的传输速率。而集线器构建的网络称之为共享式网络，在同一个时刻只能有两个端口（接受数据的端口与发送数据的端口）进行通信，所有的端口分享固有的带宽。

3. 简述交换机地址映射表的建立与维护方法。

答： 交换机利用“端口/MAC 地址映射表”进行信息交换，并采用“地址学习”的方法来动态建立和维护地址映射表。交换机通过读取数据帧的源 MAC 地址并记录该帧进入交换机的端口号进行“地址学习”。在得到源 MAC 地址与端口号的对应关系后，交换将检查地址映射表中是否已存在该对应关系。如果不存在，交换机就将该对应关系加入到地址映射表中；如果已经存在，交换机将更新该表项记录。

在每次加入或更新映射表的表项时，加入或更新的表项被赋予一个计时器，使得端口号和 MAC 地址的对应关系能够存储一段时间。如果在计时器溢出之前没有再次捕捉该端口与 MAC 地址的对应关系，该表项将被删除。通过删除过时的、已经不使用的表项，交换机能够维护一个精确、有用的地址映射表。

4. 简述交换机的老化功能。

答：由于交换机中的内存是有限的，因此，能够记忆的 MAC 地址数量也是有限的。交换机既然不能无休止的记忆所有的 MAC 地址，那么就必须赋予其相应的忘却机制，从而吐故纳新。所以工程师为交换机设定了一个自动老化时间，若其 MAC 地址在一定时间内（默认为 300s）不再出现，那么交换机将自动把该 MAC 地址从地址表中清除。当下一次该 MAC 地址重新出现时，将会被当作新地址处理。

5. 简述交换机存储转发原理。

答：交换机的区别在于其转发方式，如存储转发、直通式转发和无分段转发。存储转发方式对数据帧进行校验，任何错误帧都被丢弃。直通式转发不对数据帧进行校验，因而转发速度快于存储转发。

存储转发交换工作原理：存储转发交换意味着交换机将数据帧完整地拷贝到其缓存中，然后进行循环冗余校验（CRC）查找错误。CRC 是一种校验方法，它使用数学公式，根据比特数（“1”的数量）确定接收到的帧是否有误。如果发现 CRC 错误，帧将被丢弃。如果没有错误，帧将被转发到相应的接口。存储转发交换机将帧存储在内部存储器中，检查错误然后将其转发至目的地。因为错误的数据帧被丢弃，而不会在网络中转发，因此存储转发操作确保了网络流量的高正确率。

6. 交换机存储转发延时（S&F）与直通延时（TA）的关系是什么？

答：存储转发延时（S&F）为当输入帧的最后一位到达输入端口时开始计时，输出帧的第一位在输出端口上可见结束时间间隔计时所得到的时间。直通延时（TA）为当输入帧的第一位出现在输入端口时，开始计时，输出帧的第一位在输出端口上可见，结束时间间隔计时所得到的时间。两者关系为：TA 时延=报文长度/接收端口速率+S&F 时延或 TA 时延=每个字节传输时间×报文长度+S&F 时延。

7. 交换机有哪几种分类？

答：交换机根据 OSI 模型中的不同层分为：数据链路层交换机和网络层交换机；根据管理模式分为：管理型交换机和非管理型交换机；根据数据转发模式分为：存储转发模式、直通模式、碎片隔离模式交换机。

8. 什么是时延可测交换机的实施方案？

答：利用自适应网络通信系统的底层软硬件机制来实现对 SV 报文传输时延的精确测量，系统实现框图如图 9-1 所示。报文在通信系统中每一个环节都要精确计算驻留时延，由于采用了全定制的芯片设计技术，时延测量精度优于200ns，解决了普通工业以太网交换机无法对 SV 报文在以太网物理层精确打时戳的问题。

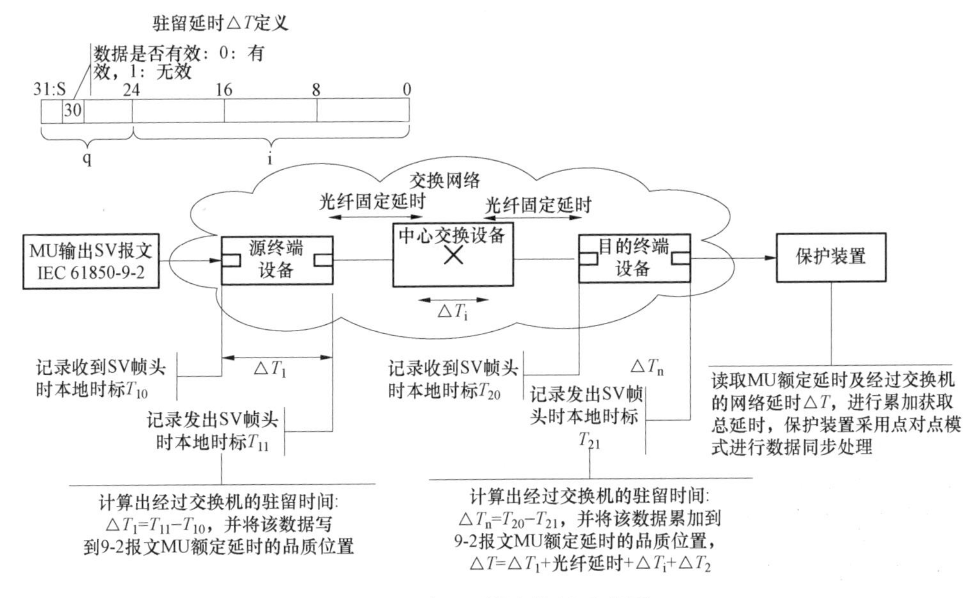

图 9–1　时延可测交换机示意图

9. 什么是时延可控交换机的实施方案?

答：多协议标签交换是一种用于快速数据包交换的体系，它为网络数据流量提供了目标、转发和交换等能力。利用 MPLS 交换机的层次化 QoS 调度技术，可以保证不同的业务走不同的优先级队列，每个队列独占缓存，最终做到不同的业务的传输实时性要求。

为了满足智能变电站对 SV、GOOSE、MMS 报文的不同传输实时性要求，自适应网络通信系统中建立了不同的传输队列，通信系统优先调度GOOSE 跳闸队列，其次调度 SV 队列，再次调度普通 GOOSE 队列，最后调度MMS 和其他报文队列，有效缩减了 GOOSE 跳闸报文和 SV 报文的网络传输时延。另外，OLT 周期性向 ONU 分配上行带宽，周期值远小于普通 EPON 系统的带宽分配周期。SV、GOOSE、MMS 报文传输队列如图 9–2 所示。

综合应用以上技术，最终可以保证 GOOSE 跳闸报文和 SV 报文在确定时间内到达目标端口，从而极大的优化了核心业务的传输延时，在网络延时可测的基础上进一步实现了网络时延可控。

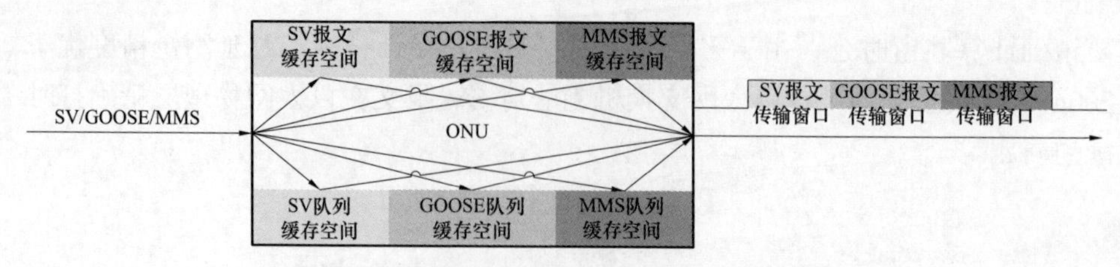

图 9–2　SV、GOOSE、MMS 报文传输队列

10. 简述传统交换机与时延可测交换机的区别。

答：传统交换机与时延可测交换机的区别见表 9–1。

表 9–1　传统交换机与时延可测交换机的比较

类别	传统以太网交换机	时延可测、可控交换机
GOOSE、SV 报文时延	不固定	可以测量、可以控制
外部时钟消失，对保护的影响	影响保护装置采样数据同步	对保护装置没有影响

11. 交换机的一个端口是否可以同时属于多个 VLAN？一个 VLAN 是否可以包含多个端口？

答：交换机的一个端口可以同时属于多个 VLAN；一个 VLAN 也可以包含多个端口。

12. VLAN 有几种实现方法？智能变电站通常采用哪种方法实现 VLAN 划分？

答：VLAN 的实现方法有以下四种：

（1）根据交换机端口划分；

（2）根据 MAC 地址划分；

（3）根据网络层地址划分；

（4）根据 IP 组播划分。

由于变电站过程层网络上的 GOOSE 报文和 IEC 61850 9–2 采样值报文只在数据链路层传输，没有第三层（IP 层）的封装结构，所以上述第三、四种 VLAN 划分方法不适用于变电站过程层网络，目前智能变电站通常采用基于端口划分 VLAN 的方法，是相对适合、可靠的方式。

13. 智能变电站网络交换机的配置使用原则是什么？

答：（1）根据间隔数量合理分配交换机数量，每台交换机保留适量的备用端口。

（2）任两台智能电子设备之间的数据传输路由不应超过 4 个交换机。当采用级联方式时，不应丢失数据。

14. 智能变电站用交换机应满足哪些性能要求?

答：（1）交换机吞吐量等于端口速率×端口数量（流控关闭）。

（2）在满负荷下，被测交换机可以正确转发帧的速率，转发速率应等于端口线速。

（3）交换机 MAC 地址缓存能力应不低于 4096 个，MAC 地址老化时间可以配置，默认为 300s。

（4）交换机学习新的 MAC 地址速率大于 1000 帧/s。

（5）交换机平均时延应小于 10μs，用于采样值传输交换机最大延时与最小延时之差应小于 10μs。

（6）交换机时延抖动应小于 1μs。

（7）交换机在端口线速转发时，丢包（帧）率为零。

（8）不堵塞端口帧丢失为 0。

（9）环网恢复时间通过每个交换机不超过 50ms。

15. 交换机的接口类型及性能指标是什么?

答：交换机的接口类型分为光接口和电接口两种。

交换机性能指标有以下两种：

（1）光接口性能指标见表 9–2。

表 9–2　　光接口性能指标表

性能指标	多模光器件		单模光器件	
	发光器件	接收器件	发光器件	接收器件
波长	850nm/1310nm		1310nm/1550nm	
发光功率	≥–14dBm	—	≥–8dBm	—
接收灵敏度	—	≤–25dBm	—	≤–25dBm

注　智能变电站宜统一采用多模光器件，发光器件采用 1310nm 波长，接口选用 ST 型。

（2）电接口性能指标。采用五类双绞线传输距离不小于 100m，传输速率不小于端口的线速，接口统一选用 RJ–45 接口。

16. 3/2 接线方式下过程层交换机宜按什么设置?

答：过程层交换机宜按串设置，每台交换机的光纤接入数量不宜超过 16 对。

17. 简述交换机端口对网络风暴的要求。

答：当端口接收到大量的广播、单播或多播包时，就会发生网络风暴。转发这些包将导致网络速度变慢或超时。借助于对端口的广播风暴控制，可以有效地避免硬件损坏或链路故障导致的网络瘫痪。当开启风暴控制后，当端口收到的广播帧累计到预定门限值时，端口将自动丢弃收到的广播帧。

交换机应支持广播风暴抑制、组播风暴抑制和未知单播风暴抑制功能，默认设置为广播风暴抑制功能开启。

网络风暴实际抑制值不宜超过设定抑制值的10%。

18. 简述OSI参考模型，IEC 61850如何使用OSI描述不同的通信栈?

答：OSI参考模型分为七层，从底向上分别为物理层、数据链路层、网络层、传输层、会话层、表示层和应用层，其参考模型如图9–3所示。

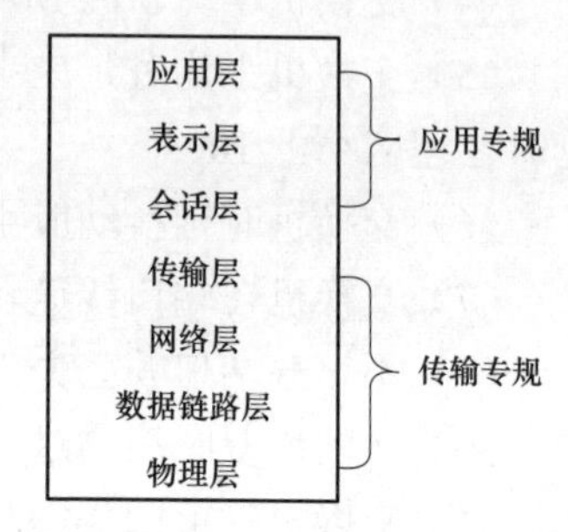

图9–3　OSI七层参考模型示意图

IEC 61850标准使用OSI的应用专规（A–Profile）和传输专规（T–Profile）来描述不同的通信栈。应用专规对应OSI七层模型的高三层，分别为会话层、表示层和应用层。传输专规对应七层模型的低四层，分别为物理层、数据链路层、网络层、传输层。

19. 简述OSI七层模型的作用。

答：（1）物理层：是七层模型的最底层，主要完成发送端和接收端之间原始比特流的传输。

（2）数据链路层：在发送端和接收端建立数据链路连接，传输以帧为单位的数据包，并采用差错控制和流量控制方法在不可靠的物理介质上提供可靠的数据传输。数据链路层的作用包括物理地址寻址、数据帧的组装、流量控制、数据的检错与重发。

（3）网络层的主要作用有：① 在发送端负责将传输层提供的帧组装成数据包，包中封装有网络层包头，包头含有发送端主机和接收端主机的网络地址；② 通过综合考虑选择最佳的发送路径，进行路由选择；③ 能够消除网路堵塞，具备流量控制和拥挤控制能力。

（4）传输层的主要作用有：① 确保数据可靠、顺序、无差错地从发送主机传输到接受主机，同时进行流量控制；② 按照网路能够处理数据包的最大尺寸，发送方主机的传输层将较长的报文进行分割，生成较小的数据段；③ 对每个数据段安排一个序列号，以便数据段到达接收方传输层时，能按照序列号以正确的顺序进行重组。若正确接收且传输结束，则接收方发送一个应答（ACK）信号，如果数据有错，接收方将请求发送方重新发送数据。如果数据发送后在给定的时间内发送方未收到应答信号，发送方的传输层将认为数据已经丢失从而重新发送它们。

（5）会话层的主要作用有：① 建立通信链接，保持通信畅通，终止通信链接；② 对两个节点之间的对话进行同步；③ 判断通信是否被中断，以及中断后决定从何处重新发送。

（6）表示层：它是应用程序和网络语言之间的翻译官，将应用层的数据转换成网络能够理解的“公关语言”，以保证发送端主机的信息可以被接收端主机的应用程序所理解。另外，它还负责数据的加密与解密。

（7）应用层：为操作系统和应用软件提供访问网络的接口，并提供常见的网络应用服务。

20. 简述 TCP/IP 模型及其与 OSI 模型的对应关系。

答： TCP/IP 模型只有四个层次，即应用层、传输层、互联层与网络接口层。

应用层是最高层，相当于 OSI 七层模型的最高三层（应用层、表示层和会话层）；接下来与 OSI 传输层相当的是 TCP/UDP 传输层；再往下是与 OSI 网络层相当的 IP 互联层；最底层的网络接口层与 OSI 的数据链路层、物理层相对应。

TCP/IP 参考模型与 OSI 模型对应关系如图 9–4 所示。

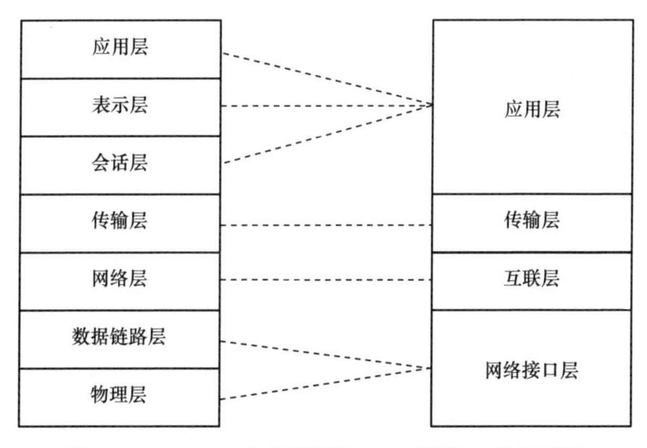

图 9–4　TCP/IP 参考模型与 OSI 模型对应关系图

21. 简述对等通信原则。

答： 主机在进行通信时，发送端主机依照 OSI 参考模型的定义，自上而下层层封装数据。根据 OSI 的分层原则，某层封装的内容对于其他层来说是不可知的。如果接收端主机想知道发送端主机送给它的信息，它也必须在和发送端主机相对应的层次上才能读出特定的信息，这样的通信方式叫做对等层通信，如图 9–5 所示为对等层通信示意图。

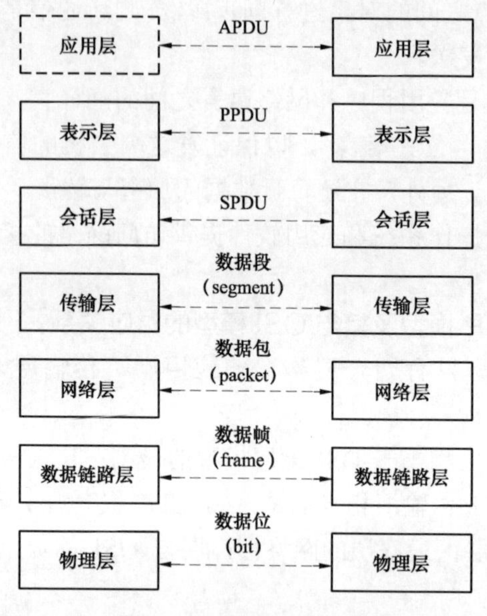

图 9–5 对等层通信示意图

22. GOOSE、SV、MMS 分别涉及 OSI 哪几层？为什么？

答：考虑到 GOOSE、SV 报文的传输速度、实时性要求高，应满足继电保护的“可靠性、速动性”，因此为了降低报文处理过程的延时，保证数据传输的实时性，IEC 61850 在定义 GOOSE、SV 服务实现机制时，对原有的 TCP/IP 协议栈进行了裁剪，应用层经表示层后直接映射到数据链路层及物理层，而不经过会话层、传输层和网络层；MMS 报文因为传输速度以及实时性要求没 GOOSE、SV 高，故涉及 OSI 模型的应用层、表示层、会话层、传输层、网络层、数据链路层及物理层。

23. TCP/IP 建立连接的流程是什么？

答：TCP 通过“三次握手”机制建立一个连接，这三次握手分别为：

（1）第一次握手：源主机 A 向目的主机 B 发送一个 TCP 连接请求报文，报文段首部中的 SYN（同步）标志位置 1，这表示源主机 A 想与目标主机 B 进行通信。

（2）第二次握手：目的主机 B 收到源主机 A 发出的连接请求后，如果同意建立连接，则会发回一个 TCP 确认。确认报文的确认位 ACK 和同步位 SYN 同时置 1，这表示主机 B 对主机 A 做出了应答。

（3）第三次握手：主机 A 收到主机 B 发回的确认报文后，再对主机 B 发出确认信息。

24. TCP/IP 建立关闭的流程是什么？

答：TCP 通过“四次挥手”关闭一个连接，分别是：

（1）主机在完成它的数据发送任务后，会主动向主机发送释放连接请求报文段。该报文段的首部中终止位 FIN 和确认位 ACK 均为 1。

（2）主机 B 收到主机 A 发送的释放连接请求包后，将对主机 A 发送确认报文，以关闭该方向上的 TCP 连接。

（3）同理，主机 B 在完成他的数据发送任务后也会向主机 A 发送一个释放连接请求报文，请求关闭 B 到 A 这个方向上的 TCP 连接。

（4）主机 A 在收到主机 B 发送的释放连接请求报文后，将对主机 B 发送确认信息，以关闭该方向上的 TCP 连接。

25. 简述以太网的 MAC 帧结构。

答：以太网 MAC 帧结构如图 9–6 所示。

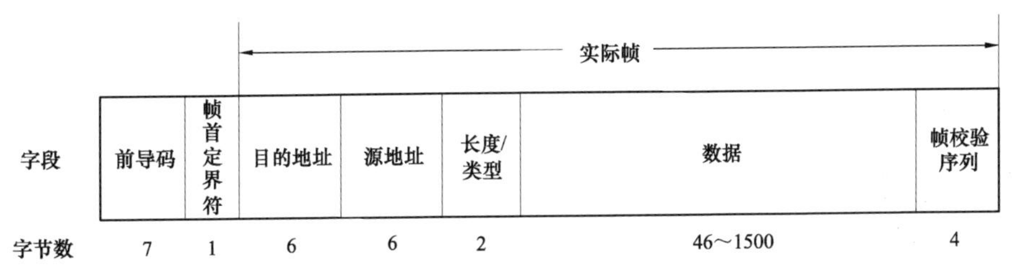

图 9–6　以太网 MAC 帧结构示意图

（1）前导码：用于通知接收方做好接受准备。前导码是在物理层添加的。

（2）帧首定界符：表示一帧实际开始，以方便接收方对实际帧的第一位定位。从技术上讲前导码和帧首定界符不是 IEEE 802.3 数据帧的一部分。

（3）目的地址：它说明了数据帧将发送到何处。

（4）源地址：它标明了帧是从哪里来的。

（5）类型：用来指定接收数据的高层协议的类型。

（6）数据：包含在帧中的原始数据将被传递给在类型字段中指定的高层

协议。

（7）帧校验序列：发送方一边发送数据帧一边形成帧校验序列；接收方形成的校验码和发送方的校验码相同，则表示数据帧未被破坏；反之，接收方认为数据帧被破坏。

26. 简述 VLAN 和 GMRP 两种报文处理方式的工作原理。

答：针对组网模式常用的报文处理种类有 VLAN、GMRP 两种。

（1）VLAN—虚拟局域网，用来构造装置与交换机之间的虚拟网络，实现报文在特定 VLAN 里边传播。

（2）GMRP—通用组播注册协议，此协议为装置对交换机所发送的请求，交换机收到请求后做出响应，将相关的信息转发给装置。

27. 三种组播管理方式各有哪些优缺点?

答：三种组播管理方式的优缺点见表 9–3。

表 9–3　　　　优缺点对比表

性能指标	VLAN	静态组播	GMRP 动态组播
可靠性	高	高	由程序决定
可控性	结果可控	结果可控	不可控
有效范围	所有数据帧	所有组播	所有组播
原理	判别数据帧标（VLAN）决定转发数据帧范围	判别数据帧目的组播地址决定其转发范围	判别数据帧目的组播地址决定其转发范围
配置情况	需手动配置，配置复杂，无法区分组播是否有用	较清晰，可设置屏蔽未配置组播帧	不需配置，未注册组播帧被屏蔽
站内应用	较多	较少	较少

28. 智能变电站过程层组网使用 VLAN 划分的目的是什么?

答：VLAN 通过逻辑划分将网络分为多个广播域，从而隔离广播报文，避免无效报文的干扰，降低交换机和装置的网络负荷，并有效地控制广播风暴的发生，提高安全性和可靠性。同时通过逻辑划分灵活配置网络的拓扑结构，减少设备投资，提高经济性。

29. VLAN 配置的原则有哪些?

答：（1）尽量采用装置的 VID，少用交换机的端口 VLAN 标识符（PVID）方式；

（2）GOOSE 网络按间隔配置 VLAN；

（3）SV 网络按装置配置 VLAN。

30. 简述广播、组播、单播的工作原理。

答：（1）广播：主机之间“一对所有”的通信模式，网络对其中每一台主机发出的信号都进行无条件复制并转发，所有主机都可以接收到所有信息。

（2）组播（多播）：主机之间“一对一组”的通信模式，也就是加入了同一个组的主机可以接受到此组内的所有数据，网络中的交换机和路由器只向有需求者复制并转发其所需数据。

（3）单播：主机之间“一对一”的通信模式，网络中的交换机和路由器对数据只进行转发不进行复制。

31. 什么叫端口镜像？端口镜像包括哪几种？

答：端口镜像是指把交换机一个（数个）端口（源端口）的流量完全拷贝一份，从另外一个端口（目的端口）发出去，以便网络测试设备（网络记录分析仪等）从目的端口读取、记录和分析源端口的流量，找出网络存在问题的原因。

端口镜像包括一对一端口镜像、一对多端口镜像、多对多端口镜像三种类型。

32. 简述交换机端口全线速转发。

答：交换机端口全线速转发就是，交换机所有端口均以“端口线速度”转发数据且交换机不丢包。

33. 简述直接采样与网络采样的区别。

答：直接采样与网络采样的区别见表 9–4。

表 9–4　　直接采样与网络采样区别表

序号	直接采样	网络采样
1	采样值传输延时短，保护动作速度快	采样值传输延时比直采长，保护动作速度受影响
2	采样同步由保护完成，不依赖于外部时钟，可靠性高	采样同步依赖于外部时钟，一旦时钟丢失或异常，将导致全站保护异常，可靠性低
3	采样值传输延时稳定	采样同步依赖于外部时钟，一旦时钟丢失或异常，将导致全站保护异常，可靠性低
4	采样值传送过程无中间环节，简单、直接、可靠	网络延时不稳定
5	不依赖交换机	在采样回路增加了交换机的有源环节，降低保护系统可靠性

续表

序号	直接采样	网络采样
6	各间隔保护功能在采样环节（天然的）独立实现，可靠性高	使多个不相关间隔保护系统产生关联，单一元件（交换机）故障，会影响多个保护运行
7	检修、扩建不影响其他间隔的保护（在采样环节）	交换机配置复杂，检修、扩建中对交换机配置文件修改或 VLAN 划分调整后，需要停役相关设备或网络进行验证，验证难度大，同时扩大了影响范围，运行风险大
8	MU、变压器、母线保护装置光口较多、需解决散热等问题	MU、变压器、母线保护装置光口较少，设备相对简单
9	二次光纤数量较多	二次光纤数量较少
10	投资成本两者相当（交换机成本减少；光纤数量较多；主设备保护装置、MU 成本增加）	投资成本两者相当（交换机投资成本较大）

34. 简述网络风暴的原因以及相应的应对策略。

答：（1）局域网内广播节点太多。对策：通过 VLAN 等技术，隔离广播域。

（2）网卡损坏。对策：加强网络监控，通过网管软件捕获网络流量进行详细分析和系统诊断，及时发现故障隐患，在网络拥塞前找出主因并解决，最大程度地降低网卡损坏等带来的影响。

（3）链路环路。对策：智能变电站过程层网络应采用星形网络拓扑，不适宜采用环形结构。同时星形结构一般不会出现环路，但在系统实施、维护期间，应正确接线，避免网络中出现环路，同时要保证交换机版本的定期升级，当发现交换机版本较低时，及时升级，减少其自身性能所造成的隐形故障。

35. 简述智能变电站几种典型的网络结构及其优缺点。

答：典型结构类型如下：

（1）交换机总线形结构如图 9–7 所示。

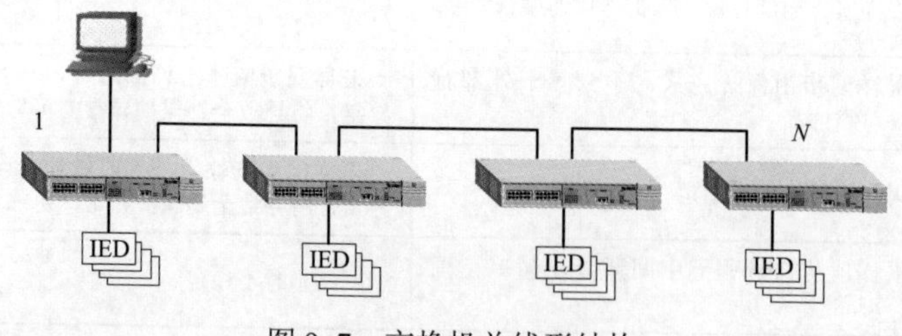

图 9–7　交换机总线形结构

（2）交换机星形结构如图 9–8 所示。

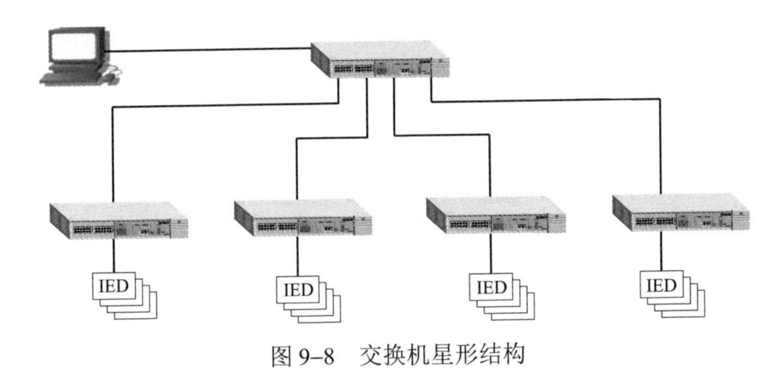

图 9–8　交换机星形结构

（3）交换机环形结构如图 9–9 所示。

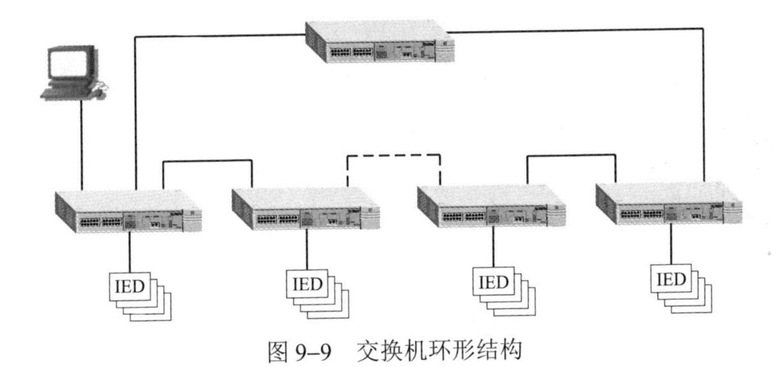

图 9–9　交换机环形结构

（4）装置环网结构如图 9–10 所示。

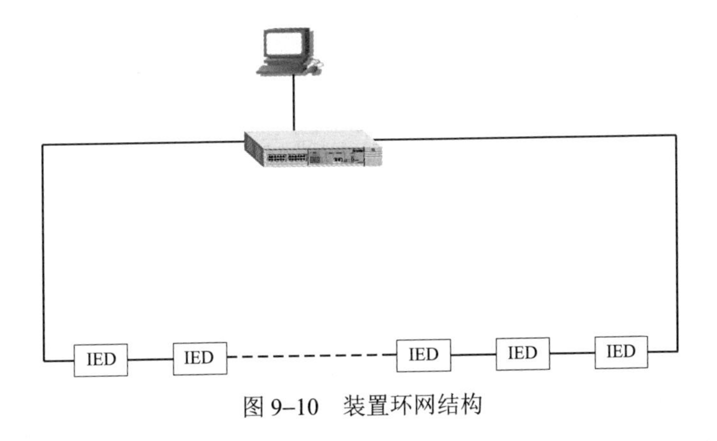

图 9–10　装置环网结构

智能变电站优缺点见表 9–5 所示。

表 9-5　　　　　　　　　　优缺点对比表

网络结构	通信冗余能力	交换机数量	交换机要求	任意通信时延	装置支持程度	检修维护复杂程度
总线形	无	少	低	较长	都支持	简单
单星形	无	少	低	最短	都支持	简单
单环形	网络级冗余	少	高	较长	都支持	复杂
总线形双网	装置级冗余	较多	低	较长	国内厂家支持	简单
双星形	装置级冗余	较多	低	最短	国内厂家支持	简单
双环形	装置级冗余	较多	高	较长	国内厂家支持	复杂
装置环形	装置级冗余	很少	高	较长	很少支持	较复杂

36. 简述智能变电站组网技术原则。

答：（1）组网时应合理考虑网络结构、交换机配置、带宽流量等因素，满足基础数据的完整性及一致性的要求，应保证数据信息传输的实时性、有效性和可靠性。

（2）数据网络应采用 100Mbits/s 及以上高速以太网，交换机之间的级联口可采用 1000Mbits/s。

（3）站控层系统宜统一组网，IP 地址统一分配网络冗余方式宜符合 IEC 61499 及 IEC 62439 的要求。

（4）双重化配置的两个过程层网络应遵循完全独立的原则，双重化配置保护使用的 GOOSE（SV）网络应遵循相互独立的原则，当一个网络异常或退出时不应影响另一个网络的运行。

（5）过程层网络内，数据发送方按通信配置发送组播报文，不发送与之无关的报文。

（6）过程层网络交换机宜通过设置限制广播报文的发送。

（7）系统任 2 台保护控制设备之间的数据传输路由不应超过 4 个交换机。当采用级联方式时，不应丢失数据。

（8）数据网络的设计与规划应具有一定的容错能力，单点故障不能影响整个网络的正常工作；任何新接入的设备，不应造成网络故障，并引起相应保护控制功能的退出。

（9）数据网络必须满足二次安全防护体系标准的要求。

37. 网络延时包括哪几个方面?

答：网络传输延时 T_b 由以下延时组成：

（1）交换机存储转发延时 T_{SF}。现代交换机都是基于存储转发原理实现，即交换机把所接收到的信号保存在存储器中，直至整个数据帧都接收完毕，之后交换机再把数据帧发送到相应的端口，这个过程所产生的时间即交换机存储转发延时。存储转发延时与所发送数据帧大小成正比，与比特率成反比。

$$T_{SF} = FS / BR$$

式中：T_{SF} 是存储和转发延时；FS 是以比特表示的数据帧大小；BR 是以 bits/s 表示的比特率。

对于以太网最大数据帧（1500 字节），在通信速率为 100Mbit/s 时，数据帧时间延迟为 T_{SF} 大约为 120μs。相应地，最小数据帧（64 字节），通信速率为 1000Mbit/s，数据帧时间延迟 T_{SF} 仅为 0.5μs。

（2）交换机交换延时 T_{SW}。交换机的交换结构由复杂的硅元素组成，这些元素执行数据存储和转发、MAC 地址表、VLAN、服务质量（QoS）和其他功能。在交换机实现这些功能的逻辑过程中，这个结构就会产生交换延时。工业级加强型交换机结构延时在几个微秒的范围内，一般不超过 10μs。

（3）光缆传输延时 T_{WL}。光缆传输延时等于光缆长度（考虑光缆折射率）除以光缆传播速度，数据帧沿着光纤线路传输的速度大约与光的传播速度相同（3×10^8 m/s）。

$$T_{WL} = Ln / v$$

式中：L 为光纤长度；n 为光纤中传输的折算率，一般为 1.47；v 为光纤传播速度。

计算 1000m 线路的单方向延时为

$$T_{WL} = 1\times10^3\,\text{m}\times1.47 / (3\times10^8\,\text{m/s}) \approx 5\,(\mu\text{s})$$

（4）交换机帧排队延时 T_Q。以太网交换机在存储和转发机制中采取排队的方式来避免发生广播以太网络经常会发生的数据帧冲突。这个过程产生的时间即为交换机帧排队延时。考虑最不利的情况下，具有 K 个端口的交换机的所有 $K-1$ 个端口同时向另一端口发送报文，在忽略帧与帧之间的时间间隔前提下，数据帧排队最长延时约为 $(K-1)T_Q$，则帧排队最短延时则为 0，帧排队平均延时为 $(K-1)T_Q/2$。

根据以上分析，可估算最不利情况下经过 N 台交换机的最长网络传输延时为

$$T_{ALL} = N = (T_{SF} + T_{SW} + T_Q) + T_{WL}$$

38. 简述智能变电站内，减少网络延时的方法。

答：智能变电站内，保护启动、动作等信号都是通过 GOOSE 报文实现数据传输的。为了满足继电保护速动性和可靠性的要求，应该采取相应的措施以提高网络传输的实时性，降低网络延时。目前智能变电站内可采取以下方法来减少网络延时。

（1）虚拟局域网（VLAN）和服务质量（QoS 机制）。IEEE 802.1Q 定义了虚拟局域网（VLAN）、IEEE 802.lP 定义了服务质量（QoS），这两种机制为 IEC 61850 通信网络提供了通信分离和通信优先级两个基本功能。

IEEE 802.lP 所定义的服务质量（QoS）提供报文优先传输机制，数据帧到达交换机入口端口后，交换机首先对其优先权级别进行分析，如果确定其属于高优先级等级，那么该数据帧就可以在那些更早到达并且已经在排队缓冲器中等待发送的低优先权数据被发送之前发送出去。优先传输机制可以保证重要报文的优先传输，降低报文的排队时间，减少由以太网交换机带来的时延不稳定性。

IEEE 802.1Q 所定义的虚拟局域网提供通信分离的功能，通过划分合理的 VLAN，将 GOOSE 报文限制在与之相关的虚拟局域网内，限制广播报文，提高了网络的处理能力，减少优先级别相同的 GOOSE 报文的排队时间。

（2）合理的网络架构。网络是智能变电站信息交换的核心设备，因此合理的网络结构是保证继电保护的时效性和可靠性的基础。

1）对于采用环形或总线型的网络结构，要限制级联交换机数量，级联交换机端口采用 1000Mbit/s 端口。

2）采用星形网络结构时，由于网络上任意两点间传输路径最短，报文冲突概率较小，级联交换机端口可采用 100Mbit/s，网络规模要小，建议不超过两层。

3）合理分配装置的交换机接入口，将同一间隔内联系密切的装置尽量分配在同一台交换机上，减少多台交换机之间的传输路径。

39. 客户端检测到处于工作状态的连接断开时，怎样恢复客户端与服务器的报告服务?

答：客户端检测到处于工作状态的连接断开时，应通过冗余连接组另一个处于关联状态的连接，清除本连接组的报告实例的使能位，写入客户端最后收到的本连接组的报告实例的 EntryID，然后重新使能本连接组的报告实例的使能位，恢复客户端与服务器的数据传输。

40. 按国网典型设计规范，智能变电站数据通信存在哪几种方式？它们分别应用于哪些业务的传输?

答：（1）智能变电站继电保护与站控层信息交互采用 DL/T 860（IEC

61850）标准，通过 MMS 报文传输。

（2）采样值传输可采用 IEC 60044–8、IEC 61850–9–2 标准，采用光纤直连方式，通过 SV 报文传输。

（3）单间隔的保护应采用光纤直跳，通过 GOOSE 报文传输，涉及多间隔的保护（母线保护）宜直接跳闸。

（4）间隔保护之间的联闭锁、失灵启动等信息宜通过过程层网络传输，通过 GOOSE 报文传输。

（5）间隔层、过程层设备对时，可采用 IRIG–B（DC）码，通过直连光纤传输，也可采用 IEEE 1588 标准进行网络对时，通过过程层网络传输。

41. 智能变电站通信网络光纤敷设要求主要有哪些？如何进行光纤链路测试？

答：主要要求如下：

（1）智能变电站内，除纵联保护通道外，还应采用多模光纤，采用无金属、阻燃、防鼠咬的光缆。

（2）双重化的两套保护应采用两根独立的光缆。

（3）光缆不宜与动力电缆同沟（槽）敷设。

（4）光缆应留有足够的备用芯。

进行光纤链路测试如下：

（1）检查确认光缆的型号正确、敷设与设计图纸相符、光纤弯曲曲率半径大于光纤外直径的 20 倍、光纤耦合器安装稳固。

（2）在被测光纤链路一端使用标准光发生器（与对侧光功率计配套）输入额定功率稳定光束。

（3）在接收端使用光功率计接收光束并测得输出功率，确认光功率衰耗满足要求。

42. 智能变电站过程层网络和站控层网络试验包括哪些项目？

答：包括的试验项目如下：

（1）网络可靠性和安全性试验。

（2）网络负荷及站控层主机 CPU 占用率检查。

（3）网络功能检验。

（4）网络加载试验。

43. 智能变电站过程层网络和站控层网络功能测试一般包括哪些项目？

答：功能测试有如下项目：

（1）环网自愈功能试验。以固定速率连续模拟同一事件，断开通信链路的逻辑连接，检验报文传输是否有丢弃、重发、延时。

（2）优先传输功能试验。使用网络负载发生装置对网络发送 100%负载的普通优先级报文，测试继电保护动作时间和断路器反应时间是否正常。

（3）组播报文隔离功能检验。截取网络各节点报文，检查是否含有被隔离组播报文。

44. 后台报“交换机故障”，交换机“ALARM”灯亮，通过交换机传输的数据通信均报异常时应如何处理?

答：（1）处理安措：将与交换机有数据交互的保护改信号。

（2）检查分析：① 检查交换机工作电源是否正常，异常则检查电源回路；② 检查交换机异常信号灯是否点亮或异常硬结点是否闭合；③ 及时联系交换机厂家前往现场收集装置信息进行分析定位。

（3）消缺验证：① 若为电源模块故障，更换后做电源模块试验，并检查所有通过交换机的链路通信是否正常；② 若更换交换机，则需验证 VLAN 功能，确认保护装置 SV、GOOSE 通信链路正常。

45. 110kV XX 变后台发“#2 主变压器 10kV Ⅱ段母线开关、Ⅲ段母线开关测控装置 GOOSE、SV 告警；#1 主变压器 10kV 测控装置 GOOSE，SV 告警”应如何处理?

答：处理过程：检查 2 号主变压器 10kV Ⅱ段母线开关、Ⅲ段母线开关测控装置，1 号主变压器 10kV 测控装置装置面板，发现这些装置确实已发生 GOOSE、SV 断链。查看这些测控装置的信号采集模式，发现都是通过控制室过程层交换机和 10kV 过程层交换机进行网采的，如图 9–11 所示。

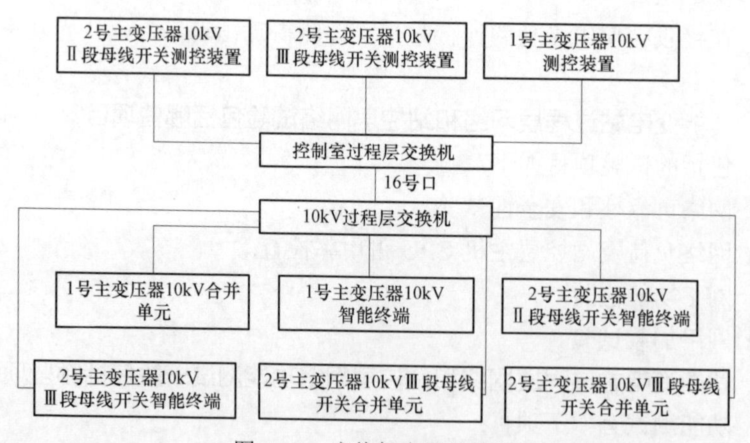

图 9–11 交换机布置结构图

检查到控制室过程层交换机时，发现过程层交换机的 16 号端口的工作指示灯灭，通过查看交换机端口对照表（见图 9–12），发现该光口是与 10kV 过程层交换机的级联口，拔出该口光纤，用手持式继电保护测试仪检测光纤上的数据信号，发现数据信号均正常，因此确定是该交换机的 16 号端口故障引起，直接更换该交换机后缺陷消除。

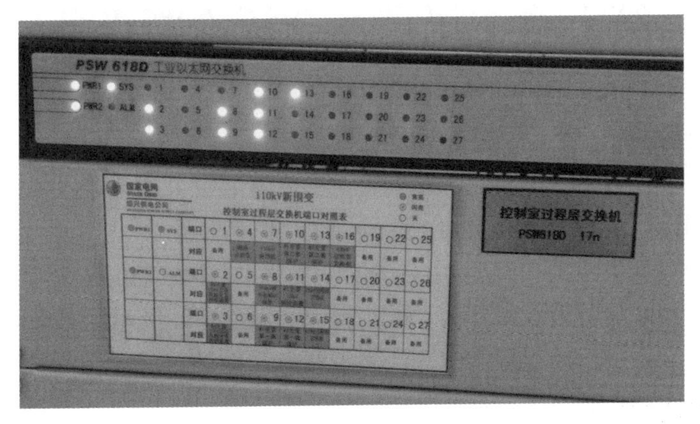

图 9–12　交换机端口对照表

第十章　记录及分析诊断设备

1. 简述智能变电站故障录波器的数据采集机制。

答：电子式互感器通过合并单元输出的 FT3 报文和 IEC 61850-9-2 报文接入智能故障录波器时，如果 IEC 61850-9-2 报文采用点对点方式接入，则智能故障录波器数据采集接入如图 10-1 所示；如果 IEC 61850-9-2 报文采用网络方式接入，则智能故障录波器数据采集接入如图 10-2 所示。对于 GOOSE 数据，因集中采集端口需求量大，宜采用组网方式采集。

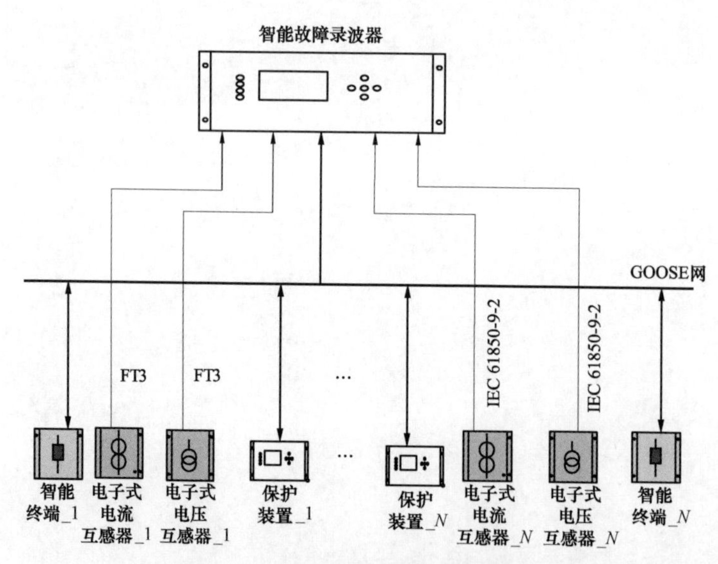

图 10-1　电子式互感器的 FT3 报文和点对点 IEC 61850-9-2 报文接入装置示意图

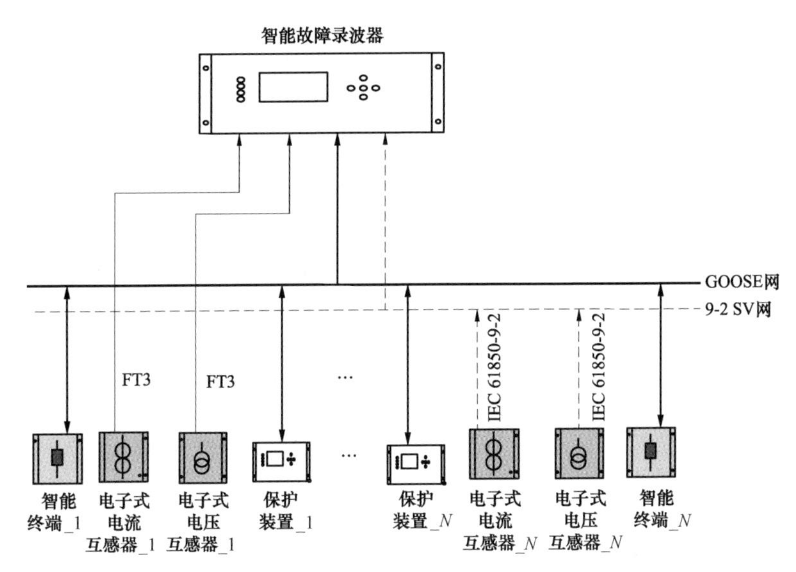

图 10–2 电子式互感器的 FT3 报文和网络 IEC 61850–9–2 报文接入装置示意图

2. 简述智能变电站故障录波数据存储机制。

答：智能变电站中的故障录波装置与常规站比较，差异仅在前端数据输入上，数据存储机制与常规站的录波装置一致。均采用先进先出循环覆盖存储机制。确保新数据能够被保存，存储周期视存储介质容量大小和起动频繁程度有关。

故障录波的存储包括暂态记录的存储和连续记录的存储。按 DL/T 553 的要求，暂态记录与连续记录应分别存储于不同的物理介质上。具体处理上就是要求暂态记录与连续记录应存储于不同的物理磁盘上。在装置本体上的存储格式和管理方式不做强制性规定，但是要求可以通过 DL/T 860 的 MMS 的文件服务按时间段检索，并能以 COMTRADE 格式上传给 MMS 客户端。

3. 简述智能变电站故障录波如何对多 MU 采样数据实现同步。

答：智能变电站的录波装置采集 MU 数据有两种方式：组网方式采集和点对点方式采集。在组网方式下 MU 应工作于同步采样模式，录波装置以 MU 同步采样为前提，通过采样计数器对齐方式实现 MU 之间的数据同步；在点对点方式 MU 可工作于非同步采样模式，采样计数器不能作为同步的标识，因此录波装置应能原样记录数据，并可以用插值方式实现 MU 之间的同步。

4. 简述智能变电站故障录波器信息如何上送至站控层及主站。

答：故障录波器的信息按照 DL/T 860 标准建模，具备完善的自描述功能，以 MMS 机制与站控层设备通信，相关信息经 MMS 接口直接上送站控层设备。故障录波器采用数据网传输至保护及故障信息管理系统主站，通信规约采用 DL/T 667 和 DL/T 860 通信规约。故障录波数据应符合 GB/T 22386 标准要求。

5. 智能变电站故障录波器记录哪些报文，连续记录的时间要求有哪些？

答：智能变电站故障录波器宜能记录过程层 SV 网络原始报文、GOOSE 原始报文和 MMS 网络原始报文。SV 网络原始报文至少可以连续记录 24h，GOOSE 原始报文和 MMS 网络原始报文至少可以连续记录 14 天。

6. 智能变电站故障录波器触发记录的起动判断有哪些？

答：智能变电站故障录波器触发记录的起动判据有：电压突变、电压越限、负序电压越限、零序电压越限、谐波电压越限、电流突变、电流越限、负序电流越限、零序电流越限、频率越限、逆功率、过励磁、变压器差流越限、直流电压突变量、直流电流突变量、开关量变位、手动、远方起动。

7. 智能变电站故障录波器功能试验有哪些？

答：主要项目有：

（1）电压、电流的线性范围检查；

（2）零漂检查；

（3）交流电压、交流电流相位一致性检查；

（4）非周期分量的记录性能检查；

（5）谐波分析能力检查；

（6）开关量的分辨率检查；

（7）有功及无功功率记录性能的检查；

（8）频率记录性能的检查；

（9）高频通道信号录波性能的检查；

（10）起动值的检查；

（11）SV 采样数据异常试验；

（12）MU 失步后的记录性能；

（13）网络负荷试验；

（14）记录数据的安全性检查；

（15）数据文件检索及查找方式检查；

（16）录波数据的输出及传送功能检查；

（17）时钟同步功能检查；

（18）采样数据品质位标识异常试验。

8. 简述智能变电站故障录波器暂态数据记录方式。

答： 当电网或机组有大扰动时，装置自动起动，进入暂态记录过程，并按以下方式记录：

（1）A 时段：大扰动开始前的状态数据，输出原始记录波形及有效值。记录时间可整定，最短应不小于 0.1s。

（2）B 时段：大扰动后的状态数据，输出原始记录波形及有效值。记录时间可整定，最短应不小于 3s。

（3）A、B 时段数据记录采样频率应不小于 4000Hz。

起动条件：第一次起动，符合内置判据任一条件自动起动，按 A–B 时段顺序执行；在已起动记录的过程中，如又满足新的自动起动条件，则重新进入 B 时段重复执行。

自动终止条件：当完成 B 时段的记录且无新的自动起动条件满足时，经不小于 0.1s 的延时后，自动停止暂态数据的记录。

9. 智能站故障录波器由哪些模块组成，各自有哪些功能？

答： 智能站故障录波器由数字化开关量开入模块和模拟量输入模块，启动、运算、逻辑判断模块，存储单元，通信单元，对时单元组成。各模块的功能如下：

（1）数字化开关量开入模块和模拟量输入模块负责接收双网 GOOSE 报文和双网 SV 报文，并形成实时数据转至下一步运算。

（2）启动、运算、逻辑判断模块即故障录波器的 CPU，将收到的各间隔开关量和模拟量通过对时后进行运算，如有启动量触发就立即按要求启动录波，记录故障状态各间隔模拟量和数字量，并将形成录波文件转至存储单元。

（3）存储单元负责将录波文件存储于装置硬盘中的\COMTRADE 文件目录中。

（4）通信单元将故障录波 RDRE 中的数据 RcdMade、FltNum 配置到数据集中，并通过报告的形式上传至 MMS 网上供监控系统调阅。

（5）对时单元通过 IEEE 1588、B 码对时等方式，保证各装置采样时间在一个基准值上。

10. 简述智能变电站故障录波器逻辑设备的建模。

答： 智能变电站故障录波器逻辑设备的建模按以下方式：

（1）公用 LD，inst 名为“LD0”：包括装置告警信号、GOOSE、SV 断链告警等；

（2）录波 LD，inst 名为“RCD”：包括录波器 LN；

（3）采样 LD，inst 名为“PISV”：包括接收的 SV 信号；

（4）开关量 LD，inst 名为“PIGO”：包括 GOOSE 信号。

模型中建立定值数据集（dsSetting）；信号数据集（dsWaring），包括 SV 告警、GOOSE 告警、装置告警信号等；故障录波（dsRelayRec）数据集等。

11. 智能变电站故障录波器录波 LD（RCD）逻辑设备包括哪三个逻辑节点，RDRE 逻辑节点的数据对象有哪些？

答：智能变电站故障录波器录波 LD（RCD）逻辑设备至少包含 LLN0、LPHD、RDRE 三个逻辑节点。RDRE 包含数据对象有 FltNum（故障序号）、RcdMade（录波状态）、RcdTrg（远程启动记录）。

12. 智能变电站故障录波器录波文件记录有何要求？

答：文件名应由 COMTRADE 路径和录波文件名构成，长度不超过 255 字节，所有英文字母必须用大写。录波文件名称应采用：装置名_LD 名称_FltNum 故障号_故障时间。故障号为 32 位递增整数。故障时间格式应为：年（四位）月（两位）日（两位）时（两位）分（两位）秒（两位）毫秒（三位）。COMTRADE 文件应包含在根目录下的 COMTRADE 文件目录内。COMTRADE 文件可使用不同的后缀 hdr、cfg、dat、dmf。装置名和 LD 名称的字节长度不得超过 11。

13. 什么是 DMF 文件？录波文件 COMTRADE 的 DMF 文件内容有哪些？

答：DMF 文件为 COMTRADE 数据文件扩展的参数模型文件，扩展名为.DMF。DMF 文件内容有：根元素、模拟量通道、开关通道、母线、线路、变压器、变压器绕组、发电机、励磁机。

14. 智能变电站故障录波器、网络记录分析仪分别支持哪些服务？

答：（1）智能站故障录波器支持的服务包括：报告服务、文件服务、定值服务、控制服务；报告服务和文件服务支持自动上送和手动上送，定值服务只提供手动上送，控制服务是由主站客户端发起的。

（2）网络记录分析仪支持的服务包括：报告服务和文件服务。报告服务支持自动上送和手动上送，文件服务只支持手动上送；自动上送包括变化上送和周期上送，这两种上送需要客户端在建立连接时使能；手动上送是由客户端主动发起召唤后的上送。

15. 网络报文记录分析仪的主要功能要求有哪些？

答：网络报文记录分析仪的主要功能要求有：

（1）实现对全站各种网络报文的实时监视、捕捉、存储、分析和统计功能；宜具备变电站网络通信状态的在线监视和状态评估功能。

（2）对报文的捕捉应安全、透明，不得对原有的网络通信产生任何影响。应能监视、捕捉过程层 SV 网络、过程层 GOOSE 网络报文、站控层 MMS 网络报文的传输。

（3）按照 DL/T 860 标准建模，具备完善的自描述功能，应具有 MMS 接口，装置相关信息经 MMS 接口直接上送站控层。

（4）各套装置的采样报文或网络异常，出口电路、主要电路、装置异常及交直流消失等应有经常监视及自诊断功能，以便在启动后启动告警信号、远动信号、事件记录等。

16. 网络报文记录分析仪的预警功能主要有哪些？

答：网络报文记录分析装置在报文或网络异常时，应能给出预警信号并启动异常报文记录，主要包括采样值频率合法性和稳定性；采样值之间的同步性；采样点连续性；采样值、GOOSE 与 SCD 配置一致性；采样值报文合法性；采样值报文结构；采样值连续性；通信中断；网络风暴。

17. 简述网络报文记录分析仪数据分析功能。

答：网络报文记录分析仪实时对采集的网络数据进行网络分析和应用协议分析，发现网络通信过程中的异常和应用协议中的错误。

（1）网络分析：详细分析各层网络协议的信息，如链路层、网间协议（IP）层、传输控制协议（TCP）层等网络协议的完整分析。对网络通信过程进行实时分析，如 IP 分片与重组、TCP 连接与断开等。

（2）应用协议分析包括 SV 采样值分析、GOOSE 分析、MMS 分析。

1）SV 采样值分析。① 对报文进行详细的解码及完整性分析。重点检查 APDU 和 ASDU 格式是否符合标准；confNo，svID，datSet，entriesNum 等参数是否与配置文件一致。② 对报文进行应用功能分析。分析采样值报文是否丢帧或错序、采样值同步位变化情况（同步转失步或失步转同步）、采样值品质位变化情况、采样值频率是否发生抖动（采样值报文间时间间隔不恒定）、合并单元间是否同步、通信中断等。

2）GOOSE 分析。① 对 GOOSE 报文进行详细的解码，对报文完整性进行分析。检查 GOOSE 报文的 APDU 和 ASDU 格式是否符合标准；检查配置版本号（ConfNo）、控制块引用（GoRef）、数据集（DatSet）、数据集个数（EntriesNum）是否与装置 CID 文件的配置文件相同，如果不一致，则给出异常告警信号。② 对报文进行应用功能分析。分析 GOOSE 报文状态计数（StNum）与采样计数（ SqNum）的计数变化错误、StNum 与 SqNum 的值重新初始化（装置或功能重启）、新事件、报文间隔时间超过规范等。

3）MMS 分析。对 MMS 网报文的分析应包括 ACSI、MMS 和 ETHENET 层面的分析。通过分析，可以判断出 MMS 报文发送过程是否顺序错误，控制过程是否连续，控制命令是否有错误，报文是否有漏包和装置之间通信是否有中断等。

18. 网络报文记录分析仪现场调试主要内容有哪些?

答：网络报文记录分析仪调试分为单体调试和系统调试，前者主要内容是查看装置硬件工况是否良好、软件工作是否正常、信号是否正确等，后者是从电力系统的角度，对网分进行全面、细致、有针对性的检查。系统调试的关键点是根据模拟的故障类型，结合保护装置、合并单元、智能终端等元件的动作情况，在网分上查询它们留下的痕迹，以验证相关设备动作的准确性。

19. 网络报文监测终端、网络报文管理机的主要对时方式?

答：网络报文监测终端应具有对时功能，能接受全站统一时钟信号，时钟信号类型满足 IRIG–B（DC）或 IEC 61588 对时。网络报文管理机应能接受全站统一时钟信号，时钟信号类型满足 SNTP 对时的需求，宜采用通过站控层 MMS 网络接口实现对时。

20. 网络报文记录分析仪应具备哪些数据转换功能?

答：网络报文记录分析仪导出的数据文件格式有：

（1）原始报文数据可导出为 PCAP 格式，用于在 Ethereal 和 Wireshark 等流行网络报文抓包软件中分析。

（2）采样值报文可直接导出成 COMTRADE 格式文件，用于直观的波形分析。

（3）采样值报文可直接导出成 csv 格式，用于在 Excel 电子表格软件中分析。

21. 网络报文记录分析仪站控层和过程层的接口类型?

答：站控层 MMS 用 RJ–45 口，过程层接口宜采用光纤接口，光纤连接器宜采用 1310nm 多模 ST 光纤接口。

22. 网络报文记录分析仪的监控报文类型有哪些?

答：网络报文记录分析仪的监控报文类型有：

（1）SV 报文；

（2）GOOSE 报文；

（3）基于制造报文规范 MMS 协议的报文；

（4）PTP（IEEE 1588）对时报文。

23. 网络报文记录分析仪对 MMS 报文的监测如何实现?

答：通过交换机端口镜像，将要监视的端口报文进行复制。

24. 对网络报文记录分析仪的监测端口流量有何要求?

答：目前的实用标准中对报文记录分析仪的接入流量要求是应具有400Mbit/s 的接入能力，这个 400Mbit/s 是指接入一个单体装置的总流量，从装置角度看，这 400Mbit/s 可以从一个端口（千兆带宽的端口）接入，也可以从多个端口接入。从工程应用可靠度角度考虑，总流量可按 60%～80%设计，即不超过 300Mbit/s，对于 100Mbit/s 的端口，接入流量不宜超过 60Mbit/s（按40%的安全裕度考虑），对于 1000Mbit/s 的端口接入流量不宜超过 200Mbit/s。

装置本身单个端口具备接入 100%带宽的能力，但不能处理所有端口同时接入 100%的带宽流量。设计时需同时考虑两个条件：即接入总流量应控制在300Mbit/s 以内，单个端口的接入流量应控制在安全裕度之内。

25. 网络记录分析仪告警“confRev 不匹配”、“SMVID 不匹配”，有哪几种可能的原因?

答：SCD 文件配置错误、版本不一致等。

26. 网络记录分析仪“失步”和“丢失同步信号”告警有什么区别?

答：“失步”是指多个 MU 之间失去同步，判断依据是在一个采样间隔宽度的时间窗内 MU 之间的采样序号出现较大偏差；“丢失同步信号”是指单个MU 的 SV 报文中“同步标志位”被置 FALSE，是 MU 自己上报的“丢失外部同步信号源”的告警。

如果 MU 未报“丢失同步信号”而网络分析仪直接报“失步”，则故障多可能发生在 MU 内部或时钟输出端口同步信号不一致；如果 MU 报“丢失同步信号”而网络分析仪未报“失步”，则 MU 处于自守时状态；如果 MU 报“丢失同步信号”而网络分析仪也报“失步”，则 MU 超出了自守时可控时间。

27. 以下是某网络报文记录分析仪监测的一帧完整 SV 采样报文（IEC 61850 9-2，采样通道顺序：IA1、IA2、IB1、IB1、IC1、IC2、I01、I02、I0、UA、UB、UC、IA、IB、IC），解析其 Destination MAC 和 Source MAC。

01 0C CD 04 01 44 52 47 51 20 26 D0 81 00 A0 14 88 BA 41 44 00 B5

00 00 00 00 60 81 AA 80 01 01 A2 81 A4 30 81 A1 80 0F 54 46 44 32

43 30 33 42 5F 31 38 4D 55 30 31 82 02 09 A7 83 04 00 00 00 01 85

01 01 87 81 80 00 00 01 F4 00 00 00 00 00 00 13 51 00 00 00 00 00

00 14 C1 00 00 00 00 FF FF E3 63 00 00 00 00 FF FF DC 58 00 00 00

00 FF FF EA F6 00 00 00 00 FF FF F2 89 00 00 00 00 FF FF FF 2D 00
00 00 00 FF FF FC 6C 00 00 00 00 00 00 01 D1 00 00 00 00 00 00 00
00 00 00 00 00 00 00 00 00 00 00 00 00 00 00 00 00 00 00 00 00 00
00 03 93 00 00 00 00 00 00 04 A6 00 00 00 00 00 00 01 D4 00 00 00
00

答：Destination MAC：01–0C–CD–04–01–44；Source MAC：52–47–51–20–26–D0。

28. 以下是某网络报文记录分析仪监测的一帧完整 SV 采样报文（IEC 61850 9–2，采样通道顺序：IA1、IA2、IB1、IB1、IC1、IC2、I01、I02、I0、UA、UB、UC、IA、IB、IC）SV 采样报文是否同步?

01 0C CD 04 01 44 52 47 51 20 26 D0 81 00 A0 14 88 BA 41 44 00 B5
00 00 00 00 60 81 AA 80 01 01 A2 81 A4 30 81 A1 80 0F 54 46 44 32
43 30 33 42 5F 31 38 4D 55 30 31 82 02 09 A7 83 04 00 00 00 01 85
01 01 87 81 80 00 00 01 F4 00 00 00 00 00 00 13 51 00 00 00 00 00
00 14 C1 00 00 00 00 FF FF E3 63 00 00 00 00 FF FF DC 58 00 00 00
00 FF FF EA F6 00 00 00 00 FF FF F2 89 00 00 00 00 FF FF FF 2D 00
00 00 00 FF FF FC 6C 00 00 00 00 00 00 01 D1 00 00 00 00 00 00 00
00 00 00 00 00 00 00 00 00 00 00 00 00 00 00 00 00 00 00 00 00 00
00 03 93 00 00 00 00 00 00 04 A6 00 00 00 00 00 00 01 D4 00 00 00

答：采样同步。

29. 以下是某网络报文记录分析仪监测的一帧完整 SV 采样报文（IEC 61850 9–2，采样通道顺序：IA1、IA2、IB1、IB1、IC1、IC2、I01、I02、I0、UA、UB、UC、IA、IB、IC），写出 SV 采样报文的 APPID（十六进制）和 App Length（十进制）。

01 0C CD 04 01 44 52 47 51 20 26 D0 81 00 A0 14 88 BA 41 44 00 B5
00 00 00 00 60 81 AA 80 01 01 A2 81 A4 30 81 A1 80 0F 54 46 44 32
43 30 33 42 5F 31 38 4D 55 30 31 82 02 09 A7 83 04 00 00 00 01 85
01 01 87 81 80 00 00 01 F4 00 00 00 00 00 00 13 51 00 00 00 00 00
00 14 C1 00 00 00 00 FF FF E3 63 00 00 00 00 FF FF DC 58 00 00 00
00 FF FF EA F6 00 00 00 00 FF FF F2 89 00 00 00 00 FF FF FF 2D 00
00 00 00 FF FF FC 6C 00 00 00 00 00 00 01 D1 00 00 00 00 00 00 00
00 00 00 00 00 00 00 00 00 00 00 00 00 00 00 00 00 00 00 00 00 00
00 03 93 00 00 00 00 00 00 04 A6 00 00 00 00 00 00 01 D4 00 00 00

答：APPID：0x4144；App Length：181。

30. 以下是某网络报文记录分析仪监测的一帧完整 SV 采样报文（IEC 61850 9–2，采样通道顺序：IA1、IA2、IB1、IB1、IC1、IC2、I01、I02、I0、UA、UB、UC、IA、IB、IC），写出 SV 采样报文的 PDU Length 和 ASDU Number（十进制）。

01 0C CD 04 01 44 52 47 51 20 26 D0 81 00 A0 14 88 BA 41 44 00 B5

00 00 00 00 60 81 AA 80 01 01 A2 81 A4 30 81 A1 80 0F 54 46 44 32

43 30 33 42 5F 31 38 4D 55 30 31 82 02 09 A7 83 04 00 00 00 01 85

01 01 87 81 80 00 00 01 F4 00 00 00 00 00 00 13 51 00 00 00 00 00

00 14 C1 00 00 00 00 FF FF E3 63 00 00 00 00 FF FF DC 58 00 00 00

00 FF FF EA F6 00 00 00 00 FF FF F2 89 00 00 00 00 FF FF FF 2D 00

00 00 00 FF FF FC 6C 00 00 00 00 00 00 01 D1 00 00 00 00 00 00 00

00 00 00 00 00 00 00 00 00 00 00 00 00 00 00 00 00 00 00 00 00 00

00 03 93 00 00 00 00 00 00 04 A6 00 00 00 00 00 00 01 D4 00 00 00

答：PDU Length：170；ASDU Number：1。

31. 以下是某网络报文记录分析仪监测的一帧完整 SV 采样报文（IEC 61850 9–2，采样通道顺序：IA1、IA2、IB1、IB1、IC1、IC2、I01、I02、I0、UA、UB、UC、IA、IB、IC），写出 SV 采样报文的额定延迟时间和 IA1（十进制）。

01 0C CD 04 01 44 52 47 51 20 26 D0 81 00 A0 14 88 BA 41 44 00 B5

00 00 00 00 60 81 AA 80 01 01 A2 81 A4 30 81 A1 80 0F 54 46 44 32

43 30 33 42 5F 31 38 4D 55 30 31 82 02 09 A7 83 04 00 00 00 01 85

01 01 87 81 80 00 00 01 F4 00 00 00 00 00 00 13 51 00 00 00 00 00

00 14 C1 00 00 00 00 FF FF E3 63 00 00 00 00 FF FF DC 58 00 00 00

00 FF FF EA F6 00 00 00 00 FF FF F2 89 00 00 00 00 FF FF FF 2D 00

00 00 00 FF FF FC 6C 00 00 00 00 00 00 01 D1 00 00 00 00 00 00 00

00 00 00 00 00 00 00 00 00 00 00 00 00 00 00 00 00 00 00 00 00 00

00 03 93 00 00 00 00 00 00 04 A6 00 00 00 00 00 00 01 D4 00 00 00

答：额定延迟时间：500；A1 保护电流：4945。

32. 以下是某网络报文记录分析仪监测的一帧完整 SV 采样报文（IEC 61850 9–2，采样通道顺序：IA1、IA2、IB1、IB1、IC1、IC2、I01、I02、I0、UA、UB、UC、IA、IB、IC），请问 SV 采样报文各通道的品质是否异常?

01 0C CD 04 01 44 52 47 51 20 26 D0 81 00 A0 14 88 BA 41 44 00 B5

00 00 00 00 60 81 AA 80 01 01 A2 81 A4 30 81 A1 80 0F 54 46 44 32 43 30 33 42 5F 31 38 4D 55 30 31 82 02 09 A7 83 04 00 00 00 01 85 01 01 87 81 80 00 00 01 F4 00 00 00 00 00 13 51 00 00 00 00 00 14 C1 00 00 00 00 FF FF E3 63 00 00 00 00 FF FF DC 58 00 00 00 00 FF FF EA F6 00 00 00 00 FF FF F2 89 00 00 00 00 FF FF FF 2D 00 00 00 00 FF FF FC 6C 00 00 00 00 00 00 01 D1 00 00 00 00 00 00 00 00 00 00 00 00 00 00 00 00 00 00 00 00 00 00 00 00 00 00 00 00 00

答：均无异常。

33. 以下是某网络报文记录分析仪监测的一帧完整 GOOSE 报文，解析其 Destination MAC 和 Source MAC。

01 0C CD 01 01 4A 52 47 51 20 25 F0 81 00 00 02 88 B8 01 4A 02 18 00 00 00 00 61 82 02 0C 80 1B 4C 4E 31 43 30 31 5F 31 39 52 50 49 54 2F 4C 4C 4E 30 24 47 4F 24 67 6F 63 62 32 81 04 00 00 27 10 82 1B 4C 4E 31 43 30 31 5F 31 39 52 50 49 54 2F 4C 4C 4E 30 24 64 73 47 4F 4F 53 45 32 83 1B 4C 4E 31 43 30 31 5F 31 39 52 50 49 54 2F 4C 4C 4E 30 24 47 4F 24 67 6F 63 62 32 84 08 4F 8F 9B C2 6C 8A E8 00 85 04 00 00 00 1B 86 04 00 14 D1 31 87 01 00 88 04 00 00 00 01 89 01 00 8A 01 3C AB 82 01 86 83 01 00 91 08 4F 16 24 3B 12 6E 88 20 83 01 00 91 08 4F 17 7D BD 00 C4 9B 00 83 01 00 91 08 4F 16 24 3B 12 6E 88 20 83 01 00 91 08 4F 16 24 3B 12 6E 88 20 83 01 00 91 08 4F 16 25 4E 3F BE 41 00 83 01 00 91 08 4F 16 24 3B 12 6E 88 20 83 01 00 91 08 4F 16 24 3B 12 6E 88 20 83 01 00 91 08 4F 16 24 3B 12 6E 88 20 83 01 00 91 08 00 00 04 70 1D B2 14 00 83 01 00 91 08 00 00 01 30 FC EC BC 00 83 01 00 91 08 00 11 50 83 3A 9F 8D 00 83 01 00 91 08 4F 16 24 65 1E 76 AF 20 83 01 00 91 08 00 11 3F C4 2B 43 71 00 83 01 00 91 08 00 11 3F C4 2B 01 E8 00 83 01 00 91 08 00 11 3F C4 2B 01 E8 00 83 01 01 91 08 4F 16 24 3B 16 45 8F 20 83 01 00 91 08 4F 16 24 3B 12 6E 88 20 83 01 00 91 08 4F 16 24 3B 12 6E 88 20 83 01 00 91 08 4F 16 24 3B 12 6E 88 20 83 01 00 91 08 4F 16 24 3B 12 6E 88 20 83 01 00 91 08 4F 16 24 3B 12 6E 88 20 83 01 00 91 08 4F 16 24 3B 12 6E 88 20 83 01 00 91 08 4F 16 24 3B 12 6E 88 20 83 01 00 91 08 4F 16 24 3B 12 6E 88 20 83 01 00 91 08 4F 16 24 3B 12 6E 88 20 83 01 00 91 08 4F 16 24 3B 12 6E 88 20 83 01 00 91

08 4F 16 24 3B 12 6E 88 20 83 01 00 91 08 4F 16 24 3B 12 6E 88 20

83 01 00 91 08 4F 16 24 3B 12 6E 88 20 83 01 00 91 08 4F 16 24 3B

12 6E 88 20

答：Destination MAC：01–0C–CD–01–01–4A；Source MAC：52–47–51–20–25–F0。

34. 以下是某网络报文记录分析仪监测的一帧完整 GOOSE 报文，写出 GOOSE 报文的 APPID（十六进制）和 App Length（十进制）。

01 0C CD 01 01 4A 52 47 51 20 25 F0 81 00 00 02 88 B8 01 4A 02 18

00 00 00 00 61 82 02 0C 80 1B 4C 4E 31 43 30 31 5F 31 39 52 50 49

54 2F 4C 4C 4E 30 24 47 4F 24 67 6F 63 62 32 81 04 00 00 27 10 82

1B 4C 4E 31 43 30 31 5F 31 39 52 50 49 54 2F 4C 4C 4E 30 24 64 73

47 4F 4F 53 45 32 83 1B 4C 4E 31 43 30 31 5F 31 39 52 50 49 54 2F

4C 4C 4E 30 24 47 4F 24 67 6F 63 62 32 84 08 4F 8F 9B C2 6C 8A E8

00 85 04 00 00 00 1B 86 04 00 14 D1 31 87 01 00 88 04 00 00 00 01

89 01 00 8A 01 3C AB 82 01 86 83 01 00 91 08 4F 16 24 3B 12 6E 88

20 83 01 00 91 08 4F 17 7D BD 00 C4 9B 00 83 01 00 91 08 4F 16 24

3B 12 6E 88 20 83 01 00 91 08 4F 16 24 3B 12 6E 88 20 83 01 00 91

08 4F 16 25 4E 3F BE 41 00 83 01 00 91 08 4F 16 24 3B 12 6E 88 20

83 01 00 91 08 4F 16 24 3B 12 6E 88 20 83 01 00 91 08 4F 16 24 3B

12 6E 88 20 83 01 00 91 08 00 00 04 70 1D B2 14 00 83 01 00 91 08

00 00 01 30 FC EC BC 00 83 01 00 91 08 00 11 50 83 3A 9F 8D 00 83

01 00 91 08 4F 16 24 65 1E 76 AF 20 83 01 00 91 08 00 11 3F C4 2B

43 71 00 83 01 00 91 08 00 11 3F C4 2B 01 E8 00 83 01 00 91 08 00

11 3F C4 2B 01 E8 00 83 01 01 91 08 4F 16 24 3B 16 45 8F 20 83 01

00 91 08 4F 16 24 3B 12 6E 88 20 83 01 00 91 08 4F 16 24 3B 12 6E

88 20 83 01 00 91 08 4F 16 24 3B 12 6E 88 20 83 01 00 91 08 4F 16

24 3B 12 6E 88 20 83 01 00 91 08 4F 16 24 3B 12 6E 88 20 83 01 00

91 08 4F 16 24 3B 12 6E 88 20 83 01 00 91 08 4F 16 24 3B 12 6E 88

20 83 01 00 91 08 4F 16 24 3B 12 6E 88 20 83 01 00 91 08 4F 16 24

3B 12 6E 88 20 83 01 00 91 08 4F 16 24 3B 12 6E 88 20 83 01 00 91

08 4F 16 24 3B 12 6E 88 20 83 01 00 91 08 4F 16 24 3B 12 6E 88 20

83 01 00 91 08 4F 16 24 3B 12 6E 88 20 83 01 00 91 08 4F 16 24 3B

12 6E 88 20

答：APPID：0x014A；App Length：536。

35. 以下是某网络报文记录分析仪监测的一帧完整 GOOSE 报文，写出 GOOSE 报文的 PDU Length 和 Time Allowed To Live（TTL）（十进制）。

01 0C CD 01 01 4A 52 47 51 20 25 F0 81 00 00 02 88 B8 01 4A 02 18 00 00 00 00 61 82 02 0C 80 1B 4C 4E 31 43 30 31 5F 31 39 52 50 49 54 2F 4C 4C 4E 30 24 47 4F 24 67 6F 63 62 32 81 04 00 00 27 10 82 1B 4C 4E 31 43 30 31 5F 31 39 52 50 49 54 2F 4C 4C 4E 30 24 64 73 47 4F 4F 53 45 32 83 1B 4C 4E 31 43 30 31 5F 31 39 52 50 49 54 2F 4C 4C 4E 30 24 47 4F 24 67 6F 63 62 32 84 08 4F 8F 9B C2 6C 8A E8 00 85 04 00 00 00 1B 86 04 00 14 D1 31 87 01 00 88 04 00 00 00 01 89 01 00 8A 01 3C AB 82 01 86 83 01 00 91 08 4F 16 24 3B 12 6E 88 20 83 01 00 91 08 4F 17 7D BD 00 C4 9B 00 83 01 00 91 08 4F 16 24 3B 12 6E 88 20 83 01 00 91 08 4F 16 24 3B 12 6E 88 20 83 01 00 91 08 4F 16 25 4E 3F BE 41 00 83 01 00 91 08 4F 16 24 3B 12 6E 88 20 83 01 00 91 08 4F 16 24 3B 12 6E 88 20 83 01 00 91 08 4F 16 24 3B 12 6E 88 20 83 01 00 91 08 00 00 04 70 1D B2 14 00 83 01 00 91 08 00 00 01 30 FC EC BC 00 83 01 00 91 08 00 11 50 83 3A 9F 8D 00 83 01 00 91 08 4F 16 24 65 1E 76 AF 20 83 01 00 91 08 00 11 3F C4 2B 43 71 00 83 01 00 91 08 00 11 3F C4 2B 01 E8 00 83 01 00 91 08 00 11 3F C4 2B 01 E8 00 83 01 01 91 08 4F 16 24 3B 16 45 8F 20 83 01 00 91 08 4F 16 24 3B 12 6E 88 20 83 01 00 91 08 4F 16 24 3B 12 6E 88 20 83 01 00 91 08 4F 16 24 3B 12 6E 88 20 83 01 00 91 08 4F 16 24 3B 12 6E 88 20 83 01 00 91 08 4F 16 24 3B 12 6E 88 20 83 01 00 91 08 4F 16 24 3B 12 6E 88 20 83 01 00 91 08 4F 16 24 3B 12 6E 88 20 83 01 00 91 08 4F 16 24 3B 12 6E 88 20 83 01 00 91 08 4F 16 24 3B 12 6E 88 20 83 01 00 91 08 4F 16 24 3B 12 6E 88 20 83 01 00 91 08 4F 16 24 3B 12 6E 88 20 83 01 00 91 08 4F 16 24 3B 12 6E 88 20 83 01 00 91 08 4F 16 24 3B 12 6E 88 20 83 01 00 91 08 4F 16 24 3B 12 6E 88 20

答：PDU Length：524；Time Allowed To Live（TTL）：10 000（ms）。

36. 以下是某网络报文记录分析仪监测的一帧完整 GOOSE 报文，写出 GOOSE 报文的 State Change Number（stNum）和 Sequence Number（sqNum）（十进制）。

01 0C CD 01 01 4A 52 47 51 20 25 F0 81 00 00 02 88 B8 01 4A 02 18 00 00 00 00 61 82 02 0C 80 1B 4C 4E 31 43 30 31 5F 31 39 52 50 49 54 2F 4C 4C 4E 30 24 47 4F 24 67 6F 63 62 32 81 04 00 00 27 10 82 1B 4C 4E 31 43 30 31 5F 31 39 52 50 49 54 2F 4C 4C 4E 30 24 64 73 47 4F 4F 53 45 32 83 1B 4C 4E 31 43 30 31 5F 31 39 52 50 49 54 2F 4C 4C 4E 30 24 47 4F 24 67 6F 63 62 32 84 08 4F 8F 9B C2 6C 8A E8 00 85 04 00 00 00 1B 86 04 00 14 D1 31 87 01 00 88 04 00 00 00 01 89 01 00 8A 01 3C AB 82 01 86 83 01 00 91 08 4F 16 24 3B 12 6E 88 20 83 01 00 91 08 4F 17 7D BD 00 C4 9B 00 83 01 00 91 08 4F 16 24 3B 12 6E 88 20 83 01 00 91 08 4F 16 24 3B 12 6E 88 20 83 01 00 91 08 4F 16 25 4E 3F BE 41 00 83 01 00 91 08 4F 16 24 3B 12 6E 88 20 83 01 00 91 08 4F 16 24 3B 12 6E 88 20 83 01 00 91 08 4F 16 24 3B 12 6E 88 20 83 01 00 91 08 00 00 04 70 1D B2 14 00 83 01 00 91 08 00 00 01 30 FC EC BC 00 83 01 00 91 08 00 11 50 83 3A 9F 8D 00 83 01 00 91 08 4F 16 24 65 1E 76 AF 20 83 01 00 91 08 00 11 3F C4 2B 43 71 00 83 01 00 91 08 00 11 3F C4 2B 01 E8 00 83 01 00 91 08 00 11 3F C4 2B 01 E8 00 83 01 01 91 08 4F 16 24 3B 16 45 8F 20 83 01 00 91 08 4F 16 24 3B 12 6E 88 20 83 01 00 91 08 4F 16 24 3B 12 6E 88 20 83 01 00 91 08 4F 16 24 3B 12 6E 88 20 83 01 00 91 08 4F 16 24 3B 12 6E 88 20 83 01 00 91 08 4F 16 24 3B 12 6E 88 20 83 01 00 91 08 4F 16 24 3B 12 6E 88 20 83 01 00 91 08 4F 16 24 3B 12 6E 88 20 83 01 00 91 08 4F 16 24 3B 12 6E 88 20 83 01 00 91 08 4F 16 24 3B 12 6E 88 20 83 01 00 91 08 4F 16 24 3B 12 6E 88 20 83 01 00 91 08 4F 16 24 3B 12 6E 88 20 83 01 00 91 08 4F 16 24 3B 12 6E 88 20 83 01 00 91 08 4F 16 24 3B 12 6E 88 20

答：State Change Number（stNum）：27；Sequence Number（sqNum）：1 364 273。

37. 以下是某网络报文记录分析仪监测的一帧完整 GOOSE 报文，写出 GOOSE 报文的 Entries Number（十进制），该报文发送装置是否检修？

01 0C CD 01 01 4A 52 47 51 20 25 F0 81 00 00 02 88 B8 01 4A 02 18
00 00 00 00 61 82 02 0C 80 1B 4C 4E 31 43 30 31 5F 31 39 52 50 49
54 2F 4C 4C 4E 30 24 47 4F 24 67 6F 63 62 32 81 04 00 00 27 10 82
1B 4C 4E 31 43 30 31 5F 31 39 52 50 49 54 2F 4C 4C 4E 30 24 64 73
47 4F 4F 53 45 32 83 1B 4C 4E 31 43 30 31 5F 31 39 52 50 49 54 2F
4C 4C 4E 30 24 47 4F 24 67 6F 63 62 32 84 08 4F 8F 9B C2 6C 8A E8
00 85 04 00 00 00 1B 86 04 00 14 D1 31 87 01 00 88 04 00 00 00 01
89 01 00 8A 01 3C AB 82 01 86 83 01 00 91 08 4F 16 24 3B 12 6E 88
20 83 01 00 91 08 4F 17 7D BD 00 C4 9B 00 83 01 00 91 08 4F 16 24
3B 12 6E 88 20 83 01 00 91 08 4F 16 24 3B 12 6E 88 20 83 01 00 91
08 4F 16 25 4E 3F BE 41 00 83 01 00 91 08 4F 16 24 3B 12 6E 88 20
83 01 00 91 08 4F 16 24 3B 12 6E 88 20 83 01 00 91 08 4F 16 24 3B
12 6E 88 20 83 01 00 91 08 00 00 04 70 1D B2 14 00 83 01 00 91 08
00 00 01 30 FC EC BC 00 83 01 00 91 08 00 11 50 83 3A 9F 8D 00 83
01 00 91 08 4F 16 24 65 1E 76 AF 20 83 01 00 91 08 00 11 3F C4 2B
43 71 00 83 01 00 91 08 00 11 3F C4 2B 01 E8 00 83 01 00 91 08 00
11 3F C4 2B 01 E8 00 83 01 01 91 08 4F 16 24 3B 16 45 8F 20 83 01
00 91 08 4F 16 24 3B 12 6E 88 20 83 01 00 91 08 4F 16 24 3B 12 6E
88 20 83 01 00 91 08 4F 16 24 3B 12 6E 88 20 83 01 00 91 08 4F 16
24 3B 12 6E 88 20 83 01 00 91 08 4F 16 24 3B 12 6E 88 20 83 01 00
91 08 4F 16 24 3B 12 6E 88 20 83 01 00 91 08 4F 16 24 3B 12 6E 88
20 83 01 00 91 08 4F 16 24 3B 12 6E 88 20 83 01 00 91 08 4F 16 24
3B 12 6E 88 20 83 01 00 91 08 4F 16 24 3B 12 6E 88 20 83 01 00 91
08 4F 16 24 3B 12 6E 88 20 83 01 00 91 08 4F 16 24 3B 12 6E 88 20
83 01 00 91 08 4F 16 24 3B 12 6E 88 20 83 01 00 91 08 4F 16 24 3B
12 6E 88 20

答：Entries Number：60；报文发送装置非检修。

38. 以下是某网络报文记录分析仪监测的一帧完整 GOOSE 报文，请问 GOOSE 报文第 31 路开入是 TRUE（1）还是 FALSE（0）？

01 0C CD 01 01 4A 52 47 51 20 25 F0 81 00 00 02 88 B8 01 4A 02 18
00 00 00 00 61 82 02 0C 80 1B 4C 4E 31 43 30 31 5F 31 39 52 50 49

54 2F 4C 4C 4E 30 24 47 4F 24 67 6F 63 62 32 81 04 00 00 27 10 82
1B 4C 4E 31 43 30 31 5F 31 39 52 50 49 54 2F 4C 4C 4E 30 24 64 73
47 4F 4F 53 45 32 83 1B 4C 4E 31 43 30 31 5F 31 39 52 50 49 54 2F
4C 4C 4E 30 24 47 4F 24 67 6F 63 62 32 84 08 4F 8F 9B C2 6C 8A E8
00 85 04 00 00 00 1B 86 04 00 14 D1 31 87 01 00 88 04 00 00 00 01
89 01 00 8A 01 3C AB 82 01 86 83 01 00 91 08 4F 16 24 3B 12 6E 88
20 83 01 00 91 08 4F 17 7D BD 00 C4 9B 00 83 01 00 91 08 4F 16 24
3B 12 6E 88 20 83 01 00 91 08 4F 16 24 3B 12 6E 88 20 83 01 00 91
08 4F 16 25 4E 3F BE 41 00 83 01 00 91 08 4F 16 24 3B 12 6E 88 20
83 01 00 91 08 4F 16 24 3B 12 6E 88 20 83 01 00 91 08 4F 16 24 3B
12 6E 88 20 83 01 00 91 08 00 00 04 70 1D B2 14 00 83 01 00 91 08
00 00 01 30 FC EC BC 00 83 01 00 91 08 00 11 50 83 3A 9F 8D 00 83
01 00 91 08 4F 16 24 65 1E 76 AF 20 83 01 00 91 08 00 11 3F C4 2B
43 71 00 83 01 00 91 08 00 11 3F C4 2B 01 E8 00 83 01 00 91 08 00
11 3F C4 2B 01 E8 00 83 01 01 91 08 4F 16 24 3B 16 45 8F 20 83 01
00 91 08 4F 16 24 3B 12 6E 88 20 83 01 00 91 08 4F 16 24 3B 12 6E
88 20 83 01 00 91 08 4F 16 24 3B 12 6E 88 20 83 01 00 91 08 4F 16
24 3B 12 6E 88 20 83 01 00 91 08 4F 16 24 3B 12 6E 88 20 83 01 00
91 08 4F 16 24 3B 12 6E 88 20 83 01 00 91 08 4F 16 24 3B 12 6E 88
20 83 01 00 91 08 4F 16 24 3B 12 6E 88 20 83 01 00 91 08 4F 16 24
3B 12 6E 88 20 83 01 00 91 08 4F 16 24 3B 12 6E 88 20 83 01 00 91
08 4F 16 24 3B 12 6E 88 20 83 01 00 91 08 4F 16 24 3B 12 6E 88 20
83 01 00 91 08 4F 16 24 3B 12 6E 88 20 83 01 00 91 08 4F 16 24 3B
12 6E 88 20

答：第 31 路开入是 TRUE（1）。

39. 网络记录分析仪收到的报文解析出来 Sample Sync 值为 false，说明 MU 工作状态有什么异常?

答：Sample Sync 值为 false，说明合并单元处于失步状态。

40. 网络记录分析仪收到 2 个报文，前一个报文的 smvcount 为 65，后一个报文的 smvcount 为 67，装置会给出什么告警?

答：装置会报“采样序号不连续”，因为装置收到了不连续的 smvcount，说明了 smvcount 为 66 的 SV 报文丢失，此时会报对应的告警信息。

41. 网络记录分析仪连续收到 3 个报文，smcount 依次为 3603，3602，3604，装置会给出什么告警?

答：装置会报“采样序号不连续”，因为装置收到了不连续的 smcount，说明了 smcount 为 3602 的 SV 报文比 3603 的报文后收到，此时会报对应的告警信息。

42. 如下所示，下面每一条记录大小为 185 字节，时间差为 250μs。假设所有合并单元每帧大小一致，网络记录分析仪采用组网模式接入，交换机端口为 100Mbit/s，按智能站技术规范建议交换机单端口流量不宜超过带宽的 40%，请计算出单端口能接收的最大 MU 数。

序号	时间	时间差	信息	AppID	smpCnt	大小
2	2012-02-19 10:39:40.000249	249		0x0042	3825	185
3	2012-02-19 10:39:40.000500	251		0x0042	3826	185
4	2012-02-19 10:39:40.000750	250		0x0042	3827	185

答：单端口每秒最大负荷：100Mbit/s×40%=40Mbit/s；

1s /250μs=4000；

单个 MU 每秒发出的流量 bit 数：185×4000×8=5.6Mbit；

所以单端口能接收的最大 MU 数为 40M/5.6M=7.1；

所以单端口最多能接收 7 个 MU。

43. 按照 IEC 61850–9–2 标准发出的 SV 数据，解析后 v=8 980 641，如果此采样信号为主变高压侧合并单元发出的 SV，其中 TV 变比为 220：0.1，请计算出该路通道的二次值。

答：IEC 61850–9–2 标准 1 代表 10mV；

8 980 641/100=89.806kV，二次值 89/220×100=40.5V。

44. 假设某变电站网络分析仪需记录合并单元数为 11 个，每个合并单元每帧大小约为 185 字节，而硬盘大小为 2TB，请计算出一天内所需消耗的硬盘空间（间隔 250μs）。

答：1s/250μs=4000；

单个 MU 每秒发出的流量字节数：185×4000×8=0.74MB；

11 个 MU 一天发出的流量字节流：0.74×11×86 400=703.296GB；

一天内所需消耗的硬盘空间：703.296/2000=35.2%。

45. 简述保护及故障信息管理子站配置要求。

答：保护及故障信息管理子站配置要求如下：

（1）保护管理通信单元。保护通信管理单元输出为网络接口，通信规约应采用 IEC 61850。

（2）保护管理子站。管理机应优先选用直流供电低功耗嵌入式装置，其次为 P4 一体化工控机（机身长度不大于 360mm），并采用直流供电。其网络口经上行交换机接入数据网路由器。

（3）录波器管理通信单元。通过下行交换机接入站内录波器，并能满足下述基本功能：① IP 地址的扩展与管理；② 录波文件的存储与过滤。

（4）就地显示。显示器应≥10 英寸。

（5）网络设备。包括上、下行 100Mbit/s 直流交换机、直流光纤收发器、光纤接口盒、尾纤的设备。

46. 保护及故障信息管理子站从保护装置及录波器装置采集并上送给主站系统的信息有哪些?

答：保护及故障信息管理子站从保护装置及录波器装置采集并上送给主站系统的信息包括：故障录波简报、继电保护装置有关动作信息、继电保护装置有关告警信息、继电保护装置故障参数信息、继电保护装置和故障录波器的运行状态、通信状态、正常运行参数（当前定值、定值区号、压板状态、开关量状态、模拟量采样值等）、符合 ANSI/IEEE C37.111—1991/1999 COMTRADE 标准的故障录波文件，并支持修改定值、切换定值区、遥控等下行命令处理，上述功能依据需求选择是否开放。

47. 保护及故障信息管理子站的通信参数如何配置?

答：通常使用 TCP/IP 协议作为基本网络通信协议，满足数据网方式；支持 IEC 61850 通信协议；支持各种网络型扩展 IEC 60870–5–103 主子站协议；支持电以太网、光以太网、串口等多种常用通信接口。

48. 简述保护及故障信息管理子站的网络结构。

答：智能变电站的保护及故障信息子站的网络结构一般有典型网络结构、与嵌入式子站组合应用的网络结构、IEC 61850 与 IEC 103 共用的网络结构。

（1）典型网络结构：主要应用于站内和站间采用 IEC 61850 标准通信的变电站，与站内装置间采用以太网连接，与主站间采用电力数据网连接。子站通过 MMS 网直接与保护和录波等智能装置连接，保护和录波也可根据实际要求进行分网处理，典型网络结构如图 10–3 所示。

（2）与嵌入式子站组合应用的网络结构：采用嵌入式子站与 IEC 61850 子站组合连接，由嵌入式子站负责接入 IEC 61850 装置，再通过内部总线与 IEC 61850 子站实现信息交互，IEC 61850 子站负责与主站完成 IEC 61850 通信功能，其网络结构如图 10–4 所示。

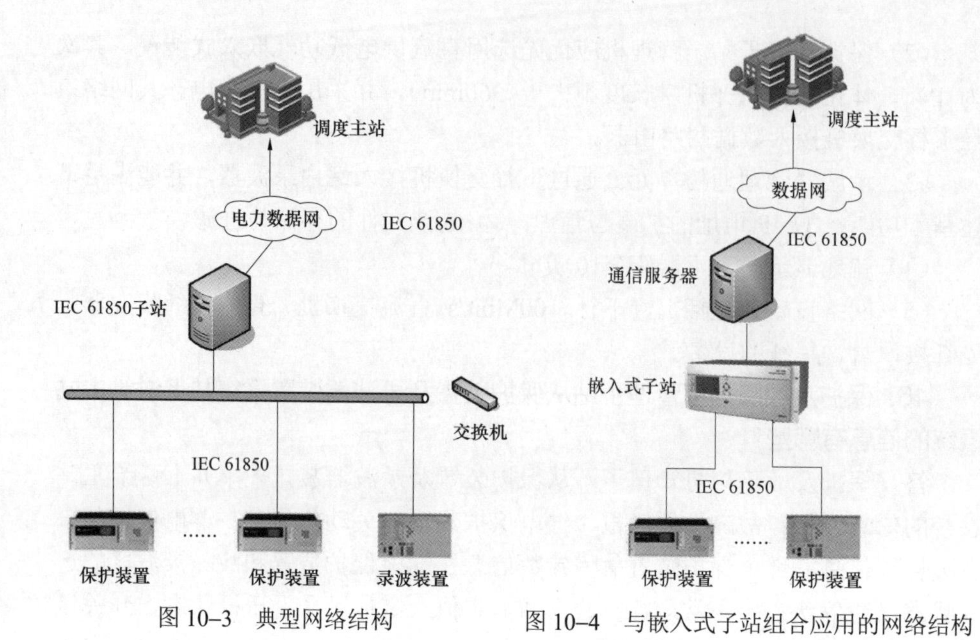

图 10–3　典型网络结构　　　　图 10–4　与嵌入式子站组合应用的网络结构

（3）IEC 61850 与 IEC 103 共用的网络结构：不仅支持 IEC 61850 通信协议，还支持各种网络型扩展 IEC 60870–5–103 主子站协议，具有易扩展、兼容性强的特点，其网络结构如图 10–5 所示。

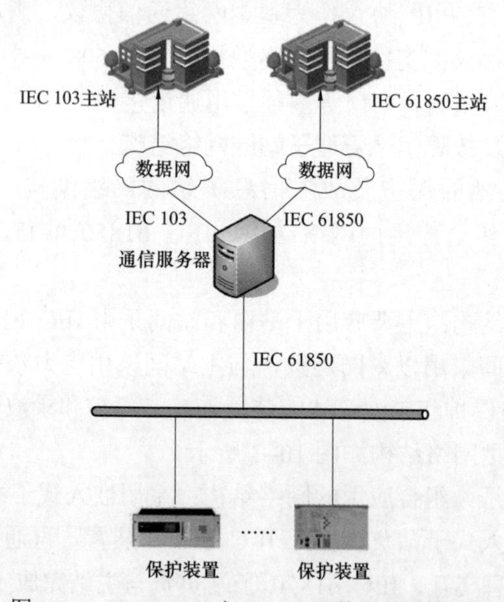

图 10–5　IEC 61850 与 IEC 103 共用的网络结构

49. 220kV 保护及故障信息管理子站应提供哪些软件，这些软件应满足何种要求？

答：应提供安装在调度端的通信软件与保护装置管理及故障分析等软件，这些软件应能在 Windows 2000 及以上平台运行，并能实行多任务操作，能通过 220kV 保护及故障信息管理子站与所连接的各保护装置通信，能对保护装置进行信息查询、定值查询、信号复归等，具有完备的故障信息远传、分析、存档处理功能，故障文件的记录格式应能转化为 COMTRADE 格式。

50. 什么是智能变电站保护设备在线监视和诊断？

答：指通过 SCD 文件实现智能变电站保护设备的管理，经站控层网和过程层网获取合并单元、智能终端、保护装置、安全自动装置及交换机的信息，实现对智能变电站保护设备及其二次回路的运行监视、智能诊断和电网故障分析。

51. 简述保护设备在线监视和智能诊断的功能定位。

答：智能变电站保护设备在线监视和诊断技术实现继电保护 SCD 模型文件管理、状态监测、二次系统可视化和智能诊断功能。

信息采集范围涵盖合并单元、保护装置、智能终端、安全自动装置、过程层交换机及构成保护系统的二次连接回路。系统应能基于 SCD 以直观的方式将智能变电站保护系统的运行状况反映给变电站运检人员和调控机构继电保护专业人员，为智能变电站二次系统的日常运维、异常处理及电网事故智能分析提供决策依据。

52. 简述保护设备在线监视和智能诊断的体系架构。

答：智能变电站保护设备在线监视和诊断功能的逻辑结构如图 10–6 所示。

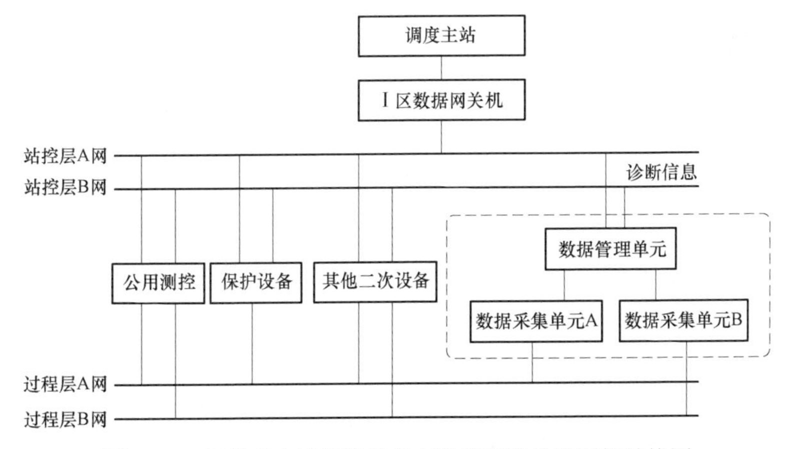

图 10–6　智能变电站保护设备在线监视和诊断逻辑结构图

保护设备在线监视和诊断功能，由部署在变电站端的保护设备状态监测和诊断装置和部署在调度端主站系统的保护（安控）装置在线监视模块共同完成。

变电站端的保护设备状态监测和诊断装置由数据采集单元和数据管理单元两部分组成。数据采集单元通过过程层网络获取过程层设备数据；数据管理单元从数据采集单元和站控层网络获取数据，进行分析处理，实现在线监测和诊断功能，并通过 DL/T 860 或 DL/T 476—2012 将诊断信息上送至调度主站。

调度端的保护（安控）装置在线监视模块集成于调度端主站软件系统，作为一个独立的功能模块工作。

53. 保护设备在线监视和诊断装置的数据采集单元如何配置，应获取哪些信息?

答：保护设备在线监视和诊断装置的数据采集单元应满足 Q/ GDW 441—2010《智能变电站继电保护技术规范》要求，对于 220kV 及以上电压等级变电站按照过程层网络分别配置，数据采集单元可根据所接入设备数量按网段配置。

数据采集单元应能接入变电站过程层，获取合并单元、智能终端、保护装置、安全自动装置的 SV 报文、GOOSE 报文，通过 SNMP 或 DL/T 860 获取交换机信息。

54. 简述状态监测数据的存储要求。

答：数据采集单元应采用失电保持的静态存储器为存储介质；状态监测数据应采取循环覆盖机制，存储时间间隔不大于 120min，并至少能保存 100 天的历史记录。

55. 保护设备状态监测和诊断装置具备哪些功能?

答：保护设备状态监测和诊断装置应具备继电保护 SCD 模型文件管理、状态监测、二次系统可视化和智能诊断功能。

56. 简述保护设备状态监测和诊断装置的 SCD 模型文件变更辨识功能。

答：保护设备状态监测和诊断装置的数据管理单元应能通过装置过程层虚端子配置 CRC 与继电保护 SCD 模型文件相应 CRC 进行在线比对实现 SCD 变更提示，并界定 SCD 变更产生的影响范围，影响范围应能定位到 IED 装置。应采取可视化技术展示 SCD 变更的影响范围，GOOSE 变更范围应能定位到 DA 级，SV 变更范围应能定位到 DO 级，并以图形和报告的方式展示。

57. 二次系统智能诊断应包括哪些功能?

答：二次系统智能诊断应包括监测预警、故障定位和安措确认功能。

58. 简述二次系统智能诊断中监测预警功能的技术要求。

答：二次系统智能诊断中监测预警功能的技术要求如下：

（1）应能根据装置的硬件级告警信息、监测信息及其他巡检信息对装置硬件的运行状态进行评估，并可根据监测信息的统计变化趋势进行故障预警。

（2）应具备装置温度的越限告警和历史数据查询功能，并以图形形式展示，预警值根据现场进行设置。

（3）应具备装置电源电压的越限告警和历史数据查询功能，并以图形形式展示，预警值根据现场进行设置。

（4）应具备装置过程层端口发送/接收光强和光纤纵联通道光强的越限告警和历史数据查询功能，并以图形形式展示，预警值根据现场进行设置。

（5）应具备装置差流的越限告警和历史数据查询功能，并以图形形式展示，预警值根据现场进行设置。

（6）宜根据现场一次设备同源多数据进行比对实现保护采样数据正确性的判断。

（7）装置上送的温度、电源电压、过程层端口发送/接收光强和光纤纵联通道光强、差流等状态监测信息的时间间隔可设置。

59. 简述二次系统智能诊断中故障定位功能的技术要求。

答：二次系统智能诊断中故障定位功能的技术要求如下：

（1）应能够根据监测信息实现装置硬件异常的故障定位，故障定位应能到板卡级、模块级。

（2）应能够根据装置、交换机等设备的光纤接口监测信息，以及链路异常告警信息进行二次回路故障进行定位。

（3）应能根据保护装置和智能终端的跳/合闸报文及接点反校报文信息实现跳/合闸回路诊断功能。

60. 简述二次系统智能诊断中安措确认功能的技术要求。

答：二次系统智能诊断中安措确认功能的技术要求如下：

（1）宜能根据现场检修装置需求提示隔离措施，并能针对隔离措施的实施结果进行确认。

（2）宜能通过站控层和过程层信息汇总分析，实现对装置的检修操作正确性进行多重确认。

61. 简述继电保护系统可视化的技术要求。

答：继电保护系统可视化的技术要求如下：

（1）应能图形化显示二次虚回路连接状态和装置检修状态，为检修提供可视化支撑。

（2）二次虚回路的连接可视化中 IED 装置命名应采用调度正式命名。

（3）图形化显示的回路应包含交流回路、跳闸回路、合闸回路、失灵启动回路、闭锁回路、相应软压板状态及回路功能描述等，宜在厂站端实现。

（4）应能图形化显示保护装置内部动作逻辑、动作时序、故障量及保护定值，宜在调度端实现。

（5）应能根据继电保护 SCD 模型文件自动生成新增设备在线监测信息展示画面。

62. 简述保护设备状态监测和诊断装置接入的技术要求。

答：保护设备状态监测和诊断装置接入的技术要求如下：

（1）保护（安控）装置在线监视模块应能对各变电站保护设备状态监测和诊断装置上送的信息进行分类处理及保存；支持召唤保护装置定值、软压板、模拟量等信息；对标志有检修状态的信息，能按用户要求进行处理；接收到保护设备状态监测和诊断装置发送的定值不对应事件，保护（安控）装置在线监视模块界面应给出相应提示。

（2）接入新的保护设备状态监测和诊断装置或保护设备状态监测和诊断装置配置发生变更时，只需通过在主站保护（安控）装置在线监视模块进行简单的操作即可完成接入工作。

（3）对于已经投运的保护设备状态监测和诊断装置，如果配置发生变化，保护设备状态监测和诊断装置主动上送配置发生变化事件到主站保护（安控）装置在线监视模块，由主站手动召唤子站配置及模型文件并修改数据库中相应内容，重新召唤上来的配置信息及模型信息，如果与原有记录不符应给出提示。保护设备状态监测和诊断装置配置变化事件及数据库更新操作录入系统事件数据库。

63. 保护设备状态监测和诊断装置如何实现通信状态监视?

答：主站保护（安控）装置在线监视模块能够使用图形化界面直观地实时显示与其连接的各个保护设备状态监测和诊断装置的通信情况。当与保护设备状态监测和诊断装置通信出现异常时，能以告警形式反映，并在图形界面上清晰地标出出现异常的保护设备状态监测和诊断装置的位置和异常内容。能够定期生成所有接入保护设备状态监测和诊断装置的通信状态报告。

64. 简述智能变电站可视化运维平台在线监视界面要求。

答：智能变电站可视化运维平台在线监视界面分为四层（见图 10–7）。第一层为整站二次监视，包含一次主接线图、网络拓扑图、辅助功能（二次设备物理连接、全站保护监测日志）等功能；第二层为间隔回路层，包括间隔虚回路监视、间隔链路监视（间隔“虚实合一链路监视、间隔光纤链路监视”）、虚端子图监视等功能；第三层为保护设备可视化，包括保护运行状态监视、设备缺陷智能诊断、保护动作分析；第四层为检修安全策略层，为运行检修安措设置提供校核手段。

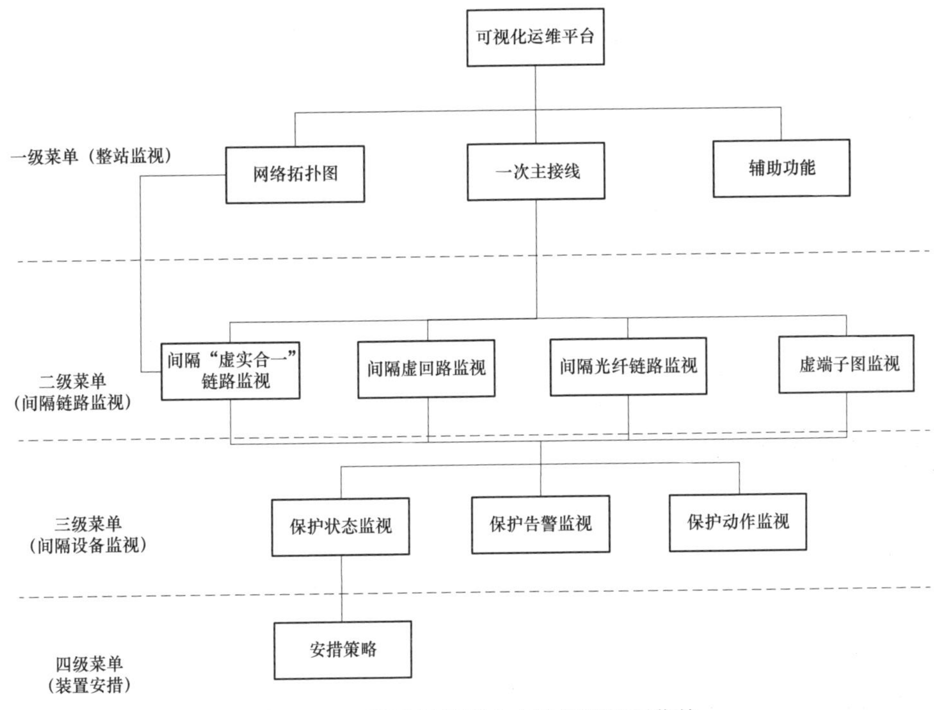

图 10–7　可视化运维平台在线监视界面菜单

65. 智能变电站可视化运维平台中物理网络工况全景监视功能如何实现？

答：基于 SCD 文件生成全站网络物理连接的拓扑，为智能变电站智能告警、远程可视化运维、运行安全风险管控等高级应用提供强有力平台支撑。

（1）过程层网络全景监视：实时在线监视整站物理连接状态，并以整站物理网络拓扑的方式展示。过程层网络拓扑图的每个装置，均能显示以该装置为核心的网络链路图。

（2）站控层网络全景监视：网络拓扑图以交换机为核心，显示所有保护设备的网络连接状况，并能实时反映当前的网络情况，支持网络故障分析等。

66. 间隔层二次回路可视化展示有哪些内容?

答：间隔层二次回路可视化展示包括如下内容：

（1）虚回路可视化动态监视。单装置虚端子图对应虚回路可视化监测功能，主要是对保护装置的开入开出、软压板以图表形式展示，并实时监控每条虚端子的数据值。装置虚回路图显示装置与其他装置之间所有的虚回路连接关系。虚回路信息展示包括输入输出、虚回路连接中文描述、压板图形标识。

（2）物理连接可视化动态监视。显示某个间隔装置的物理网络链路状态。保护装置的每一个光网口都对应显示具体连接去向。用“箭头”和“连接线”表示网络连接状况，出现故障时能迅速准确定位到故障网口。

（3）“虚实合一”的二次回路可视化动态监视。通过“虚实合一”的智能变电站二次信息回路在线监视及展示，将全站分散布置的二次设备运行状态信息、不可见虚回路信息等以层次化可视化的方式集中实时展示，光纤物理连接与二次虚回路准确对应，实现装置链路缺陷的快速定位、高效处置；解决智能变电站二次虚回路“看不见、摸不着”、虚实对应难于查找的问题。

67. 智能变电站可视化运维平台中间隔层设备运行工况实时虚拟再现包括哪些内容?

答：智能变电站可视化运维平台中间隔层设备运行工况实时虚拟再现包括如下内容：

（1）单装置运行信息图。单装置运行信息图模拟传统变电站继电保护屏柜的模式，提供保护设备运行灯显示，装置的软压板、硬压板状态显示，以及保护功能投退状态显示。

（2）装置详细运行信息图。装置的详细运行信息图动态地展示装置的详细的运行信息，包括保护设备的二次状态信息（电压、温度和光强）、装置的告警信息和保护的动作信息。

（3）事故简报模块。事故简报包括：自检、变位、保护、通信；具备动态实时更新事故列表功能。

68. 简述智能变电站可视化运维平台中二次设备误操作/误接线告警功能的实现?

答：（1）二次设备误操作告警：支持通过检修安措安全隔离点的可视化和安措校验手段辅助运维人员，防止二次设备误操作。二次设备误操作告警方法有两种：一种以每种操作完后实时提取各安全隔离状态与安措知识库进行自动比对并提示预警实现安措结果校核；另一种通过重要操作顺序的在线监视与预警实现安措过程校核。

（2）二次设备误接线告警：通过链路监视告警保证二次光纤的正确性；通过装置过程层虚端子配置 CRC 与 SCD 模型文件相应 CRC 比较在线核对二次设备虚回路的正确性。

第十一章　二次安防及电磁兼容

1. 电力二次系统安全防护工作应遵循什么原则？

答：电力二次系统安全防护工作应当坚持“安全分区、网络专用、横向隔离、纵向认证”的原则，保障电力监控系统和电力调度数据网络的安全。

2. 电力二次系统的安全防护的目的是什么？

答：为了确保电力监控系统及电力调度数据网络的安全，抵御黑客、病毒、恶意代码等各种形式的恶意破坏和攻击，特别是抵御集团式攻击，防止电力二次系统的崩溃或瘫痪，以及由此造成的电力系统事故或大面积停电事故。安全防护主要针对网络系统和基于网络的电力生产控制系统，重点强化边界防护，提高内部安全防护能力，保证电力生产控制系统及重要数据的安全。

3. 电力二次系统安全防护总体的方案框架结构如何？

答：根据国家电力监管委员会第 5 号令《电力二次系统安全防护规定》的要求，电力二次系统安全防护总体方案的框架结构如图 11–1 所示。

调度端及厂站端电力二次系统安全防护应满足“安全分区、网络专用、横向隔离、纵向认证”基本原则要求。安全分区是电力监控系统安全防护体系的结构基础。发电企业、电网企业内部基于计算机和网络技术的业务系统，原则上划分为生产控制大区和管理信息大区。生产控制大区可以分为控制区（又称安全区Ⅰ）和非控制区（又称安全区Ⅱ），管理信息大区可以分为生产管理区（又称安全区Ⅲ）和管理信息区（又称安全区Ⅳ）。安全分区防护原则如下：

（1）安全Ⅰ区的设备包括一体化监控系统监控主机、Ⅰ区数据通信网关机、数据服务器、操作员站、工程师工作站、保护装置、测控装置、PMU 等；

（2）安全Ⅱ区的设备包括综合应用服务器、计划管理终端、Ⅱ区数据通信网关机、变电设备状态监测装置、视频监控、环境监测、安防、消防等；

（3）安全Ⅰ区设备与安全Ⅱ区设备之间通信应采用防火墙隔离；

（4）智能变电站一体化监控系统通过正反向隔离装置向Ⅲ/Ⅳ区数据通信网关机传送数据，实现与其他主站的信息传输；

（5）智能变电站一体化监控系统与远方调度（调控）中心进行数据通信应设置纵向加密认证装置。

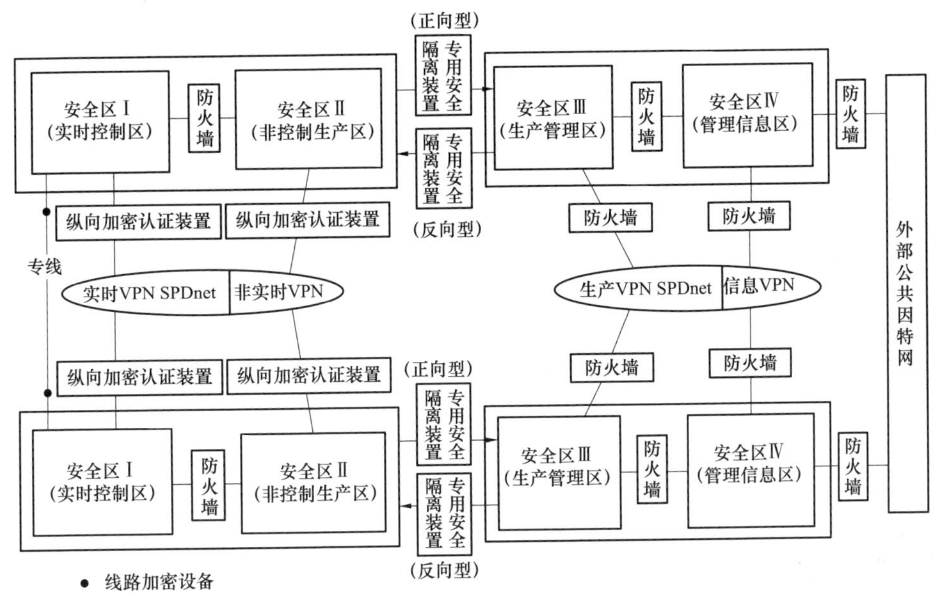

图 11-1 电力二次系统安全防护总体框架结构示意图

4. 简述电力专用横向单向安全隔离装置的分类及作用（《电力监控系统安全防护总体方案》中规定）。

答：按照数据通信方向，电力专用横向单向安全隔离装置分为正向型和反向型。正向安全隔离装置用于生产控制大区到管理信息大区的非网络方式的单向数据传输；反向安全隔离装置用于从管理信息大区到生产控制大区的非网络方式的单向数据传输，是管理信息大区到生产控制大区的唯一数据传输途径。反向安全隔离装置集中接收管理信息大区发向生产控制大区的数据，进行签名验证、内容过滤，有效性检查等处理后，转发给生产控制大区内部的接收程序。专用横向单向隔离装置应该满足实时性、可靠性和传输流量等方面的要求。

5. 简述纵向加密认证装置及加密认证网关的作用（《电力监控系统安全防护总体方案》中规定）。

答：纵向加密认证装置及加密认证网是生产控制大区的广域网边界防护。纵向加密认证装置为广域网通信提供认证与加密功能，实现数据传输的机密性、完整性保护，同时具有安全过滤功能。加密认证网关除具有加密认证装置的全部功能外，还应实现对电力系统数据通信应用层协议及报文的处理功能。

6. 二次回路中如果可能产生过电压时，应采取何种措施?

答：过电压防护采用均、分、地、保、屏、隔离等方法，按整体防御原则防护过电压：

（1）变电站地网接地电阻必须满足规程要求，否则应首先改造地网。

（2）站用变压器高、低压侧应分别安装氧化锌避雷器，且三点联合接地。

（3）进（出）变电站控制室、电源室、通信室的380V/220V电源线和信号线穿镀锌钢管（＞10m），埋深016～018m，埋地长≥10m，钢管两端应良好接地。

（4）站用变压器配电柜应安装通流容量大（40kA）的三相交流电源电涌保护箱。

（5）电源室、通信室应分别安装三相或单相交流电源电涌保护箱，直流电源处安装直流电源电涌保护器，整流充电装置前安装隔离变压器。

（6）变电站RTU应安装直流电源电涌保护器和信号线电源电涌保护器。

（7）变电站监控系统应安装与之相适应的同轴电缆电涌保护器。

7. 什么是电磁兼容性?

答：设备或系统在其电磁环境中能正常工作且不对该环境中任何事物构成不能承受的电磁骚扰的能力。

8. 什么是电磁干扰?

答：电磁干扰指任何可能引起装置、设备和系统性能降低或对有生命物质产生损害作用的电磁现象。它由干扰源、耦合通道和接收器三部分组成。

9. 智能变电站二次回路干扰的种类，可以分为几种?

答：智能变电站二次回路干扰分为以下几种：

（1）50Hz干扰；

（2）高频干扰；

（3）雷电引起的干扰；

（4）控制回路产生的干扰；

（5）高能辐射设备引起的干扰。

10. 智能变电站常见的电磁干扰源有哪些?

答：智能变电站常见的电磁干扰源有以下几种：

（1）自然干扰源，其包括雷电干扰源、自然辐射等。

（2）系统内在干扰源，包括高压输变电工程电磁辐射、操作隔离开关、电容器及中压开关柜等引入的干扰源、二次回路自身产生的干扰源等。

（3）系统外部干扰源，其包括静电放电干扰、无线电步话机的辐射干扰等。

11. 根据干扰的传播途径，电磁干扰的分类有哪些?

答：根据干扰的传播途径，电磁干扰分为辐射干扰和传导干扰。辐射干扰是通过空间并以电磁波的特性和规律传播的，但不是任何装置都能辐射电磁波；传导干扰是沿着导体传播的干扰，即传导干扰的传播在干扰源和接受器之间肯定有一个完整的电路连接。

12. 什么是电磁敏感度?

答：电磁敏感度从不同角度反映了装置、设备或系统的抗干扰能力。一般来说，敏感度越高，抗干扰度越低。

13. 什么是抗扰度?

答：装置、设备或系统面临电磁骚扰不降低运行性能的能力。

14. 什么是差模电压?

答：差模电压又称对称电压，表示在某一个给定位置当在同一电路的两个导体之间测量时测得的电压。

15. 什么是共模电压?

答：共模电压又称不对称电压，表示每个导体与规定参考点（通常是地或机壳）之间的相电压的平均值。

16. 什么是干扰电压?

答：可能引起装置、设备或系统性能变化、元件损坏或闪络的不希望出现的电压。

17. 智能变电站电磁干扰的主要特点有哪些?

答：与传统变电站相似，智能变电站中的电磁干扰的来源有高压断路器和隔离开关操作产生的高频率、前沿陡峭的瞬变电磁脉冲，雷电产生的雷击暂态过电压，变电站中线路和母线产生的工频磁场，系统短路时在二次回路产生的共模干扰电压，各种工业发射源产生的辐射干扰源，静电放电，谐波对二次设备的干扰。

但由于智能变电站大量采用光纤代替电缆，从很大程度上削弱了智能电子设备（尤其是保护装置）受到传导干扰的影响，而使得智能变电站二次装置的电磁兼容问题主要集中在电子式互感器、合并单元、智能终端上，降低了保护及测控等二次装置对电磁兼容能力的要求。

18. 智能电子设备的抗干扰措施有哪些?

答：措施有接地、屏蔽、滤波等，利用智能电子设备的屏蔽接地和安全接地给干扰提供泄放回路；利用机壳或屏蔽壳对磁场、空间辐射等干扰进行屏蔽；利用滤波器来抑制传导干扰；增强电路的电磁兼容设计。

19. 智能电子设备的电磁兼容检验方法及技术指标有哪些？

答：智能电子设备的电磁兼容检验方法及技术指标如下所示：

（1）1MHz 脉冲群抗扰度试验，要求满足Ⅲ级标准（GB/T 14598.13—2008《电气继电器　第 22-1 部分：量度继电器和保护装置的电气骚扰试验　1Hz 脉冲群抗扰度试验》）；

（2）静电放电抗扰度试验，要求满足Ⅳ级标准（GB/T 14598.14—2010《量度继电器和保护装置　第 22-2 部分：电气骚扰试验　静电放电试验》）；

（3）辐射电磁场抗扰度试验，要求满足Ⅲ级标准（GB/T 14598.9—2010《量度继电器和保护装置　第 22-3 部分：电气骚扰试验　辐射电磁场抗扰度》）；

（4）电快速瞬变/脉冲群抗扰度试验，要求满足Ⅳ级标准（GB/T 14598.10—2012《量度继电器和保护装置　第 22-4 部分：电气骚扰试验　电快速瞬变/脉冲群抗扰度试验》）；

（5）浪涌（冲击）抗扰度试验，要求满足Ⅳ级标准（GB/T 14598.18—2012《量度继电器和保护装置　第 22-5 部分：电气骚扰试验　浪涌抗扰度试验》）；

（6）射频场感应的传导骚扰抗扰度试验，要求满足Ⅲ级标准（GB/T 14598.17—2005《电气继电器　第 22-6 部分：量度继电器和保护装置的电气骚扰试验—射频场感应的传导骚扰的抗扰度》）；

（7）工频磁场抗扰度试验，要求满足Ⅴ级标准（GB/T 17626.8—2006《电磁兼容　试验和测量技术　工频磁场抗扰度试验》）；

（8）脉冲磁场抗扰度试验，要求满足Ⅴ级标准（GB/T 17626.9—2011《电磁兼容　试验和测量技术脉冲磁场抗扰度试验》）；

（9）阻尼振荡磁场抗扰度试验，要求满足Ⅴ级标准（GB/T 17626.10—1998《电磁兼容　试验和测量技术　阻尼振荡磁场抗扰度试验》）；

（10）电压暂降、短时中断和电压变化抗扰度试验，要求电压暂降 60%、持续 1s，短时中断降幅 100%、持续 100ms，电压变化在 100±20%以内（GB/T 17626.11—2008《电磁兼容　试验和测量技术　电压暂降、短时中断和电压变化的抗扰度试验》）。

20. 为提高抗干扰能力，是否允许用电缆芯线两端接地的方式替代电缆屏蔽层的两端接地？为什么？

答：不允许。一般屏蔽电缆的屏蔽层结构比较特殊，内层带有封闭式铝箔结构，屏蔽专用电缆为裸芯线结构，与铝箔导电面可靠接触，可消减干扰，起到防护作用，如果采用电缆芯线，其电缆芯线外皮为绝缘结构，不能与铝箔导电面接触，不仅不能起到很好的干扰抑制作用，反而有副作用。

21. 针对直接启动跳闸开入的防误措施有哪些（Q/GDW 1161—2014《线路保护及辅助装置标准化设计规范》中规定）？

答：针对直接启动跳闸开入的防误措施，主要有两种：

（1）软件防误措施，具体方法是：在有直跳开入时，需经 50ms 的固定延时确认，同时，还必须伴随灵敏的、不需整定的、展宽的电流故障分量启动元件动作。

（2）硬件防误措施，具体的方法是：对直跳回路加装抗交流的、启动功率较大的重动继电器。

凡是直接启动跳闸时，电流电压有明确变化的场合，均应采用软件防误措施，但对于变压器的非电量保护的动作开入，不能采用软件防误措施。已经采用软件防误措施的回路，视为已经增加附加判据，可以不再采用硬件防误措施。

22. 对于大功率抗干扰继电器的指标要求有哪些（Q/GDW 1175—2013《变压器、高压并联电抗器和母线保护及辅助装置标准化设计规范》中规定）？

答：大功率抗干扰继电器的启动功率应大于 5W，动作电压在额定直流电源电压的 55%～70%范围内，额定直流电源电压下动作时间为 10～35ms，应具有抗 220V 工频电压干扰的能力。

23. 针对直接启动跳闸开入的硬件防误措施应注意的问题有哪些（Q/GDW 1175—2013《变压器、高压并联电抗器和母线保护及辅助装置标准化设计规范》中规定）？

答：硬件防误措施应注意以下几个问题：

（1）110V 直流电源大功率抗干扰继电器较难满足抗 220V 工频交流干扰要求；

（2）外附重动继电器，无法进行监视；

（3）建议设备制造厂将外附大功率继电器做在屏柜内部。

24. 为什么大功率抗干扰继电器可以防止电磁干扰造成的误动作（Q/GDW 1175—2013《变压器、高压并联电抗器和母线保护及辅助装置标准化设计规范》中规定）？

答：电磁干扰的特点是干扰电压高、每个峰值持续时间短，并且电磁干扰信号的能量不具有持续性。对于上述原因造成的干扰，本身动作时间超过 10ms 的继电器一般不会动作。

25. 控制区（安全Ⅰ区）的业务系统主要特征是什么？与继电保护相关业务有哪些（《电力监控系统安全防护总体方案》中规定）？

答：控制区中的业务系统或其功能模块（或子系统）的典型特征为：是电

力生产的重要环节，直接实现对电力一次系统的实时监控，纵向使用电力调度数据网络或专用通道，是安全防护的重点与核心。继电保护、安全自动控制系统、低频（或低压）自动减负荷系统等，属于该区业务。

26. 非控制区（安全Ⅱ区）的业务系统主要特征是什么？与继电保护相关业务有哪些？（《电力监控系统安全防护总体方案》中规定）

答：非控制区中的业务系统或其功能模块的典型特征为：是电力生产的必要环节，在线运行但不具备控制功能，使用电力调度数据网络，与控制区中的业务系统或其功能模块联系紧密。非控制区的数据采集频度是分钟级或小时级，其数据通信使用电力调度数据网的非实时子网，继电保护及故障录波信息管理系统和厂站端的故障录波装置属于该区业务。

27. 网络设备的安全防护配置管理要求包括哪些方面？（[调自[2016]102号（盖章）]《关于加强电力监控系统安全防护常态化管理的通知》）

答：要求包括设备管理、用户与口令、日志与审计、网络服务和安全防护五个方面。其中：① 设备管理主要包括网络设备的本地登录、远程管理等内容，保证网络设备的管理符合安全防护要求；② 用户与口令主要是从用户分配、口令管理和权限划分方面保证网络设备的安全；③ 日志与审计主要从设备运行日志和网络管理协议考虑运行信息的记录和分析，方便事后安全漏洞和事件的追溯；④ 网络服务是从控制网络设备开启的公共网络服务的角度，防止不必要、存在漏洞的网络服务被利用；⑤ 安全防护是从设备使用的角度入手，通过设置访问控制列表等提高设备防护能力。

28. 变电站内计算机设备操作系统口令管理的要求有哪些？（[调自[2016]102号（盖章）]《关于加强电力监控系统安全防护常态化管理的通知》）

答：（1）用户密码具备一定强度要求，并定期进行更换；

（2）由数据库系统管理员创建普通用户，授予对应权限；

（3）要求密码长度不少于8位，必须同时包含数字、字母和特殊符号；

（4）要求配置密码有效期，有效期时间为90天；

（5）口令不得与账户名相同；

（6）包含数据库用户名和口令的文件应加密存储；

（7）配置账号安全登录策略，如连续登录失败5次锁定账户，锁定时间设置为10min等。

29. 变电站内计算机设备网络管理的要求有哪些？（[调自[2016]102号（盖章）]《关于加强电力监控系统安全防护常态化管理的通知》）

答：（1）应开启操作系统的防火墙功能，实现对所访问的主机的IP、端口、协议等进行限制。配置基于目的 IP 地址、端口、数据流向的网络访问控制策略。限制端口的最大连接数，在连接数超过 100 时进行预警。

（2）应禁止非必要的服务开启。操作系统应遵循最小安装的原则，仅安装和开启必须的服务，禁止与 D5000 系统无关的服务开启。关闭 ftp、telnet、login、135、445、SMTP/POP3、SNMPv3 以下版本等公共网络服务。

30. 变电站内如何对操作系统进行安全加固?

答：操作系统安全加固措施包括：升级到当前系统版本，安装后续的补丁合集，加固系统 TCP/IP 配置，根据系统应用要求关闭不必要的服务，关闭 SNMP 协议避免利用其远程溢出漏洞获取系统控制权或限定访问范围，为超级用户或特权用户设定复杂的口令，修改弱口令或空口令，禁止任何应用程序以超级用户身份运行，设定系统日志和审计行为等。

第十二章　现　场　试　验

1. 智能变电站现场调试时，系统组态工作主要内容有哪些?

答：智能变电站现场调试时，系统组态工作主要内容包括：

（1）组态准备工作：设计文件收集、设备ICD模型文件收集、地址分配表制作、VLAN划分表制作等。

（2）组态工具选择：集成商提供的组态工具或相关部门提供的专用组态工具。

（3）将ICD文件导入组态工具，按照电压等级和间隔实例化各IED。

（4）根据地址分配表配置各控制块的MAC、APPID等通信参数。

（5）根据虚端子设计图纸配置虚端子连线。

（6）导出SCD给其他厂家。

（7）各厂家根据光纤连接图配置装置光口收发信息。

（8）各厂家导出装置配置文件，并下载到装置中。

2. 简述智能变电站系统配置工作简要步骤。

答：各装置厂家提供各自装置的建模工具软件，创建描述某种装置对外通信能力的ICD文件给系统集成商；系统集成商结合设计院提供的设计图纸和要求，用SCD工具对整个变电站的通信网络（包括GOOSE网、MMS网和SMV网）进行划分和配置。例如，通信子网的个数，MMS网IP地址及子网掩码，GOOSE网的APPID、VLAN-ID、VLAN-PRIORITY、MAC地址、MinTime、MaxTime、GOOSE块的分配等。用SCD工具添加各个IED装置，并进行相关命名和配置。

根据设计提供的设计图纸和虚端子表，进行GOOSE连线，并完成SCD文件实例化。

举例如下：

（1）History记录。记录SCD文件的更新历史，手动输入维护记录。可使不同工程人员在接手SCD文件后，整体了解SCD文件的内容变更情况，保证

SCD 文件的可持续性。

（2）Substation 配置。Substation 提供画面的编辑功能，可直接从 SSD 文件中提取画面。

（3）Communication 配置。在 Communication 下，划分逻辑通信子网，一般包含一个类型为 8-MMS 的 MMS 子网以及若干类型为 IEC GOOSE 的 GOOSE 通信子网、类型为 SMV 的 SMV 通信子网。

（4）IED 配置。

1）选择 ICD 文件，新建相应的 IED（如图 12-1 所示）。

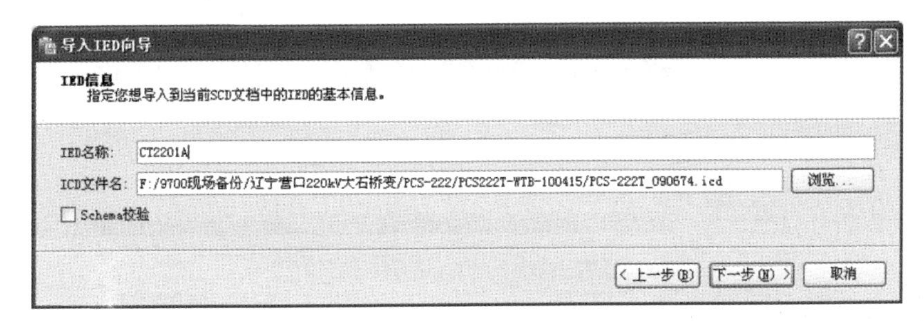

图 12-1　导入 IED 示意图

2）配置 IED 通信信息，在不同的 IED 访问点选择不同的通信子网（如图 12-2 所示）。

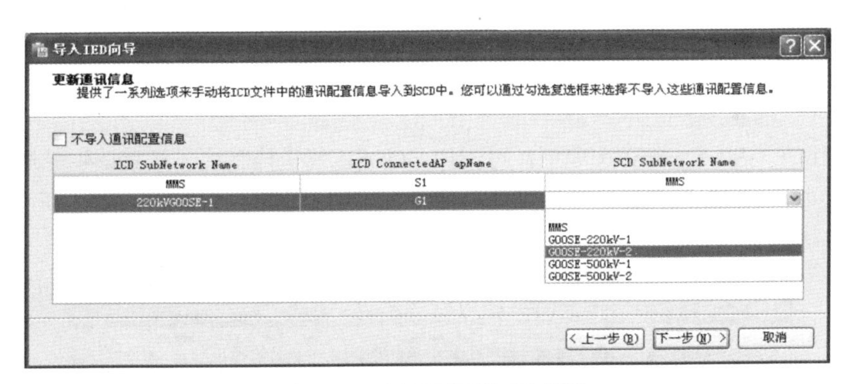

图 12-2　选择通信子网示意图

3）在 Logic Device 选项下，选择 LD 下拉列表，可选择不同的逻辑装置，并可浏览相应逻辑装置的 LN 配置情况（如图 12-3 所示）。

4）在 Data Set 选项下，可查看不同 LD 的数据集（如图 12-4 所示）。

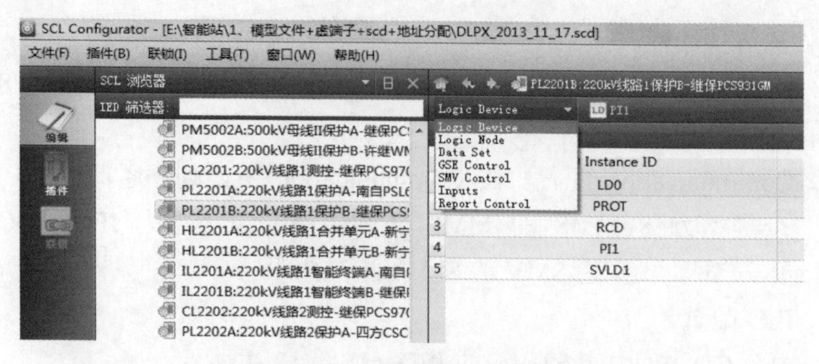

图 12–3　选择逻辑设备示意图

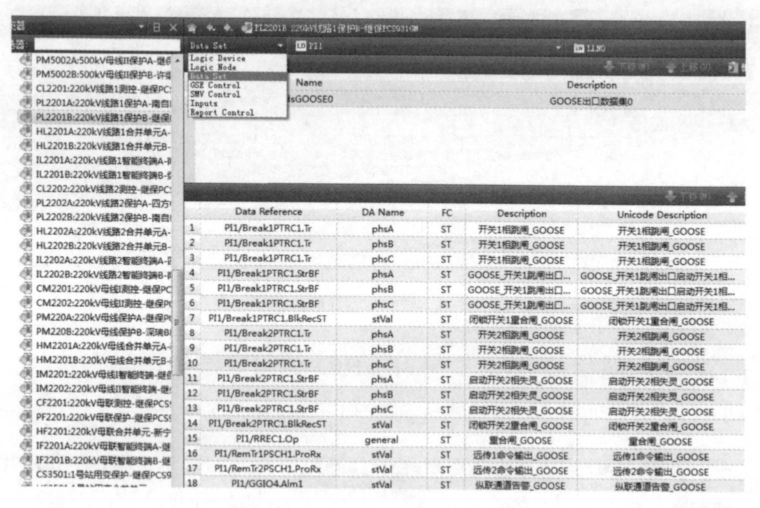

图 12–4　查看数据集示意图

5）在 GSE Control 选项下，可添加 GOOSE 发送控制块，按默认生成规则生成的控制块，除 Data Set 需要选择外，其余参数可以保留不变（如图 12–5 所示）。

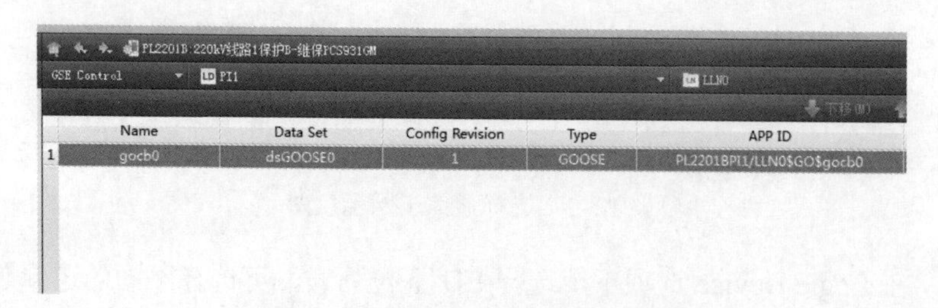

图 12–5　GSE Control 选项下示意图

6）在 SMV Control 选项下，配置 SMV 发送数据集对应的控制块，除 Data Set 需要选择外，其余参数可以保留不变（如图 12–6 所示）。

图 12–6　SMV Control 选项下示意图

7）在 Inputs 选项下，完成虚端子的连接，包括 GOOSE 和 SMV 配置。

GOOSE 配置：

a. 配置原则：① 对于接收方，必须先添加外部信号，再添加内部信号；② 对于接收方，允许重复添加外部信号，但不建议采用该方式；③ 对于接收方，同一个内部信号不允许同时连接两个外部信号，即同一内部信号不能重复添加；④ GOOSE 连线仅限连至 DA 一级。

b. 选择外部信号。在 Inputs 选项中，分别选择 LD 和 LN（一般在 LLN0 中），将发送装置 GOOSE 访问点下的发送数据集中 FCDA 拖至中间窗口（如图 12–7 所示）。

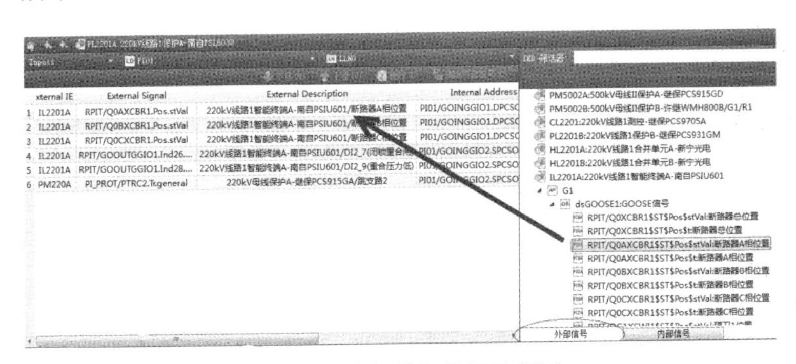

图 12–7　选择外部信号示意图

c. 选择内部信号。在接收装置中，从 GOOSE 访问点下的 LD–LN–FC–DO，选择相应的 DA，将其拖至中间窗口相应的外部信号所在行，完成外部信号与内部信号的连接，即一个 GOOSE 连线（如图 12–8 所示）。

SMV 配置：

a. 配置原则：① 对于接收方，必须先添加外部信号，再添加内部信号；② 对于接收方，同一个内部信号不允许同时连接两个外部信号，即同一内部信号不能重复添加；③ SMV 连线引用名可引用 DO，也可引用 DA，视装置支持的方式而定；④ 必须选择合并单元的额定延时，其中主变压器、母差等多间隔接入的装置，不同间隔合并单元的额定延时连接时必须与间隔接入的插件号相对应。

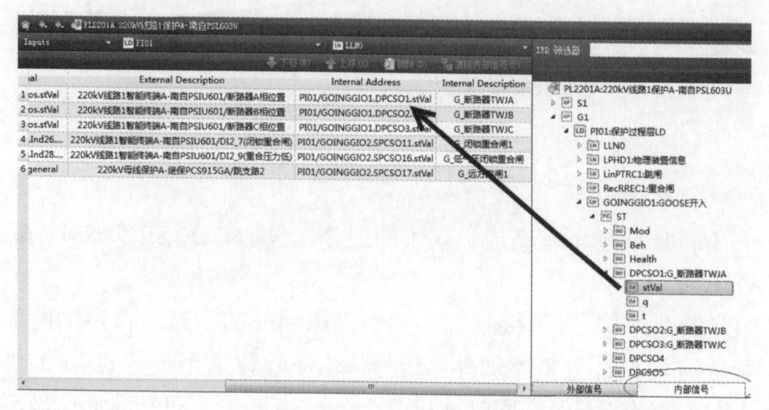

图 12-8　选择内部信号示意图

b. 选择外部信号。同 GOOSE 连线。

c. 选择内部信号。同 GOOSE 连线。

（5）IED 通信配置。

1）MMS 通信配置：每个 MMS 访问点参数中，按工程需要，修改装置 IP 地址和子网掩码，其余参数保持默认值即可（如图 12-9 所示）。

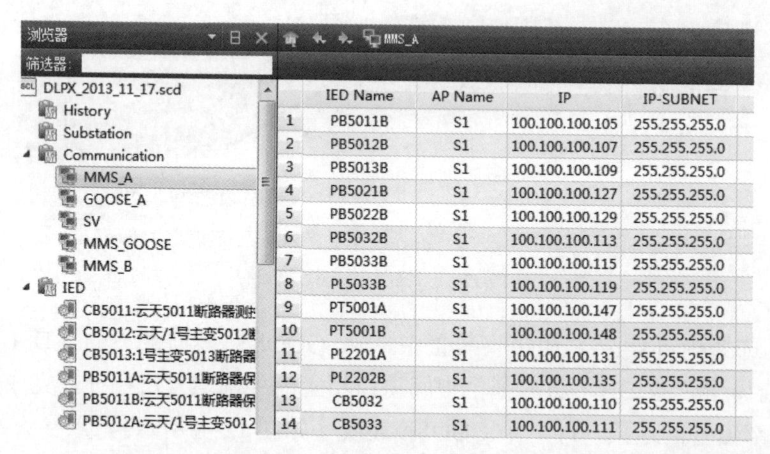

	IED Name	AP Name	IP	IP-SUBNET
1	PB5011B	S1	100.100.100.105	255.255.255.0
2	PB5012B	S1	100.100.100.107	255.255.255.0
3	PB5013B	S1	100.100.100.109	255.255.255.0
4	PB5021B	S1	100.100.100.127	255.255.255.0
5	PB5022B	S1	100.100.100.129	255.255.255.0
6	PB5032B	S1	100.100.100.113	255.255.255.0
7	PB5033B	S1	100.100.100.115	255.255.255.0
8	PL5033B	S1	100.100.100.119	255.255.255.0
9	PT5001A	S1	100.100.100.147	255.255.255.0
10	PT5001B	S1	100.100.100.148	255.255.255.0
11	PL2201A	S1	100.100.100.131	255.255.255.0
12	PL2202B	S1	100.100.100.135	255.255.255.0
13	CB5032	S1	100.100.100.110	255.255.255.0
14	CB5033	S1	100.100.100.111	255.255.255.0

图 12-9　MMS 通信配置示意图

2）GOOSE 通信配置：每个 GOOSE 访问点参数中，按工程需要，修改 MAC-Address 、 VLAN-ID 、 APPID 、 VLAN-PRIORITY 、 MinTime 、 MaxTime，其余参数保持默认值即可（如图 12-10 所示）。

3）SMV 通信配置：每个 SMV 访问点参数中，按工程需要，修改 MAC-Address、VLAN-ID、APPID、VLAN-PRIORITY，其余参数保持默认

值即可（如图 12–11 所示）。

	IED Name	AP Name	LD Instance ID	GSE CB Name	MAC-Address	VLAN-ID	VLAN-PRIORITY	APPID	MinTime	MaxTime
1	PB5011B	G1	PI	gocb1	01-0C-CD-01-00-05	000	4	1005	2	5000
2	PB5012B	G1	PI	gocb1	01-0C-CD-01-00-07	000	4	1007	2	5000
3	PB5013B	G1	PI	gocb1	01-0C-CD-01-00-09	000	4	1009	2	5000
4	PB5021B	G1	PI	gocb1	01-0C-CD-01-00-2E	000	4	102E	2	5000
5	PB5022B	G1	PI	gocb1	01-0C-CD-01-00-30	000	4	1030	2	5000
6	PB5032B	G1	PI	gocb1	01-0C-CD-01-00-4C	000	4	104C	2	5000
7	PB5033B	G1	PI	gocb1	01-0C-CD-01-00-4E	000	4	104E	2	5000
8	PL5033B	G1	PIGO	gocb1	01-0C-CD-01-00-64	000	4	1064	2	5000
9	PT5001A	G1	PI	gocb1	01-0C-CD-01-00-BF	000	4	10BF	2	5000
10	PT5001B	G1	PI	gocb1	01-0C-CD-01-00-C0	000	4	10C0	2	5000
11	PL2201A	G1	PI01	gocb1	01-0C-CD-01-00-77	000	4	1077	2	5000
12	PL2202B	G1	PI01	gocb1	01-0C-CD-01-00-88	000	4	1088	2	5000

图 12–10 GOOSE 通信配置示意图

	IED Name	AP Name	LD Instance ID	SMV CB Name	MAC-Address	VLAN-ID	VLAN-PRIORITY	APPID
1	IT3501B	M1	MU	MSVCB01	01-0C-CD-04-00-14	000	4	4014
2	CS3501	M1	SVLD	smvcb0	01-0C-CD-04-00-0F	000	4	400F
3	CC3521	M1	SVLD	smvcb0	01-0C-CD-04-00-10	000	4	4010
4	HT2201A	M1	MU	MSVCB01	01-0C-CD-04-00-11	000	4	4011
5	HT2201B	M1	MU	MSVCB01	01-0C-CD-04-00-12	000	4	4012
6	HT2202A	M1	MU	MSVCB01	01-0C-CD-04-00-16	000	4	4016
7	HT2202B	M1	MU	MSVCB01	01-0C-CD-04-00-17	000	4	4017
8	HT3501	M1	MU	MSVCB01	01-0C-CD-04-00-13	000	4	4013
9	HT3502	M1	MU	MSVCB01	01-0C-CD-04-00-18	000	4	4018
10	HL2201A	M1	MU	MSVCB01	01-0C-CD-04-00-08	000	4	4008
11	HL2201B	M1	MU	MSVCB01	01-0C-CD-04-00-09	000	4	4009
12	HL2202A	M1	MU	MSVCB01	01-0C-CD-04-00-0A	000	4	400A

图 12–11 SMV 通信配置示意图

3. 智能变电站现场调试时，组态过程中 GOOSE 组网工作主要内容有哪些?

答：（1）变电站内所有 IED 装置通信地址统一分配，各装置 GOOSE 通信参数根据 SCD 文件分配配置。

（2）GOOSE 输出数据集应支持 DA 方式。

（3）各装置 ICD 文件中的 GOOSE 数据集应满足工程需求，在进行 GOOSE 连线配置时应从各保护 IED 的相应 GOOSE 数据集中选取。

（4）装置 GOOSE 输入输出采用虚端子定义，DO 和 dU 能描述信号的含义，作为 GOOSE 连线的依据。

（5）在 SCD 文件中，每个 IED 装置的 LLN0 逻辑节点中，Inputs 部分根据设计虚端子表联线，每个虚端子内部信号与外部输入信号一一对应。

（6）装置通过 ICD 文件可配置多个 AccessPoint 的方式支持多个独立的 GOOSE 网络。

4. 智能变电站现场调试时，组态过程中 MMS 组网工作主要内容有哪些?

答：（1）变电站内所有 IED 装置通信地址统一分配，各装置 MMS 通信参数根据 SCD 文件分配配置。

（2）监控装置 GOOSE 联闭锁信号与 MMS 共网配置，在配置 MMS 网络时需增加 GOOSE 访问点配置。

（3）根据工程的配置，合理地配置 IED 控制块的启用及支持最大的客户端数，满足设计要求。

（4）根据各站的要求和设计的需要，合理地配置上送报告（REPORT CONTROL）内容及上送方式。

5. 智能变电站现场调试时，IED 配置文件下载举例有哪些?

答:（1）CID 文件导出。

1）南京南瑞继保电气有限公司（简称南瑞继保）保护装置。

a. 用 PCS–SCD.exe 软件打开 scd 文件，添加插件（如图 12–12 所示）。

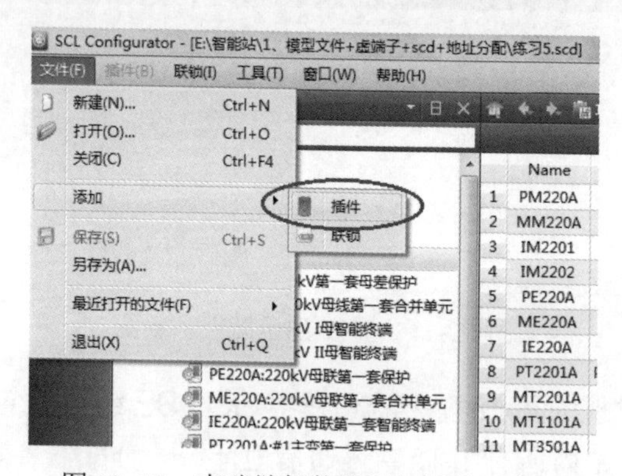

图 12–12　南瑞继保装置添加插件示意图

b. 根据设计图纸对装置具体光口进行配置（如图 12–13 所示）。

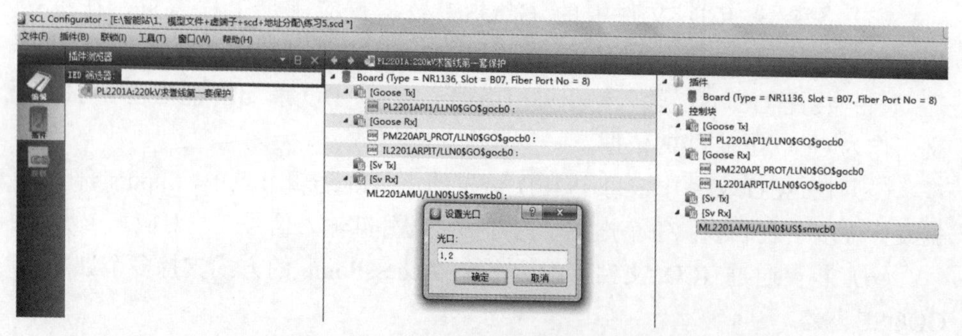

图 12–13　南瑞继保装置配置插件光口示意图

批量导出 CID 和 Uapc–Goose 文件，生成 device.cid 和 goose.txt 文件（如图 12–14 所示）。

图 12–14　南瑞继保装置批量导出 CID 和 Uapc–Goose 文件示意图

2）北京四方继保自动化股份有限公司（简称四方继保）保护装置。

a. 用 Configuration.bat 软件打开 scd 文件，导出虚端子配置，生成 PL2201A_G1.cid、PL2201A_G1.ini、PL2201A_M1.cid、PL2201A_M1.ini、PL2201A_new.ini、PL2201A_S1.cid、sys_go_PL2201A.cfg 文件（如图 12–15 所示）。

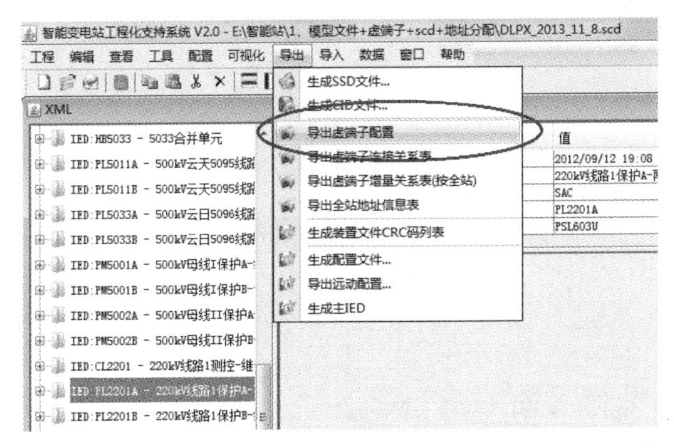

图 12–15　四方继保保护装置导出虚端子配置示意图

b. 根据设计图纸对装置具体端口接收进行配置：打开 PL2201A_G1.ini 文件，在【GOOSESub】中红圈标示处对 Goose 接收端口进行配置（如图 12–16 所示）。

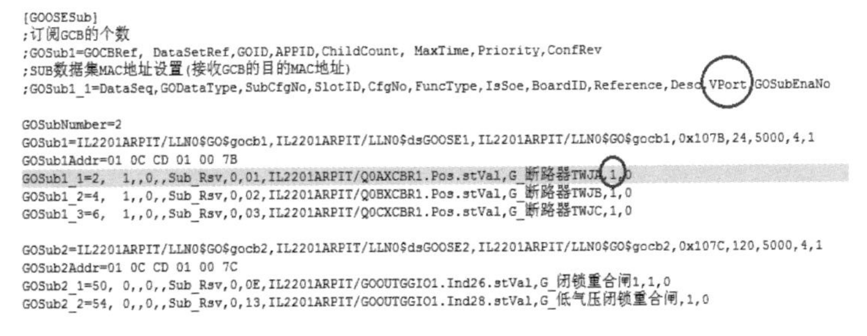

```
[GOOSESub]
;订阅GCB的个数
;GOSub1=GOCBRef, DataSetRef,GOID,APPID,ChildCount, MaxTime,Priority,ConfRev
;SUB数据集MAC地址设置(接收GCB的目的MAC地址)
;GOSub1_1=DataSeq,GODataType,SubCfgNo,SlotID,CfgNo,FuncType,IsSoe,BoardID,Reference,Desc,VPort,GOSubEnaNo

GOSubNumber=2
GOSub1=IL2201ARPIT/LLN0$GO$gocb1,IL2201ARPIT/LLN0$dsGOOSE1,IL2201ARPIT/LLN0$GO$gocb1,0x107B,24,5000,4,1
GOSub1Addr=01 0C CD 01 00 7B
GOSub1_1=2,  1,,0,,Sub_Rsv,0,01,IL2201ARPIT/Q0AXCBR1.Pos.stVal,G_断路器TWJA,1,0
GOSub1_2=4,  1,,0,,Sub_Rsv,0,02,IL2201ARPIT/Q0BXCBR1.Pos.stVal,G_断路器TWJB,1,0
GOSub1_3=6,  1,,0,,Sub_Rsv,0,03,IL2201ARPIT/Q0CXCBR1.Pos.stVal,G_断路器TWJC,1,0

GOSub2=IL2201ARPIT/LLN0$GO$gocb2,IL2201ARPIT/LLN0$dsGOOSE2,IL2201ARPIT/LLN0$GO$gocb2,0x107C,120,5000,4,1
GOSub2Addr=01 0C CD 01 00 7C
GOSub2_1=50, 0,,0,,Sub_Rsv,0,0E,IL2201ARPIT/GOOUTGGIO1.Ind26.stVal,G_闭锁重合闸1,1,0
GOSub2_2=54, 0,,0,,Sub_Rsv,0,13,IL2201ARPIT/GOOUTGGIO1.Ind28.stVal,G_低气压闭锁重合闸,1,0
```

图 12–16　四方继保保护装置端口配置示意图

3）国电南京自动化股份有限公司（简称国电南自）保护装置。

a. 用 VSCL61850.exe 软件打开 scd 文件，采用“一键导出”功能导出配置文件（如图 12-17、图 12-18 所示）。

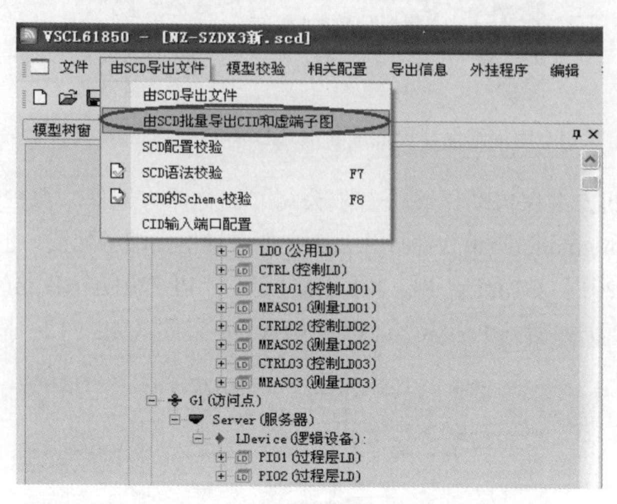

图 12-17　国电南自保护装置导出配置文件示意图（一）

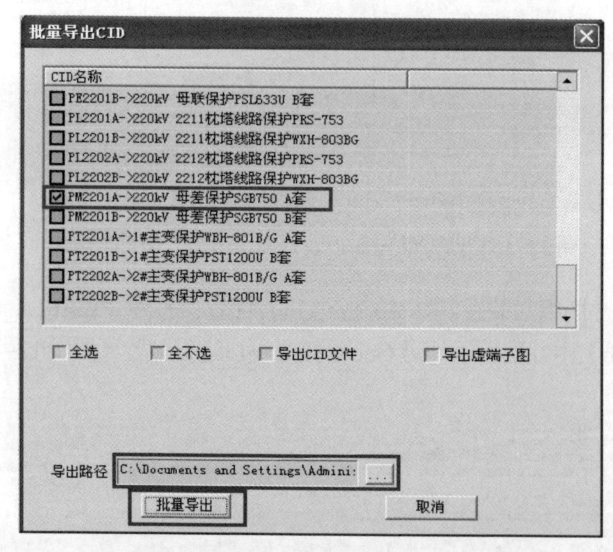

图 12-18　国电南自保护装置导出配置文件示意图（二）

b. 在配置导出过程的最后一步配置相关虚回路的端口信息（如图 12-19 所示）。

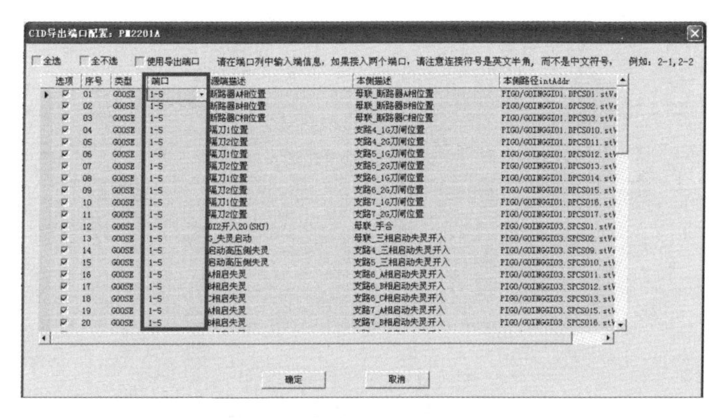

图 12–19　国电南自保护装置配置端口信息示意图

c. 导出后的配置在一个文件夹内，文件夹名为被导出设备的 IED 名称，该文件夹内包含 CPU 模件和 MMI 模件（如图 12–20 所示）。

图 12–20　国电南自保护装置导出文件示意图

4）国电南瑞科技股份有限公司（简称南瑞科技）保护装置。

a. 用 NARI Configuration Tool.exe 软件打开 scd 文件，编辑 GOCB 信息、goose.txt 附属信息和 SMV 信息、sv.txt 附属信息（如图 12–21、图 12–22、图 12–23、图 12–24 所示）。

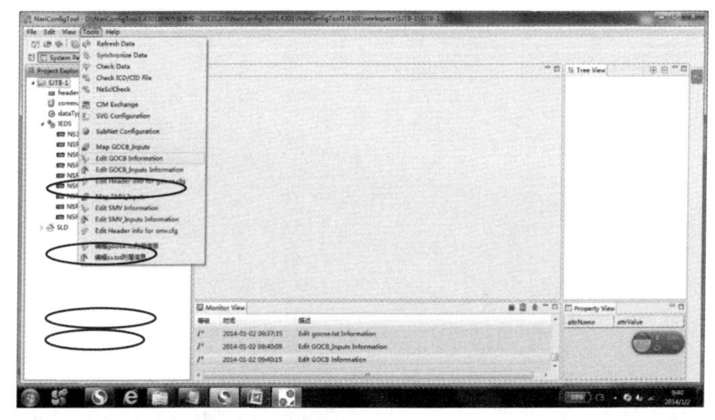

图 12–21　南瑞科技保护装置 CID 文件导出示意图（一）

编辑GOCB配置信息

序号	IED名称	控制块名称	关联数据集	控制块ID号	修订版本号	VLA...先级	VLAN ID号	MAC地址	最小时间	最大时间	应用ID号	端口号
1	NS3560(line)	gocb	dsGOOSE	NS3560CTRL/LLN0GOgocb	1	4	000	01-0C-CD-01-00-01	5	15000	1001	
2	NS3560(line)	gocb1	dsGOOSE1	NS3560PIGO/LLN0GOgocb1	1	4	000	01-0C-CD-01-00-05	1	5000	0005	
3	NS3560(line)	gocb2	dsGOOSE2	NS3560PIGO/LLN0GOgocb2	1	4	000	01-0C-CD-01-00-06	86400000	172800000	0006	
4	NSR385A(断路...终端统一ICD文件)	gocb1	dsGOOSE1	NSR385ARPIT/LLN0GOgocb1	1	4	000	01-0C-CD-01-00-07	2	5000	0007	
5	NSR385A(断路...终端统一ICD文件)	gocb2	dsGOOSE2	NSR385ARPIT/LLN0GOgocb2	1	4	000	01-0C-CD-01-00-08	8	5000	0008	
6	NSR385A(断路...终端统一ICD文件)	gocb3	dsGOOSE3	NSR385ARPIT/LLN0GOgocb3	1	4	000	01-0C-CD-01-00-09	8	5000	0009	
7	NSR385A(断路...终端统一ICD文件)	gocb4	dsGOOSE4	NSR385ARPIT/LLN0GOgocb4	1	4	000	01-0C-CD-01-00-0A	86400000	172800000	000A	
8	NSR385A1(断...端统一ICD文件)	gocb1	dsGOOSE1	NSR385ARPIT/LLN0GOgocb1	1	4	000	01-0C-CD-01-00-11	2	5000	0011	
9	NSR385A1(断...端统一ICD文件)	gocb2	dsGOOSE2	NSR385ARPIT/LLN0GOgocb2	1	4	000	01-0C-CD-01-00-12	8	5000	0012	
10	NSR385A1(断...端统一ICD文件)	gocb3	dsGOOSE3	NSR385ARPIT/LLN0GOgocb3	1	4	000	01-0C-CD-01-00-13	8	5000	0013	
11	NSR385A1(断...端统一ICD文件)	gocb4	dsGOOSE4	NSR385ARPIT/LLN0GOgocb4	1	4	000	01-0C-CD-01-00-14	86400000	172800000	0014	
12	NSR386A(合智装置(线路))	gocb1	dsGOOSE1	NSR386AMUGO...N0GOgocb1	1	4	000	01-0C-CD-01-10-31	5	15000	0031	
13	NSR386A(合智装置(线路))	gocb2	dsGOOSE2	NSR386AMUGO...N0GOgocb2	1	4	000	01-0C-CD-01-10-32	5	15000	0032	
14	NSR386A(合智装置(线路))	gocb3	dsGOOSE3	NSR386AMUGO...N0GOgocb3	1	4	000	01-0C-CD-01-10-33	5	15000	0033	
15	NSR386A(合智装置(线路))	gocb4	dsGOOSE4	NSR386AMUGO...N0GOgocb4	1	4	000	01-0C-CD-01-10-34	86400000	172800000	0034	
16	NSR386A1(合智装置(线路))	gocb1	dsGOOSE1	NSR386A1MUG...0GOgocb1	1	4	001	01-0C-CD-01-10-41	5	15000	1041	
17	NSR386A1(合智装置(线路))	gocb2	dsGOOSE2	NSR386A1MUG...0GOgocb2	1	4	001	01-0C-CD-01-10-42	5	15000	1042	
18	NSR386A1(合智装置(线路))	gocb3	dsGOOSE3	NSR386A1MUG...0GOgocb3	1	4	001	01-0C-CD-01-10-43	5	15000	1043	
19	NSR386A1(合智装置(线路))	gocb4	dsGOOSE4	NSR386A1MUG...0GOgocb4	1	4	001	01-0C-CD-01-10-44	86400000	172800000	1044	
20	NSR304(线路保护测控)	gocb1	dsGOOSE1	BC304PIGO/LLN0GOgocb1	1	4	000	01-0C-CD-01-00-00	2	5000	0000	
21	NSR304(线路保护测控)	gocb2	dsGOOSE2	BC304PIGO/LLN0GOgocb2	1	4	000	01-0C-CD-01-00-00	2	5000	0000	
22	NSR304(线路保护测控)	gocb3	dsGOOSE3	NSR304PIGO/LLN0GOgocb3	1	4	000	01-0C-CD-01-00-51	2	5000	0051	
23	NSR870(模板)	gocb1	dsGOOSE	NSR870PIGO/LLN0GOgocb1	1	4	000	01-0C-CD-01-00-61	2	5000	0061	
24	NSR303(模板)	gocb1	dsGOOSE1	NSR303PIGO/LLN0GOgocb1	1	4	000	01-0C-CD-01-00-62	2	5000	0062	
25	NSR378(模板)	gocb1	dsGOOSE1	NSR378PIGO/LLN0GOgocb1	1	4	000	01-0C-CD-01-00-63	2	5000	0063	

配置goose.cfg结构版本　确定　取消

图 12–22　南瑞科技保护装置 CID 文件导出示意图（二）

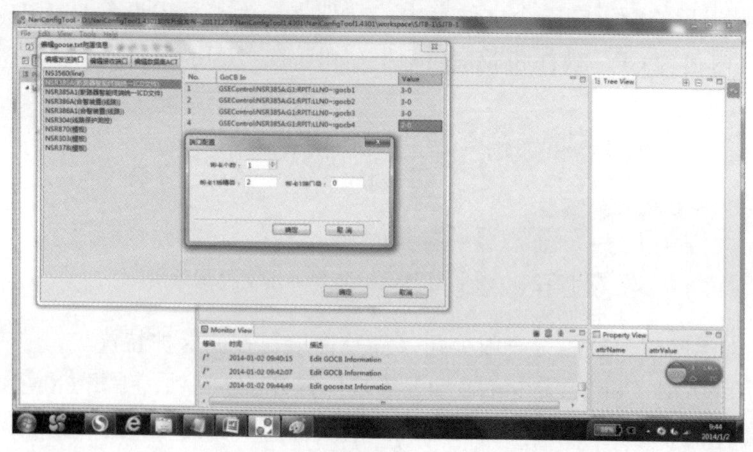

图 12–23　南瑞科技保护装置 CID 文件导出示意图（三）

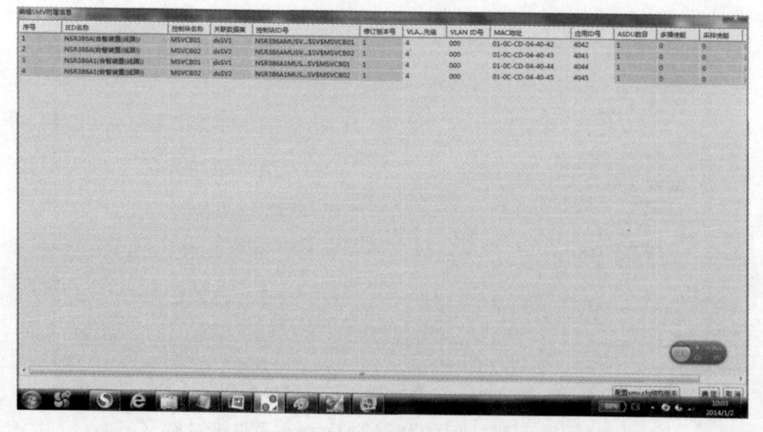

编辑SMV配置信息

序号	IED名称	控制块名称	关联数据集	控制块ID号	修订版本号	VLA...先级	VLAN ID号	MAC地址	应用ID号	ASDU数目	多播使能	采样使能
1	NSR386A(合智装置(线路))	MSVCB01	dsSV1	NSR386AMUSV...SVMSVCB01	1	4	000	01-0C-CD-04-40-42	4042	1	0	0
2	NSR386A(合智装置(线路))	MSVCB02	dsSV2	NSR386AMUSV...SVMSVCB02	1	4	000	01-0C-CD-04-40-43	4043	1	0	0
3	NSR386A1(合智装置(线路))	MSVCB01	dsSV1	NSR386A1MUS...SV$MSVCB01	1	4	000	01-0C-CD-04-40-44	4044	1	0	0
4	NSR386A1(合智装置(线路))	MSVCB02	dsSV2	NSR386A1MUS...SV$MSVCB02	1	4	000	01-0C-CD-04-40-45	4045	1	0	0

图 12–24　南瑞科技保护装置 CID 文件导出示意图（四）

b. 按照设计要求对装置具体私有信息进行配置。

（2）配置文件下装。

1）南瑞继保保护装置。

a. 投入装置检修压板；

b. 打开 PCS_PC5.exe 连接装置；

c. 下载文件：device.cid 选择插件类型、槽号；

d. 下载文件：goose.txt 选择插件类型、槽号（若下载由 PCS–SCD 直接导出的配置文件，则可以自动识别槽号）；

e. 重启装置，完成配置。

2）四方继保保护装置。

a. 投入装置检修压板。

b. Master 板配置下载：① 打开 FTP 连接装置并登录；② 在 FTP/tffsa 文件夹下，将原 sys_go_PL2201A.cfg、PL2201A_S1.cid、PL2201A_new.ini、datamapout1.cfg 文件删除；③ 下载新的 sys_go_PL2201A.cfg、PL2201A_S1.cid、PL2201A_new.ini 文件；④ 重启装置，完成配置。

c. GOOSE 板、SV 板配置下载：① 打开 CSPC.exe 连接装置；② 设置 CSPC 参数后，下载 PL2201A_G1.ini、PL2201A_M1.ini 文件；③ 重启装置，完成配置。

3）国电南自保护装置。

a. 投入装置检修压板。

b. 打开 sgview.exe 并连上装置，依次点击其他功能→下载配置，在一键下装模型及过程层配置文件界面（如图 12–25 所示）中，选择所需下装配置文件的路径，点击“下载”，在保护装置界面上的弹出窗口上点击“确认下载”。

c. 重启装置，完成配置。

（3）注意事项。

1）对装置配置进行修改、下载前需投入检修压板，下载完成后退出检修压板。

2）对装置配置进行修改、下载前应做好原配置的备份。

3）四方继保装置在 GOOSE 配置时，根据实际要求，可以选择信息发送、接收是否受软压板控制。

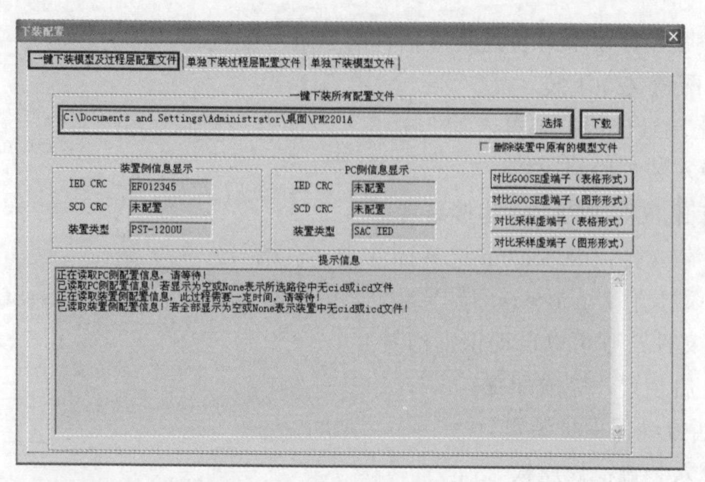

图 12–25　国电南自保护装置配置文件一键下装界面示意图

6. 智能变电站现场调试时，保护装置采样精度校验有什么特点?

答：在智能变电站中，保护装置接收的采样值是通过合并单元转发的数字量，由于合并单元已经进行过全面的采样值校验，并且通过光纤传输的数字量准确度很高，因此不需要单独对保护装置进行采样精度逐点校验，但是为了防止合并单元与保护装置之间出现配置错误而造成采样值丢失或错误，需要在额定值下进行采样值校验。具体实现方式是在合并单元前端通入模拟量或数字量，在保护装置内调阅采样值，检查采样正确性。

7. 智能变电站现场调试时，合并单元现场校验主要项目有哪些?

答：智能变电站现场调试时，合并单元现场校验主要包括：

（1）绝缘试验。

（2）工作电源检查。

（3）软、硬件版本检查。

（4）设备通信接口检查。

（5）SV/GOOSE 报文配置一致性校验。

（6）合并单元发送 SV 报文校验。

（7）准确度测试。

（8）采样值报文响应时间测试。

（9）同步性能测试。

（10）电压级联功能校验。

（11）电压切换功能校验。

（12）电压并列功能校验。

（13）检修状态测试。

（14）告警测试。

（15）合并单元比差和角差校验。

（16）合并单元首周波测试。

8. 智能变电站现场调试时，合并单元现场校验主要标准有哪些?

答：智能变电站现场调试时，合并单元现场校验主要包括：

（1）绝缘测试：检查装置各独立回路（电气上无联系）对地以及各独立回路之间的绝缘电阻，用 500V 的兆欧表测量，应大于 20MΩ。

（2）工作电源检查：装置在 80%～110%额定电源下，能正常工作；合上装置逆变电源插件上的电源开关，试验直流电源由零缓慢上升至 80%额定电压值，此时逆变电源插件面板上的电源指示灯应亮。固定试验直流电源为 80%额定电压值，拉合直流开关，逆变电源应可靠启动。

（3）软、硬件版本检查：应与设计相符合，且为经使用单位认可的专业机构检测合格的产品。

（4）设备通信接口检查：光波长 1310nm 光接口应满足光发送功率：−20～−14dBm；光波长 850nm 光接口应满足光发送功率：−19～−10dBm；光波长 1310nm 光接口应满足光接收灵敏度：−31～−14dBm；光波长 850nm 光接口应满足光接收灵敏度：−24～−10dBm。

（5）SV/GOOSE 报文配置一致性校验：合并单元输出的 SV 报文应与 SCD 文件配置一致；合并单元输出的 SV 报文的数据通道应与装置模拟量输入关联正确；合并单元输出的 GOOSE 报文应与 SCD 文件配置一致。

（6）合并单元发送 SV 报文校验：SV 报文 10min 内不丢帧；SV 报文的序号应从 0 连续增加到采样频率−1（采样频率为 4000Hz 时为 3999，采样频率为 12 800Hz 时为 12 799），再恢复到 0；采样频率为 4000Hz 时，SV 报文应每一个采样点一帧报文；SV 报文发送间隔应不大于理论值±10μs。

（7）准确度测试：标准详见表 12−1～表 12−4。

表 12−1　　合并单元测量用电流通道误差要求

准确级	额定电流（%）下的电流（比值）误差（±%）				额定电流（%）下的相位误差							
					±（′）				±crad			
	5	20	100	120	5	20	100	120	5	20	100	120
0.1	0.4	0.2	0.1	0.1	15	8	5	5	0.45	0.24	0.15	0.15
0.2	0.75	0.35	0.2	0.2	30	15	10	10	0.9	0.45	0.3	0.3
0.5	1.5	0.75	0.5	0.5	90	45	30	30	2.7	1.35	0.9	0.9

续表

准确级	额定电流（%）下的电流（比值）误差（±%）					额定电流（%）下的相位误差									
						±（′）					±crad				
	1	5	20	100	120	1	5	20	100	120	1	5	20	100	120
0.2S	0.75	0.35	0.2	0.2	0.2	30	15	10	10	10	0.9	0.45	0.3	0.3	0.3

表 12–2　　合并单元保护用电流通道误差要求

准确级	额定电流（%）下的电流（比值）误差（±%）		额定电流（%）下的复合误差（±%）	额定电流下的相位误差	
	5	100	500	±（′）	±crad
5P/5TPE	5	1	5	60	1.8

注　5 倍额定电流下的复合误差测试时，通流时间不大于 1s。

表 12–3　　合并单元测量用电压通道误差要求

准确级	电压（比值）误差（±%）	相位误差	
		±（′）	±crad
0.1	0.1	5	0.15
0.2	0.2	10	0.3
0.5	0.5	20	0.6

注　80%～120%额定电压范围内的误差要求。

表 12–4　　合并单元保护用电压通道误差要求

准确级	额定电压（%）								
	2			5			*X*		
3P	电压（比值）误差（±%）	相位误差［±（′）］	相位误差（±crad）	电压（比值）误差（±%）	相位误差［±（′）］	相位误差［±crad］	电压（比值）误差（±%）	相位误差［±（′）］	相位误差（±crad）
	6	240	7	3	120	3.5	3	120	3.5

注　*X* 表示 100、120、150、190。

（8）采样值报文响应时间测试：无级联合并单元采样响应时间不大于 1ms，级联一级母线合并单元的间隔合并单元采样响应时间不大于 2ms。

（9）同步性能测试：合并单元在失去外部同步信号后，10min 内守时精度不大于±4μs。

（10）电压级联功能校验：母线合并单元的级联报文格式应符合 GB/T

20840.8 或 DL/T 860.92 的要求；与母线合并单元级联后，间隔合并单元输出的采样值准确度应满足（7）中的要求。

（11）电压切换功能校验：对于接入了两段母线电压的按间隔配置的合并单元，应根据采集的母线隔离开关信息自动进行电压切换，电压切换逻辑应符合规范要求；在进行母线电压切换时，不应出现通信中断、丢包、品质输出异常改变等现象。

（12）电压并列功能校验：对于接入了两段及以上母线电压的母线合并单元，母线电压并列功能由合并单元完成；合并单元通过采集的断路器、隔离开关位置信息，实现电压并列功能，电压并列逻辑符合要求。

（13）检修状态测试：合并单元处于检修状态时，装置发送的 SV 报文各数据通道及 GOOSE 报文均应置检修。

（14）告警测试：应具备装置故障硬接点、运行异常硬接点；应具备 GOOSE 通道中断、级联通道中断（仅接入级联电压的间隔合并单元）、同步异常、断路器/隔离开关位置异常、检修不一致、检修压板投入等事件信号。

9. 智能变电站现场调试时，智能终端单体测试主要内容有哪些？

答：智能变电站现场调试时，智能终端单体测试主要内容有以下几点：

（1）智能终端跳、合闸保持继电器动作电流值测试。测试跳、合闸保持继电器动作电流值小于等于断路器额定跳、合闸电流的 1/2。

（2）智能终端跳闸响应时间的测试。由专用测试仪向智能终端发送一组 GOOSE 跳闸命令，发命令的同时，专用测试仪计时器开始计时，专用测试仪接收智能终端跳闸硬接点用于停表，记录报文发出与硬节点输入时间差，得到智能终端跳闸响应时间，此时间应小于 5ms。

（3）采用标准 4～20mA 表（或标准小信号源）输出 4～20mA 和 0～5V 信号到智能终端，检查智能终端的测量结果；智能终端的测量精度应优于 0.5%。

10. 简述智能变电站现场调试时，保护整组动作时间测试方法。

答：方法一：由继电保护测试仪在合并单元前端施加故障量使保护装置动作，利用智能终端出口硬接点停表，测得保护整组动作时间。此方法可以辨识合并单元的输出延时是否是 20ms 的整数倍。

方法二：由继电保护测试仪在合并单元前端施加故障量使保护装置动作，保护整组动作时间等于保护动作时间（装置显示值）加智能终端单体动作时间。

11. 简述智能变电站现场调试时，GOOSE 断链信息二维表检查方法。

答：依照 GOOSE 二维表内容，对表中监视回路逐个进行验证。

验证方法：模拟 GOOSE 断链（拨出发布方装置对应光口光缆），等待订阅方装置告警发出，后台观察 GOOSE 二维表中对应告警灯应由绿色变为红色。等待时间应接近 $4T_0$。

12. 智能变电站现场调试时，“检修机制功能”验证检查内容包括哪些？如何进行？

答：“检修机制功能”验证检查主要包括三个方面内容：闭锁装置配置“下装”功能验证、采样处理检修机制验证、GOOSE 跳闸检修机制验证。

（1）下装参数、配置文件前，将保护装置“检修压板”退出，此时应不能下装文件；再将“检修压板”投入，此时可下装。

（2）将合并单元“检修压板”投入，相关装置“检修压板”退出；从合并单元前端加额定电压、额定电流量（模拟或数字），此时各装置采样值采样显示正常；从合并单元前端加故障状态量（模拟或数字），此时各装置不动作。将合并单元“检修压板”退出，相关装置“检修压板”投入；从合并单元前端加额定电压、额定电流量（模拟或数字），此时各装置采样值采样显示正常；从合并单元前端加故障状态量（模拟或数字），此时各装置不动作。将合并单元“检修压板”投入，相关装置“检修压板”投入；从合并单元前端加额定电压、额定电流量（模拟或数字），此时各装置采样值采样显示正常；从合并单元前端加故障状态量，此时各装置正确动作。

（3）将智能终端“检修压板”投入，线路（主变压器、母差）装置“检修压板”退出；从各保护装置处加故障状态量（模拟或数字），此时各装置动作，但智能终端不动作。将智能终端“检修压板”退出，线路（主变压器、母差）装置“检修压板”投入；从各保护装置处加故障状态量（带检修标志），此时各保护装置动作，但智能终端不动作。将智能终端“检修压板”投入，线路（主变压器、母差）装置“检修压板”投入；从各保护装置处加故障状态量（带检修标志），此时各装置动作，智能终端也动作。线路（主变压器）保护与母差保护之间的 GOOSE 远跳、启失灵检修机制验证方法同上。

13. 简述智能变电站现场调试时，进行一次通流、通压试验的特殊意义。

答：智能变电站宜进行一次通流一次通压（或二次）试验，与常规变电站通流、通压试验相比较，其特殊意义体现在以下方面：

（1）系统进行一次通流时，通过观察母线保护差电流幅值，可以定性比对母线保护各间隔合并单元采样同步特性。应特别注意母线保护不应有差电流启动信号出现（流过母线保护电流应配平衡），有启动信号时应进行仔细排查。

（2）一次（二次）通压时，可以检查母线电压互感器输出值，线路（主变压器）间隔合并单元的电压级联功能、电压切换功能等的正确性。

（3）有条件时，同步进行一次通流和一次通压，可以检查电子式互感器电流、电压的极性、变比、电流与电压之间的相角差是否符合保护要求。

14. 智能变电站启动过程中保护带负荷试验项目包括哪些?

答：现场调试带负荷试验项目包括：电压核相、电流电压相位核对、差动保护差流检查。

（1）电压核相。

1）从合并单元或 SV 网交换机端口获取交流采样值信号时的核相工作。① 利用专用工具进行数据采样分析，得到电压的相量信息；② 判断所有相关采样值信号同步；③ 对单组 TV 的电压的相位、幅值、相序等进行检查与判断；④ 对两组 TV 间的电压相位、幅值进行检查和比较。

2）利用故障录波器、网络分析仪时的核相工作。① 判断装置所显示的数据有效；② 对单组 TV 的电压的相位、幅值、相序等进行检查与判断；③ 对两组 TV 间的电压相位、幅值进行检查和比较。

（2）电流电压相位核对。根据潮流数据判断待校验间隔的潮流数据，进行以下工作。

1）对于模拟量输入式合并单元配置的间隔进行带负荷验证的方法如下：① 对输入合并单元的模拟量进行电流电压极性校验（六角图）；② 利用保护装置得到的电压、电流相量信息，与已知的潮流数据进行核对，判断电流的幅值、相位、极性等是否正确；③ 与录波器、报文分析仪及相应的测控装置进行对比，保证正确性。

2）对于数字式输入合并单元配置的间隔进行带负荷验证的方法如下：① 利用保护装置得到的电压、电流相量信息，与已知的潮流数据进行核对，判断电流的幅值、相位、极性等是否正确，与对侧或本侧相邻间隔比较验证极性的正确性；② 与录波器、报文分析仪及相应的测控装置进行对比，保证正确性。

（3）差动保护差流核对。

1）检查主变压器差动保护差电流，数值应小于 0.05 倍的主变压器额定电流值；

2）检查母线差动保护差电流；

3）检查光纤纵联差动保护差电流，数值应约等于线路充电电容电流值。

15. 电流、电压互感器现场调试过程中，继电保护检验人员应进行哪些检查?

答：（1）电流、电压互感器型号、准确级，模拟量输出绕组的变比必须符合设计要求。

（2）测试互感器各绕组间的极性关系，核对铭牌上的极性标志是否正确。检查互感器各次绕组的连接方式及其极性关系是否与设计符合，相别标识是否正确。

（3）有条件时，同时自电流互感器的一次分相通入电流，自电压互感器的一次分相施加电压，检查变比及回路是否正确。

16. 智能变电站现场调试时，请写出保护装置软压板的检查方法。

答：（1）SV 接收软压板检查。通过数字继电保护测试仪输入 SV 信号给保护装置，投入 SV 接收软压板，保护装置显示 SV 数值精度应满足要求；退出 SV 接收软压板，保护装置显示 SV 数值应为 0，无零漂。

（2）GOOSE 接收软压板检查。通过数字继电保护测试仪输入 GOOSE 信号给保护装置，投入 GOOSE 接收压板，保护装置显示 GOOSE 开入数据正确；退出 GOOSE 接收软压板，保护装置不处理 GOOSE 开入数据。

（3）GOOSE 出口软压板检查。投入 GOOSE 出口软压板，保护装置发送相应 GOOSE 信号；退出 GOOSE 出口软压板，模拟保护装置动作，应该监视到动作的相应保护无跳闸出口的 GOOSE 报文。

（4）保护元件功能及其他压板。投入/退出相应软压板，结合其他试验检查压板投退效果。

17. 智能变电站现场调试时，后台进行保护装置远方功能试验应检查哪些项目?

答：智能变电站现场调试时，后台进行保护装置远方功能试验应检查如下项目：

（1）定值召唤功能；

（2）定值区切换功能；

（3）定值修改功能；

（4）软压板投退功能；

（5）远方复归功能。

18. 智能变电站现场调试与站控层及调控端的配合检验的内容与方法?

答：（1）检验内容。

1）保护装置的离线获取模型和在线召唤模型，两者应该一致。重点检查各种信息描述名称、数据类型、定值描述范围。

2）检查保护装置发送给站控层及调控端的动作信息、告警信息、保护状态信息、录波信息及定值信息的正确性。

（2）检验方法。

通过继电保护校验仪模拟各种故障试验，通过保护装置的模拟传动功能进行检验。

19. 继电保护装置和安全自动装置的 GOOSE 输入需要检验哪些项目？

答：（1）按 SCD 文件配置，依次模拟被检装置的所有 GOOSE 输入，观察被检装置显示正确性；

（2）检查 GOOSE 输入量设置有相关联的压板功能；

（3）改变装置和测试仪的检修状态，检查装置在正常和检修状态下，接受 GOOSE 报文的行为；

（4）检查装置各输入量在 GOOSE 中断情况下的行为。

20. 继电保护装置和安全自动装置的 GOOSE 输出需要检验哪些项目？

答：（1）按配置文件配置，依次检查 GOOSE 输出量的行为；

（2）检查 GOOSE 输出量设置有关联的压板功能；

（3）改变装置的检修状态，检查 GOOSE 输出的检修位。

21. 继电保护装置和安全自动装置的 SV 输入需要检验哪些项目？

答：（1）按 SCD 文件配置，模拟被检装置的所有 SV 输入，观察被检装置显示正确性；

（2）对于有多路（MU）SV 输入的装置，模拟被检装置的两路及以上 SV 输入，检查装置的采样同步性能；

（3）检查 SV 输入量设置有相关联的压板功能；

（4）改变装置和测试仪的检修状态，检查装置在正常和检修状态下，接受 SV 报文的行为；

（5）改变测试仪的同步标志，检查装置的行为。

22. 智能变电站现场调试时，根据现场不同情况和试验条件，可以采用哪几种方式进行继电保护试验？并画出每种方式的连接图。

答：（1）采用数字继电保护测试仪进行继电保护设备的检验如图 12–26（a）所示，保护设备和数字继电保护测试仪之间采用光纤点对点连接，通过光纤传送采样值和跳合闸信号。

（2）采用数字继电保护测试仪进行继电保护设备的检验如图 12–26（b）所示，保护设备通过点对点光纤连接数字继电保护测试仪和智能终端，智能终端通过电缆连接数字继电保护测试仪。

（3）针对采用电子式互感器的场合，采用传统继电保护测试仪进行继电保护设备的检验如图 12–26（c）所示，需要和现场所用的电子式互感器模拟仪配合使用。保护设备通过点对点光纤连接合并单元和智能终端，合并单元通过点对点光纤连接电子式互感器模拟仪，电子式互感器模拟仪和智能终端通过电缆连接传统继电保护测试仪。

（4）针对采用电磁式互感器的场合，采用传统继电保护测试仪进行继电保护设备的检验如图 12–26（d）所示。保护设备通过点对点光纤连接合并单元和智能终端，合并单元和智能终端通过电缆连接传统继电保护测试仪。

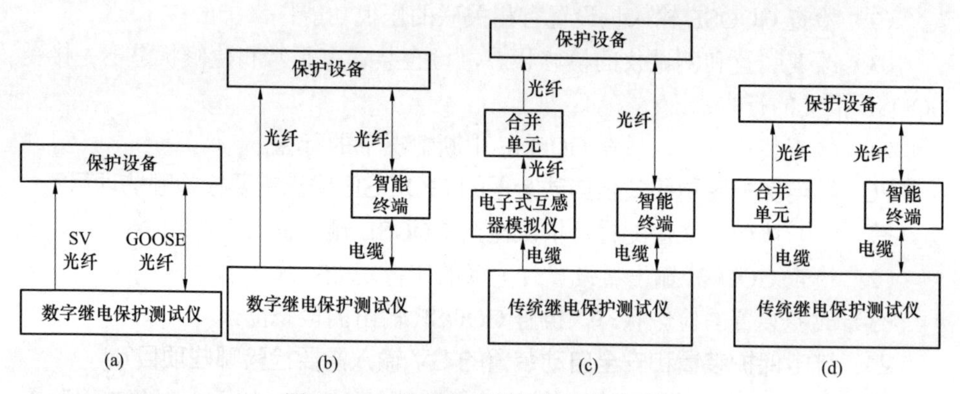

图 12–26　四种典型继电保护测试系统

（a）继电保护测试系统 1；（b）继电保护测试系统 2；（c）继电保护测试系统 3；（d）继电保护测试系统 4

23. 智能变电站现场调试时，简述智能终端动作时间的测试方法以及动作时间的要求，并画出接线图。

答：由测试仪分别发送一组 GOOSE 跳、合闸命令，并接收跳、合闸的接点信息，记录报文发送与硬节点输入时间差，智能终端应在 5ms 内可靠动作。接线图如图 12–27 所示。

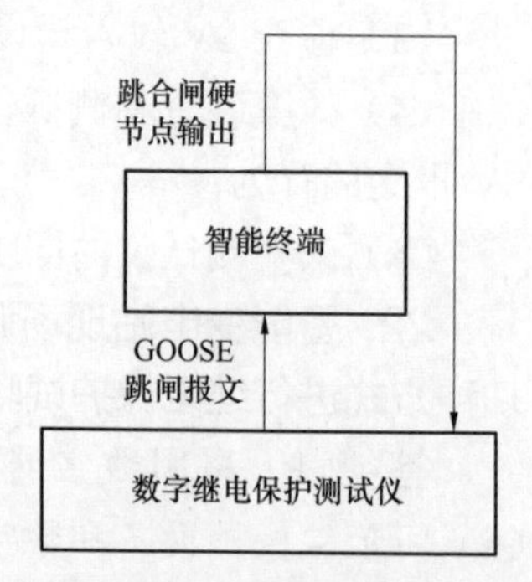

图 12–27　智能终端测试接线

24. 智能变电站现场调试时，简述备自投需要注意的方面。

答；（1）应注意验证方案的完整性，需要完整地对各种逻辑方案进行备自投充电、放电、跳闸、合闸、闭锁等模拟试验。

（2）应特别注意闭锁条件的验证，以确保备自投闭锁回路及功能的完好性。

第十三章 运　　行

1. 各级调度机构应按什么原则对智能变电站内的继电保护系统及其中的各设备、回路纳入调度管理范围?

答:（1）各级调度机构应按照一次设备的调度管辖范围，将智能变电站内的继电保护系统及其中的各设备、回路纳入调度管理范围。

（2）智能终端、按间隔配置的过程层网络交换机及相应网络，按对应间隔的调度关系进行调度管理。

（3）过程层网络中跨间隔的公用交换机及相应网络，由交换机所接智能电子设备的最高调度机构进行调度管理。

（4）互感器的采集单元、合并单元按对应互感器进行调度管理。接入多组互感器采集量的公用合并单元，由合并单元所接互感器的最高调度机构进行调度管理。

（5）多功能一体化设计的智能组件、智能电子设备，含有继电保护功能模块的，按继电保护设备进行调度管理。

2. 简述值班调控员（调度员、监控员）的运行职责。

答:（1）掌握调度管辖及调度许可范围内与电力系统运行方式有关或直接影响电力系统安全运行的智能变电站继电保护运行规定。

（2）指挥电力系统操作时，对继电保护运行方式做出相应变更。

（3）调度管辖范围内继电保护更改定值或新继电保护系统（装置）投入运行前，与现场运维人员核对定值。

（4）继电保护异常或动作后，指挥、组织和协调相关处理工作。

（5）监视智能变电站继电保护系统运行状态，进行继电保护系统远程巡视，记录、分析相关信息。

3. 智能变电站继电保护有哪几种运行状态? 分别如何定义?

答: 装置运行状态分“跳闸”、“信号”和“停用”三种，定义如下:

（1）跳闸：保护装置电源投入，功能软压板、GOOSE 输出软压板、SV 接收软压板投入，保护装置检修压板取下。

（2）信号：保护装置电源投入，功能软压板、SV 接收软压板投入，GOOSE 输出软压板退出，保护装置检修压板取下。

（3）停用：功能软压板、GOOSE 输出软压板、SV 接收软压板退出，保护装置检修压板放上，保护装置电源关闭。

4. 智能终端有哪几种运行状态？分别如何定义？

答：智能终端运行状态分“跳闸”“停用”两种，分别是：

（1）跳闸：装置电源投入，跳合闸出口硬压板放上，检修压板取下。

（2）停用：跳合闸出口硬压板取下，检修压板放上，装置电源关闭。

5. 合并单元有哪几种运行状态？分别如何定义？

答：合并单元运行状态分“跳闸”“停用”两种，分别是：

（1）跳闸：装置电源投入，检修压板取下。

（2）停用：检修压板放上，装置电源关闭。

6. 智能变电站现场运行规程中继电保护部分一般包含哪些内容？

答：（1）对继电保护系统内的各设备、回路进行监视及操作的通用条款。应包含继电保护装置软、硬压板的操作规定；继电保护在不同运行方式下的停投规定。

（2）以被保护的一次设备为单位，编写继电保护配置、组屏方式、需要现场运行人员监视及操作的设备情况等。

（3）一次设备操作过程中各继电保护装置、回路的操作规定。

（4）继电保护系统内的各设备、回路异常影响范围表及对应的处理方法。

7. 智能变电站中，继电保护一般运行是如何规定的？

答：（1）正常运行时保护装置检修压板应退出。

（2）保护测控一体化装置正常运行时控制逻辑压板应投入，解锁压板应退出，不得随意解锁操作。

（3）主变压器差动保护差流值一般不超过 $0.04I_n$，母线差动保护差流值一般不超过 $0.04I_n$，线路差动保护差流值一般不应超过理论计算的电容电流。

（4）装置异常时，汇报相应调度许可后进行异常处置，投入检修压板，重启一次，重启成功后退出检修压板；重启不成功，按缺陷流程处置。智能变电站保护及相关智能设备异常重启原则见本章下文描述。

（5）严禁退出运行保护装置内 SV 接收压板，否则保护将失去电压或者电流。母差保护支路 SV 接收软压板投入或退出时，应该检查采样。

8. 智能变电站继电保护设置哪些总信号？如何对其分别进行区分及处理？

答： 智能变电站继电保护设置“保护动作”“装置故障”“运行异常”信号触点，至少1组不保持触点，由各装置内部具体条件启动。

装置故障与运行异常信号含义区分及处理方法如下：

（1）“装置故障”动作，说明保护发生严重故障，装置已闭锁，应立即汇报调度将保护装置停用。

（2）“运行异常”动作，说明保护发生异常现象，未闭锁保护，装置可以继续运行，运行人员需立即查明原因，并汇报相关调度确认是否需停用保护装置。

9. 阐述智能变电站中装置检修压板操作原则。

答：（1）操作保护装置检修压板前，应确认保护装置处于信号状态，且与之相关的运行保护装置（如母差保护、安全自动装置等）二次回路的软压板（如失灵启动软压板等）已退出。

（2）在一次设备停役时，操作间隔合并单元检修压板前，需确认相关保护装置的 SV 软压板已退出，特别是仍继续运行的保护装置。在一次设备不停役时，应在相关保护装置处于信号或停用后，方可投入该合并单元检修压板。对于母线合并单元，在一次设备不停役时，应先按照母线电压异常处理、根据需要申请变更相应继电保护的运行方式后，方可投入该合并单元检修压板。

（3）在一次设备停役时，操作智能终端检修压板前，应确认相关线路保护装置的“边（中）断路器置检修”软压板已投入（若有）。在一次设备不停役时，应先确认该智能终端出口硬压板已退出，并根据需要退出保护重合闸功能、投入母线保护对应隔离开关强制软压板后，方可投入该智能终端检修压板。

（4）操作保护装置、合并单元、智能终端等装置检修压板后，应查看装置指示灯、人机界面变位报文或开入变位等情况，同时核查相关运行装置是否出现非预期信号，确认正常后方可执行后续操作。

10. 在智能变电站中，继电保护及二次回路运行巡检包含哪些内容？

答： 继电保护及二次回路运行巡检包括装置现场运行环境检查、装置面板及外观检查、屏内设备检查、保护通信状况、高频通道检查、定值检查、保护差流检查、直流支路绝缘检查、封堵情况检查。

11. 在智能变电站中，继电保护及二次回路专业巡检包含哪些内容？

答： 继电保护及二次回路专业巡检包括装置面板检查、屏内设备检查、版本及定值检查、高频通道检查、光纤通道检查、模拟量检查、开入量检查、反措检查、二次回路检查、红外测温。

12. 对于智能终端、合并单元、网络交换机，运行人员常规巡视项目内容有哪些?

答：对于智能终端、合并单元，查看面板有无告警信号；对于网络交换机，查看已插入光纤的端口通信指示灯是否闪烁。

13. 简述软压板操作流程及其校验机制。

答：装置软压板操作流程如图 13–1 所示，在装置“远方投退压板软压板”投入时，装置才响应后台下发的软压板修改命令。装置管理板与后台进行通信，响应后台修改软压板的命令。就地投退软压板时，通过装置人机面板与管理板进行信息交互。管理板将软压板控制命令下发给通信子板，当通信子板返回修改成功标记后，管理板才向后台回复软压板修改成功报文。

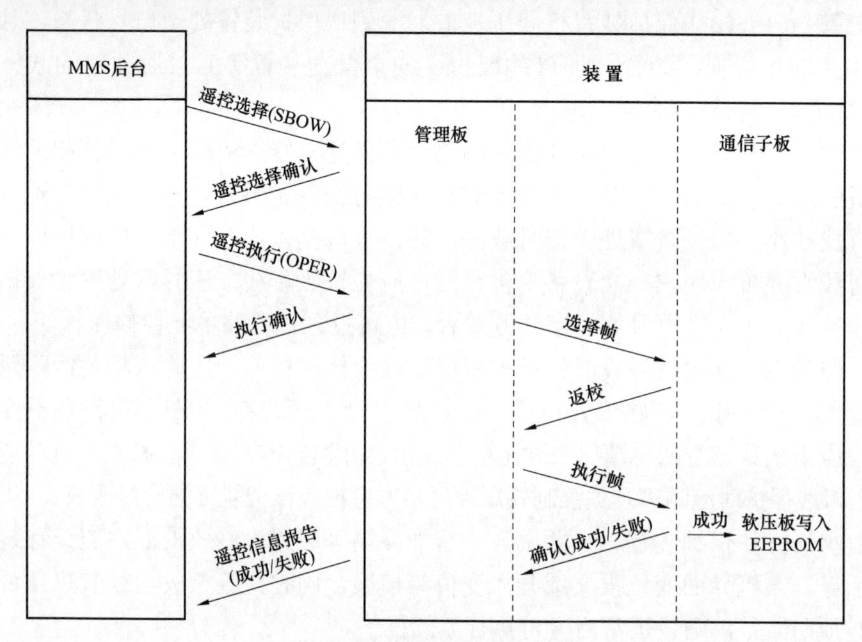

图 13–1　软压板操作流程图

在装置正常运行或者上电等过程中，装置对软压板校验机制如下：

（1）正常运行时，装置定期对软压板状态进行校验：管理板/通信子板的内存区（RAM）中软压板的正反码校验；管理板与通信子板之间的软压板 CRC 的一致性校验。

（2）装置上电或软压板更改后，装置自动对软压板状态执行一次校验：管理板/通信子板的 EEPROM 中软压板的 CRC 校验。

（3）装置软压板更改过程中：通信帧中软压板更改值合法性校验以及CRC校验。

14. 简述“三信息”安全措施核对技术。

答：运维人员通过远方或者当地监控系统完成智能变电站装置软压板（如GOOSE软压板、SV软压板、保护功能软压板等）的操作，为了确保安全措施执行到位，在操作前、操作后应该在“检修装置”、“相关联运行装置”及“后台监控系统”（三信息）核对压板最终状态。

15. 智能变电站继电保护的操作，由运行人员通过压板、把手、按钮、装置人机界面、当地监控系统、远方监控系统等完成，具体要求有哪些？

答：（1）用于运行操作的压板（包括硬压板和软压板）、把手、按钮、人机界面，应有明确的标识和操作提示。

（2）所有操作应有明显的信号、信息指示。

（3）软压板，包括GOOSE软压板、SV软压板、保护功能软压板等，其操作应通过远方或当地监控系统完成。现场运行人员操作前、后均应在监控画面上核对压板实际状态，其中包括只能在就地操作的“远方切换定值区软压板、远方投退压板软压板、远方修改定值软压板”。

（4）除规定的软压板、切换定值区、复归保护信号等操作外，不允许运行人员在远方或当地监控系统更改继电保护装置定值。

16. 现场运维人员通过监控系统对保护装置做哪些操作？后台切换定值区操作顺序是什么？

答：现场运维人员可以通过监控系统实现智能变电站继电保护装置的有“软压板投退”“切换定值区”“保护复归”“检查定值和打印定值”“检查采样值和通道状态”等操作。通过后台切换保护定值区时，按调度规定将保护改“信号”状态后，切换定值区、核对定值，再将保护改“跳闸”状态。

17. 智能变电站继电保护压板操作有哪些规定？

答：正常情况下，智能变电站继电保护装置软压板遥控操作在监控后台实现。在保护装置与监控后台通信中断时，若急需对保护软压板进行操作，可允许就地操作，就地操作时应防止误入间隔，并仔细核对装置和压板命名。

保护装置检修硬压板、远方操作硬压板、远方修改定值压板、远方投退压板、远方切换定值区压板只能实现就地操作（其中，远方操作硬压板与远方修改定值、远方切换定值区、远方投退压板均为“与门”关系）。检修压板操作后，应检查保护装置开入变位报文及相关指示灯，防止无效操作。

18. 智能变电站扩建间隔保护软压板遥控试验时应如何采取安全措施?

答：智能变电站扩建间隔保护软压板遥控试验时，为防止监控后台配置错误而造成误遥控运行间隔一次设备或二次装置，试验时，应将全变电站运行间隔的测控装置置就地状态；保护装置取下“远方操作”硬压板，以防止遥控试验时误遥控软压板或误修改定值。

19. 智能变电站继电保护在工作结束验收时应注意哪些事项?

答：智能变电站继电保护工作结束验收时，应检查保护装置、合并单元及智能终端有无故障或告警信号，以及保护定值是否正确、GOOSE 链路是否正常、分相电流差动通道是否正常、差动保护差流是否在规定值范围内。检查保护软压板状态是否为许可前状态，并取下保护装置检修压板，检查监控后台有无相应告警光字信息和报文。

20. 智能变电站继电保护设备缺陷分为哪几级？分别列举五种以上。

答：智能站继电保护设备缺陷按严重程度和对安全运行造成的威胁大小，分为危急、严重、一般三个等级。

（1）以下缺陷属于危急缺陷：

1）二次转换器（SC）异常；

2）合并单元故障；

3）交流光纤通道故障；

4）开入量异常变位，可能造成保护不正确动作的；

5）保护装置故障或异常退出；

6）过程层交换机故障；

7）GOOSE、SV 断链；

8）光功率发生变化导致装置闭锁；

9）智能终端故障；

10）控制回路断线或控制回路直流消失；

11）其他直接威胁安全运行的情况。

（2）以下缺陷属于严重缺陷：

1）保护通道异常，如 3dB 告警等；

2）保护装置只发异常或告警信号，未闭锁保护；

3）录波器装置故障、频繁启动或电源消失；

4）保护装置液晶显示屏异常；

5）操作箱指示灯不亮但未发控制回路断线；

6）保护装置动作后报告打印不完整或无事故报告；

7）就地信号正常，后台或中央信号不正常；

8）母线保护隔离开关辅助触点开入异常，但不影响母线保护正确动作；

9）无人值守站的保护信息通信中断；

10）频繁出现又能自动复归的缺陷；

11）其他可能影响保护正确动作的情况。

（3）以下缺陷属于一般缺陷：

1）时钟装置失灵或时间不对，保护装置时钟无法调整；

2）保护屏上按钮接触不良；

3）有人值守站的保护信息通信中断；

4）能自动复归的偶然缺陷；

5）其他对安全运行影响不大的缺陷。

21. 电力系统发生事故时，事故处理的一般程序有哪些？

答：（1）及时检查记录断路器的跳闸情况、保护及自动装置的动作情况、光字牌信号及事件打印情况及事故特征。

（2）迅速对故障范围内的设备进行外部检查，并将事故特征和检查情况向调度汇报。

（3）根据事故特征，分析判断故障范围和事故停电范围。

（4）采取措施限制事故的发展，解除对人身和设备安全的威胁。

（5）对故障所在范围迅速隔离或排除故障，优先对故障部分恢复供电。

（6）对损坏的设备做好安全措施，向有关上级报告，由专业人员检修故障设备。

对故障处理的一般程序可以概括为：及时记录，迅速检查，简明汇报，认真分析，准确判断，限制发展，排除故障，恢复供电。

22. 继电保护出现异常及动作后，运维人员应如何处理？

答：（1）继电保护系统运行中出现的异常告警等信号、信息，运维人员应将缺陷现象及初步分类详细报告相应值班调度员、值班监控员和本单位运行管理部门，并按调度指令和缺陷管理流程处理。对危急缺陷，应立即准备应急操作，做好事故预想；对严重缺陷，应做好缺陷处理准备工作。

（2）继电保护系统有误动危险等紧急情况下，运维人员可先行将保护退出后，及时向相应值班调度员汇报。

（3）缺陷消除后，运维人员应将异常原因及处理结果及时报告相应值班调度员、值班监控员，并做好记录。

（4）继电保护动作后，运维人员应将详细的保护动作情况报告相应值班调度员、值班监控员和本单位运行管理部门，并做好记录。

23. 智能变电站继电保护异常处理原则有哪些?

答:（1）保护装置异常时，投入装置检修状态硬压板，重启装置一次。

（2）智能终端异常时，退出装置跳合闸出口硬压板、测控出口硬压板，投入检修状态硬压板，重启装置一次。

（3）母线合并单元异常时，投入装置检修状态硬压板，关闭电源并等待5s，然后上电重启。

（4）间隔合并单元异常时，若保护双重化配置，则将该合并单元对应的间隔保护改信号，母差保护仍投跳（无复合电压闭锁功能的母差保护需改信号），投入合并单元检修状态硬压板，重启装置一次；若保护单套配置，则相关保护不改信号，直接投入合并单元检修状态硬压板，重启装置一次。

（5）以上装置重启后若异常消失，将装置恢复到正常运行状态，若异常没有消失，保持该装置重启时状态。

（6）GOOSE 交换机异常时，重启一次。重启后异常消失则恢复正常继续运行；如果异常没有消失，退出相关受影响保护装置。

（7）双重化配置的二次设备仅单套装置发生故障时，原则上不考虑陪停一次设备，但应加强运行监视。

（8）主变压器非电量智能终端装置发生 GOOSE 断链时，非电量保护可继续运行，但应加强运行监视。

（9）收集异常装置、与异常装置相关装置、网络分析仪、监控后台等信息，进行辅助分析，初步确定异常点。

（10）如果确认装置异常，取下异常装置背板光纤，进行检查处理。

（11）异常处理后需进行补充试验，确认装置正常，配置及定值正确。

（12）确认装置“恢复安措”（恢复前的补充安措）状态正确，接入光缆；检查装置无异常、相关通信链路恢复后装置投入运行。

24. 智能变电站缺陷处理过程中有哪些注意事项?

答:（1）“检修压板”根据检修工作和试验需要投退，应注意与运行状态装置的有效隔离，并注意恢复。

（2）电子互感器的激光供能电源一般不能空载，不能用眼睛观察激光孔和激光光缆。

（3）光纤、光接头等光器件在未连接时应用相应的保护罩套好，以保证脏物不进入光器件或污染光纤端面。

（4）在没有做好安全措施的情况下，不应拔插光纤插头。

（5）保护装置的光纤拔插，可能会造成光纤参数变化报警。此时，不应随意通过本地命令中的光纤参数变化确认来复归此报警信号。检修人员应确认拔插的光纤是否为同一光纤。

（6）保护缺陷处理后需做传动时，可退出智能终端的出口压板，通过测量智能终端的压板来验证回路的正确性。

25. 智能电子设备发生异常时，常见检查内容、方法及措施有哪些？

答：智能电子设备发生异常时，常见检查内容、方法及措施见表13–1。

表13–1　智能电子设备发生异常时常见检查内容、方法及措施

异常部件	异常现象	检查内容及方法	采取措施
逆变电源插件	指示灯异常、电压不稳、电压超限	测量输入、输出电压	更换电源插件
	有煳味、过热	检查负载	排除过电流负载，更换插件
CPU系统	重复启机、死机	1. 检查软件缺陷； 2. 检查硬件缺陷	更换或消除软件、硬件缺陷
交流采样	数据跳变、数据错误、精度超差、交流采样通道异常	1. 检查合并单元工作是否正常，软件配置是否正确； 2. 采集程序是否存在缺陷； 3. 检查二次转换器工作是否正常； 4. 检查各IED相关报文； 5. 检查接线是否正确以及压接、连接是否良好； 6. 检查硬件是否有损坏； 7. 检查是否有干扰	升级软件或更换插件； 对接线重新压接； 正确设置装置参数等
开关量回路	开关量异常	1. 检查接线是否正确、压接是否良好； 2. 检查硬件是否有损坏； 3. 检查智能终端； 4. 检查是否有干扰； 5. 检查光纤连接是否良好	对接线、回路重新压接，正确设置参数，更换插件
GOOSE光纤通道	信号中断、衰耗变化、误码增加	1. 检查连接； 2. 检查交换机； 3. 检查各IED	调整参数，更换有缺陷插件、光缆等
二次常规回路	接触不良、断线	目测、万用表测量等	压接牢固
	绝缘损坏	检查接线	处理损坏处，更换有缺陷的电缆、插件等
	接线错误	检查接线	重新正确接线
	接地	检查接线	排除接地
线路纵差保护光纤通道	衰耗变化，信号中断，误码增加	1. 检查连接； 2. 检查光电接口、光缆、光端机等； 3. 检查保护设备	调整参数，更换有缺陷插件、光缆、电缆等

26. 智能变电站继电保护 GOOSE 断链告警如何进行初步判断与处理?

答: 监控后台发 GOOSE 断链告警信号时，现场根据 GOOSE 二维表做出判断，同时结合网络分析仪进行辅助分析确定故障点，判断 GOOSE 断链告警是否误报，若无误报，确定 GOOSE 断链是由于发送方故障引起还是接收方、网络设备等引起。进行现场检查，并按现场运行规程进行处理。

27. 智能变电站 220kV 母差保护发“隔离开关位置报警”时，应如何处理?

答: 现场运行人员应立即检查相应隔离开关实际位置，确认隔离开关位置异常的支路，并通过软压板强制使能该支路位于正确隔离开关位置，检修结束后将软压板强制使能取消。

28. 当某一个母线 TV 检修或者三相电压失去时，如何处置?

答:（1）TV 检修时，如果有 TV 并列回路，保护装置可通过 TV 并列获取正常母线电压。如果没有 TV 并列回路，则需要停役该母线。

（2）当 MU 故障或 MU 输入端电压空气开关跳开导致运行中的保护无法采集到三相电压时，保护自动退出受到影响的保护功能。

（3）当 MU 故障需重启时，应首先投入该 MU 的检修压板，然后断电重启保护在电压异常时自动退出相关功能。

29. 一次设备停役时，若需退出继电保护系统，简述操作顺序。

答:（1）退出相关运行保护装置中该间隔的 SV 软压板或间隔投入软压板;

（2）退出相关运行保护装置中该间隔的 GOOSE 接收软压板（如启失灵等）;

（3）退出该间隔保护装置中跳闸、合闸、启失灵等 GOOSE 发送软压板;

（4）退出该间隔智能终端出口硬压板;

（5）投入该间隔保护装置、智能终端、合并单元检修压板。

30. 一次设备复役时，继电保护系统投入运行，简述操作顺序。

答:（1）退出该间隔合并单元、保护装置、智能终端检修压板;

（2）投入该间隔智能终端出口硬压板;

（3）投入该间隔保护装置跳闸、重合闸、启失灵等 GOOSE 发送软压板;

（4）投入相关运行保护装置中该间隔的 GOOSE 接收软压板（如失启动、间隔投入等）;

（5）投入相关运行保护装置中该间隔 SV 软压板。

31. 以 220kV 变电站中某线路间隔第一套保护为例，说明线路保护如何由跳闸状态改信号状态。

答:（1）退出本线路间隔第一套微机保护 GOOSE 跳、合闸软压板;

（2）退出本线路间隔第一套微机保护 GOOSE 启失灵发送软压板；

（3）退出 220kV 第一套母差保护中本间隔对应的 GOOSE 启失灵接收软压板。

32. 继电保护装置（系统）正确动作的评价方法有哪些?

（1）被保护对象发送故障或异常，且符合系统运行和继电保护设计要求，应评价为“正确动作”。

（2）对于由两个及以上继电保护装置（系统）配合完成切除故障的，各装置（系统）的动作行为符合设计要求时，分别评价为“正确动作”。

（3）继电保护装置（系统）正确动作，断路器拒跳，继电保护装置（系统）应评价为“正确动作”。

33. 继电保护装置（系统）不正确动作的评价方法有哪些?

（1）被保护对象发送故障或异常，保护装置应动而未动（拒动）或不应动而误动作；以及被保护设备无故障或异常情况下的保护装置（系统）动作（误动），应评价为“不正确动作”。

（2）由两台及以上保护装置（系统）配合完成保护功能，若最终动作行为不符合设计要求，应对相关保护装置（系统）分别进行评价，其中动作行为符合设计要求的保护装置（系统）对其不予以评价，否则评价为“不正确动作”。

（3）不同的保护装置（系统）因同一原因造成的不正确动作，应分别评价为“不正确动作”。

（4）同一保护装置（系统）因同一原因在 24h 内发生多次不正确动作，按 1 次不正确动作评价，超过 24h 的不正确动作，应分别评价。

（5）继电保护装置正确动作，因其相关设备原因造成断路器未跳闸，继电保护系统评价为“不正确动作”，继电保护装置不予评价，对应的相关设备（网络设备或智能终端等）应评价为不正确动作。

（6）网络设备原因造成保护不正确动作，继电保护系统评价为“不正确动作”，保护装置不予评价，网络设备应评价为不正确动作。

（7）合并单元原因造成的保护不正确动作，继电保护系统评价为“不正确动作”，保护装置不予评价，合并单元应评价为不正确动作。

（8）智能终端原因造成的保护不正确动作，继电保护系统评价为“不正确动作”，保护装置不予评价，智能终端应评价为不正确动作。

34. 线路重合不成功的原因有哪些?

答：（1）永久故障：重合于永久性故障跳三相。

（2）开关合闸不成功，包括如下情况：① CID、SCD 文件配置错误；② 智能终端故障；③ 过程层网络故障；④ 合闸回路断线；⑤ 开关拒合；⑥ 防跳继电器失灵多次重合。

（3）重合闸未动作，包括如下情况：① 智能终端误发信号；② 过程层网络故障；③ 重合闸装置故障；④ 单重方式，单相故障误跳三相不重合。

（4）检同期失败（三相重合闸），包括如下情况：① 合并单元（含电子式互感器）故障；② 启动重合闸的保护拒动；③ 重合闸充电不满未重合。

35. 线路保护装置重合闸无法充电如何检查？

答：应重点检查整定值、二次回路、开入插件和 CPU 插件。

（1）整定值检查：检查保护装置实际整定值，与最新整定单核对；检查重合闸的相关压板是否正确投/退。

（2）二次回路故障：若装置面板上有“控制回路断线”或“弹簧未储能”等告警信息，则继续检查外部开入，若外部的确有异常开入，应对控制回路或储能回路进行检查。

（3）开入插件故障：若外部无异常开入，仅装置面板上有“控制回路断线”或“弹簧未储能”等告警信息，则判断为保护装置开入插件故障。

（4）CPU 插件故障：若保护装置外部检查正常，装置无其他告警信息，则初步判断为保护装置 CPU 插件故障。

36. 2017 年 5 月，110kV 某变电站现场后台报 1 号主变压器第二套主变保护 SV 总告警，1 号主变压器 10kV 测控 GOOSE 总告警。1 号主变压器第二套主变压器保护装置“装置告警”灯亮、“TV 断线”灯亮。请简述检修处理流程。

答：（1）检查 1 号主变压器 10kV 合并单元装置本身是否正常。

（2）如果合并单元本身正常，在合并单元 SV 发送端进行报文抓包。

（3）如果合并单元 SV 发送端报文正常，在保护装置、测控装置 SV 接收端光纤处进行 SV 报文抓包。若发现报文异常，光纤衰耗过大，则判断为光纤链路故障。

（4）如果保护装置、测控装置 SV 接收端 SV 报文正常，则判断为保护装置、测控装置故障。

37. 保护装置发“GOOSE 断链告警”报文后，请简述一般处理流程，并对图 13–2 中发生故障的原因进行判断（设备、光纤均正常，配置文件正确）。

接收 发送	220kV 第一套母差	220kV 母联第一套保护测控	220kV 母联第一套智能终端	220kV 母联第一套合并单元	4Q99 线第一套保护测控	4Q99 线第一套智能终端	4Q99 线第一套合并单元
220kV 第一套母差							
220kV 母联第一套保护测控							
220kV 母联第一套智能终端							
220kV 母联第一套合并单元							
4Q99 线第一套保护测控							
4Q99 线第一套智能终端							
4Q99 线第一套合并单元							

图 13–2　GOOSE 二维表

答：一般处理流程如下：

（1）通过监控系统 GOOSE 二维表、装置告警信息、面板指示灯、交换机及网络分析仪等进行故障定位；

（2）若只是该装置发断链信号，则故障点定位在该装置、与交换机之间的光纤及对应端口；

（3）若是大量装置均告断链信号，则定位在 GOOSE 发送方故障，保护至交换机光纤，以及该交换机端口；

（4）若报 GOOSE 接收中断，则判定接收端侧异常，检查光纤是否完好，光纤衰耗、光功率是否正常，若异常，则判断光纤或熔接口故障；

（5）若光纤通信功能完好，仍然出现 GOOSE 接收中断，则判断接收侧装置出现故障。

根据分析，图中 220kV 第一套母差保护接收 220kV 母联第一套智能终端的光纤与接收 4Q99 线第一套智能终端的光纤互换了。

第十四章　检修安全措施

1. 在智能变电站中，继电保护系统的检修对象有哪些？

答：目前，智能变电站二次系统主要有以下三种配置模式：

（1）非常规互感器+就地 MU+GOOSE 跳闸；

（2）常规互感器+就地 MU+GOOSE 跳闸；

（3）常规互感器+常规采样+GOOSE 跳闸。

如图 14–1 所示，智能变电站继电保护系统检修工作涉及的设备主要包括合并单元、保护装置、智能终端、保信子站、交换机、GPS 时钟等。

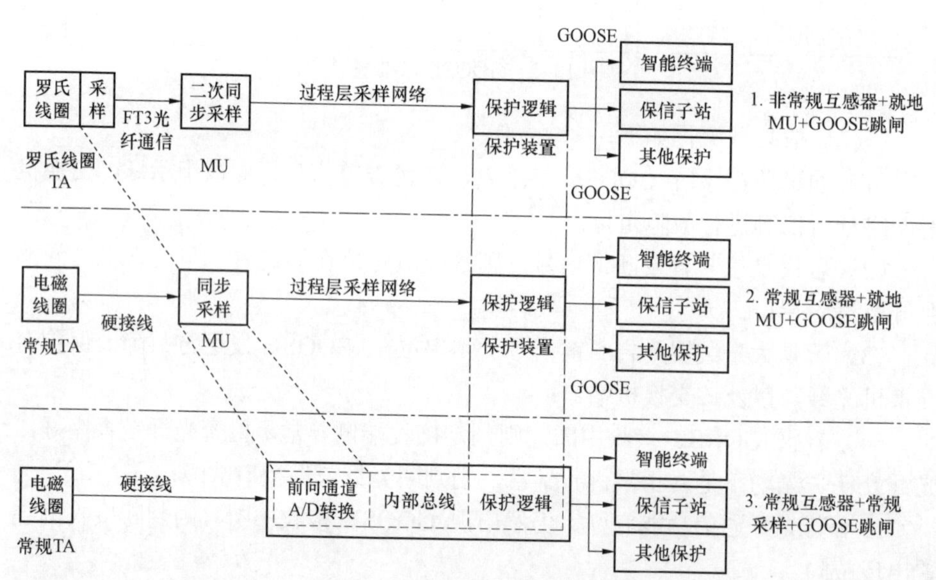

图 14–1　智能变电站配置模式

2. 简述智能变电站二次设备检修作业流程。

答：智能变电站保护的二次设备检修流程与常规站总体类似，只是由于智能站设备智能化、通信网络化的特点，在试验的对象、内容和方法上都发生了较大变化。智能变电站二次设备检修作业流程如图 14–2 所示。

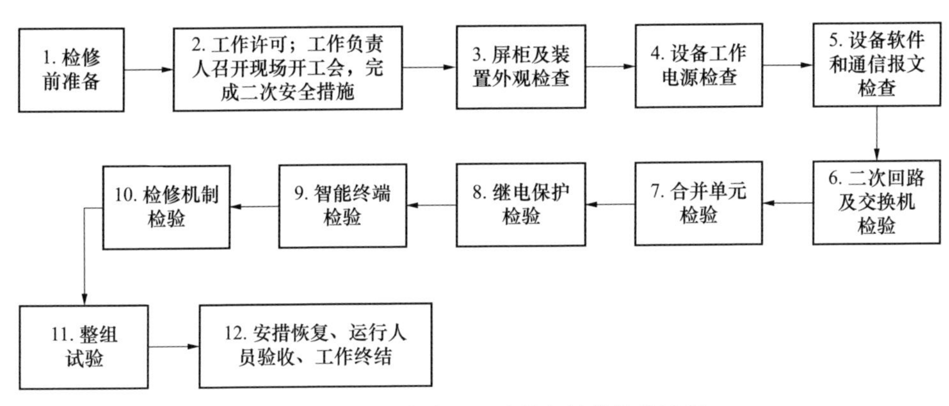

图 14–2　智能变电站二次设备检修作业流程

3. 说明常规变电站与智能变电站中检修硬压板作用的区别。

答：常规变电站保护装置和测控装置的检修压板是装置进行检修试验时屏蔽软报文和闭锁遥控的，不影响保护动作、就地显示和打印等功能。智能变电站保护装置的检修压板作用是检修时将检修设备与运行设备可靠隔离。保护、测控、合并单元和智能终端都设有检修压板，只有当两两一致时，才将信号进行处理或动作，不一致时报文视为无效，不参与逻辑运算。

4. 在智能变电站中，对继电保护与安全自动装置实施安全隔离措施的方式有哪些?

答：智能变电站中继电保护和安全自动装置的安全隔离措施一般可采用投退检修压板、装置软压板、出口硬压板以及断开装置间的连接光纤等方式，实现检修装置（新投运装置）与运行装置的安全隔离。

（1）投入检修压板：继电保护、安全自动装置、合并单元及智能终端均设有检修状态硬压板，因此可利用检修机制隔离检修间隔及运行间隔。装置将接收到 GOOSE 报文的 Test 位、SV 报文数据品质的 Test 位与装置自身检修压板状态进行比较，做“异或”逻辑判断，两者一致时，信号进行处理或动作，两者不一致时则报文视为无效，不参与逻辑运算。

（2）退出软压板：软压板分为发送软压板和接收软压板，用于从逻辑上隔离信号输出、输入。装置输出信号由保护输出信号和发送压板数据对象共同决定，装置输入信号由保护接收信号和接收压板数据对象共同决定，通过改变软压板数据对象的状态便可以实现某一路信号的逻辑通断。其中：

1）GOOSE 发送软压板：负责控制本装置向其他智能装置发送 GOOSE 信

号。软压板退出时，不向其他装置发送相应的保护指令。

2）GOOSE 接收软压板：负责控制本装置接收来自其他智能装置的 GOOSE 信号。软压板退出时，本装置对其他装置发送来的相应 GOOSE 信号不作逻辑处理。

3）SV 软压板：负责控制本装置接收来自合并单元的采样值信息。软压板退出时，相应采样值不显示，且不参与保护逻辑运算。

（3）退出智能终端出口硬压板：安装于智能终端与断路器之间的电气回路中，可作为明显断开点，实现相应二次回路的通断。出口硬压板退出时，保护、测控装置无法通过智能终端实现对断路器的跳、合闸。

（4）拔出光纤：继电保护、安全自动装置和合并单元、智能终端之间的虚拟二次回路连接均通过光纤实现。断开装置间的光纤能够保证检修装置（新投运装置）与运行装置的可靠隔离。

5. 简述 GOOSE 报文检修处理机制。

答：智能变电站保护装置、智能终端均设置了检修状态硬压板。检修压板投入时，相应装置发出的 GOOSE 报文的 Test 位为 TRUE，如图 14–3 所示。

```
IEC 61850 GOOSE
  AppID*: 282
  PDU Length*: 150
  Reserved1*: 0x0000
  Reserved2*: 0x0000
PDU
    IEC GOOSE
    {
      Control Block Reference*:   PB5031BGOLD/LLN0$GO$gocb0
      Time Allowed to Live (msec):  10000
      DataSetReference*:   PB5031BGOLD/LLN0$dsGOOSE0
      GOOSEID*:   PB5031BGOLD/LLN0$GO$gocb0
      Event Timestamp:  2008-12-27 13:38.46.222997  Timequality: 0a
      StateNumber*:    2
      Sequence Number:  0
      Test*:     TRUE
      Config Revision*:    1
      Needs Commissioning*:    FALSE
      Number Dataset Entries:  8
      Data
      {
        BOOLEAN:  TRUE
        BOOLEAN:  FALSE
        BOOLEAN:  FALSE
```

图 14–3　GOOSE 报文带检修位

报文接收装置将接收到 GOOSE 报文的 Test 位与装置自身检修压板状态进行比较，做"异或"逻辑判断，只有当两者一致时，才将信号进行处理或动作，不一致时报文视为无效，不参与逻辑运算，但智能终端仍应以遥信方式转发收到的跳合闸命令。以保护装置出口跳智能终端为例，检修处理机制如图 14–4 所示。

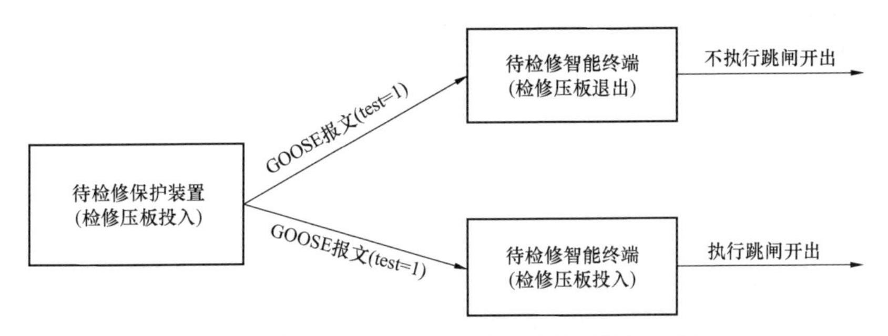

图 14–4　保护装置与智能终端检修处理机制示意图

6. 简述 SV 报文检修处理机制。

答：当合并单元装置检修压板投入时，发送采样值报文中每一路采样值数据的品质值 q 中的 Test 位应置 True；SV 接收装置应将接收的 SV 报文中的 Test 位与装置自身的检修压板状态进行比较，只有两者一致时才将该采样值用于保护逻辑运算，否则应按相关通道采样异常进行处理。对于多路 SV 输入的保护装置，一个 SV 接收软压板退出时应退出该路采样值，该 SV 中断或检修均不影响本装置运行。

目前，跨间隔保护与合并单元检修压板的配合关系如下：

（1）当母差保护检修压板与间隔合并单元检修压板不一致时，闭锁相关保护。

（2）当主变压器保护检修压板与间隔合并单元检修压板不一致时，退出与该间隔相关的差动保护及该侧后备保护。

7. 简述 MMS 报文检修处理机制。

答：装置应将检修压板状态上送客户端。当装置检修压板投入时，本装置上送的所有报文中信号的品质 q 的 Test 位应置位；当装置检修压板退出时，经本装置转发的信号应能反映 GOOSE 信号的原始检修状态；客户端根据上送报文中的品质 q 的 Test 位判断报文是否为检修报文并做出相应处理。当报文为检修报文，报文内容应不显示在简报窗中，不发出音响告警，但应该刷新画面，保证画面的状态与实际相符。检修报文应存储，并可通过单独的窗口进行查询。

8. 简述装置处理 GOOSE 检修状态的流程，并对其进行分析。

答：装置处理检修压板开入状态的流程如图 14–5 所示。

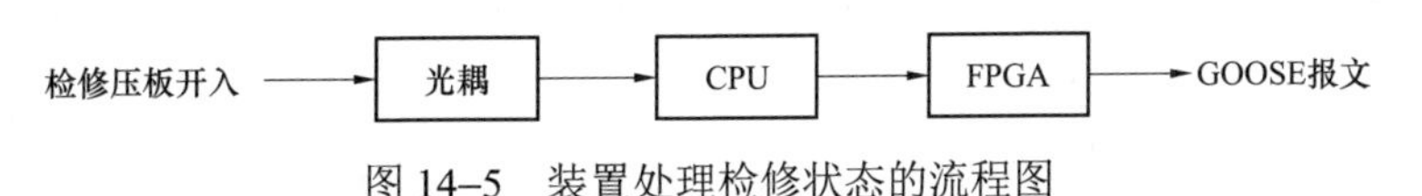

图 14–5　装置处理检修状态的流程图

（1）装置开入插件光耦采集检修压板硬开入的状态。

（2）装置 CPU 在 GOOSE 报文编码过程中，根据检修压板状态对发送的 GOOSE 报文 Test 位进行置位，若检修压板为投入状态，GOOSE 报文 Test 位置 True；若检修压板为退出状态，GOOSE 报文 Test 位置 False。

（3）CPU 将编码之后的 GOOSE 报文传递给装置 FPGA。

（4）装置 FPGA 将 GOOSE 报文从装置光口以组播方式发出。

在装置软、硬件均运行正常的情况下，利用 GOOSE 检修机制可以实现检修设备与运行设备的有效隔离，但当 GOOSE 报文的 Test 位由于某些原因不能正确反映检修状态时，GOOSE 检修机制将失效。根据图 14–5 所示装置处理检修状态流程图，可能导致 GOOSE 报文 Test 位出错的环节如下：

（1）光耦采集检修压板硬开入的状态出错。

（2）装置软件流程出错导致 CPU 在 GOOSE 报文编码时，没有正确置上检修位。

（3）装置硬件时序导致 FPGA 从装置光口发出的 GOOSE 报文检修位数据不正确。

9. 说明 GOOSE 出口软压板、GOOSE 接收软压板的工作原理。

答：（1）GOOSE 出口软压板。根据 Q/GDW 1396—2012《IEC 61850 工程继电保护应用模型》，智能变电站 GOOSE 出口软压板应按跳闸、启动失灵、闭锁重合闸、合闸、远跳等重要信号在 PTRC、RREC、PSCH 中统一加 Strp 后缀扩充出口软压板，从逻辑上隔离相应的信号输出。

如图 14–6 所示，信号输入为保护动作信号，信号输出为保护跳闸或者合闸信号。GOOSE 输出信号由保护动作输入信号和压板数据对象共同决定，通过改变出口压板数据对象的状态便可以实现其中一路信号的通断，实现传统出口硬压板的开断功能。

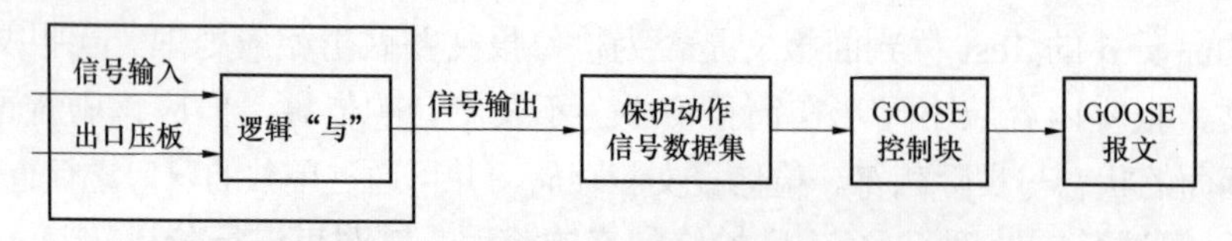

图 14–6　GOOSE 出口软压板处理示意图

当出口软压板设置为 1 时，保护动作信号数据集相应数据位反映信号输入的实际状态。

当出口软压板为 0 时，保护动作信号数据集相应数据位始终为 0。

不论 GOOSE 发送软压板为 1 或者 0，保护装置均会按照 GOOSE 要求的时间间隔发送数据，不会导致接收方判断 GOOSE 断链。

（2）GOOSE 接收软压板。根据 Q/GDW 1396—2012《IEC 61850 工程继电保护应用模型》，应简化保护装置之间、保护装置和智能终端之间的 GOOSE 软压板，除双母线和单母线接线方式设置启动失灵/失灵联跳接收软压板、变压器保护设置失灵联跳接收软压板外，接收端不设相应 GOOSE 接收软压板。

如图 14–7 所示，GOOSE 输入信号由保护装置开入信号和接收软压板数据对象共同决定，通过改变接收软压板数据对象的状态便可以实现其中一路信号的通断，实现传统压板隔离功能。

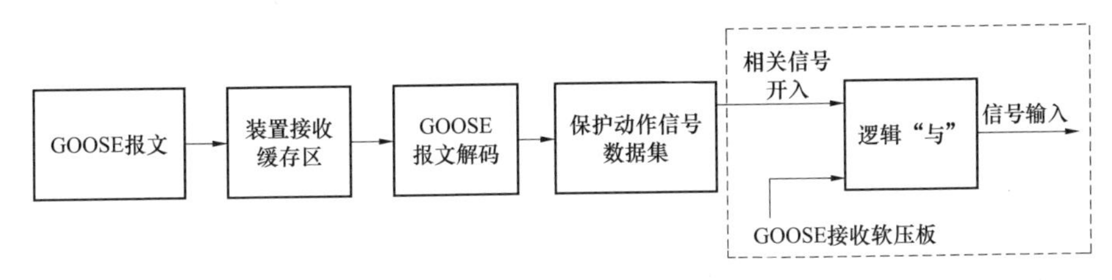

图 14–7　GOOSE 接收软压板处理示意图

当 GOOSE 接收软压板为 1 时，保护装置按照 GOOSE 报文的实际内容进行处理。

当 GOOSE 接收软压板为 0 时，保护装置不再处理 GOOSE 报文，保护装置相应开入始终为 0。

10. 说明 SV 接收软压板工作原理。

答：根据 Q/GDW 1808—2012《智能变电站继电保护通用技术条件》，保护装置应按合并单元设置“SV 接收”软压板。对于单路 SV 输入的保护装置，“SV 接收”软压板退出后，相应采样值显示为 0，不应发 SV 品质报警信息。对于多路 SV 输入的保护装置，一个 SV 接收软压板退出时应退出该路采样值，该 SV 中断或检修均不影响本装置运行。SV 接收软压板处理流程如图 14–8 所示。

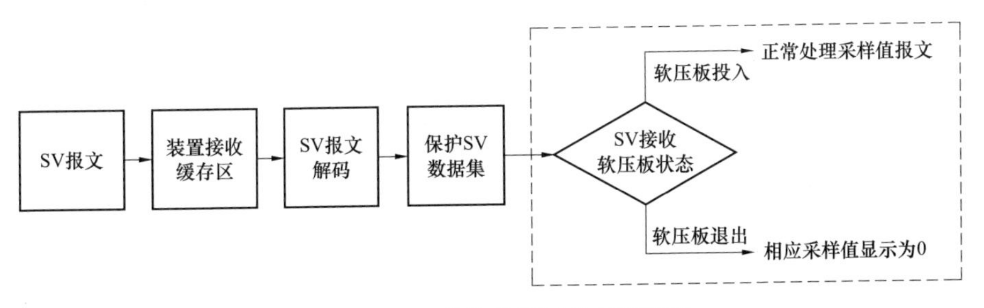

图 14–8　SV 接收软压板处理流程图

11. 简述智能变电站中母线合并单元与间隔合并单元级联时，母线电压品质位与检修压板状态之间的关系。

答：当母线合并单元与间隔合并单元级联，间隔合并单元检修压板投入时，本装置上送的所有采样值信号的品质 q 的 Test 位应置 1；间隔合并单元检修压板退出时，经本装置转发的采样值信号应能反映采样值信号的原始检修状态。母线合并单元与间隔合并单元级联时检修压板的具体的组合如表 14–1 所示。

表 14–1　　母线合并单元与间隔合并单元级联时检修态的配合

母线合并单元 检修状态	间隔合并单元 检修状态	母线电压 品质位
正常态	正常态	正常态
正常态	检修态	检修态
检修态	正常态	检修态
检修态	检修态	检修态

12. 简述智能变电站继电保护 GOOSE 二次回路安全措施实施原则。

答：（1）投入待检修设备检修压板，并退出待检修设备相关 GOOSE 出口软压板。

（2）退出与待检修设备相关联的运行设备的 GOOSE 接收软压板。

（3）通过对待检修设备装置信息、与待检修设备相关联的运行设备装置信息、后台信息“三信息”进行比对，以确认安全措施执行到位。

13. 简述智能变电站继电保护 SV 回路安全措施实施原则。

答：（1）停用一次设备时，退出相关运行保护装置的 SV 接收软压板。

（2）不停用一次设备时，退出相关运行保护装置功能。

14. 在智能变电站中工作中，哪些情况下需填写二次工作安全措施票？

答：根据 Q/GDW 11357—2014《智能变电站继电保护和电网安全自动装置现场工作保安规定》，在以下情况下需填写二次工作安全措施票：

（1）在与运行设备有联系的二次回路上进行涉及继电保护和电网安全自动装置的拆、接线工作时。

（2）在与运行设备有联系的 SV、GOOSE 网络中进行涉及继电保护和电网安全自动装置的拔、插光纤工作时。

（3）开展修改、下装配置文件且涉及运行设备或运行回路的工作时。

15. 简述智能变电站中二次工作安全措施票的编制原则。

答：根据 Q/GDW 11357—2014《智能变电站继电保护和电网安全自动装置现场工作保安规定》，二次工作安全措施票的编制原则如下：

（1）隔离或屏蔽采样、跳闸（包括远跳）、合闸、启动失灵、闭重等与运行设备相关的电缆、光纤及信号联系。

（2）安全措施应优先采用退出装置软压板、投入检修硬压板、断开二次回路接线等方式实现。当无法通过上述方法进行可靠隔离（如运行设备侧未设置接收软压板时）或保护和电网安全自动装置处于非正常工作的紧急状态时，方可采取断开 GOOSE、SV 光纤的方式实现隔离，但不得影响其他保护设备的正常运行。

（3）由多支路电流构成的保护和电网安全自动装置，如变压器差动保护、母线差动保护和 3/2 接线的线路保护等，若采集器、合并单元或对应一次设备影响保护的和电流回路或保护逻辑判断，作业前在确认该一次设备改为冷备用或检修后，应先退出该保护装置接收电流互感器 SV 输入软压板，防止合并单元受外界干扰误发信号造成保护装置闭锁或跳闸，再退出该保护此断路器智能终端的出口软压板及该间隔至母差（相邻）保护的启动失灵软压板。对于 3/2 接线线路单断路器检修方式，其线路保护还应投入该断路器检修压板。

（4）检修范围包含智能终端、间隔保护装置时，应退出与之相关联的运行设备（如母线保护、断路器保护等）对应的 GOOSE 发送/接收软压板。

（5）若上述安全隔离措施执行后仍然可能影响运行的一、二次设备，应提前申请将相关设备退运行。

（6）在一次设备仍在运行，而需要退出部分保护设备进行试验时，在相关保护未退出前不得投合并单元检修压板。

16. 简述智能变电站二次工作安全措施票典型内容的编制顺序。

答：根据 Q/GDW 11357—2014《智能变电站继电保护和电网安全自动装置现场工作保安规定》，二次工作安全措施票典型内容的编制顺序为：

（1）与检修设备相关的 GOOSE 软压板及出口硬压板已退出。

（2）与检修设备相关的 SV 软压板已退出。

（3）与检修设备相关的间隔隔离开关强制软压板已投入。

（4）无法通过投退软压板隔离的 SV、GOOSE 的光纤回路已拔出。

（5）检修范围内的所有智能设备（包括保护设备、智能终端、合并单元等）检修硬压板已投入。

（6）合并单元模拟量输入侧的TA、TV二次回路连接片已断开。

17. 智能变电站中，在常规电流互感器二次回路上工作时有哪些要求?

答：（1）在运行电流互感器与合并单元交流输入端子之间导线上进行任何工作，不应将其二次回路开路，且应有严格的安全措施，并填用二次工作安全措施票。必要时申请停用有关保护装置、安全自动装置或自动化监控系统。

（2）短路电流互感器二次绕组，应使用短路片或短路线，禁止用导线缠绕。

（3）运行中的电流互感器短路后，仍应有可靠的接地点，且一个回路中禁止有两个接地点。工作中不应将运行电流互感器二次回路的永久接地点断开。

18. 智能变电站中，在常规电压互感器二次回路上工作时有哪些要求?

答：（1）不应将运行电压互感器与合并单元交流输入端子间二次回路短路、接地和断线。必要时，工作前申请停用有关继电保护、电网安全自动装置或自动化监控系统。

（2）电压互感器二次回路接临时负载，应装有专用的闸刀、熔断器或空气开关。

（3）不应将运行电压互感器二次回路的永久接地点断开。

（4）从合并单元交流输入端子对保护装置电压回路通电试验时，为防止由二次侧向一次侧反充电，除应断开合并单元与电压互感器二次侧的回路外，还应取下电压互感器高压熔断器或断开电压互感器一次隔离开关，并注意加压试验接线不应接在电压互感器二次侧。

19. 智能变电站中，在电子式互感器二次回路上工作时有哪些要求?

答：（1）一次设备运行时不得断开采集器至合并单元之间的光纤回路，在对应保护未退出前不得投入合并单元的检修压板。

（2）当电子式互感器、采集器、合并单元作业影响采样回路或保护装置时，应停用一次设备及相关保护装置。若上述采样回路硬件更换或装置软件发生变更，应进行一次通流试验，验证交流采样回路正确性。

20. 在智能变电站中，过程层设备试验时有哪些要求?

答：（1）对于被检验保护装置与其他保护装置共用合并单元和智能终端（如线路保护与母差等保护），在双重化配置时进行其中一个合并单元或智能终端性能试验消缺时应采取必要措施防止其他保护装置误动。

（2）核实该合并单元光纤端口的使用和SV虚回路通道配置；核实该智能

终端输入输出端口的使用。

（3）一次间隔停电，间隔保护校验时，在退出间隔保护侧及母差保护侧间隔启动失灵、远跳、失灵联跳软压板，退出该合并单元所供的保护 SV 输入软压板，退出多间隔的母差、主变差动保护对应的间隔投入软压板后，才能进行合并单元性能试验。对保护装置进行加量传动作业时，对常规互感器保护应在合并单元输入端进行加量传动试验；对电子式互感器应在保护侧断开 SV 网络的光纤接线，从保护装置 SV 输入端进行试验。

21. 阐述 220kV 合并单元消缺时的安全措施。

答：合并单元出现缺陷时应申请停役相关受影响的保护，必要时申请停役一次设备。以采用“SV 采样+GOOSE 跳闸模式”的 220kV 线路间隔第一套合并单元为例，说明合并单元消缺时的安全措施。

（1）在一次设备停电的情况下，合并单元消缺时的典型安措如下：

1）退出第一套母差保护中对应支路 SV 接收软压板。

2）投入该合并单元检修压板。

注：先退出母差保护对应支路 SV 接收软压板，再投入合并单元检修压板；否则可能造成母差保护闭锁。

（2）在一次设备不停电的情况下，合并单元消缺时的典型安措如下：

1）对应 220kV 第一套线路保护改信号。

2）对应 220kV 第一套母差保护改信号。

3）投入该合并单元检修压板。

注：不可随意退出母差 SV 接收软压板，否则可能造成母差保护误动作。

22. 阐述 220kV 智能终端消缺时的安全措施。

答：智能终端出现缺陷时应申请停役相关受影响的保护，必要时申请停役一次设备。以采用“SV 采样+GOOSE 跳闸模式”的 220kV 线路间隔第一套智能终端为例，说明智能终端消缺时的安全措施。

（1）缺陷处理前。

1）退出本间隔第一套智能终端出口硬压板，并投入检修压板；

2）退出本间隔第一套线路保护 GOOSE 出口软压板、启失灵发送软压板；

3）投入 220kV 第一套母线保护中本间隔隔离开关强制软压板；

4）如有需要可断开智能终端背板光纤，解开至另一套智能终端的闭锁重合闸回路。

（2）缺陷处理后传动试验时。

1）退出本间隔第一套智能终端出口硬压板，并投入检修压板；

2）退出 220kV 第一套母线保护内运行间隔 GOOSE 出口软压板、失灵联跳发送软压板，并投入保护装置检修压板；

3）投入本间隔第一套线路保护装置检修压板；

4）如有需要可退出该线路保护至线路对侧纵联光纤，解开至另外一套智能终端闭锁重合闸回路。

上述安全措施方案可传动至该断路器智能终端出口硬压板，如有必要可停役相关一次设备做完整的整组传动试验。

23. 阐述 220kV 线路保护装置消缺时的安全措施。

答：以采用“直采直跳模式”的第一套线路保护为例，说明消缺时的安全措施。

（1）缺陷处理前。

1）退出 220kV 第一套母线保护中本线路间隔 GOOSE 启失灵接收软压板；

2）退出本间隔第一套线路保护内 GOOSE 出口软压板、启失灵发送软压板，并投入装置检修压板；

3）如有需要可断开线路保护至对侧纵联光纤及线路保护背板光纤。

（2）缺陷处理后传动试验时。

1）退出 220kV 第一套母线保护中其他间隔 GOOSE 出口软压板、失灵联跳发送软压板，投入母线保护检修压板；

2）退出本间隔第一套智能终端出口硬压板，并投入检修压板；

3）投入本间隔第一套线路保护检修压板；

4）如有需要退出该线路保护至线路对侧纵联光纤，解开至另一套智能终端闭锁重合闸回路。

上述安全措施方案可传动至该断路器智能终端出口硬压板，如有必要可停役相关一次设备做完整的整组传动试验。

24. 阐述 220kV 主变保护装置消缺时的安全措施。

答：220kV 主变保护出现缺陷时应申请停役相关受影响的保护，必要时申请停役一次设备。以一次主接线为双母线带母联接线方式，采用“直采直跳模式”的第一套主变保护为例，说明消缺时的安全措施。

（1）缺陷处理前。

1）退出本间隔第一套主变保护 GOOSE 出口软压板、GOOSE 启失灵发送软压板，并投入装置检修压板；

2）退出 220kV 第一套母线保护中本间隔 GOOSE 启失灵接收软压板；

3）如有需要可取下该 220kV 第一套主变保护背板光纤。

（2）缺陷处理后传动试验时。

1）退出 220kV 第一套母线保护中其他间隔 GOOSE 出口软压板、失灵联跳发送软压板，并投入装置检修压板；

2）退出 110kV 母线保护中其他间隔 GOOSE 出口软压板、失灵联跳软压板，并投入装置检修压板；

3）退出第一套主变保护 GOOSE 启失灵发送软压板、GOOSE 出口软压板，并投入保护装置检修压板；

4）退出本间隔各侧第一套智能终端出口硬压板，并投入智能终端检修压板；

5）若主变有跳 110kV 母联/母分智能终端回路，则应取下 110kV 母联/母分智能终端出口硬压板，且投入智能终端检修压板；同时，退出相应母联/母分保护 GOOSE 出口软压板；

6）若主变有跳 10kV/35kV 母分智能终端回路，则应取下 10kV/35kV 母分智能终端出口硬压板，且投入智能终端检修压板；同时，退出相应分段保护 GOOSE 出口软压板。

本安全措施方案可传动至各相关智能终端出口硬压板，如有必要可停役一次设备做完整的整组传动试验。

25. 阐述 220kV 母差保护装置消缺时的安全措施。

答：以一次主接线为双母线接线方式，采用“直采直跳模式”的第一套母差保护为例，说明消缺时的安全措施。

（1）退出第一套母线保护内 GOOSE 发送出口软压板、失灵联跳发送软压板，并投入保护装置检修压板；

（2）如有需要可断开第一套母线保护背板光纤。

26. 说明 110kV 内桥接线变电站中，110kV 备自投间隔校验的安全措施。

答：以 110kV 备自投保护为例，其典型配置以及与其他保护装置的网络联系如图 14–9 所示。

（1）当一台主变和母分开关停电，另一台主变运行时，典型安全措施：

1）退出 110kV 备自投中 2#进线 110kV 开关 GOOSE 跳闸、合闸出口软压板。

2）拔出 110kV 备自投保护装置背板上 2#进线 SV 输入光纤。

3）投入 1#进线间隔合并单元、智能终端检修压板。

4）投入 110kV 母分间隔合并单元、智能终端检修压板。

5）投入110kV备自投保护检修压板。

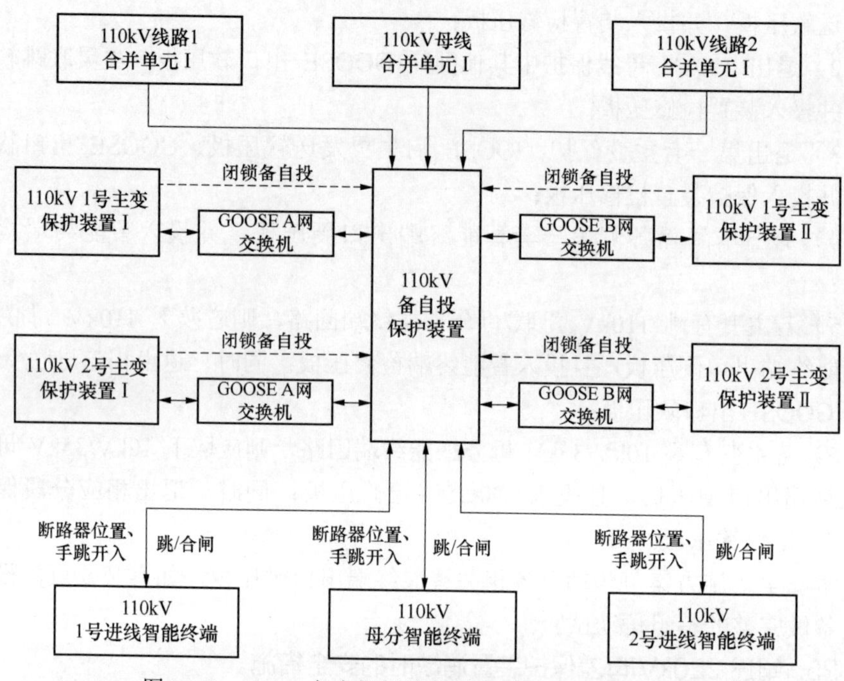

图14–9 110kV备自投保护典型配置与网络联系示意图

（2）当两台主变运行，母分开关停电时，典型安全措施：

1）退出110kV备自投中1号进线110kV开关GOOSE跳闸、合闸出口软压板。

2）退出110kV备自投中2号进线110kV开关GOOSE跳闸、合闸出口软压板。

3）拔出110kV备自投保护装置背板上1号进线SV输入光纤。

4）拔出110kV备自投保护装置背板上2号进线SV输入光纤。

5）投入110kV母分间隔合并单元、智能终端检修压板。

6）投入110kV备自投保护装置检修压板。

27. 阐述220kV线路保护装置校验时的安全措施。

答：以一次主接线为双母线双分段带母联接线方式，且采用SV采样、GOOSE跳闸模式的第一套线路保护为例，其典型配置以及与其他保护的网络联系如图14–10所示。

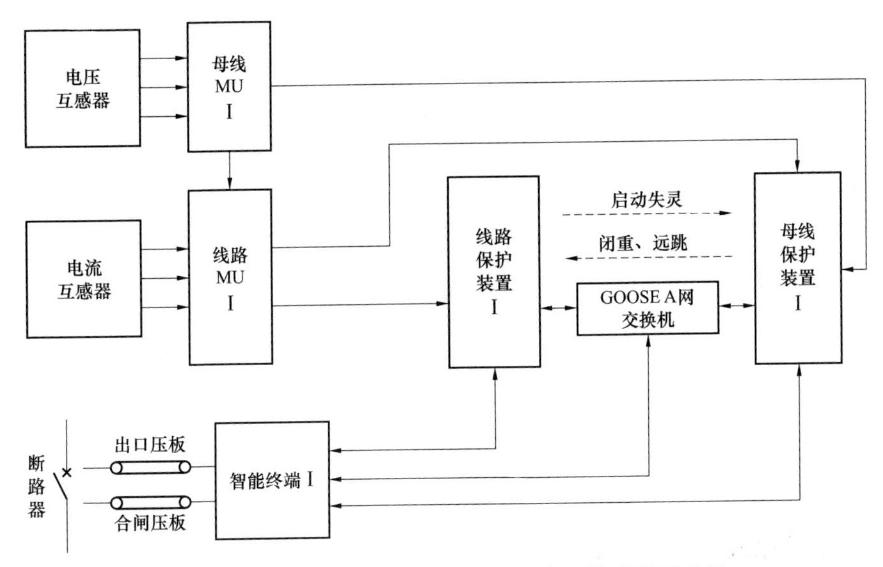

图 14–10 220kV 线路保护典型配置与网络联系示意图

（1）在一次设备停电情况下，线路间隔保护装置典型安全措施如下：

1）线路间隔检修校验。① 退出 220kV 第一套母差保护中本间隔 SV 接收压板、GOOSE 启失灵接收软压板、GOOSE 跳闸出口软压板。② 退出本间隔第一套线路保护中 GOOSE 启失灵发送软压板。③ 投入本间隔第一套合并单元、智能终端和保护装置的检修压板。

2）线路间隔保护装置启失灵回路试验。① 退出 220kV 第一套母差保护中其他间隔的 GOOSE 跳闸出口软压板、失灵联跳发送软压板，并投入装置检修压板。② 投入本间隔第一套合并单元、智能终端和保护装置的检修压板。

（2）在一次设备不停电情况下，线路第一套保护校验时典型安全措施如下：

1）退出 220kV 第一套母差保护中本间隔 GOOSE 启失灵接收软压板。

2）投入 220kV 第一套母差保护中本间隔隔离开关强制功能软压板。

3）退出本间隔第一套保护装置 GOOSE 启失灵发送软压板。

4）退出本间隔第二套保护装置重合闸出口软压板。

5）投入本间隔第二套保护装置停用重合闸软压板。

6）投入线路间隔第一套保护装置、智能终端检修压板。

7）退出线路间隔第一套智能终端出口压板。

8）拔出线路第一套保护装置背板 SV 输入光纤。

（3）在一次设备不停电情况下，线路第二套保护校验时典型安全措施如下：

1）退出 220kV 第二套母差保护中本间隔 GOOSE 启动失灵接收软压板。

2）投入 220kV 第二套母差保护中本间隔隔离开关强制功能软压板。

3）投入本间隔第二套保护装置 GOOSE 启动失灵发送软压板。

4）投入线路间隔第二套保护装置、智能终端检修压板。

5）解开本间隔第二套智能终端闭锁第一套保护重合闸硬接点。

6）退出线路间隔第二套智能终端跳闸出口压板。

7）拔出线路第二套保护装置背板 SV 输入光纤。

28. 阐述 220kV 主变保护装置校验时的安全措施。

答：以一次主接线为双母线双分段带母联接线方式，且采用 SV 采样、GOOSE 跳闸模式的第一套主变保护为例，其典型配置以及与其他保护装置的网络联系如图 14–11 所示。

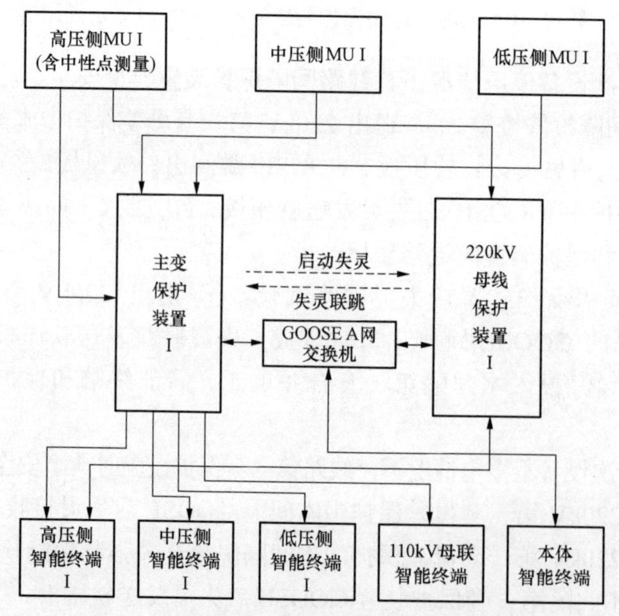

图 14–11　主变保护典型配置与网络联系示意图

（1）在一次设备停电情况下，主变间隔保护装置校验典型安措如下：

1）主变保护检修校验：① 退出 220kV 第一套母差保护本间隔 SV 接收

软压板；② 退出 220kV 第一套母差保护中本间隔 GOOSE 启失灵接收软压板、GOOSE 跳闸出口软压板；③ 退出 220kV 第一套母差保护中本间隔失灵联跳发送软压板；④ 退出主变第一套保护中 GOOSE 启失灵发送软压板、失灵联跳接收软压板；⑤ 投入第一套合并单元、智能终端和保护装置的检修压板。

2）主变间隔保护装置启失灵回路试验：① 退出 220kV 第一套母差保护中其他间隔的 GOOSE 跳闸出口软压板、失灵联跳发送软压板，并投入装置检修压板。② 投入第一套合并单元、智能终端和保护装置检修压板。

（2）在一次设备不停电情况下，主变间隔保护装置校验时典型安措如下：

1）退出 220kV 第一套母差保护中本间隔 GOOSE 启失灵接收压板。

2）投入 220kV 第一套母差保护中本间隔隔离开关强制功能软压板。

3）退出主变第一套保护中 GOOSE 启失灵发送压板。

4）取下第一套智能终端跳闸出口压板，投入第一套智能终端和保护装置检修压板。

5）拔出第一套主变保护装置背板主变各侧 SV 输入光纤。

29. 阐述 220kV 母差保护校验时的安全措施。

答：以一次主接线为双母双分段带母联接线方式的 220kV Ⅰ段、Ⅱ段母线第一套母差保护为例，其典型配置以及与其他保护装置的网络联系如图 14–12 所示。

母差保护检修校验的典型安措如下：

（1）退出Ⅰ段、Ⅱ段第一套母差保护中 GOOSE 跳闸出口软压板。

（2）退出Ⅰ段、Ⅱ段第一套母差保护中失灵联跳发送软压板。

（3）退出Ⅰ段、Ⅱ段第一套母差保护中Ⅲ段、Ⅳ段第一套母差保护 GOOSE 启失灵发送软压板。

（4）退出Ⅰ段、Ⅱ段第一套母差保护中Ⅲ段、Ⅳ段第一套母差保护 GOOSE 启失灵接收软压板。

（5）退出Ⅲ段、Ⅳ段第一套母差保护中Ⅰ段、Ⅱ段第一套母差保护 GOOSE 启失灵发送软压板。

（6）退出Ⅲ段、Ⅳ段第一套母差保护中Ⅰ段、Ⅱ段第一套母差保护 GOOSE 启失灵接收软压板。

（7）退出 220kV 第一套主变保护失灵联跳接收软压板。

（8）投入Ⅰ段、Ⅱ段第一套母差保护的检修压板。

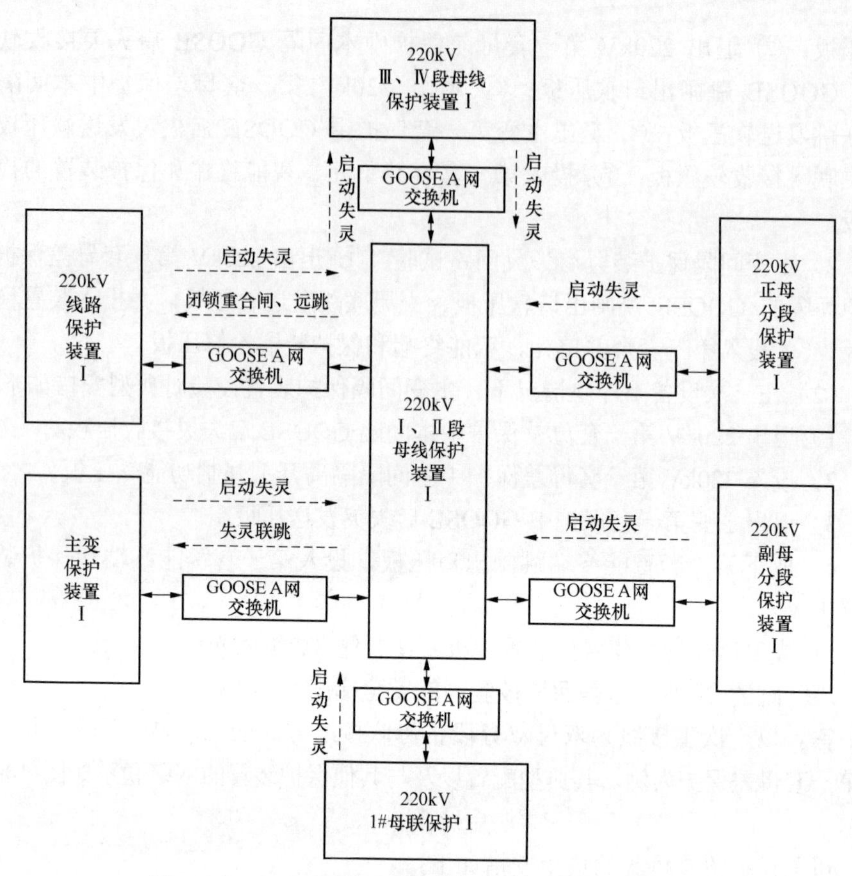

图 14–12　220kV 母差保护典型配置与网络联系示意图

30. 阐述 220kV 母联保护装置校验时的安全措施。

答：以一次主接线为双母双分段带母联接线方式，且采用 SV 采样、GOOSE 跳闸模式第一套母联保护为例，其典型配置以及与其他保护装置的网络联系如图 14–13 所示。

（1）在一次设备停电情况下，母联间隔保护装置校验时典型安全措施如下：

1）退出 220kV 第一套母差保护中本间隔 SV 接收软压板。

2）退出 220kV 第一套母差保护中本间隔 GOOSE 启失灵接收软压板、GOOSE 跳闸出口软压板。

3）退出本间隔第一套保护中 GOOSE 启失灵发送软压板。

4）投入本间隔第一套合并单元、智能终端和保护装置检修压板。

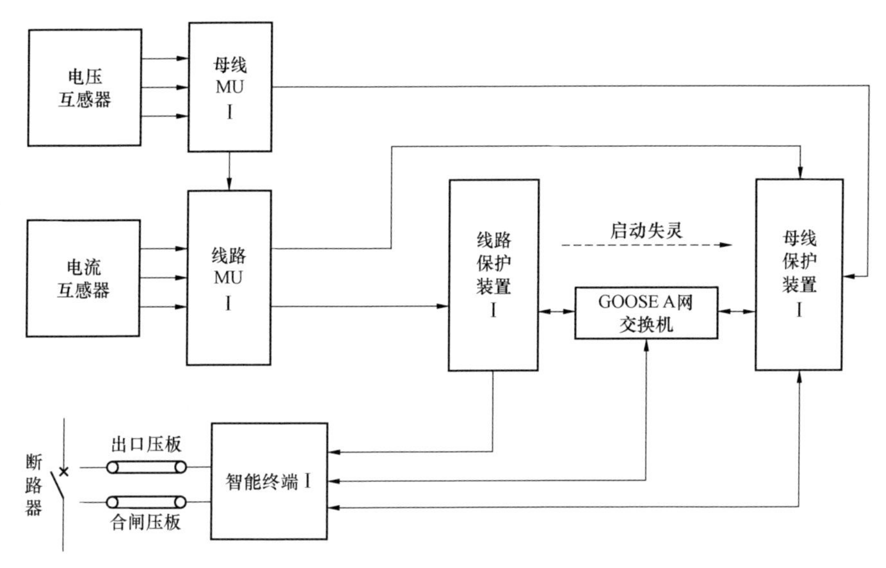

图 14–13　220kV 母联保护典型配置与网络联系示意图

（2）在一次设备不停电情况下，母联间隔保护装置校验时典型安全措施如下：

1）退出 220kV 第一套母差保护中本间隔 GOOSE 启失灵接收软压板、GOOSE 跳闸出口软压板。

2）退出本间隔第一套保护装置中 GOOSE 启失灵发送软压板。

3）投入本间隔第一套保护装置、智能终端检修压板。

4）退出本间隔第一套智能终端跳闸出口压板。

5）拔出本间隔第一套保护背板 SV 输入光纤。

31. 阐述 220kV 分段保护校验时的安全措施。

答：以一次主接线为双母双分段带母联接线方式，且采用 SV 采样、GOOSE 跳闸模式的 220kV 正母分段第一套分段保护为例，其典型配置以及与其他保护装置的网络联系如图 14–14 所示。

（1）在一次设备停电情况下，分段间隔保护装置校验时典型安全措施如下：

1）退出 220kV Ⅰ段、Ⅱ段第一套母差保护中本间隔 SV 接收软压板。

2）退出 220kV Ⅰ段、Ⅱ段第一套母差保护中本间隔 GOOSE 启失灵接收软压板、GOOSE 跳闸出口软压板。

3）退出 220kV Ⅲ段、Ⅳ段第一套母差保护中本间隔 SV 接收软压板。

4）退出 220kV Ⅲ段、Ⅳ段第一套母差保护中本间隔 GOOSE 启失灵接收软压板、GOOSE 跳闸出口软压板。

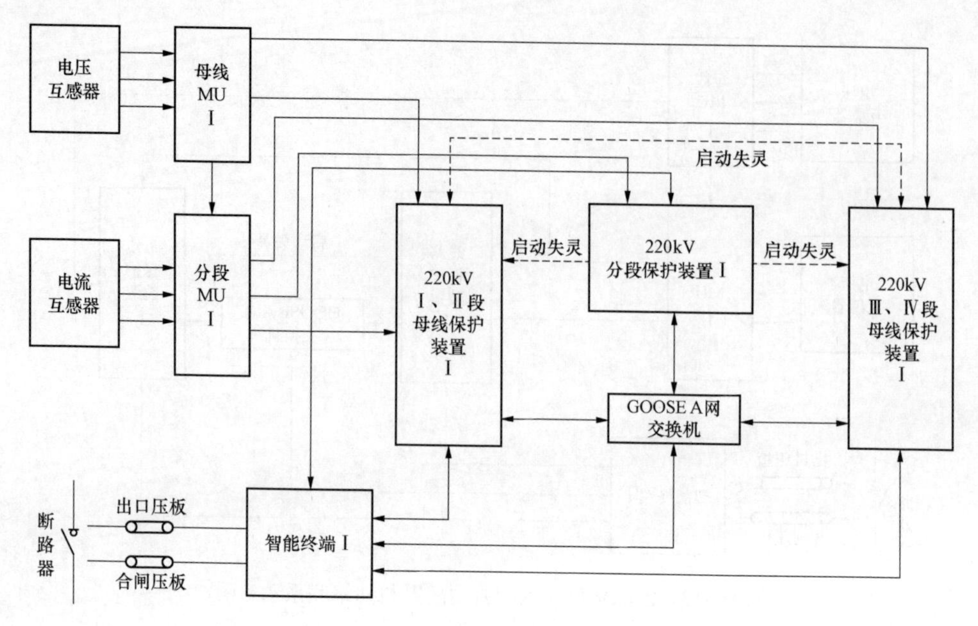

图 14-14　220kV 分段保护典型配置与网络联系示意图

5）退出本间隔第一套保护中至 220kV Ⅰ段、Ⅱ段第一套母差保护的 GOOSE 启失灵发送软压板。

6）退出本间隔第一套保护中至 220kV Ⅲ段、Ⅳ段第一套母差保护的 GOOSE 启失灵发送软压板。

7）投入本间隔第一套合并单元、智能终端和保护装置的检修压板。

（2）在一次设备不停电情况下，分段间隔保护装置校验时典型安全措施如下：

1）退出 220kV Ⅰ段、Ⅱ段第一套母差保护中本间隔 GOOSE 启失灵接收软压板。

2）退出 220kV Ⅲ段、Ⅳ段第一套母差保护中本间隔 GOOSE 启失灵接收软压板。

3）退出本间隔第一套保护中至 220kV Ⅰ段、Ⅱ段第一套母差保护的 GOOSE 启失灵发送软压板。

4）退出本间隔第一套保护中至 220kV Ⅲ段、Ⅳ段第一套母差保护的 GOOSE 启失灵发送软压板。

5）退出本间隔第一套智能终端跳闸出口压板。

6）投入本间隔第一套智能终端和保护装置检修压板。

32. 500kV主变保护安全措施实例有哪些?

答：以 500kV 变电站第一套主变保护为例，其典型配置以及与其他保护装置的网络联系如图 14–15 所示。

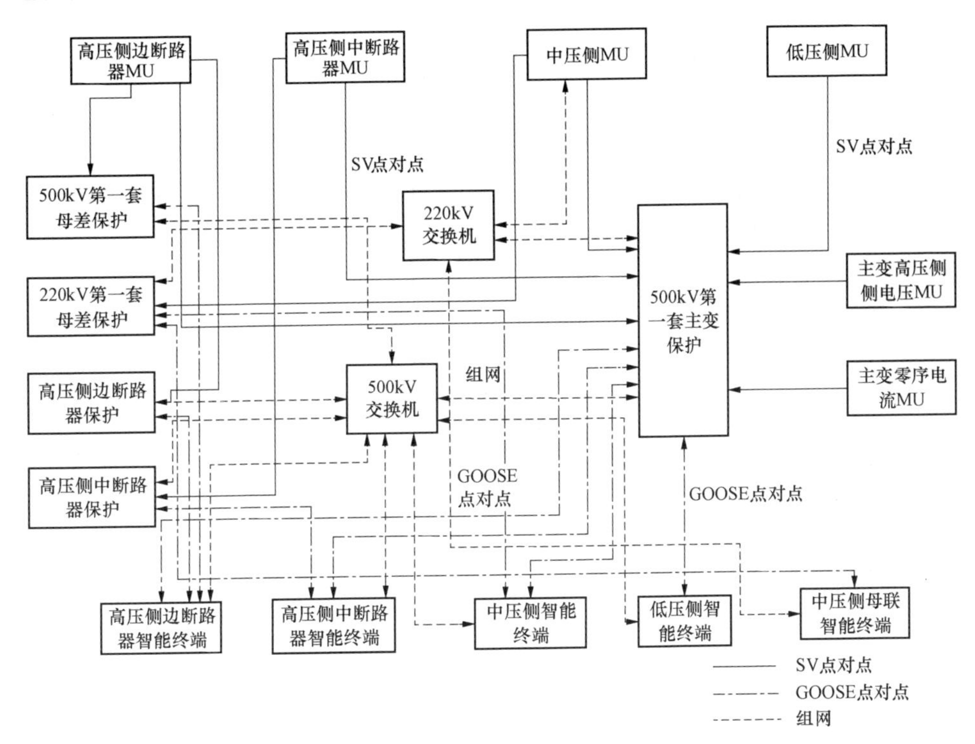

图 14–15　500kV 主变保护典型配置与网络联系示意图

（1）变压器停电情况下，主变间隔定期校验安全措施（含边断路器保护、中断路器保护）。

1）采用电子式互感器（不带合并单元做试验）。

a. 退出对应 500kV 第一套母线保护内该间隔 GOOSE 接收软压板；

b. 退出 220kV 第一套母线保护内该间隔 GOOSE 失灵解复压接收软压板，投入 220kV 第一套母线保护内该间隔的隔离开关强制软压板；

c. 退出该 500kV 第一套主变保护 220kV 侧 GOOSE 启失灵解复压发送软压板及至运行设备 GOOSE 出口软压板；

d. 退出第一套边断路器保护内 GOOSE 启失灵软压板；

e. 退出第一套中断路器保护内至运行设备 GOOSE 启失灵、GOOSE 出口软压板；

f. 放上 500kV 第一套主变保护、边断路器保护、中断路器保护、各侧智能终端检修压板。

2）采用传统互感器。不带合并单元做试验时同 1）；从合并单元前加量做试验时：

a. 退出对应 500kV 第一套母线保护、220kV 第一套母线保护内该间隔 SV 接收软压板；

b. 退出同串运行第一套线路保护或主变保护内中断路器 SV 接收软压板；

c. 退出对应 500kV 第一套母线保护内该间隔 GOOSE 接收软压板；

d. 退出 220kV 第一套母线保护内该间隔 GOOSE 失灵解复压接收软压板，投入 220kV 第一套母线保护内该间隔的隔离开关强制软压板；

e. 退出该主变保护 220kV 侧 GOOSE 启失灵解复压发送软压板及至运行设备 GOOSE 出口软压板；

f. 退出第一套边断路器保护内 GOOSE 启失灵发送软压板；

g. 退出第一套中断路器保护内至运行设备 GOOSE 启失灵、GOOSE 出口软压板；

h. 放上 500kV 第一套主变保护、边断路器保护、中断路器保护、各侧智能终端、各侧合并单元检修压板；

i. 在合并单元端子排将 TA 短接并划开，TV 回路划开。

注：同串运行第一套线路保护、主变保护报 GOOSE 数据异常。

3）500kV 主变保护失灵回路传动试验。

a. 退出同串运行第一套线路保护或主变保护内中断路器 SV 接收软压板；

b. 退出对应 500kV 第一套母线保护内运行间隔 GOOSE 出口软压板，放上该母线保护检修压板；

c. 退出 220kV 第一套母线保护内运行间隔 GOOSE 出口软压板、失灵联跳软压板，放上该母线保护检修压板；

d. 退出该 500kV 第一套主变保护至运行设备 GOOSE 出口软压板；

e. 退出该中断路器保护内至运行设备 GOOSE 启失灵、GOOSE 出口软压板；

f. 投入 500kV 第一套主变保护、边断路器保护、中断路器保护、各侧智能终端、各侧合并单元检修压板；

g. 在合并单元端子排将 TA 短接并划开，TV 回路划开。

（2）变压器不停电情况下，主变间隔装置缺陷处理。

1）合并单元缺陷（以 500kV 边断路器合并单元为例）。

合并单元缺陷时，投入该合并单元检修压板，重启一次，重启后若异常消失，将装置恢复到正常运行状态；若异常没有消失，保持该装置重启时状态，根据设备缺陷严重等级，确定是否需停役一次设备；停役一次设备后，退出相应保护 SV 接收软压板。

2）主变保护缺陷。

主变保护缺陷时，投入该主变保护检修压板，重启一次，重启后若异常消失，将装置恢复到正常运行状态；若异常没有消失，保持该装置重启时状态。在不停用一次设备时，二次设备做如下补充安全措施：

① 缺陷处理时：

a. 退出该 500kV 第一套主变保护内 GOOSE 出口软压板、失灵解复压发送软压板。

b. 如有需要可取下该 500kV 第一套主变保护背板光纤。

② 缺陷处理后传动试验时：

a. 退出对应 500kV 第一套母线保护内运行间隔 GOOSE 出口软压板，放上对应 500kV 第一套母线保护检修压板；

b. 退出 220kV 第一套母线保护内运行间隔 GOOSE 出口软压板、失灵联跳软压板，放上 220kV 第一套母线保护检修压板；

c. 退出第一套中断路器保护内至运行间隔 GOOSE 启失灵、GOOSE 出口软压板，放上第一套中断路器保护检修压板，放上第一套边断路器保护检修压板；

d. 取下 220kV 母联第一套智能终端、母分第一套智能终端出口硬压板，放上 220kV 母联第一套智能终端、母分第一套智能终端检修压板（如主变保护有跳 220kV 母联、母分智能终端回路）；

e. 取下该主变间隔各侧第一套智能终端出口硬压板，放上各侧第一套智能终端检修压板。

注：本安全措施方案可传动至各相关智能终端出口，如有必要可停役一次设备做完整的整组传动试验。

3）断路器保护缺陷（以边断路器第一套保护为例）。

断路器保护缺陷时，投入该断路器保护检修压板，重启一次，重启后若异常消失，将装置恢复到正常运行状态；若异常没有消失，保持该装置重启时状态。在不停用一次设备时，二次设备做如下补充安全措施：

① 缺陷处理时：

a. 退出对应 500kV 第一套母线保护内该断路器保护 GOOSE 接收软压板；

b. 退出第一套断路器保护 GOOSE 出口软压板、启失灵软压板；

c. 如有需要可取下第一套断路器保护背板光纤。

② 缺陷处理后传动试验时：

a. 退出对应 500kV 第一套母线保护内运行间隔 GOOSE 出口软压板，放上对应 500kV 第一套母线保护检修压板；

b. 退出 500kV 主变第一套保护内至运行间隔 GOOSE 出口软压板、失灵解复压软压板，放上 500kV 主变第一套保护检修压板；

c. 退出第一套中断路器保护内至运行间隔 GOOSE 启失灵、GOOSE 出口软压板，放上第一套中断路器保护检修压板，放上第一套边断路器保护检修压板；

d. 取下该主变间隔各侧第一套智能终端出口硬压板，放上各侧第一套智能终端检修压板。

注：该种安全措施方案可传动至智能终端出口，如有必要可停役相关一次设备做完整的整组传动试验。

4）智能终端缺陷（以 500kV 侧边断路器智能终端为例）。

智能终端缺陷时，取下出口硬压板，放上装置检修压板，重启装置一次，重启后若异常消失，将装置恢复到正常运行状态；若异常没有消失，保持该装置重启时状态。在不停用一次设备时，二次设备做如下补充安全措施：

① 缺陷处理时：

a. 退出该断路器保护内 GOOSE 出口软压板、启失灵软压板;

b. 如有需要可取下智能终端背板光纤。

② 缺陷处理后传动试验时：

a. 退出对应 500kV 第一套母线保护内运行间隔 GOOSE 出口软压板，放上对应 500kV 第一套母线保护检修压板；

b. 退出 500kV 主变第一套保护内至运行间隔 GOOSE 出口软压板、失灵解复压软压板，放上 500kV 主变第一套保护检修压板；

c. 退出该中断路器第一套保护内至运行间隔 GOOSE 启失灵、GOOSE 出口软压板，放上中断路器第一套保护检修压板，放上边断路器第一套保护检修压板；

d. 取下该主变间隔各侧第一套智能终端跳闸硬压板，放上各侧第一套智能终端检修压板。

注：该种安全措施方案可传动至智能终端出口，如有必要可停役相关一次设备做完整的整组传动试验。

33. 检修过程中如果需对光纤进行插拔，应有哪些注意事项？为保证插拔光纤后可靠恢复至原始状态，应对光纤如何标识？请举例具体说明。

答：检修过程中如果需对光纤进行插拔，应注意以下几个方面：

（1）操作前核实光纤标识是否规范、明确，且与现场运行情况是否一致。

（2）取下的光纤应做好记录，恢复时应在专人监护下逐一进行，并仔细核对。

（3）严禁将光纤端对着自己和他人的眼睛。

（4）插拔光纤过程中应小心、仔细，避免光纤白色陶瓷插针触及硬物，从而造成光头污染或光纤损伤。

（5）光纤拔出后应及时套上光纤帽，裸露的光口也需用防尘帽进行隔离。

（6）恢复原始状态后，检查光纤是否有明显折痕以及弯曲度是否符合要求。

（7）恢复以后，查看二次回路通信图，检查通信恢复情况。

为保证插拔光钎后可靠恢复至原始状态，光纤识别遵循以下规则：

（1）尾纤标识应注明起点和终点。

（2）不同屏柜的尾纤应由光缆吊牌进行区分。

（3）在同一屏内的尾纤应从标识上区分不同装置。

（4）同一装置的尾纤应区分不同插件。

（5）同一插件的尾纤应区分不同接口。

（6）为方便检修及运行人员日常维护，标志上可选择简要标明尾纤功能。

34. 继电保护发生不正确动作时，检修人员应怎样处理？

答：发生继电保护不正确动作时，检修人员应及时收集相关资料，包括动作保护的详细报告、保护内部记录数据、录波及网络运行报告、断路器信息、监控系统信息、相关保护故障前后的打印报告及告警信息等，以及相关厂站的有关报告、系统的变化情况、现场运维人员的操作处理情况、一次设备故障情况等。在得到本单位继电保护专业管理部门及该设备调度机构的同意后，进行事故后检验。

第十五章 工 程 实 例

1. 500kV 智能变电站典型间隔信息流实例分析。

以一座典型配置的 500kV 智能化变电站为例，500kV 系统采用 3/2 接线、常规一次设备，通过保护、测控装置直接采样实现互感器电流、电压量的采集，通过智能终端实现断路器、隔离开关等设备的分/合闸、位置信号采集等。220kV 系统采用双母双分接线、常规一次设备，通过合并单元实现互感器电流、电压量的采集，通过智能终端实现断路器、隔离开关等设备的分/合闸、位置信号采集等。

全站分为三层，即站控层、间隔层和过程层。站控层设备包括监控系统主机、远动系统、保护信息子站等；间隔层设备包括保护、测控装置等；过程层设备包括变压器、断路器、隔离开关、电流/电压互感器等一次设备及其所属的智能组件以及独立的智能电子装置（智能终端和合并单元）。

站内分别设置 SV 网（直采，220kV 及以下电压等级）、GOOSE 网和 MMS 网，继电保护系统采用“直采直跳”模式，各保护设备间的联闭锁命令及测控功能采用网络方式实现。其中，500kV、220kV 继电保护设备双重化配置分别接入 GOOSE A 网和 GOOSE B 网，35kV 采用保护测控合一装置单重化配置接入 GOOSE A 网。除 35kV 外配置独立测控装置，测控装置间的联闭锁信息以 GOOSE 报文的形式通过 MMS 网传输。合并单元、智能终端就地化布置，保护设备就近一次设备继电保护小室内布置。

以 500kV 线变串保护为例介绍典型间隔信息流。500kV 系统及主变采用交流量常规采样，GOOSE 跳闸模式。500kV 线路间隔配置两套包含主、后备功能（含远跳就地判别）的线路保护装置，500kV 主变间隔配置两套包含主、后备功能的变压器保护装置，各断路器配置双重化的断路器保护（重合闸，失灵保护等）装置及智能终端。操作箱功能由智能终端实现。智能终端间通过电气连接实现两套重合闸之间的配合。

500kV 智能变电站线变完整串主变压器间隔、线路间隔及母线间隔的信息流如图 15-1 所示。下面均以第一套主变保护、线路保护、母差保护、边断路

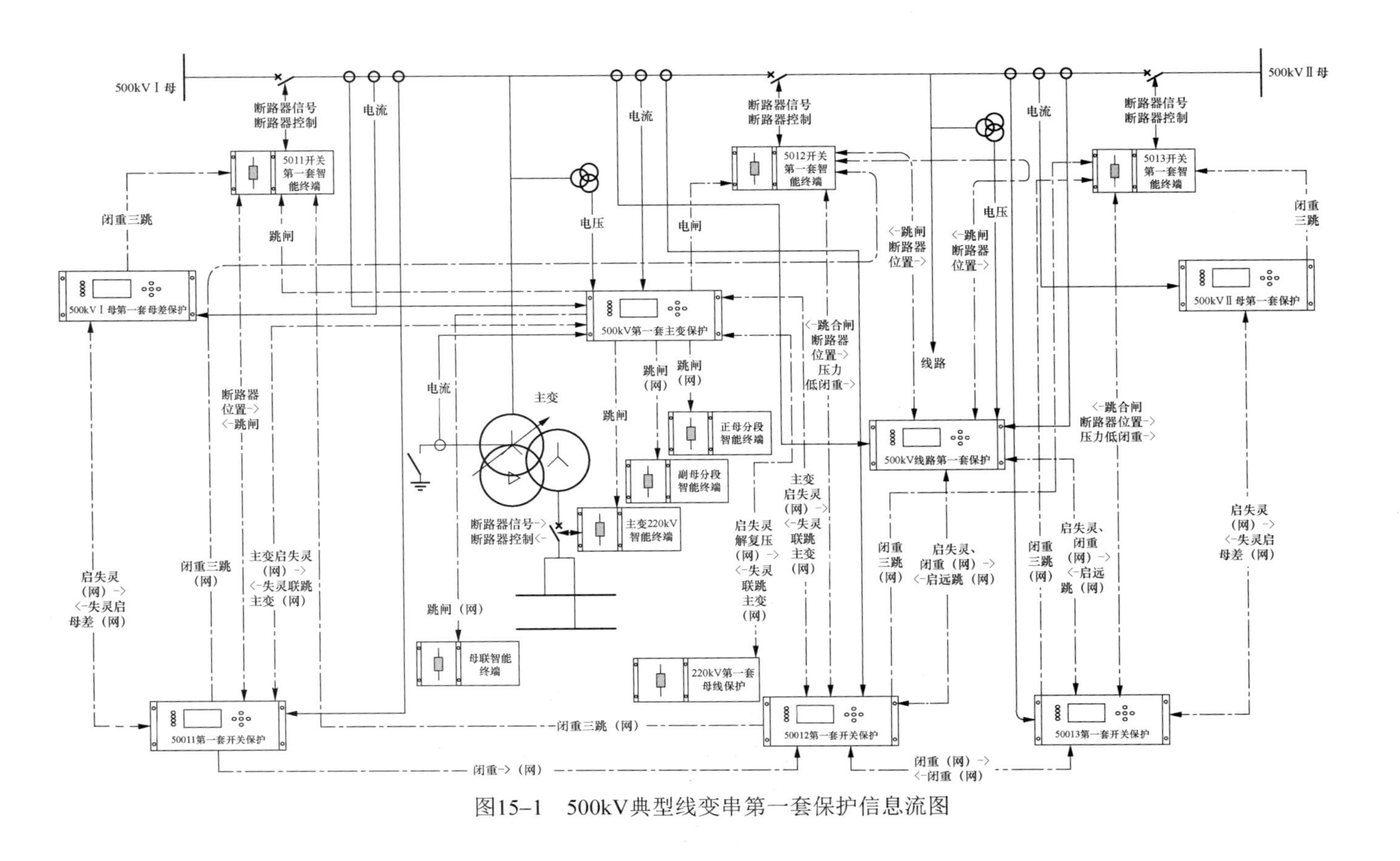

图15-1　500kV典型线变串第一套保护信息流图

器 1（5011）保护、中断路器（5012）保护、边断路器 2（5013）保护及相应智能终端为例介绍各信息流，信息流表中备用的 GOOSE 输入输出量不赘列。

本节以第一套保护为例介绍典型间隔信息流，第二套保护与第一套保护完全独立。本节信息流图中，“半划线 -----▶ ”表示 SV 通信，“短线–点 –·–▶ ”表示 GOOSE 通信，“细实线 ——▶ ”表示电缆连接。

（1）主变压器保护信息流是怎样的？

答：信息流列表如表 15–1 所示。

表 15–1　　500kV 主变保护信息流列表

主变保护虚端子名称	典型软压板	信息流向	对侧装置	虚端子名称
高压 1 侧失灵联跳开入	高压 1 侧失灵联跳开入	<<<<	5011 第一套断路器保护	失灵跳闸
高压 2 侧失灵联跳开入	高压 2 侧失灵联跳开入	<<<<	5012 第一套断路器保护	失灵跳闸
中压侧失灵联跳三侧	中压侧失灵联跳三侧	<<<<	220kV 第一套母差保护	支路 5 失灵联跳变压器
跳高压 1 侧断路器	跳高压 1 侧断路器	>>>>	5011 断路器第一套智能终端	闭重三跳
启动高压 1 侧失灵	启动高压 1 侧失灵	>>>>	5011 第一套断路器保护	保护三相跳闸
跳高压 2 侧断路器	跳高压 2 侧断路器	>>>>	5012 断路器第一套智能终端	闭重三跳
启动高压 2 侧失灵	启动高压 2 侧失灵	>>>>	5012 第一套断路器保护	保护三相跳闸
跳中压侧断路器	跳中压侧断路器	>>>>	中压侧断路器第一套智能终端	闭重三跳
启动中压侧失灵	启动中压侧失灵	>>>>	220kV 第一套母差保护	支路 5 三相启动失灵开入
跳中压侧母联 1	跳中压侧母联 1	>>>>	中压侧母联 1 断路器第一套智能终端	闭重三跳
跳中压侧分段 1	跳中压侧分段 1	>>>>	中压侧分段 1 断路器第一套智能终端	闭重三跳
跳中压侧分段 2	跳中压侧分段 2	>>>>	中压侧分段 2 断路器第一套智能终端	闭重三跳

注　双母双分接线母差中，支路 5 为 2 号主变支路。

（2）线路保护（主保护及远方跳闸就地判别）信息流是怎样的？

答：信息流列表如表 15–2 所示。

表 15-2　　500kV 线路保护信息流列表

线路保护虚端子名称	典型软压板	信息流向	对侧装置	虚端子名称
边断路器分相跳闸位置 TWJa	—	<<<<	5013 断路器第一套智能终端	TWJa
边断路器分相跳闸位置 TWJb	—	<<<<	5013 断路器第一套智能终端	TWJb
边断路器分相跳闸位置 TWJc	—	<<<<	5013 断路器第一套智能终端	TWJc
中断路器分相跳闸位置 TWJa	—	<<<<	5012 断路器第一套智能终端	TWJa
中断路器分相跳闸位置 TWJb	—	<<<<	5012 断路器第一套智能终端	TWJb
中断路器分相跳闸位置 TWJc	—	<<<<	5012 断路器第一套智能终端	TWJc
远传 1–1	—	<<<<	5013 第一套断路器保护	失灵跳闸
远传 1–2	—	<<<<	5012 第一套断路器保护	失灵跳闸
远传 2–1	—	<<<<	5013 第一套断路器保护	失灵跳闸
远传 2–2	—	<<<<	5012 第一套断路器保护	失灵跳闸
跳边断路器 A 相	跳边断路器	>>>>	5013 断路器第一套智能终端	跳 A_直跳
跳边断路器 B 相		>>>>	5013 断路器第一套智能终端	跳 B_直跳
跳边断路器 C 相		>>>>	5013 断路器第一套智能终端	跳 C_直跳
启动边断路器 A 相失灵	启动边断路器失灵	>>>>	5013 第一套断路器保护	保护 A 相跳闸
启动边断路器 B 相失灵		>>>>	5013 第一套断路器保护	保护 B 相跳闸
启动边断路器 C 相失灵		>>>>	5013 第一套断路器保护	保护 C 相跳闸
闭锁边断路器重合闸	闭锁边断路器重合闸	>>>>	5013 第一套断路器保护	闭锁重合闸
跳中断路器 A 相	跳中断路器	>>>>	5012 断路器第一套智能终端	跳 A_直跳
跳中断路器 B 相		>>>>	5012 断路器第一套智能终端	跳 B_直跳
跳中断路器 C 相		>>>>	5012 断路器第一套智能终端	跳 C_直跳
启动中断路器 A 相失灵	启动中断路器失灵	>>>>	5012 第一套断路器保护	保护 A 相跳闸
启动中断路器 B 相失灵		>>>>	5012 第一套断路器保护	保护 B 相跳闸
启动中断路器 C 相失灵		>>>>	5012 第一套断路器保护	保护 C 相跳闸
闭锁中断路器重合闸	闭锁中断路器重合闸	>>>>	5012 第一套断路器保护	闭锁重合闸

注　信息流表按线路保护（含远方跳闸就地判别功能）描述。

（3）500kV Ⅰ母母线保护信息流是怎样的？

答：信息流列表如表15–3所示。

表15–3　　500kV Ⅰ母母线保护信息流列表

母线保护虚端子名称	典型软压板	信息流向	对侧装置	虚端子名称
支路2_失灵联跳	支路2_失灵联跳	<<<<	5011第一套断路器保护	失灵跳闸
支路3_失灵联跳	支路3_失灵联跳	<<<<	5021第一套断路器保护	失灵跳闸
支路4_失灵联跳	支路4_失灵联跳	<<<<	5031第一套断路器保护	失灵跳闸
支路2_保护跳闸	支路2_保护跳闸	>>>>	5011断路器第一套智能终端	闭重三跳
		>>>>	5011第一套断路器保护	保护三相跳闸
支路3_保护跳闸	支路3_保护跳闸	>>>>	5021断路器第一套智能终端	闭重三跳
		>>>>	5021第一套断路器保护	保护三相跳闸
支路4_保护跳闸	支路4_保护跳闸	>>>>	5031断路器第一套智能终端	闭重三跳
		>>>>	5031第一套断路器保护	保护三相跳闸

注　支路1～6分别对应第1～6串，其中支路1、支路5、支路6均为备用间隔，信息流列表中不赘列。

（4）边断路器1（5011）保护信息流是怎样的？

答：信息流列表如表15–4所示。

表15–4　　边断路器1（5011）保护信息流列表

第一套断路器保护虚端子名称	典型软压板	信息流向	对侧装置	虚端子名称
断路器分相跳闸位置TWJa	—	<<<<	5011断路器第一套智能终端	TWJa
断路器分相跳闸位置TWJb	—	<<<<	5011断路器第一套智能终端	TWJb
断路器分相跳闸位置TWJc	—	<<<<	5011断路器第一套智能终端	TWJc
保护三相跳闸–1	—	<<<<	2号主变第一套保护	启动高压1侧失灵
保护三相跳闸–2	—	<<<<	Ⅰ母母线第一套保护	支路2_保护跳闸
跳断路器A相	跳闸	>>>>	5011断路器第一套智能终端	跳A_直跳
跳断路器B相		>>>>	5011断路器第一套智能终端	跳B_直跳
跳断路器C相		>>>>	5011断路器第一套智能终端	跳C_直跳
失灵跳闸1	失灵跳闸1	>>>>	Ⅰ母母线第一套保护	支路2_失灵联跳
失灵跳闸2	失灵跳闸2	>>>>	2号主变第一套保护	高压1侧失灵联跳开入
失灵跳闸3	失灵跳闸3	>>>>	5012第一套断路器保护	闭锁重合闸
失灵跳闸4	失灵跳闸4	>>>>	5012断路器第一套智能终端	三跳（TJQ）

（5）中断路器（5012）保护信息流是怎样的？

答：信息流列表如表 15–5 所示。

表 15–5　　中断路器（5012）保护信息流列表

第一套断路器保护虚端子名称	典型软压板	信息流向	对侧装置	虚端子名称
断路器分相跳闸位置 TWJa	—	<<<<	5012 断路器第一套智能终端	TWJa
断路器分相跳闸位置 TWJb	—	<<<<	5012 断路器第一套智能终端	TWJb
断路器分相跳闸位置 TWJc	—	<<<<	5012 断路器第一套智能终端	TWJc
保护 A 相跳闸 1	—	<<<<	第一套线路保护	启动中断路器 A 相失灵
保护 B 相跳闸 1	—	<<<<	第一套线路保护	启动中断路器 B 相失灵
保护 C 相跳闸 1	—	<<<<	第一套线路保护	启动中断路器 C 相失灵
保护三相跳闸	—	<<<<	2 号主变第一套保护	启动高压 2 侧失灵
闭锁重合闸–1	—	<<<<	5012 断路器第一套智能终端	闭锁本套保护重合闸
闭锁重合闸–2		<<<<	第一套线路保护	闭锁中断路器重合闸
闭锁重合闸–3	—	<<<<	5011 第一套断路器保护	失灵跳闸
闭锁重合闸–4	—	<<<<	5013 第一套断路器保护	失灵跳闸
低气压闭锁重合闸	—	<<<<	5012 断路器第一套智能终端	压力降低禁止重合闸
跳断路器 A 相	跳闸	>>>>	5012 断路器第一套智能终端	跳 A_直跳
跳断路器 B 相		>>>>	5012 断路器第一套智能终端	跳 B_直跳
跳断路器 C 相		>>>>	5012 断路器第一套智能终端	跳 C_直跳
重合闸	重合闸	>>>>	5012 断路器第一套智能终端	重合闸
失灵跳闸 1	失灵跳闸 1	>>>>	2 号主变第一套保护	高压 2 侧失灵联跳开入
失灵跳闸 2	失灵跳闸 2	>>>>	第一套线路保护	远传 1–2
		>>>>	第一套线路保护	远传 2–2
失灵跳闸 3	失灵跳闸 3	>>>>	5011 断路器第一套智能终端	三跳（TJQ）
失灵跳闸 4	失灵跳闸 4	>>>>	5013 第一套断路器保护	闭锁重合闸
		>>>>	5013 断路器第一套智能终端	三跳（TJQ）

注　在第一套断路器保护装置中，永跳和闭锁重合闸输出只存在其一，表中以闭锁重合闸为例。

（6）边断路器 2（5013）保护信息流是怎样的？

答：信息流列表如表 15–6 所示。

表 15-6　　边断路器 2（5013）保护信息流列表

第一套断路器保护虚端子名称	典型软压板	信息流向	对侧装置	虚端子名称
断路器分相跳闸位置 TWJa	—	<<<<	5013 断路器第一套智能终端	TWJa
断路器分相跳闸位置 TWJb	—	<<<<	5013 断路器第一套智能终端	TWJb
断路器分相跳闸位置 TWJc	—	<<<<	5013 断路器第一套智能终端	TWJc
保护 A 相跳闸 1	—	<<<<	第一套线路保护	启动边断路器 A 相失灵
保护 B 相跳闸 1	—	<<<<	第一套线路保护	启动边断路器 B 相失灵
保护 C 相跳闸 1	—	<<<<	第一套线路保护	启动边断路器 C 相失灵
保护三相跳闸	—	<<<<	Ⅱ母母线第一套保护	支路 2_保护跳闸
闭锁重合闸-1	—	<<<<	5013 断路器第一套智能终端	闭锁本套保护重合闸
闭锁重合闸-2	—	<<<<	第一套线路保护	闭锁边断路器重合闸
闭锁重合闸-3	—	<<<<	5012 第一套断路器保护	失灵跳闸
低气压闭锁重合闸	—	<<<<	5013 断路器第一套智能终端	压力降低禁止重合闸
跳断路器 A 相	跳闸	>>>>	5013 断路器第一套智能终端	跳 A_直跳
跳断路器 B 相		>>>>	5013 断路器第一套智能终端	跳 B_直跳
跳断路器 C 相		>>>>	5013 断路器第一套智能终端	跳 C_直跳
重合闸	重合闸	>>>>	5013 断路器第一套智能终端	重合闸
失灵跳闸 1	失灵跳闸 1	>>>>	5012 第一套断路器保护	闭锁重合闸
失灵跳闸 2	失灵跳闸 2	>>>>	5012 断路器第一套智能终端	三跳（TJQ）
失灵跳闸 3	失灵跳闸 3	>>>>	Ⅱ母母线第一套保护	支路 2_失灵联跳
失灵跳闸 4	失灵跳闸 4	>>>>	第一套线路保护	远传 1-1
		>>>>	第一套线路保护	远传 2-1
保护动作	—	>>>>	故障录波器	至故障录波器

注　在第一套断路器保护装置中，永跳和闭锁重合闸输出只存在其一，表中以闭锁重合闸为例。

（7）边断路器 1（5011）智能终端保护相关信息流是怎样的？

答：信息流列表如表 15-7 所示。

表 15-7　　边断路器 1（5011）智能终端信息流列表

第一套智能终端虚端子名称	典型软压板	信息流向	对侧装置	虚端子名称
跳 A_直跳	—	<<<<	5011 第一套断路器保护	跳断路器 A 相
跳 B_直跳	—	<<<<	5011 第一套断路器保护	跳断路器 B 相

续表

第一套智能终端虚端子名称	典型软压板	信息流向	对侧装置	虚端子名称
跳 C_直跳	—	<<<<	5011 第一套断路器保护	跳断路器 C 相
三跳（TJQ）	—	<<<<	5012 第一套断路器保护	失灵跳闸
闭重三跳（TJR）1	—	<<<<	2 号主变第一套保护	跳高压 1 侧断路器
闭重三跳（TJR）2	—	<<<<	Ⅰ母母线第一套保护	支路 2_保护跳闸
断路器分相跳闸位置 TWJa	—	>>>>	5011 第一套断路器保护	分相跳闸位置 TWJa
断路器分相跳闸位置 TWJb	—	>>>>	5011 第一套断路器保护	分相跳闸位置 TWJb
断路器分相跳闸位置 TWJc	—	>>>>	5011 第一套断路器保护	分相跳闸位置 TWJc

（8）中断路器（5012）智能终端信息流是怎样的？

答：信息流列表如表 15–8 所示。

表 15–8　　　　中断路器（5012）智能终端信息流列表

第一套智能终端虚端子名称	典型软压板	信息流向	对侧装置	虚端子名称
跳 A_直跳	—	<<<<	5012 第一套断路器保护	跳断路器 A 相
跳 B_直跳	—	<<<<	5012 第一套断路器保护	跳断路器 B 相
跳 C_直跳	—	<<<<	5012 第一套断路器保护	跳断路器 C 相
跳 A_直跳	—	<<<<	第一套线路保护	跳断路器 A 相
跳 B_直跳	—	<<<<	第一套线路保护	跳断路器 B 相
跳 C_直跳	—	<<<<	第一套线路保护	跳断路器 C 相
重合闸	—	<<<<	5012 第一套断路器保护	重合闸
三跳（TJQ）	—	<<<<	5011 第一套断路器保护	失灵跳闸
三跳（TJQ）	—	<<<<	5013 第一套断路器保护	失灵跳闸
闭重三跳（TJR）1	—	<<<<	2 号主变第一套保护	跳高压 2 侧断路器
闭锁本套保护重合闸	—	>>>>	5012 第一套断路器保护	闭锁重合闸
压力降低禁止重合闸	—	>>>>	5012 第一套断路器保护	低气压闭锁重合闸
断路器分相跳闸位置 TWJa	—	>>>>	5012 第一套断路器保护	分相跳闸位置 TWJa
断路器分相跳闸位置 TWJb	—	>>>>	5012 第一套断路器保护	分相跳闸位置 TWJb
断路器分相跳闸位置 TWJc	—	>>>>	5012 第一套断路器保护	分相跳闸位置 TWJc
断路器分相跳闸位置 TWJa	—	>>>>	第一套线路保护	分相跳闸位置 TWJa
断路器分相跳闸位置 TWJb	—	>>>>	第一套线路保护	分相跳闸位置 TWJb
断路器分相跳闸位置 TWJc	—	>>>>	第一套线路保护	分相跳闸位置 TWJc

（9）边断路器 2（5013）智能终端信息流是怎样的？

答：信息流列表如表 15–9 所示。

表 15–9　　边断路器 2（5013）智能终端信息流列表

第一套智能终端虚端子名称	典型软压板	信息流向	对侧装置	虚端子名称
跳 A_直跳	—	<<<<	5013 第一套断路器保护	跳断路器 A 相
跳 B_直跳	—	<<<<	5013 第一套断路器保护	跳断路器 B 相
跳 C_直跳	—	<<<<	5013 第一套断路器保护	跳断路器 C 相
重合闸	—	<<<<	5013 第一套断路器保护	重合闸
三跳（TJQ）	—	<<<<	5012 第一套断路器保护	失灵跳闸
闭重三跳（TJR）1	—	<<<<	Ⅱ母母线第一套保护	支路 2_保护跳闸
闭锁本套保护重合闸	—	>>>>	5013 第一套断路器保护	闭锁重合闸
压力降低禁止重合闸	—	>>>>	5013 第一套断路器保护	低气压闭锁重合闸
断路器分相跳闸位置 TWJa	—	>>>>	5013 第一套断路器保护	分相跳闸位置 TWJa
断路器分相跳闸位置 TWJb	—	>>>>	5013 第一套断路器保护	分相跳闸位置 TWJb
断路器分相跳闸位置 TWJc	—	>>>>	5013 第一套断路器保护	分相跳闸位置 TWJc
断路器分相跳闸位置 TWJa	—	>>>>	第一套线路保护	分相跳闸位置 TWJa
断路器分相跳闸位置 TWJb	—	>>>>	第一套线路保护	分相跳闸位置 TWJb
断路器分相跳闸位置 TWJc	—	>>>>	第一套线路保护	分相跳闸位置 TWJc

2. 220kV 智能变电站典型间隔信息流实例分析。

以一座典型配置的 220kV 智能变电站为例，它采用 220kV 双母线接线、110kV 及 10kV 单母分段接线，采用智能一次设备，通过合并单元实现互感器电流、电压量的采集，通过智能终端实现断路器、隔离开关等设备的跳/合闸回路、位置等信号采集。

全站分为三层，即站控层、间隔层和过程层。站控层设备包括监控系统主机、远动系统、保护信息子站、网络分析仪等；间隔层设备包括保护、测控装置等；过程层设备包括变压器、断路器、隔离开关、互感器等一次设备及合并单元和智能终端。

站内分别设置 SV 网、GOOSE 网和 MMS 网，继电保护系统采用“直采直跳”模式，各保护设备间的联闭锁命令及测控功能采用网络方式实现。其中，220kV 继电保护设备双重化配置分别接入 GOOSE A 网和 GOOSE B 网，110kV 和 10kV 继电保护设备单套配置接入 GOOSE A 网。220kV 采用独立保护装置，测控装置另行配置；110kV 采用保护测控合一装置；10kV 采用多合一电缆采样电缆跳闸装置。间隔保护就地化布置，跨间隔保护小室布置。

本节以第一套保护为例介绍典型间隔信息流，第二套保护与第一套保护完全独立［除智能终端之间的闭锁重合闸回路、第二智能终端手（遥）分/合回路］。本节信息流图中，“半划线 ----► ”表示 SV 通信，“短线–点 –·–► ”表示 GOOSE 通信，“细实线 ——► ”表示电缆连接。

（1）220kV 第一套线路保护整组回路。

220kV 线路间隔配置两套包含主、后备功能的线路保护装置，两套独立的合并单元、智能终端。重合闸功能由线路保护装置实现。失灵保护功能由母差保护实现。操作箱功能由智能终端实现。智能终端间通过电气连接实现两套重合闸之间的配合，实现第二套智能终端分/合闸回路的重动。合闸回路由第一套智能终端实现。

220kV 线路保护采用线路三相电流和母线三相电压实现保护功能，单相线路电压用于线路同期功能。母线电压由母线间隔合并单元通过 SV 送入线路间隔合并单元，并在线路间隔合并单元实现电压切换，线路间隔合并单元向线路保护提供三相线路电流、单相线路电压以及切换后的母线电压。当线路具备三相压变条件时，线路保护优先采用线路三相电压作为保护判据，此时母线电压作为同期电压。

信息流图如图 15–2 所示。

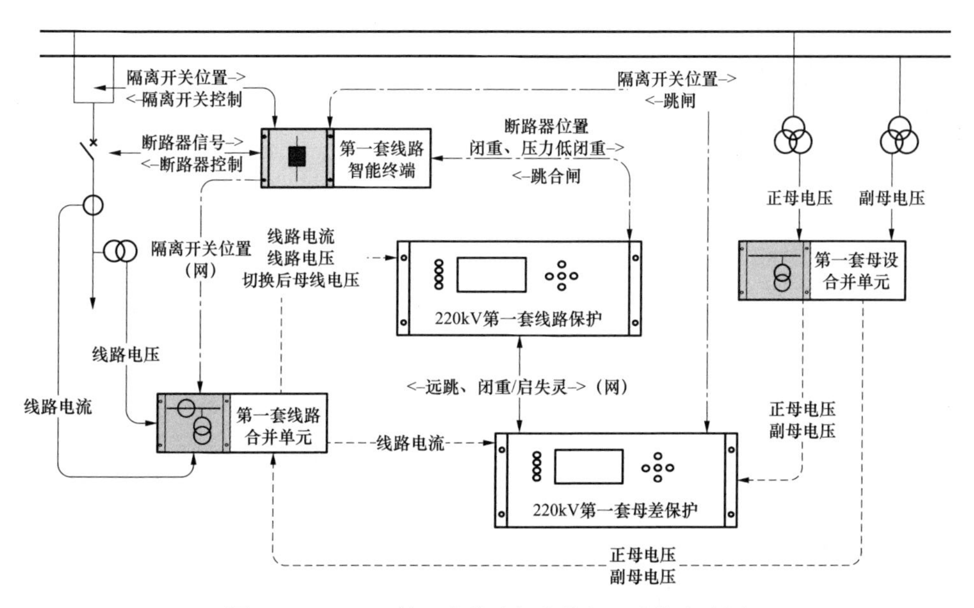

图 15–2　220kV 第一套线路保护整组回路信息流图

根据上述信息流图及论述，回答以下问题：

1）线路保护与线路合并单元之间信息流是怎样的？

答： 线路保护经点对点直采光纤至相应线路合并单元，完成保护采样数据输入，通过直采光纤接收线路电流、线路电压、切换后母线电压，具体信息流如表 15–10 所示。

表 15–10　220kV 第一套线路保护与第一套合并单元 SV 信息流列表

线路保护虚端子名称	典型软压板	信息流向	对侧装置	合并单元虚端子名称
MU 额定延时	SV 接收	<<<<	第一套线路合并单元	额定延迟时间
保护 A 相电压 Ua1		<<<<		级联保护电压 A 相 1
保护 A 相电压 Ua2		<<<<		级联保护电压 A 相 2
保护 B 相电压 Ub1		<<<<		级联保护电压 B 相 1
保护 B 相电压 Ub2		<<<<		级联保护电压 B 相 2
保护 C 相电压 Uc1		<<<<		级联保护电压 C 相 1
保护 C 相电压 Uc2		<<<<		级联保护电压 C 相 2
同期电压 Ux1		<<<<		同期电压 1
保护 A 相电流 Ia1		<<<<		保护 1 电流 A 相 1
保护 A 相电流 Ia2		<<<<		保护 1 电流 A 相 2
保护 B 相电流 Ib1		<<<<		保护 1 电流 B 相 1
保护 B 相电流 Ib2		<<<<		保护 1 电流 B 相 2
保护 C 相电流 Ic1		<<<<		保护 1 电流 C 相 1
保护 C 相电流 Ic2		<<<<		保护 1 电流 C 相 2

2）线路保护与线路智能终端之间信息流是怎样的？

答： 线路保护经点对点直跳光纤到相应线路智能终端，完成断路器的跳合闸功能并通过直跳光纤接收断路器的位置、闭锁重合闸、压力低闭重等信号，具体信息流如表 15–11 所示。

表 15–11　　220kV 第一套线路保护与第一套智能终端信息流列表

<table>
<tr><th>线路保护虚端子名称</th><th>典型软压板</th><th>信息流向</th><th>对侧装置</th><th>智能终端虚端子名称</th></tr>
<tr><td>断路器分相跳闸位置 TWJa</td><td>—</td><td><<<<</td><td rowspan="11">第一套线路智能终端</td><td>A 相断路器位置</td></tr>
<tr><td>断路器分相跳闸位置 TWJb</td><td>—</td><td><<<<</td><td>B 相断路器位置</td></tr>
<tr><td>断路器分相跳闸位置 TWJc</td><td>—</td><td><<<<</td><td>C 相断路器位置</td></tr>
<tr><td>闭锁重合闸–1</td><td>—</td><td><<<<</td><td>闭锁重合闸</td></tr>
<tr><td>低气压闭锁重合闸</td><td>—</td><td><<<<</td><td>开关压力低禁止重合闸</td></tr>
<tr><td>跳断路器 A 相</td><td rowspan="3">跳闸</td><td>>>>></td><td>A 跳 1</td></tr>
<tr><td>跳断路器 B 相</td><td>>>>></td><td>B 跳 1</td></tr>
<tr><td>跳断路器 C 相</td><td>>>>></td><td>C 跳 1</td></tr>
<tr><td>永跳</td><td>永跳</td><td>>>>></td><td>TJR 闭重三跳 1</td></tr>
<tr><td>闭锁重合闸</td><td>闭锁重合闸</td><td>>>>></td><td>闭锁重合闸 1</td></tr>
<tr><td>重合闸</td><td>重合闸</td><td>>>>></td><td>重合 1</td></tr>
</table>

注　1. 智能终端“闭锁重合闸”开出，是智能终端的一个逻辑组合信号，包括手跳、遥跳、TJF、TJR、上电 500ms 内、另一套智能终端闭重信号等。

2. 线路保护的“低气压闭锁重合闸”开入，应接入断路器储能元件异常闭锁重合闸接点。如液压机构的“压力低闭锁重合闸”、弹簧机构的“弹簧未储能”等。由于线路断路器为分相机构，各相的闭锁接点应根据实际工程需要并联或串联后接入智能终端规定的接入点。

3. 部分保护采用“永跳”开出去智能终端“TJR 闭重三跳”开入，此时可不接保护“闭锁重合闸”开出回路。部分保护没有“永跳”开出，则必须接保护“闭锁重合闸”开出去智能终端“闭锁重合闸”开入回路。

3）线路保护与母差保护之间信息流是怎样的？

答：第一套线路保护通过 GOOSE A 网至第一套母差保护，完成启动失灵信号发送及母差保护远跳、闭重信号接收，具体信息流如表 15–12 所示。

表 15–12　　　　220kV 第一套线路保护与第一套母差保护 GOOSE 信息流列表

线路保护虚端子名称	典型软压板	信息流向	对侧装置	母差保护虚端子名称
启动 A 相失灵	启动失灵	>>>>	第一套母差保护	支路 6_A 相启动失灵开入
启动 B 相失灵		>>>>		支路 6_B 相启动失灵开入
启动 C 相失灵		>>>>		支路 6_C 相启动失灵开入
其他保护动作–1	—	<<<<		支路 6_保护跳闸
闭锁重合闸–2	—	<<<<		

注　1.“其他保护动作–1”接收母差保护远跳信号，采用母差保护该支路跳闸出口（去智能终端）同一个虚端子、同一块软压板。

2. 考虑到母差保护与线路保护之间有启动失灵与远跳回路，GOOSE 回路断链监视等信号也完备，可将母差保护跳线路支路的虚端子同时接入线路保护的“闭锁重合闸”开入，确保母差保护动作能可靠闭锁重合闸。

（2）220kV 第一套主变保护整组回路。

220kV 主变间隔配置两套主后一体的电气量保护装置，主变三侧各配置两套独立的合并单元和智能终端。非电量保护由本体智能终端实现，220kV 侧开关失灵保护功能由 220kV 母差保护实现。

220kV 主变保护三侧电流、电压均以直采方式从各侧合并单元获取，高、中侧母线电压由母线合并单元通过 SV 级联送入各侧间隔合并单元，低压侧母线电压由低压侧合并单元直接采集，高、中压侧中性点及间隙电流应由对应侧合并单元采集（实际工程应用中存在独立配置中性点合并单元的情况）。220kV 侧电压切换功能由 220kV 侧合并单元实现。

220kV 主变保护以直跳方式经各侧智能终端跳主变三侧开关，经网络方式跳 110kV 母分开关、10kV 母分开关、闭锁 10kV 母分 BZT 及启动 220kV 开关三相失灵，并通过网络方式接收 220kV 母差保护“主变失灵联跳”信号。非电量保护通过电缆经各侧智能终端“其他保护动作”开入或专用的“非电量跳闸”开入实现出口，并经 GOOSE 网络发布动作信号。

信息流图如图 15–3 所示。

根据上述信息流图及论述，回答以下问题：

1）主变保护与各侧合并单元之间信息流是怎样的？

答： 主变保护经点对点直采光纤至相应各侧合并单元，完成保护采样数据输入，通过直采光纤接收各侧电流、电压（220kV 侧为切换后母线电压），具体信息流如表 15–13 所示。

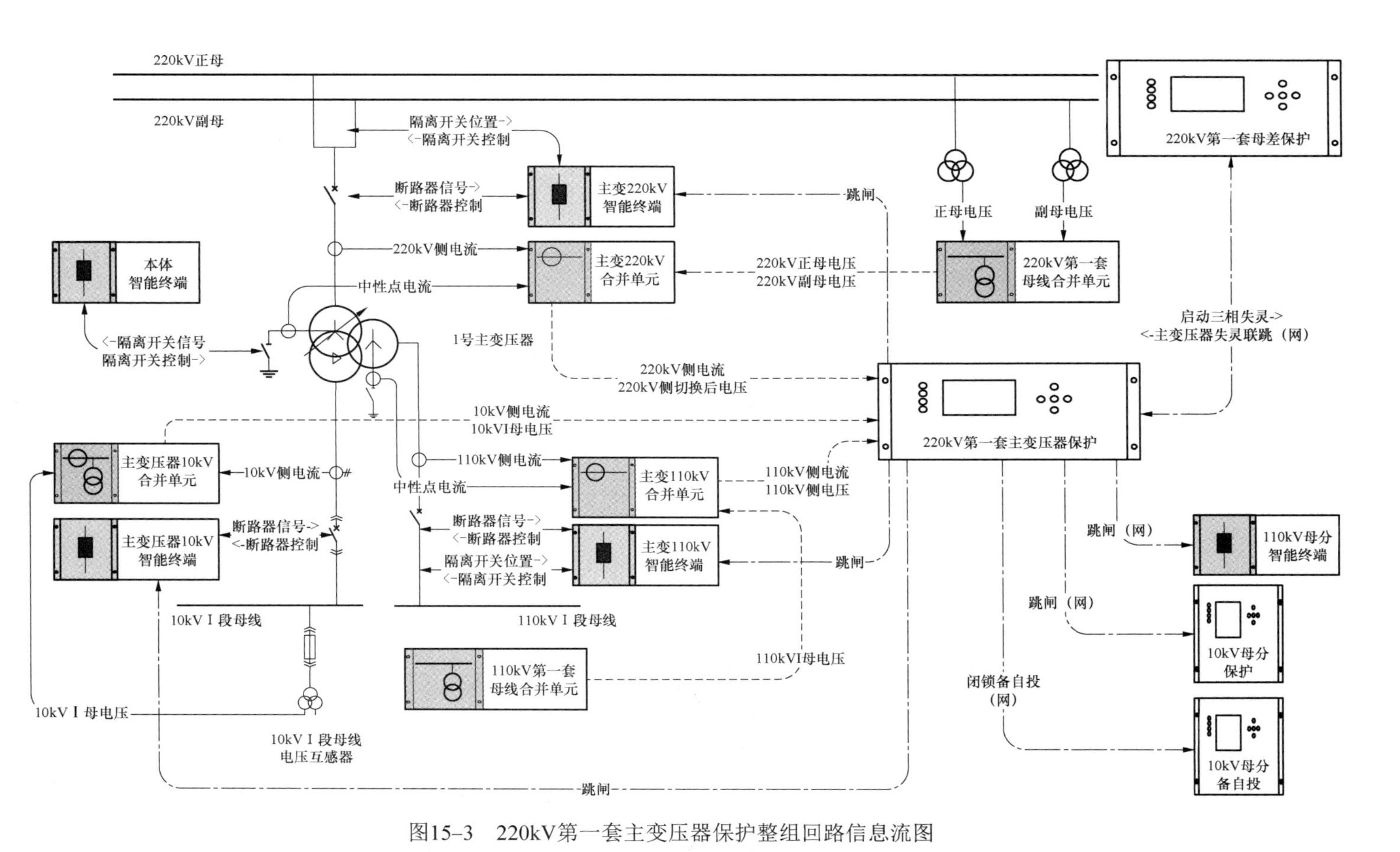

图15-3　220kV第一套主变压器保护整组回路信息流图

表 15-13　220kV 第一套主变保护与各侧第一套合并单元 SV 信息流列表

主变保护虚端子名称	典型软压板	信息流向	对侧装置	虚端子名称
高压 1 侧 MU 额定延时	高压侧 SV 接收	<<<<	主变 220kV 第一套合并单元	MU 额定延时
高压侧 A 相电压 Uha1		<<<<		保护 A 相电压 Ua1
高压侧 A 相电压 Uha2		<<<<		保护 A 相电压 Ua2
高压侧 B 相电压 Uhb1		<<<<		保护 B 相电压 Ub1
高压侧 B 相电压 Uhb2		<<<<		保护 B 相电压 Ub2
高压侧 C 相电压 Uhc1		<<<<		保护 C 相电压 Uc1
高压侧 C 相电压 Uhc2		<<<<		保护 C 相电压 Uc2
高压侧零序电压 Uh01		<<<<		零序电压 Ux1
高压侧零序电压 Uh02		<<<<		零序电压 Ux2
高压 1 侧 A 相电流 Ih1a1		<<<<		保护 A 相电流 Ia1
高压 1 侧 A 相电流 Ih1a2		<<<<		保护 A 相电流 Ia2
高压 1 侧 B 相电流 Ih1b1		<<<<		保护 B 相电流 Ib1
高压 1 侧 B 相电流 Ih1b2		<<<<		保护 B 相电流 Ib2
高压 1 侧 C 相电流 Ih1c1		<<<<		保护 C 相电流 Ic1
高压 1 侧 C 相电流 Ih1c2		<<<<		保护 C 相电流 Ic2
高压侧零序电流 Ih01		<<<<		零序电流 Ih01
高压侧零序电流 Ih02		<<<<		零序电流 Ih02
高压侧间隙电流 Ihj1		<<<<		间隙电流 Ihj1
高压侧间隙电流 Ihj2		<<<<		间隙电流 Ihj2
中压侧 MU 额定延时	中压侧 SV 接收	<<<<	主变 110kV 第一套合并单元	MU 额定延时
中压侧 A 相电压 Uma1		<<<<		保护 A 相电压 Ua1
中压侧 A 相电压 Uma2		<<<<		保护 A 相电压 Ua2
中压侧 B 相电压 Umb1		<<<<		保护 B 相电压 Ub1
中压侧 B 相电压 Umb2		<<<<		保护 B 相电压 Ub2
中压侧 C 相电压 Umc1		<<<<		保护 C 相电压 Uc1
中压侧 C 相电压 Umc2		<<<<		保护 C 相电压 Uc2
中压侧零序电压 Uh01		<<<<		零序电压 Ux1
中压侧零序电压 Uh02		<<<<		零序电压 Ux2
中压侧 A 相电流 Ima1		<<<<		保护 A 相电流 Ia1
中压侧 A 相电流 Ima2		<<<<		保护 A 相电流 Ia2

续表

主变保护虚端子名称	典型软压板	信息流向	对侧装置	虚端子名称
中压侧 B 相电流 Imb1	中压侧 SV 接收	<<<<	主变 110kV 第一套合并单元	保护 B 相电流 Ib1
中压侧 B 相电流 Imb2		<<<<		保护 B 相电流 Ib2
中压侧 C 相电流 Imc1		<<<<		保护 C 相电流 Ic1
中压侧 C 相电流 Imc2		<<<<		保护 C 相电流 Ic2
中压侧零序电流 Ih01		<<<<		零序电流 Ih01
中压侧零序电流 Ih02		<<<<		零序电流 Ih02
中压侧间隙电流 Ihj1		<<<<		间隙电流 Ihj1
中压侧间隙电流 Ihj2		<<<<		间隙电流 Ihj2
低压 1 分支 MU 额定延时	低压侧 SV 接收	<<<<	主变 10kV 第一套合并单元	MU 额定延时
低压 1 分支 A 相电压 Ul1a1		<<<<		保护 A 相电压 Ua1
低压 1 分支 A 相电压 Ul1a2		<<<<		保护 A 相电压 Ua2
低压 1 分支 B 相电压 Ul1b1		<<<<		保护 B 相电压 Ub1
低压 1 分支 B 相电压 Ul1b2		<<<<		保护 B 相电压 Ub2
低压 1 分支 C 相电压 Ul1c1		<<<<		保护 C 相电压 Uc1
低压 1 分支 C 相电压 Ul1c2		<<<<		保护 C 相电压 Uc2
低压 1 分支 A 相电流 Il1a1		<<<<		保护 A 相电流 Ia1
低压 1 分支 A 相电流 Il1a2		<<<<		保护 A 相电流 Ia2
低压 1 分支 B 相电流 Il1b1		<<<<		保护 B 相电流 Ib1
低压 1 分支 B 相电流 Il1b2		<<<<		保护 B 相电流 Ib2
低压 1 分支 C 相电流 Il1c1		<<<<		保护 C 相电流 Ic1
低压 1 分支 C 相电流 Il1c2		<<<<		保护 C 相电流 Ic2

2）主变保护与各侧智能终端之间信息流是怎样的？

答：主变保护经点对点直跳光纤到相应各侧开关智能终端，经 GOOSE A 网至 110kV 母分智能终端、10kV 保护测控装置，完成断路器的跳闸功能，具体信息流如表 15–14 所示。

表 15–14　220kV 第一套主变保护与各侧开关智能终端 GOOSE 信息流列表

主变保护虚端子名称	典型软压板	信息流向	对侧装置	虚端子名称
跳高压 1 侧断路器	跳高压 1 侧断路器	>>>>	主变 220kV 第一套智能终端	TJR 闭重三跳 1
跳中压侧断路器	跳中压侧断路器	>>>>	主变 110kV 第一套智能终端	闭重跳闸 1
跳中压侧分段 1	跳中压侧分段 1	>>>>	110kV 母分智能终端	闭重跳闸 1
跳低压 1 分支断路器	跳低压 1 分支断路器	>>>>	主变 10kV 第一套智能终端	闭重跳闸 1
跳低压 1 分支分段	跳低压 1 分支分段	>>>>	10kV 母分保护测控装置	跳闸开入 2

注　1. 由于 110kV 母分、10kV 母分智能终端及保护均为单套配置，通常在工程实施中，第一套主变保护通过 GOOSE　A 网跳这两个开关，第二套主变保护通过直连光纤跳这两个开关。

2. 10kV 采用母分保护测控多合一装置，接收并执行外部 GOOSE 跳合闸命令，不单独配置智能终端。

3）主变保护与其他保护之间信息流是怎样的?

答：主变保护经网络与 220kV 母差保护传输启动失灵和失灵联跳信号，经网络 10kV 母分备自投传输闭锁信号，具体信息流如表 15–15 所示。

表 15–15　　220kV 第一套主变保护与其他保护 GOOSE 信息流列表

220kV 主变保护虚端子名称	典型软压板	信息流向	对侧装置	虚端子名称
启动高压 1 侧断路器失灵	启动高压 1 侧断路器失灵	>>>>	220kV 第一套母差保护	主变 1_三相启动失灵开入
高压 1 侧失灵联跳开入	高压侧失灵连跳接收 GOOSE 软压板	<<<<		主变 1_失灵联跳变压器
闭锁低压 1 分支备自投	闭锁低压 1 分支备自投	>>>>	10kV 母分备自投	总闭锁

注　按“六统一”规范，母差保护“主变_三相启动失灵开入”同时具备了解除母差保护复压闭锁的功能。

（3）220kV 第一套母差保护整组回路。

220kV 母差保护按双套配置，包含母线差动保护、母联死区保护、母联失灵保护及断路器失灵保护功能。220kV 母差保护采用“直采直跳”模式与各间隔合并单元和间隔智能终端相连，220kV 母线电压通过母线合并单元直采获取。采用网络方式与各保护传输“启动失灵”、“远跳”和“主变失灵联跳”等信号。

信息流图如图 15–4 所示。

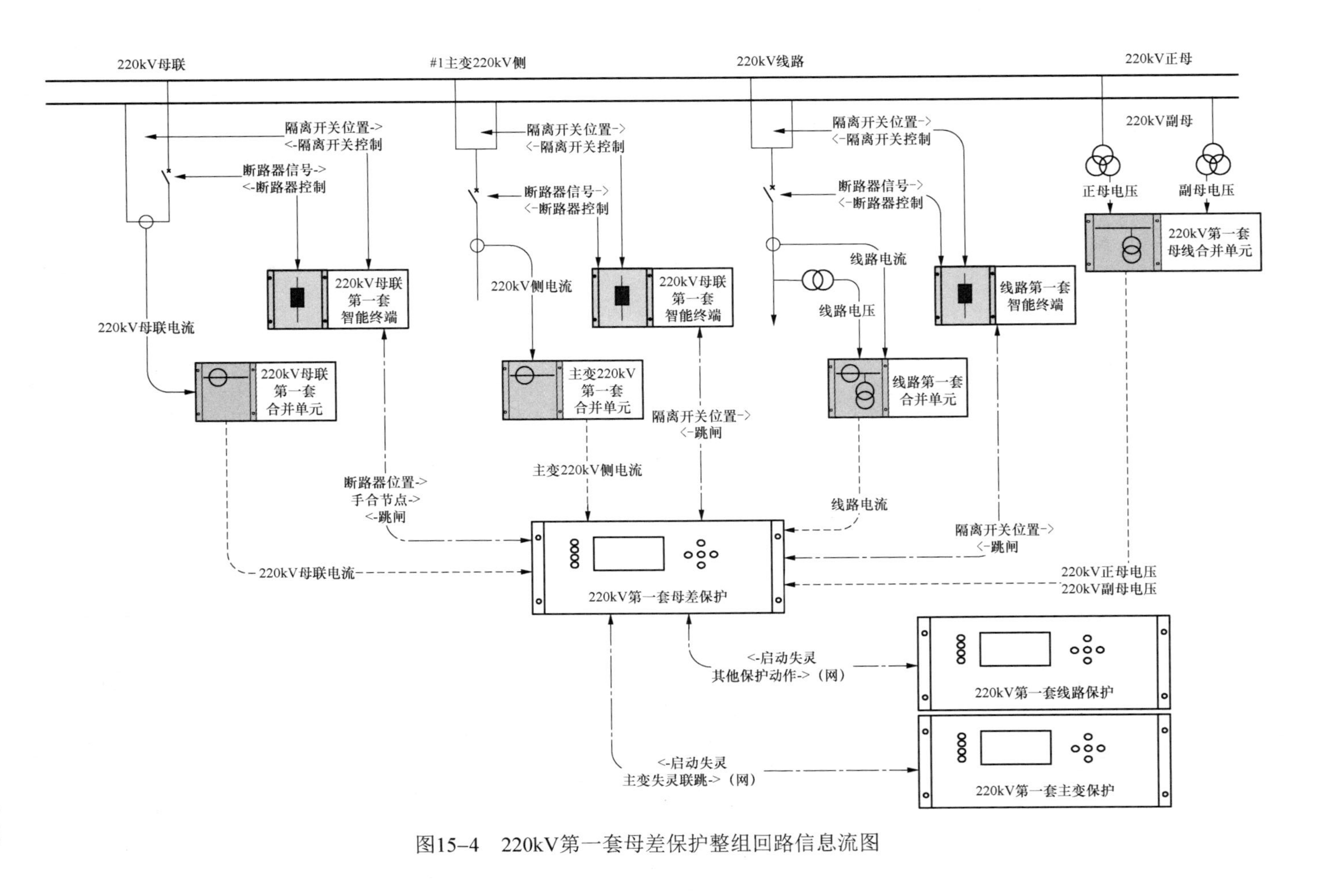

图15-4　220kV第一套母差保护整组回路信息流图

根据上述信息流图及论述，回答以下问题：

1）220kV 母差保护与各间隔合并单元之间信息流是怎样的？

答：220kV 母差保护经点对点直采光纤到 220kV 母线合并单元及相应间隔合并单元，实现电压电流量采集功能，具体信息流如表 15-16 所示。

表 15-16　220kV 第一套母差保护与各间隔第一套合并单元 SV 信息流列表

220kV 母差保护虚端子名称	典型软压板	信息流向	对侧装置	虚端子名称
母线电压 MU 额定延时	电压接收	<<<<	220kV 第一套母线合并单元	MU 额定延时
Ⅰ母母线 A 相电压 Ua11		<<<<		Ⅰ母母线 A 相电压 Ua11
Ⅰ母母线 A 相电压 Ua12		<<<<		Ⅰ母母线 A 相电压 Ua12
Ⅰ母母线 B 相电压 Ub11		<<<<		Ⅰ母母线 B 相电压 Ub11
Ⅰ母母线 B 相电压 Ub12		<<<<		Ⅰ母母线 B 相电压 Ub12
Ⅰ母母线 C 相电压 Uc11		<<<<		Ⅰ母母线 C 相电压 Uc11
Ⅰ母母线 C 相电压 Uc12		<<<<		Ⅰ母母线 C 相电压 Uc12
Ⅱ母母线 A 相电压 Ua21		<<<<		Ⅱ母母线 A 相电压 Ua21
Ⅱ母母线 A 相电压 Ua22		<<<<		Ⅱ母母线 A 相电压 Ua22
Ⅱ母母线 B 相电压 Ub21		<<<<		Ⅱ母母线 B 相电压 Ub21
Ⅱ母母线 B 相电压 Ub22		<<<<		Ⅱ母母线 B 相电压 Ub22
Ⅱ母母线 C 相电压 Uc21		<<<<		Ⅱ母母线 C 相电压 Uc21
Ⅱ母母线 C 相电压 Uc22		<<<<		Ⅱ母母线 C 相电压 Uc22
母联_MU 额定延时	母联 SV 接收	<<<<	220kV 母联第一套合并单元	MU 额定延时
母联_保护 A 相电流 Ia1（正）		<<<<		保护 A 相电流 Ia1
母联_保护 A 相电流 Ia2（正）		<<<<		保护 A 相电流 Ia2
母联_保护 B 相电流 Ib1（正）		<<<<		保护 B 相电流 Ib1
母联_保护 B 相电流 Ib2（正）		<<<<		保护 B 相电流 Ib2
母联_保护 C 相电流 Ic1（正）		<<<<		保护 C 相电流 Ic1
母联_保护 C 相电流 Ic2（正）		<<<<		保护 C 相电流 Ic2
主变 1_MU 额定延时	主变 1SV 接收	<<<<	主变 220kV 第一套合并单元	MU 额定延时
主变 1_保护 A 相电流 Ia1		<<<<		保护 A 相电流 Ia1
主变 1_保护 A 相电流 Ia2		<<<<		保护 A 相电流 Ia2
主变 1_保护 B 相电流 Ib1		<<<<		保护 B 相电流 Ib1
主变 1_保护 B 相电流 Ib2		<<<<		保护 B 相电流 Ib2
主变 1_保护 C 相电流 Ic1		<<<<		保护 C 相电流 Ic1
主变 1_保护 C 相电流 Ic2		<<<<		保护 C 相电流 Ic2
……	……	……	……	……

续表

220kV 母差保护虚端子名称	典型软压板	信息流向	对侧装置	虚端子名称
支路 6_MU 额定延时	支路 6SV 接收	<<<<	220kV 线路第一套合并单元	MU 额定延时
支路 6_保护 A 相电流 Ia1		<<<<		保护 A 相电流 Ia1
支路 6_保护 A 相电流 Ia2		<<<<		保护 A 相电流 Ia2
支路 6_保护 B 相电流 Ib1		<<<<		保护 B 相电流 Ib1
支路 6_保护 B 相电流 Ib2		<<<<		保护 B 相电流 Ib2
支路 6_保护 C 相电流 Ic1		<<<<		保护 C 相电流 Ic1
支路 6_保护 C 相电流 Ic2		<<<<		保护 C 相电流 Ic2
……	……	……	……	……

注 母联电流依据一次设备极性和保护装置极性需求接入正极性输入虚端子或反极性输入虚端子。

2）220kV 母差保护与各间隔智能终端之间信息流是怎样的？

答：220kV 母差保护经点对点直跳光纤到各间隔智能终端，完成断路器的跳闸功能，并通过直跳光纤接收间隔隔离开关位置、母联断路器位置、母联手合等信号，具体信息流如表 15–17 所示。

表 15–17　220kV 第一套母线保护与各侧智能终端 GOOSE 信息流列表

220kV 母差保护虚端子名称	典型软压板	信息流向	对侧装置	虚端子名称
母联_保护跳闸	母联跳闸	>>>>	220kV 母联第一套智能终端	TJR 闭重三跳 2
母联_断路器位置	—	<<<<		断路器位置
母联_手合	—	<<<<		SHJ
主变 1_保护跳闸	主变 1 跳闸	>>>>	主变 220kV 第一套智能终端	TJR 闭重三跳 2
主变 1_1G 隔离开关位置	—	<<<<		隔离开关 1 位置
主变 1_2G 隔离开关位置	—	<<<<		隔离开关 2 位置
……	……	……	……	……
支路 6_保护跳闸	支路 6 跳闸	>>>>	220kV 线路第一套智能终端	TJR 闭重三跳 1
支路 6_1G 隔离开关位置	—	<<<<		隔离开关 1 位置
支路 6_2G 隔离开关位置	—	<<<<		隔离开关 2 位置
……	……	……	……	……

3）220kV 母线保护与其他保护之间信息流是怎样的？

答：220kV 母线保护经网络与 220kV 主变保护传输“启动失灵”和“失灵

联跳信号”，与 220kV 线路保护传输“启动失灵”和“远跳”信号，具体信息流如表 15–18 所示。

表 15–18　220kV 第一套母差保护与其他保护 GOOSE 信息流列表

220kV 母差保护虚端子名称	典型软压板	信息流向	对侧装置	虚端子名称
主变 1_三相启动失灵开入	主变 1 启动失灵开入	<<<<	主变第一套保护	启动高压 1 侧断路器失灵
主变 1_失灵联跳变压器	主变 1_失灵联跳变压器	>>>>		高压 1 侧失灵联跳开入
……	……	……	……	……
支路 6_A 相启动失灵开入	支路 6 启动失灵开入	<<<<	220kV 线路第一套保护	启动 A 相失灵
支路 6_B 相启动失灵开入		<<<<		启动 B 相失灵
支路 6_C 相启动失灵开入		<<<<		启动 C 相失灵
支路 6_保护跳闸	支路 6_保护跳闸	>>>>		其他保护动作–1
		>>>>		闭锁重合闸–2
……	……	……	……	……

（4）220kV 母联保护信息流典型实例分析。

220kV 母联保护按照双重化配置，同时双重化配置母联 TA 及合并单元、母联智能终端。母联保护电流由母联合并单元提供，母线电压经过母线合并单元送至母联合并单元级联后送至测控装置。

信息流图如图 15–5 所示。

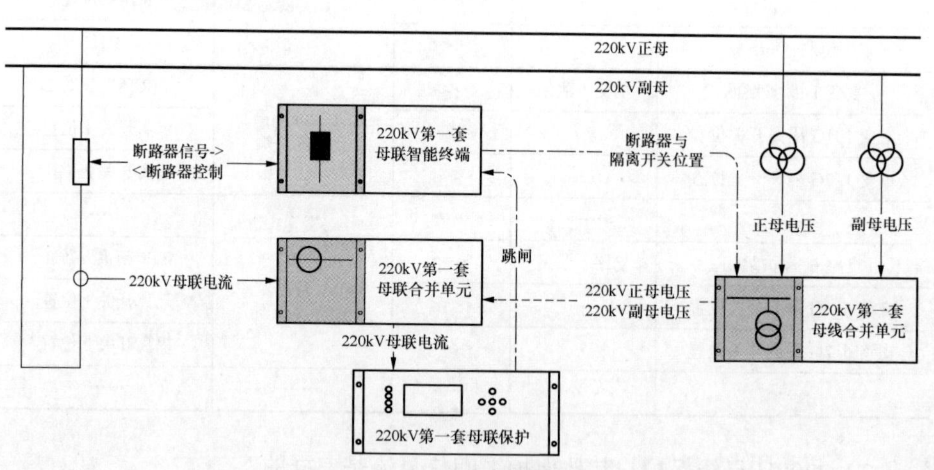

图 15–5　220kV 第一套母联保护整组回路信息流图

根据上述信息流图及论述，回答以下问题：

1）220kV 母联保护与母联合并单元之间信息流是怎样的？

答：220kV 母联保护经点对点直采光纤至 220kV 合并单元，实现电压电流量采集功能，具体信息流如表 15–19 所示。

表 15–19　220kV 第一套母联保护与 220kV 第一套母联合并单元 SV 信息流列表

母联保护虚端子名称	典型软压板	信息流向	对侧装置	合并单元虚端子名称
MU 额定延时	SV 接收	<<<<	220kV 第一套母联合并单元	MU 额定延时
保护 A 相电流 Ih1a		<<<<		保护 1 电流 A 相 1
保护 A 相电流 Ih1a2		<<<<		保护 1 电流 A 相 2
保护 B 相电流 Ih1b1		<<<<		保护 1 电流 B 相 1
保护 B 相电流 Ih1b2		<<<<		保护 1 电流 B 相 2
保护 C 相电流 Ih1c1		<<<<		保护 1 电流 C 相 1
保护 C 相电流 Ih1c2		<<<<		保护 1 电流 C 相 2

2）220kV 母联保护与母联智能终端之间信息流是怎样的？

答：220kV 母联保护经点对点直采光纤至母联智能终端：母联保护闭锁重合闸三跳母联开关，具体信息流如表 15–20 所示。

表 15–20　220kV 第一套母联保护与 220kV 第一套母联智能终端 GOOSE 信息流列表

母联保护虚端子名称	典型软压板	信息流向	对侧装置	智能终端虚端子名称
母联保护跳闸	跳闸出口	>>>>	220kV 第一套母联智能终端	三跳闭锁重合闸

（5）110kV 母差保护整组回路。

110kV 母差保护单套配置，包含母线差动保护、母联（分段）死区保护、母联（分段）失灵保护功能。110kV 母差保护采用“直采直跳”模式与各间隔合并单元和间隔智能终端相连，110kV 母线电压通过母线合并单元直采获取。

信息流图如图 15–6 所示。

根据上述信息流图及论述，回答以下问题：

1）110kV 母差保护与各间隔合并单元之间信息流是怎样的？

答：110kV 母差保护经点对点直采光纤到 110kV 第一套母线合并单元及相应间隔合并单元，实现电压电流量采集功能，具体信息流如表 15–21 所示。

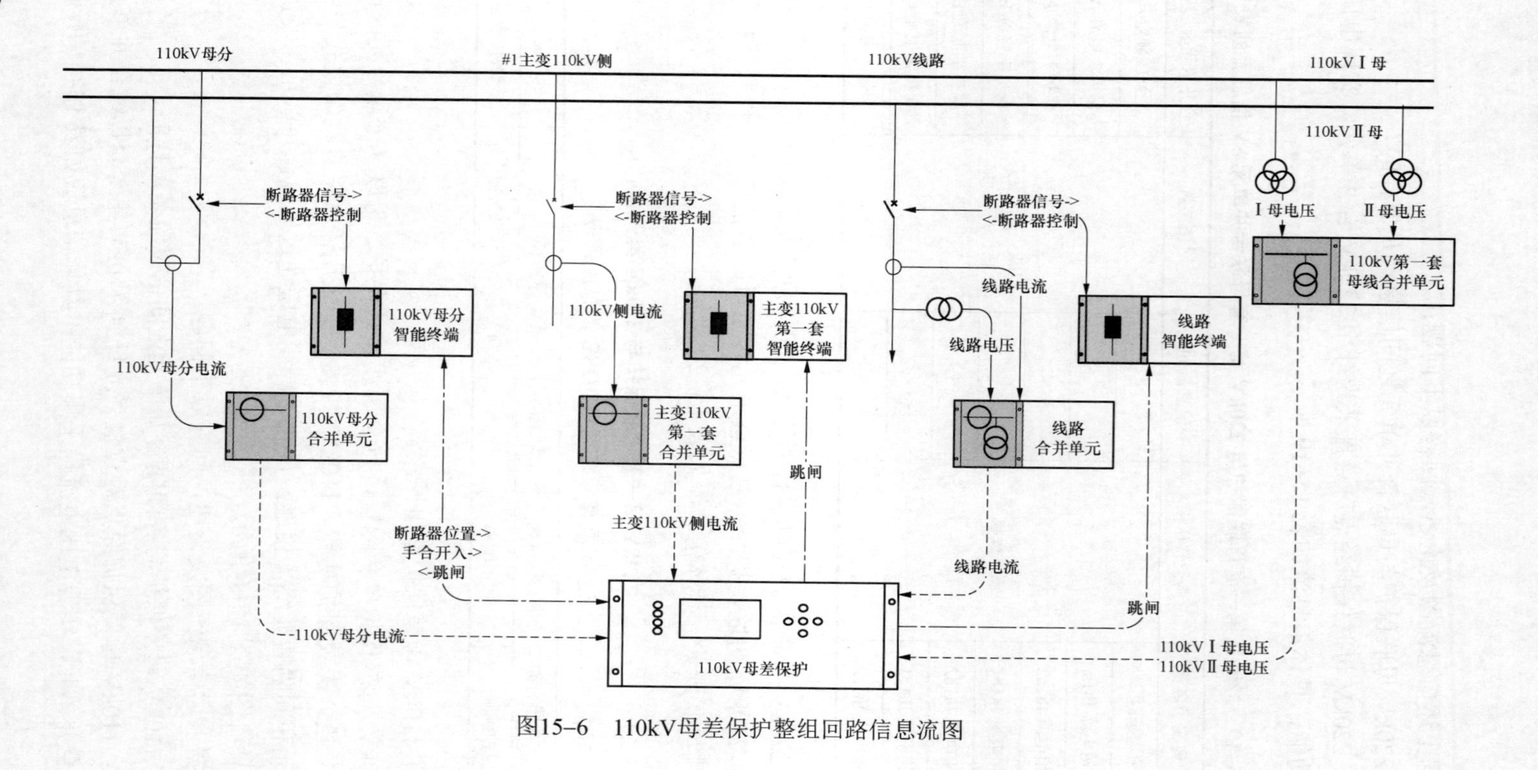

图15-6　110kV母差保护整组回路信息流图

表 15-21　　110kV 母差保护与各间隔合并单元 SV 信息流列表

母差保护虚端子名称	典型软压板	信息流向	对侧装置	虚端子名称
母线电压 MU 额定延时	电压接收	<<<<	110kV 第一套母线合并单元	MU 额定延时
Ⅰ母母线 A 相电压 Ua11		<<<<		Ⅰ母母线 A 相电压 Ua11
Ⅰ母母线 A 相电压 Ua12		<<<<		Ⅰ母母线 A 相电压 Ua12
Ⅰ母母线 B 相电压 Ub11		<<<<		Ⅰ母母线 B 相电压 Ub11
Ⅰ母母线 B 相电压 Ub12		<<<<		Ⅰ母母线 B 相电压 Ub12
Ⅰ母母线 C 相电压 Uc11		<<<<		Ⅰ母母线 C 相电压 Uc11
Ⅰ母母线 C 相电压 Uc12		<<<<		Ⅰ母母线 C 相电压 Uc12
Ⅱ母母线 A 相电压 Ua21		<<<<		Ⅱ母母线 A 相电压 Ua21
Ⅱ母母线 A 相电压 Ua22		<<<<		Ⅱ母母线 A 相电压 Ua22
Ⅱ母母线 B 相电压 Ub21		<<<<		Ⅱ母母线 B 相电压 Ub21
Ⅱ母母线 B 相电压 Ub22		<<<<		Ⅱ母母线 B 相电压 Ub22
Ⅱ母母线 C 相电压 Uc21		<<<<		Ⅱ母母线 C 相电压 Uc21
Ⅱ母母线 C 相电压 Uc22		<<<<		Ⅱ母母线 C 相电压 Uc22
分段_MU 额定延时	分段 SV 接收	<<<<	110kV 分段合并单元	MU 额定延时
分段_保护 A 相电流 Ia1（正）		<<<<		保护 A 相电流 Ia1
分段_保护 A 相电流 Ia2（正）		<<<<		保护 A 相电流 Ia2
分段_保护 B 相电流 Ib1（正）		<<<<		保护 B 相电流 Ib1
分段_保护 B 相电流 Ib2（正）		<<<<		保护 B 相电流 Ib2
分段_保护 C 相电流 Ic1（正）		<<<<		保护 C 相电流 Ic1
分段_保护 C 相电流 Ic2（正）		<<<<		保护 C 相电流 Ic2
主变 1_MU 额定延时	主变 1SV 接收	<<<<	主变 110kV 第一套合并单元	MU 额定延时
主变 1_保护 A 相电流 Ia1		<<<<		保护 A 相电流 Ia1
主变 1_保护 A 相电流 Ia2		<<<<		保护 A 相电流 Ia2
主变 1_保护 B 相电流 Ib1		<<<<		保护 B 相电流 Ib1
主变 1_保护 B 相电流 Ib2		<<<<		保护 B 相电流 Ib2
主变 1_保护 C 相电流 Ic1		<<<<		保护 C 相电流 Ic1
主变 1_保护 C 相电流 Ic2		<<<<		保护 C 相电流 Ic2
……	……	……	……	……

续表

母差保护虚端子名称	典型软压板	信息流向	对侧装置	虚端子名称
支路 6_MU 额定延时	支路 6SV 接收	<<<<	110kV 线路合并单元	MU 额定延时
支路 6_保护 A 相电流 Ia1		<<<<		保护 A 相电流 Ia1
支路 6_保护 A 相电流 Ia2		<<<<		保护 A 相电流 Ia2
支路 6_保护 B 相电流 Ib1		<<<<		保护 B 相电流 Ib1
支路 6_保护 B 相电流 Ib2		<<<<		保护 B 相电流 Ib2
支路 6_保护 C 相电流 Ic1		<<<<		保护 C 相电流 Ic1
支路 6_保护 C 相电流 Ic2		<<<<		保护 C 相电流 Ic2
……	……	……	……	……

注　分段电流依据一次设备极性和保护装置极性需求接入正极性输入虚端子或反极性输入虚端子。

2）110kV 母差保护与各间隔智能终端之间信息流是怎样的？

答：110kV 母差保护经点对点直跳光纤到相应间隔智能终端，实现跳闸功能，具体信息流如表 15–22 所示。

表 15–22　　110kV 母差保护与各智能终端 GOOSE 信息流列表

110kV 母差保护虚端子名称	典型软压板	信息流向	对侧装置	虚端子名称
母分_保护跳闸	母联跳闸	>>>>	110kV 母分智能终端	闭重跳闸 2
母分_断路器位置	—	<<<<		断路器位置
母分_手合	—	<<<<		SHJ
主变 1_保护跳闸	主变 1 跳闸	>>>>	1#主变 110kV 第一套智能终端	闭重跳闸 2
主变 2_保护跳闸	主变 2 跳闸	>>>>	2#主变 110kV 第一套智能终端	闭重跳闸 2
支路 6_保护跳闸	支路 6 跳闸	>>>>	110kV 线路智能终端	闭重跳闸 2
……	……	>>>>	……	……
支路 n_保护跳闸	支路 n 跳闸	>>>>	110kV 线路 n 智能终端	闭重跳闸 2

（6）110kV 线路保护信息流典型实例分析。

以 220kV 变电站内的 110kV 线路保护为例，110kV 线路保护与测控装置一体化单套配置，本书仅介绍保护信息流。

信息流图如图 15–7 所示。

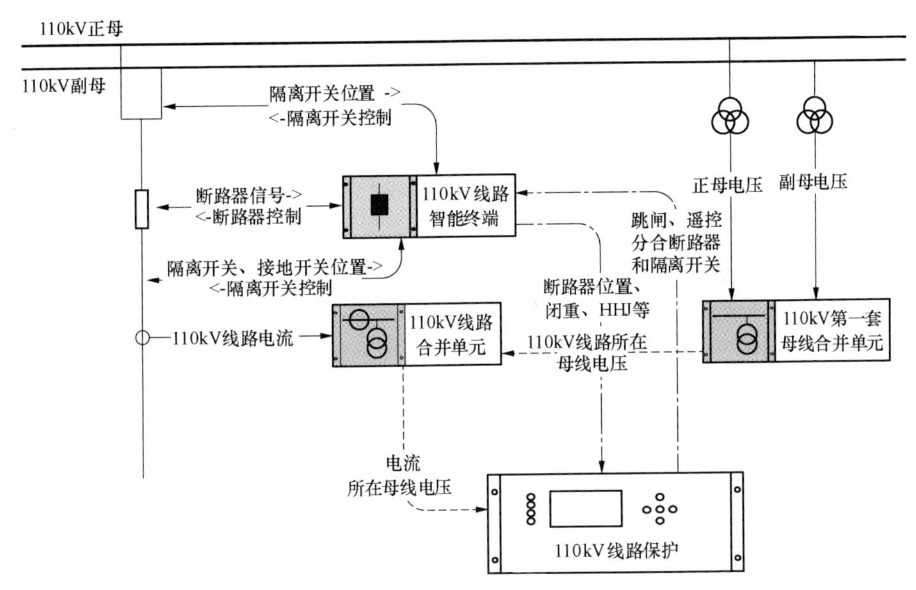

图 15–7　110kV 线路保护整组回路信息流图

根据上述信息流图及论述，回答以下问题：

1）110kV 线路保护与线路合并单元之间信息流是怎样的？

答：线路保护经点对点直采光纤到相应合并单元，实现电压电流量采集功能，具体信息流如表 15–23 所示。

表 15–23　　110kV 线路保护与线路合并单元 SV 信息流列表

线路保护虚端子名称	典型软压板	信息流向	对侧装置	合并单元虚端子名称
MU 额定延时	SV 接收	<<<<	线路合并单元	额定延迟时间
保护 A 相电压 Ua1		<<<<		级联保护电压 A 相 1
保护 A 相电压 Ua2		<<<<		级联保护电压 A 相 2
保护 B 相电压 Ub1		<<<<		级联保护电压 B 相 1
保护 B 相电压 Ub2		<<<<		级联保护电压 B 相 2
保护 C 相电压 Uc1		<<<<		级联保护电压 C 相 1
保护 C 相电压 Uc2		<<<<		级联保护电压 C 相 2
同期电压 Ux1		<<<<		同期电压 1
保护 A 相电流 Ia1（正）		<<<<		保护 1 电流 A 相 1
保护 A 相电流 Ia2（正）		<<<<		保护 1 电流 A 相 2
保护 B 相电流 Ib1（正）		<<<<		保护 1 电流 B 相 1

续表

线路保护虚端子名称	典型软压板	信息流向	对侧装置	合并单元虚端子名称
保护B相电流Ib2（正）	SV接收	<<<<	线路合并单元	保护1电流B相2
保护C相电流Ic1（正）		<<<<		保护1电流C相1
保护C相电流Ic2（正）		<<<<		保护1电流C相2

注 1. 本书以母线三相电压作为保护电压、线路单相电压作为同期电压模式为例。存在母设合并单元损坏造成多条线路保护同时TV断线失去主保护的隐患。较为理想的模式应以线路三相电压作为保护电压，母线单相电压作为同期电压。

2. 通常，110kV线路送终端变，因无电源，同期电压可不接入。

2）110kV线路保护与线路智能终端之间信息流是怎样的？

答：线路保护经点对点直跳光纤到相应智能终端，完成断路器的跳合闸功能并通过直跳光纤接收断路器的位置等信号，具体信息流如表15–24所示。

表15–24　110kV线路保护与110kV线路智能终端GOOSE信息流列表

线路保护虚端子名称	典型软压板	信息流向	对侧装置	智能终端虚端子名称
断路器位置	—	<<<<	线路智能终端重合	总断路器位置（双点）
闭锁重合闸–1	—	<<<<		闭锁重合闸
低气压（弹簧未储能）闭重	—	<<<<		低气压（弹簧未储能）
控制回路断线1闭重	—	<<<<		控制回路断线
HWJ1	—	<<<<		HWJ
TWJ	—	<<<<		TWJ
合后位置（可选）	—	<<<<		KKJ合后位置
保护跳闸	保护跳闸	>>>>		线路跳闸1
重合闸	重合闸	>>>>		重合1
永跳	永跳	>>>>		闭重跳闸1

注 1.“断路器位置”为双点信号，应直接接入开关辅助接点，不应采用重动。

2. 智能终端“闭锁重合闸”开出，是智能终端的一个逻辑组合信号，包括手跳、遥跳、TJF、TJR、上电500ms内信号等。母差保护跳闸闭重功能由本信号回送给线路保护实现。

3. 线路保护的“低气压闭锁重合闸”开入，应接入断路器储能元件异常闭锁重合闸接点。如液压机构的“压力低闭锁重合闸”、弹簧机构的“弹簧未储能”等。

4.“控制回路断线闭重”可不接，考虑重合闸充电均在合位，此时控制回路断线表示跳闸回路故障，无法跳闸，重合闸应不会动作。如接了此回路，应确保线路保护“控制回路断线闭重”开入具有一定的延时才放电。

5.“HWJ1”、“TWJ”、“合后位置（可选）”，根据不同厂家设备接入要求不同。部分厂家要求接入“HWJ1”、“TWJ”，不需要接入“合后位置（可选）”；部分厂家要求接入“合后位置（可选）”，不需要接入“HWJ1”、“TWJ”。

6. 部分保护采用“永跳”开出去智能终端“闭重跳闸”开入，部分保护没有“永跳”开出，可不接。

3. 110kV智能变电站典型间隔信息流实例分析。

某 110kV 变电站有 2 台电压等级为 110/10kV 的主变压器；110kV 进线 2 回，采用内桥接线；10kV 采用单母分段接线。

主变保护采用智能保护，主后一体双重化配置。主变各侧开关合并单元采用双重化配置，各侧开关智能终端也需采用双重化配置，宜配置合并单元、智能终端一体化装置，以下简称合智装置。主变保护采用直采直跳模式。

除主变保护与各侧合并单元、智能终端外，其他保护设备均单套配置。110kV 备自投采用自适应模式综合备自投，采用直采直跳模式，单套配置。10kV 备自投通常采用母分备自投，实现模式较多样化，本书按直采直跳模式进行介绍。10kV 除母分间隔外均采用常规保护。

变电站监控系统采用开放式分层分布式网络结构，由站控层、间隔层、过程层设备，以及网络和安全防护设备组成。站控层、间隔层网络采用单星型以太网，完成 MMS 报文和部分 GOOSE 报文传输。过程层设备由常规互感器、合并单元、智能终端及合智装置等构成，一般不设过程层网络，以专用光纤点对点方式传输 GOOSE 报文及 SV 报文。配置一套全站公用的时间同步子系统。站控层设备采用 SNTP 对时方式，间隔层和过程层设备采用 IRIG–B 对时方式。配置一套故障录波器及网络分析记录仪，以点对点方式采集全站的 GOOSE 报文、SV 报文和 MMS 报文。

本节以第一套保护为例介绍典型信息流，第二套保护可参照第一套保护。“半划线 ----▶ ”表示 SV 通信，“短线–点 –·–▶ ”表示 GOOSE 通信，“细实线 ——▶ ”表示电缆。

（1）110kV 主变保护整组回路。

主变压器保护采用主后一体双重化配置。主变压器保护的电压、电流由相应合并单元直接输入，其 GOOSE 跳闸信号发送至各侧智能终端，由智能终端转换后实现对一次设备的跳闸。

信息流图如图 15–8 所示。

根据上述信息流图及论述，回答以下问题：

1）主变保护与相关合并单元（合智装置）SV 信息流是怎样的？

答：主变保护经点对点直采光纤至 110kV 母线合并单元、各侧合并单元（合智装置）、中性点合并单元，完成保护采样数据输入，具体信息流如表 15–25 所示。

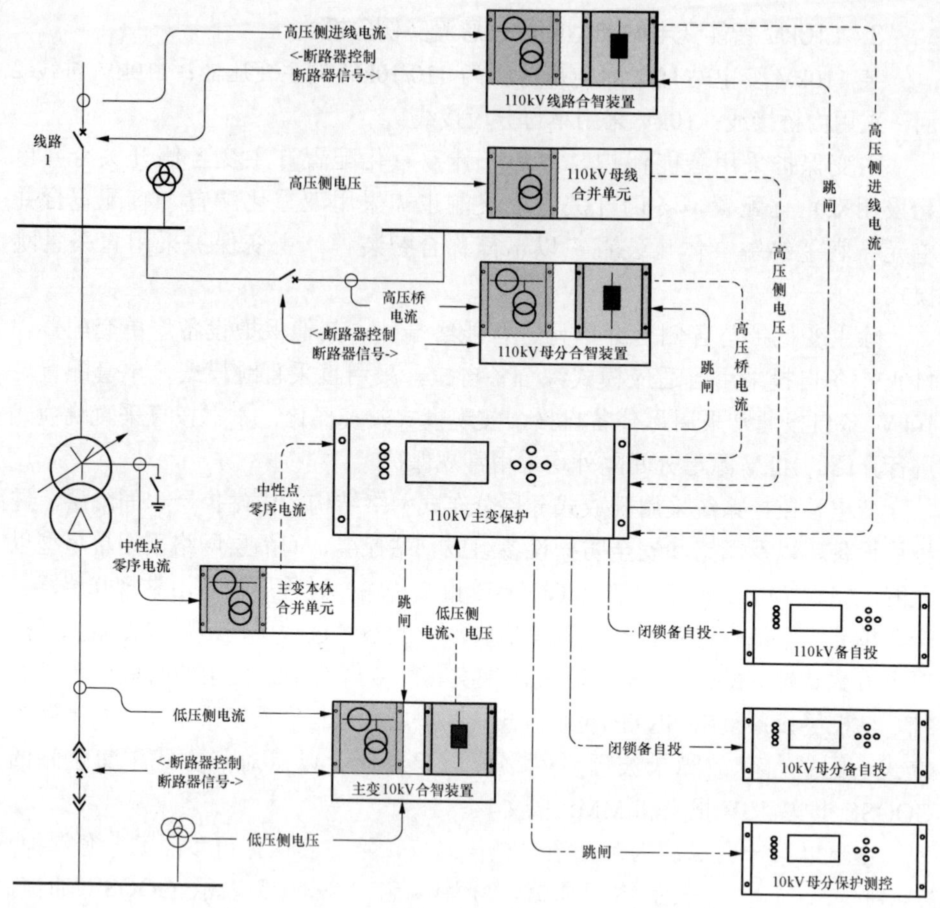

图 15-8　110kV 主变压器保护整组回路信息流图

表 15-25　　110kV 第一套主变保护与相关第一套合并单元（合智装置）SV 信息流列表

保护虚端子名称	典型软压板	信息流向	对侧装置	合并单元虚端子名称
高压侧电压 MU 额定延时	高压侧电压 SV 接收软压板	<<<<	110kV 第一套母线合并单元	额定延迟时间
高压侧 A 相电压 Uha1		<<<<		母线 1A 相保护电压 1
高压侧 A 相电压 Uha2		<<<<		母线 1A 相保护电压 2
高压侧 B 相电压 Uhb1		<<<<		母线 1B 相保护电压 1
高压侧 B 相电压 Uhb2		<<<<		母线 1B 相保护电压 2
高压侧 C 相电压 Uhc1		<<<<		母线 1C 相保护电压 1
高压侧 C 相电压 Uhc2		<<<<		母线 1C 相保护电压 2
高压侧零序电压 Uh01		<<<<		母线 1 零序电压 1
高压侧零序电压 Uh02		<<<<		母线 1 零序电压 2

续表

保护虚端子名称	典型软压板	信息流向	对侧装置	合并单元虚端子名称
高压侧电流 MU 额定延时	高压侧电流 SV 接收软压板	<<<<	110kV 线路 1 第一套合智装置	额定延迟时间
高压侧 A 相电流 Ih1a1（正）		<<<<		保护电流 A 相 1
高压侧 A 相电流 Ih1a2（正）		<<<<		保护电流 A 相 2
高压侧 B 相电流 Ih1b1（正）		<<<<		保护电流 B 相 1
高压侧 B 相电流 Ih1b2（正）		<<<<		保护电流 B 相 2
高压侧 C 相电流 Ih1c1（正）		<<<<		保护电流 C 相 1
高压侧 C 相电流 Ih1c2（正）		<<<<		保护电流 C 相 2
高压桥电流 MU 额定延时	高压桥电流 SV 接收软压板	<<<<	110kV 母分第一套合智装置	额定延迟时间
高压桥 A 相电流 Ih2a1（正）		<<<<		保护电流 A 相 1
高压桥 A 相电流 Ih2a2（正）		<<<<		保护电流 A 相 2
高压桥 B 相电流 Ih2b1（正）		<<<<		保护电流 B 相 1
高压桥 B 相电流 Ih2b2（正）		<<<<		保护电流 B 相 2
高压桥 C 相电流 Ih2c1（正）		<<<<		保护电流 C 相 1
高压桥 C 相电流 Ih2c2（正）		<<<<		保护电流 C 相 2
低压 1 分支 MU 额定延时	低压 1 分支 SV 接收压板	<<<<	主变 10kV 第一套合智装置	额定延迟时间
低压 1 分支 A 相电压 Ul1a1		<<<<		级联保护电压 A 相 1
低压 1 分支 A 相电压 Ul1a2		<<<<		级联保护电压 A 相 2
低压 1 分支 B 相电压 Ul1b1		<<<<		级联保护电压 B 相 1
低压 1 分支 B 相电压 Ul1b2		<<<<		级联保护电压 B 相 2
低压 1 分支 C 相电压 Ul1c1		<<<<		级联保护电压 C 相 1
低压 1 分支 C 相电压 Ul1c2		<<<<		级联保护电压 C 相 2
低压 1 分支 A 相电流 Il1a1		<<<<		保护电流 A 相 1
低压 1 分支 A 相电流 Il1a2		<<<<		保护电流 A 相 2
低压 1 分支 B 相电流 Il1b1		<<<<		保护电流 B 相 1
低压 1 分支 B 相电流 Il1b2		<<<<		保护电流 B 相 2
低压 1 分支 C 相电流 Il1c1		<<<<		保护电流 C 相 1
低压 1 分支 C 相电流 Il1c2		<<<<		保护电流 C 相 2
中性点电流 MU 额定延时	高压侧中性点 SV 接收软压板	<<<<	主变第一套本体合并单元	额定延迟时间
高压侧零序电流 Ih01		<<<<		中性点零序电流 1
高压侧零序电流 Ih02		<<<<		中性点零序电流 2
高压侧间隙电流 Ihj1		<<<<		中性点间隙电流 1
高压侧间隙电流 Ihj2		<<<<		中性点间隙电流 2

注　基于内桥接线的特点，1 号主变与 2 号主变接入高压桥电流时应采用不同的极性。

2）主变保护与各侧开关智能终端（合智装置）GOOSE 信息流是怎样的？

答： 主变保护经点对点直跳光纤至各侧开关智能终端（合智装置），通过 GOOSE 命令直跳主变各侧断路器，具体信息流如表 15–26 所示。

表 15–26　110kV 第一套主变保护与各侧断路器第一套合智装置 GOOSE 信息流列表

保护虚端子名称	典型软压板	信息流向	对侧装置	合智装置虚端子名称
跳高压侧断路器	跳高压侧断路器	>>>>	110kV 线路 1 第一套合智装置	保护 TJR 三跳 1
跳高压桥断路器	跳高压桥断路器	>>>>	110kV 母分第一套合智装置	保护 TJR 三跳 1
跳低压 1 分支断路器	跳低压 1 分支断路器	>>>>	主变 10kV 第一套合智装置	保护 TJR 三跳 1

3）主变保护与其他装置 GOOSE 信息流是怎样的？

答： 主变保护经点对点直跳光纤至 10kV 母分保护测控多合一装置，完成保护跳闸信号输出；经点对点直跳光纤至 10kV 备自投装置，完成闭锁信号输出；经点对点直跳光纤至 110kV 备自投装置，完成闭锁信号输出，具体信息流如表 15–27 所示。

表 15–27　110kV 第一套主变保护与其他装置 GOOSE 信息流列表

保护虚端子名称	典型软压板	信息流向	对侧装置	虚端子名称
跳低压 1 分支分段	跳低压 1 分支分段软压板	>>>>	10kV 母分多合一装置	跳闸开入 2
闭锁高压侧备自投	闭锁高压侧备自投软压板	>>>>	110kV 母分备自投装置	1 号变保护动作 1
闭锁低压 1 分支备自投	闭锁低压 1 分支备自投软压板	>>>>	10kV 母分备自投装置	1 号变保护动作 1

（2）110kV 备自投整组回路。

110kV 备自投单套配置，经直采光纤从 110kV 第一套进线合智装置引入母线电压与进线电流、电压；经直跳光纤从 110kV 三个开关的第一套合智装置接收开关位置等相关信号并实现跳合闸功能；经直连光纤从各相关装置引入闭锁信号。

信息流图如图 15–9 所示。

根据上述信息流图，回答以下问题：

1）110kV 备自投与相关 110kV 断路器第一套合智装置（合并单元）SV 信息流是怎样的？

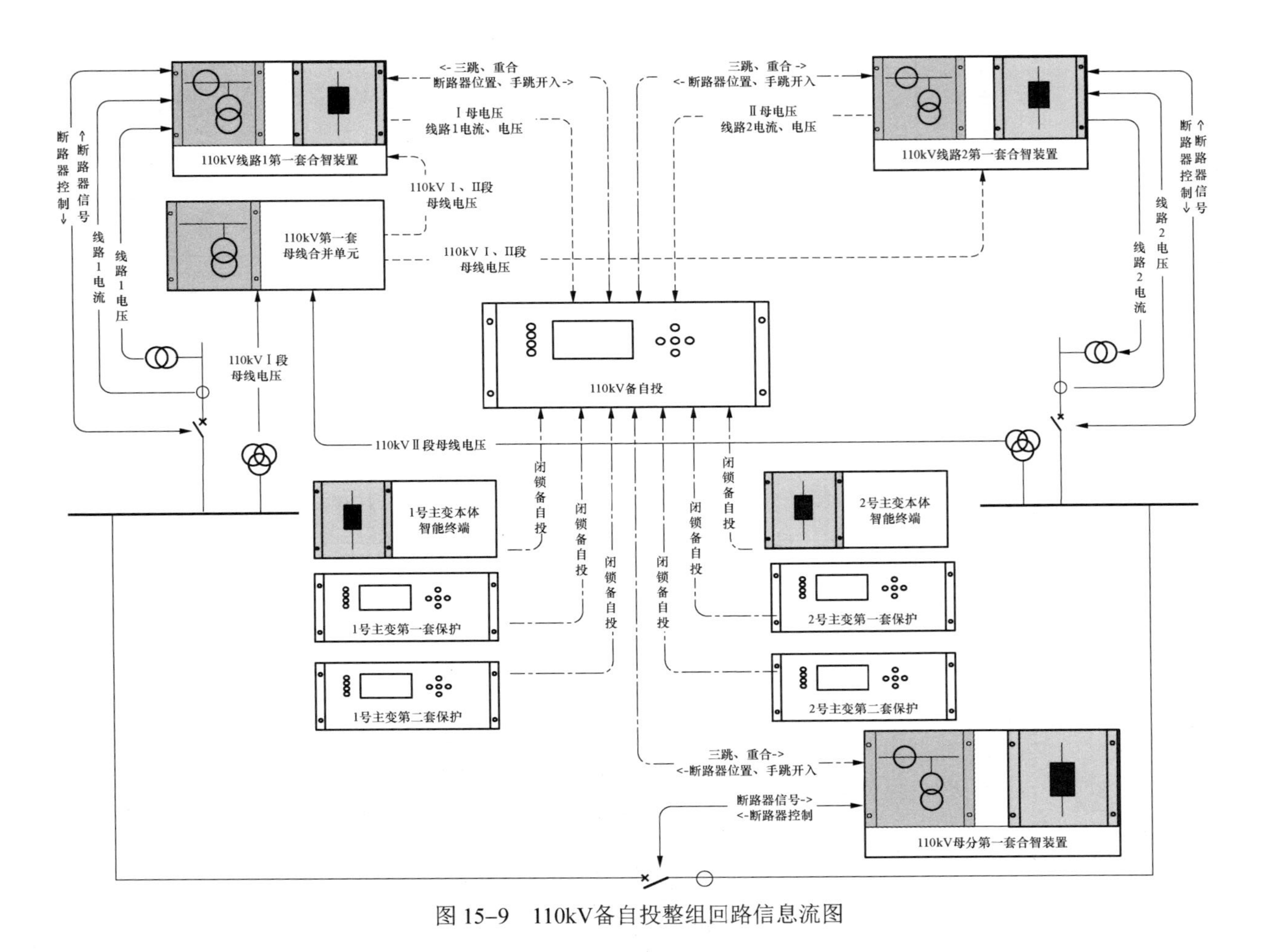

图 15-9　110kV备自投整组回路信息流图

答：110kV 备自投经点对点直采光纤至 110kV 进线 1 第一套合智装置，接收 110kV Ⅰ段母线电压与进线 1 电流、电压；经点对点直采光纤至 110kV 进线 2 第一套合智装置，接收 110kV Ⅱ段母线电压与进线 2 电流、电压；进线合智装置母线电压由 110kV 第一套母线合并单元级联获得，具体信息流如表 15–28 所示。

表 15–28　110kV 备自投与相关 110kV 合智装置 SV 信息流列表

保护虚端子名称	典型软压板	信息流向	对侧装置	合并单元虚端子名称
电源 1 MU1 额定延时		<<<<		额定延迟时间
Ⅰ母 A 相电压 Ua11		<<<<		母线 1A 相保护电压 1
Ⅰ母 A 相电压 Ua12（可选）				母线 1A 相保护电压 2
Ⅰ母 B 相电压 Ub11		<<<<		母线 1B 相保护电压 1
Ⅰ母 B 相电压 Ub12（可选）				母线 1B 相保护电压 2
Ⅰ母 C 相电压 Uc11	电源 1 SV 接收	<<<<	110kV 进线 1 第一套合智装置	母线 1C 相保护电压 1
Ⅰ母 C 相电压 Uc12（可选）				母线 1C 相保护电压 2
电源 1 电流 IL11		<<<<		保护电流 A 相 1
电源 1 电流 IL12（可选）				保护电流 A 相 2
电源 1 电压 UL11		<<<<		线路电压 A 相 1
电源 1 电压 UL12（可选）				线路电压 A 相 2
电源 2MU 额定延时		<<<<		额定延迟时间
Ⅱ母 A 相电压 Ua21		<<<<		母线 2A 相保护电压 1
Ⅱ母 A 相电压 Ua22（可选）				母线 2A 相保护电压 2
Ⅱ母 B 相电压 Ub21		<<<<		母线 2B 相保护电压 1
Ⅱ母 B 相电压 Ub22（可选）				母线 2B 相保护电压 2
Ⅱ母 C 相电压 Uc21	电源 2SV 接收	<<<<	110kV 进线 2 第一套合智装置	母线 2C 相保护电压 1
Ⅱ母 C 相电压 Uc22（可选）				母线 2C 相保护电压 2
电源 2 电流 IL21		<<<<		保护电流 A 相 1
电源 2 电流 IL22（可选）				保护电流 A 相 2
电源 2 电压 UL21		<<<<		线路电压 A 相 1
电源 2 电压 UL22（可选）				线路电压 A 相 2

续表

保护虚端子名称	典型软压板	信息流向	对侧装置	合并单元虚端子名称
分段（桥）MU 额定延时	分段（桥）SV 接收	<<<<	110kV 母分（桥）第一套合智装置	额定延迟时间
分段 A 相电流 I a1		<<<<		保护电流 A 相 1
分段 A 相电流 I a2 （可选）		<<<<		保护电流 A 相 2
分段 B 相电流 I b1		<<<<		保护电流 B 相 1
分段 B 相电流 I b2 （可选）		<<<<		保护电流 B 相 2
分段 C 相电流 I c1		<<<<		保护电流 C 相 1
分段 C 相电流 I c2 （可选）		<<<<		保护电流 C 相 2

注 1.“六统一”规范中，备自投模拟量输入双 A/D 接口为可选项，部分厂家设备不需要双 A/D 数据同时接入的，应删除相应的虚回路。
2. 根据实际工程要求，分段电流可不接入。
3. 根据实际工程要求，进线（电源）电压可不接入。

2）110kV 备自投与 110kV 断路器第一套合智装置（智能终端）GOOSE 信息流是怎样的？

答：110kV 备自投经点对点光纤至 110kV 线路 1 第一套合智装置，接收线路 1 开关位置、手分（KKJ 合后）等信号，完成备自投出口跳合闸功能；经点对点光纤至 110kV 线路 2 第一套合智装置，接收线路 2 断路器位置、手分（KKJ 合后）等信号，完成备自投出口跳合闸功能；经点对点光纤至 110kV 母分第一套合智装置，接收母分断路器位置、手分（KKJ 合后）等信号，完成备自投出口跳合闸功能，具体信息流如表 15–29。

表 15–29　110kV 备自投与 110kV 断路器第一套合智装置（智能终端）GOOSE 信息流列表

保护虚端子名称	典型软压板	信息流向	对侧装置	合智装置虚端子名称
电源 1 跳位（双点）	—	<<<<	110kV 进线 1 第一套合智装置	断路器总位置
电源 1 合后位置（可选）	—	<<<<		KKJ 合后
备自投总闭锁 1	—	<<<<		手跳开入
跳电源 1 断路器	跳电源 1 断路器	>>>>		保护 TJR 三跳 1
合电源 1 断路器	合电源 1 断路器	>>>>		保护重合闸 1
电源 2 跳位（双点）	—	<<<<	110kV 进线 2 第一套合智装置	断路器总位置
电源 2 合后位置（可选）	—	<<<<		KKJ 合后
备自投总闭锁 2	—	<<<<		手跳开入
跳电源 2 断路器	跳电源 2 断路器	>>>>		保护 TJR 三跳 1
合电源 2 断路器	合电源 2 断路器	>>>>		保护重合闸 1

续表

保护虚端子名称	典型软压板	信息流向	对侧装置	合智装置虚端子名称
分段跳位（双点）	—	<<<<	110kV 母分（桥）第一套合智装置	断路器总位置
分段合后位置（可选）	—	<<<<		KKJ 合后
备自投总闭锁 3	—	<<<<		手跳开入
跳分段断路器	跳分段断路器	>>>>		保护 TJR 三跳 1
合分段断路器	合分段断路器	>>>>		保护重合闸 1

注 1.“KKJ 合后”与“手跳开入”，均用于手分（遥分）开关闭锁备自投，可结合工程实际，选择其中一个接入即可。

2. 备自投合闸回路通常接入到智能终端的“保护重合闸”开入，应注意，如果备自投采用了 KKJ（合后位置）接入模式，合闸二次电缆回路应能驱动 KKJ。

3. 如 110kV 配置了线路保护，为区分线路保护重合闸出口与备自投合闸出口，备自投合闸宜选用一路普通遥控开出，接入手合回路。

3）110kV 备自投与其他保护装置 GOOSE 信息流是怎样的？

答：110kV 备自投经点对点光纤至 1 号主变第一套保护、第二套保护、本体智能终端，2 号主变第一套保护、第二套保护、本体智能终端，完成主变差动保护、高后备保护及非电量保护动作闭锁备自投闭锁功能，具体信息流如表 15–30 所示。

表 15–30　110kV 备自投与其他保护装置 GOOSE 信息流列表

保护虚端子名称	典型软压板	信息流向	对侧装置	合智装置虚端子名称
1 号变保护动作 1	—	<<<<	1 号主变第一套保护	闭锁高压侧备自投
1 号变保护动作 2	—	<<<<	1 号主变第二套保护	闭锁高压侧备自投
1 号变保护动作 3	—	<<<<	1 号主变本体智能终端	非电量跳闸备用
2 号变保护动作 1	—	<<<<	1 号主变第二套保护	闭锁高压侧备自投
2 号变保护动作 2	—	<<<<	2 号主变第二套保护	闭锁高压侧备自投
2 号变保护动作 3	—	<<<<	2 号主变本体智能终端	非电量跳闸备用

（3）10kV 备自投整组回路。

10kV 母分备自投采用全光纤模式，备自投装置通过主变 10kV 第一套合智装置实现电流与电压 SV 采样，GOOSE 跳闸信号发送至主变 10kV 第一套合智装置及 10kV 母分保护测控集成多合一装置，从而实现对断路器的控制，以及备自投功能。主变压器保护输出 GOOSE 报文至备自投保护，当低后备保护动作后闭锁 10kV 母分备自投保护。

信息流图如图 15–10 所示。

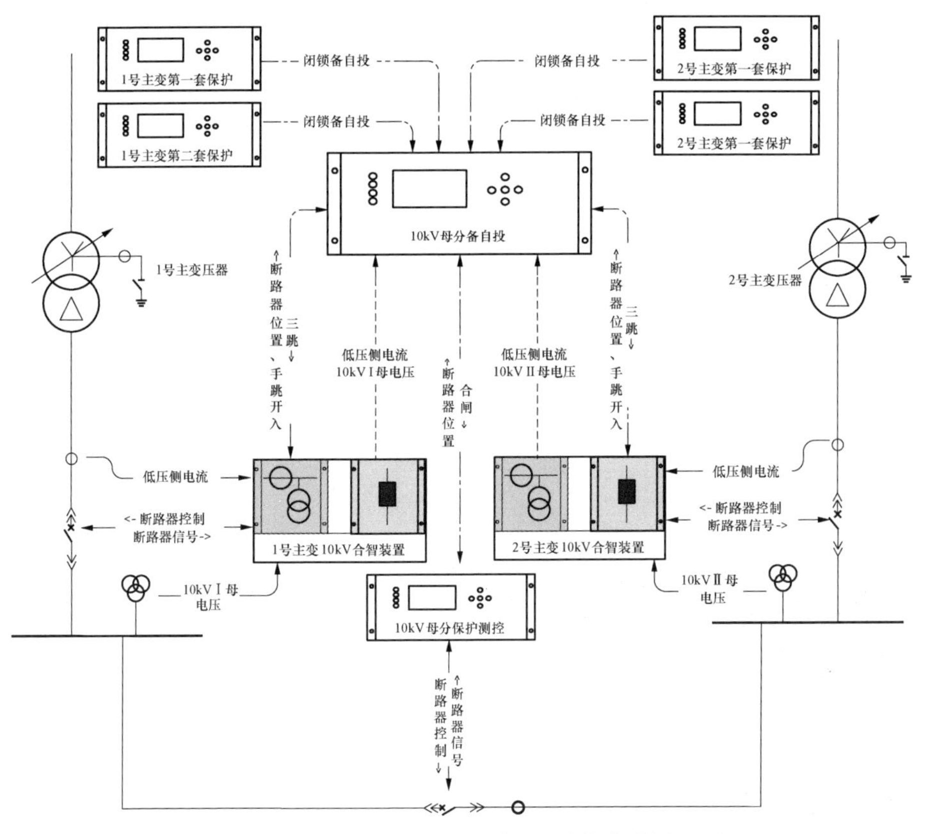

图 15–10　10kV 备自投整组回路信息流图

根据上述信息流图，回答以下问题：

1）10kV 母分备自投与 10kV 相关合智装置 SV 信息流是怎样的？

答：10kV 母分备自投经点对点直采光纤至 1 号主变 10kV 合智装置，完成 10kV Ⅰ段母线电压和 1 号主变 10kV 侧电流采样；经点对点直采光纤至 2 号主变 10kV 合智装置，完成 10kV Ⅱ段母线电压和 2 号主变 10kV 侧电流采样，具体信息流如表 15–31 所示。

表 15–31　10kV 母分备自投与 1 号主变 10kV 第一套合智装置 SV 信息流列表

保护虚端子名称	典型软压板	信息流向	对侧装置	合智装置虚端子名称
电源 1 MU1 额定延时	电源 1 SV 接收	<<<<	1 号主变 10kV 第一套合智装置	额定延迟时间
电源 1 电流 IL11		<<<<		保护电流 A 相 1
电源 1 电流 I L12 （可选）		<<<<		保护电流 A 相 2

续表

保护虚端子名称	典型软压板	信息流向	对侧装置	合智装置虚端子名称
Ⅰ母A相电压Ua11	电源1 SV接收	<<<<	1号主变10kV第一套合智装置	母线1A相保护电压1
Ⅰ母A相电压Ua12（可选）		<<<<		母线1A相保护电压2
Ⅰ母B相电压Ub11		<<<<		母线1B相保护电压1
Ⅰ母B相电压Ub12（可选）		<<<<		母线1B相保护电压2
Ⅰ母C相电压Uc11		<<<<		母线1C相保护电压1
Ⅰ母C相电压Uc12（可选）		<<<<		母线1C相保护电压2
电源2MU额定延时	电源2 SV接收	<<<<	2号主变10kV第一套合智装置	额定延迟时间
电源2电流IL21		<<<<		保护电流A相1
电源2电流IL22（可选）		<<<<		保护电流A相2
Ⅱ母A相电压Ua21		<<<<		母线2A相保护电压1
Ⅱ母A相电压Ua22（可选）		<<<<		母线2A相保护电压2
Ⅱ母B相电压Ub21		<<<<		母线2B相保护电压1
Ⅱ母B相电压Ub22（可选）		<<<<		母线2B相保护电压2
Ⅱ母C相电压Uc21		<<<<		母线2C相保护电压1
Ⅱ母C相电压Uc22（可选）		<<<<		母线2C相保护电压2
分段MU额定延时	分段SV接收	<<<<	10kV母分保护测控装置	额定延迟时间
分段A相电流Ⅰa1		<<<<		保护电流A相1
分段A相电流Ⅰa2 （可选）		<<<<		保护电流A相2
分段B相电流Ⅰb1		<<<<		保护电流B相1
分段B相电流Ⅰb2 （可选）		<<<<		保护电流B相2
分段C相电流Ⅰc1		<<<<		保护电流C相1
分段C相电流Ⅰc2 （可选）		<<<<		保护电流C相2

注 1. "六统一"规范中，备自投模拟量输入双A/D接口为可选项，部分厂家设备不需要双A/D数据同时接入的，应删除相应的虚回路。

2. 根据实际工程要求，分段电流可不接入。

2）10kV母分备自投与10kV相关合智装置GOOSE信息流是怎样的？

答：10kV母分备自投经点对点光纤至1号主变10kV第一套合智装置，接收主变10kV断路器位置、手分（KKJ合后）等信号，完成备自投出口跳闸功能；经点对点光纤至2号主变10kV第一套合智装置，接收主变10kV断路器位置、手分（KKJ合后）等信号，完成备自投出口跳闸功能；经点对点光纤至

10kV 母分保护测控装置，接收 10kV 母分断路器位置、手分（KKJ 合后）等信号，完成备自投出口合闸功能，具体信息流如表 15–32 所示。

表 15–32　10kV 母分备自投与 10kV 断路器第一套合智装置 GOOSE 信息流列表

保护虚端子名称	典型软压板	信息流向	对侧装置	合智装置虚端子名称
电源 1 跳位（双点）	—	<<<<	1 号主变 10kV 第一套合智装置	断路器总位置
电源 1 合后位置（可选）	—	<<<<		KKJ 合后
备自投总闭锁 1	—	<<<<		手跳开入
跳电源 1 断路器	跳电源 1 断路器	>>>>		保护 TJR 三跳 1
电源 2 跳位（双点）	—	<<<<	2 号主变 10kV 第一套合智装置	断路器总位置
电源 2 合后位置（可选）	—	<<<<		KKJ 合后
跳电源 2 断路器	跳电源 2 断路器	>>>>		保护 TJR 三跳 1
备自投总闭锁 1	—	<<<<		手跳开入
分段跳位（双点）	—	<<<<	10kV 母分保护测控装置	断路器总位置
分段合后位置（可选）	—	<<<<		KKJ 合后
合分段断路器	合分段断路器	>>>>		保护重合闸 1
跳分段断路器	跳分段断路器	>>>>		保护跳闸 1

注　“KKJ 合后”与“手跳开入”，均用于手分（遥分）开关闭锁备自投，可结合工程实际，选择其中一个接入即可。

3）10kV 母分备自投与主变保护 GOOSE 信息流是怎样的？

答：10kV 母分备自投经点对点直采光纤至各主变两套保护，完成主变低后备保护动作闭锁备自投闭锁功能，具体信息流如表 15–33 所示。

表 15–33　10kV 母分备自投与主变保护装置 GOOSE 信息流列表

保护虚端子名称	典型软压板	信息流向	对侧装置	合智装置虚端子名称
1 号变保护动作 1	—	<<<<	1 号主变第一套保护	闭锁低压 1 分支备自投
1 号变保护动作 2	—	<<<<	1 号主变第二套保护	闭锁低压 1 分支备自投
2 号变保护动作 1	—	<<<<	2 号主变第一套保护	闭锁低压 1 分支备自投
2 号变保护动作 2	—	<<<<	2 号主变第二套保护	闭锁低压 1 分支备自投

4. 主变非电量保护直流电源消失告警在工程应用中有几种实现模式？

答：（1）本体智能终端提供独立的非电量保护消失 GOOSE 开出信号，如某型号本体智能终端提供“控制母线失电 1”、“控制母线失电 2”GOOSE 信号，可直接接入测控装置。

（2）本体智能终端非电量保护插件提供独立的非电量直流消失信号硬接点（常闭），接入本体智能终端遥信开入，形成 GOOSE 信号接入测控装置。

（3）本体智能终端未提供独立的非电量保护直流消失告警信号，一般设计中，取非电量保护直流电源空开辅助接点作为非电量保护直流消失告警信号，此接点作为硬开入接入本体智能终端，形成 GOOSE 信号接入测控装置。这种模式存在非电量保护直流电源监视不全面的隐患。

5. 220kV 线路第二套智能终端如何接入手（遥）合、手（遥）分信号?

答：（1）220kV 线路合闸（手合、遥合）回路由第一套智能终端实现。如果第二套智能终端为了生成事故总信号或参与线路保护逻辑运算，则需接入手（遥）合、手（遥）分信号。

（2）一般设计中，由第一套智能终端提供手（遥）合、手（遥）分硬接点给第二套智能终端。

（3）第二套智能终端有不同的接入模式，工程应用应根据装置实际情况选择接入模式：

1）第二套智能终端将第一套智能终端提供的手（遥）合、手（遥）分硬接点作为专用遥信开入，参与信号合成逻辑；第二套智能终端的手（遥）合、手（遥）分回路均不启用。

2）第一套智能终端提供的手（遥）合、手（遥）分硬接点直接驱动第二套智能终端的分、合闸回路（主要是驱动合后位置继电器），利用第二套智能终端本身的合后位置继电器接点完成相关逻辑；第二套智能终端手（遥）分回路完善，但去开关机构的合闸回路不接（开关只有一个合闸线圈）。如采用本接入模式，第一套智能终端过来分闸的接点宜经硬压板隔离。

6. 220kV 线路第一套智能终端与第二套智能终端之间是否需要互相闭重回路，为什么，如何实现?

答：（1）由于智能变电站 220kV 线路保护重合闸双套配置，当手（遥）分断路器或合闸回路断线时需要同时给两套重合闸放电，而仅第一套智能终端有完整的手（遥）分断路器回路及合闸回路断线监视回路，因此，第二套重合闸需通过第一套智能终端获取放电信息。

（2）智能终端具备“闭锁重合闸”硬接点开出，用于闭锁另一套重合闸。该接点在手（遥）分断路器、母差保护跳闸、线路保护永跳/三跳、线路保护闭重等情况下均可开出。智能终端同时具备“闭锁重合闸”硬开入，用于接收来自另一套智能终端的闭锁重合闸信号。

（3）工程应用中，将第一套智能终端“闭锁重合闸”硬接点接入至第二套智能终端“闭锁重合闸”硬开入即可。

（4）当线路采用三重模式时，应考虑将第二套智能终端“闭锁重合闸”硬接点接入至第一套智能终端“闭锁重合闸”硬开入。确保第一套母差保护停用情况下，发生母线故障时，第二套母差保护动作跳开关的同时能闭锁第一套线路重合闸。

（5）考虑到应用的灵活性，工程应用中，可完善两套智能终端互相闭锁重合闸回路，并在回路上设置硬压板。第一套智能终端闭锁第二套重合闸硬压板始终投入。当线路采用单重模式时，第二套智能终端闭锁第一套重合闸硬压板不投；当线路采用三重模式且线路保护中开关位置启动重合闸功能投入时，第二套智能终端闭锁第一套重合闸硬压板投入；当线路采用三重模式且线路保护中开关位置启动重合闸功能投入时，第二套智能终端闭锁第一套重合闸硬压板不投。

7. 110kV 主变非电量保护闭锁 110kV 备自投的几种回路有哪些实现模式?

答：非电量保护闭锁 110kV 备自投回路的实现模式，在实际工程实施中，一般有三种。

（1）利用非电量保护备用跳闸出口，经出口硬压板后作为本体智能终端的一个普通开入，转换为 GOOSE 信号，通过直连光纤接入 110kV 备自投装置。

（2）利用非电量保护备用跳闸出口，经出口硬压板后直接用电缆拉至 110kV 备自投装置，作为硬接点开入备自投装置。

（3）利用非电量保护备用跳闸出口，经出口硬压板后直接用电缆拉至对应 110kV 进线智能终端，作为进线智能终端的一个普通开入，转换为 GOOSE 信号，借用进线智能终端与备自投装置之间的直连光纤接入 110kV 备自投装置。有部分厂家的进线智能终端，非电量跳闸接入后会自行生成“非电量跳闸”GOOSE 信号，则可直接用此信号接入备自投装置，不需要单独从非电量保护拉电缆。

8. 110kV 备自投闭锁开入接口有哪几种模式?

答：（1）从物理接口上来说，可分为硬接点开入接口和光纤 GOOSE 信号开入接口两种模式。

（2）从装置闭锁开入虚端子功能上来说，一般有三种模式：

1）按“六统一”规范，备自投闭锁开入设置“总闭锁”“1#变保护动作”“2#变保护动作”三类。“总闭锁”可作为手分开关闭锁备自投的接入点。“1#变保护动作”“2#变保护动作”则接入对应的主变保护动作信号（差动保护、高后备保护、非电量保护），由软件自动来实现相应的闭锁逻辑。

2）备自投闭锁开入设置“总闭锁”“方式 1 闭锁”“方式 2 闭锁”“方式 3 闭锁”“方式 4 闭锁”五类。“总闭锁”可作为手分开关闭锁备自投的接入点。“方式 1 闭锁”“方式 2 闭锁”“方式 3 闭锁”“方式 4 闭锁”则由设计人员决定接入相应的主变保护动作信号，靠外部（虚）回路来实现相应的闭锁逻辑。

3）备自投闭锁开入设置“闭锁开入 1”“闭锁开入 2”“闭锁开入 3”……外部虚回路可以随意接入，由装置内部通过参数设置来决定每个闭锁开入量的闭锁逻辑。

9. 10kV 母分备自投除全光纤模式外，还有哪些实现模式？

答：10kV 母分备自投在实际工程实施中，具有多种实现模式，除了全光纤模式，还有全电缆模式（即常规采样、电缆跳闸、电缆闭锁），以及介于两者之间的各种模式。各种模式间的差异主要体现在以下四个方面：① 采样用常规采样还是 SV 采样；② 主变保护闭锁备自投用常规电缆还是 GOOSE；③ 跳主变 10kV 开关（包括开关位置等输入）用常规电缆还是 GOOSE；④ 合 10kV 母分开关（包括开关位置等输入）用常规电缆还是 GOOSE。以上四个方面的不同组合形成了众多的实现模式，在实际工程实施中，都有应用。

10. 110kV 内桥接线形式下，主变保护为何需从 110kV 母线电压合并单元直接接入高压侧电压，而不选择从进线合并单元级联？

答：内桥接线形式下，存在进线开关停役、母分开关运行、主变运行的运行方式。此时进线合并单元可以退出，若主变保护从进线合并单元获取电压，则不能保证主变保护正确取得母线电压。从 110kV 母线电压合并单元直接获取时，将不受运行方式的变化的影响。

第十六章 测试仪器应用

1. 智能变电站二次系统常用测试仪器有哪些?

答: 智能变电站二次系统常用测试仪器有:

(1)数字化继电保护试验装置;

(2)手持式光数字信号试验装置(手持式光数字测试仪/光万用表);

(3)合并单元测试仪;

(4)时间测试仪;

(5)网络测试仪;

(6)网络记录分析仪;

(7)光功率计;

(8)电子互感器校验仪。

2. 简述智能变电站电子式互感器校验仪进行精度校验时的接线方式。

答: 对于模拟量输出的被测互感器,电子式互感器校验仪的接线方式如图 16–1 所示。

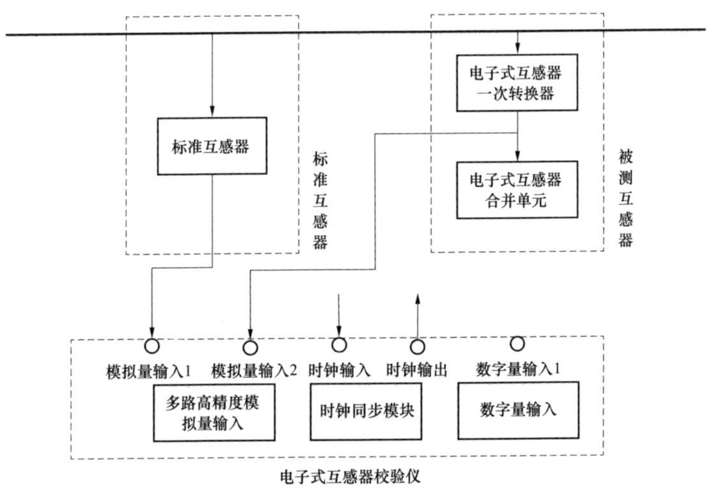

图 16–1 用于测量模拟量输出互感器的接线方式

对于数字量输出的被测互感器，电子式互感器校验仪的接线方式如图 16–2 所示。

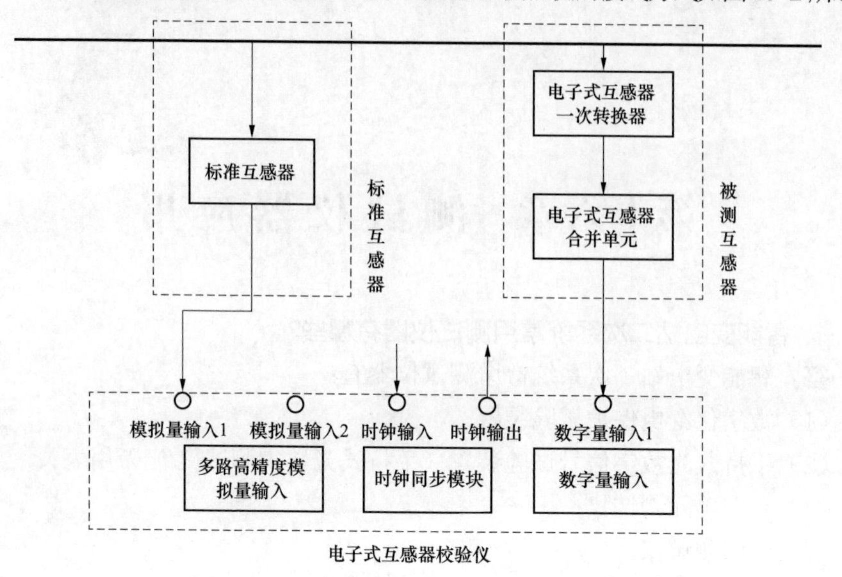

图 16–2　用于测量数字量输出互感器的接线方式

3. 试述电子式互感器（包括合并单元）中各延时代表的意义。

答：电子式互感器对模拟信号进行采样并将采样值根据同步信号或通过标定延时的方式传输给接收方，其中分别涉及角差、传输延时、绝对时延三个时间量，如图 16–3 所示。

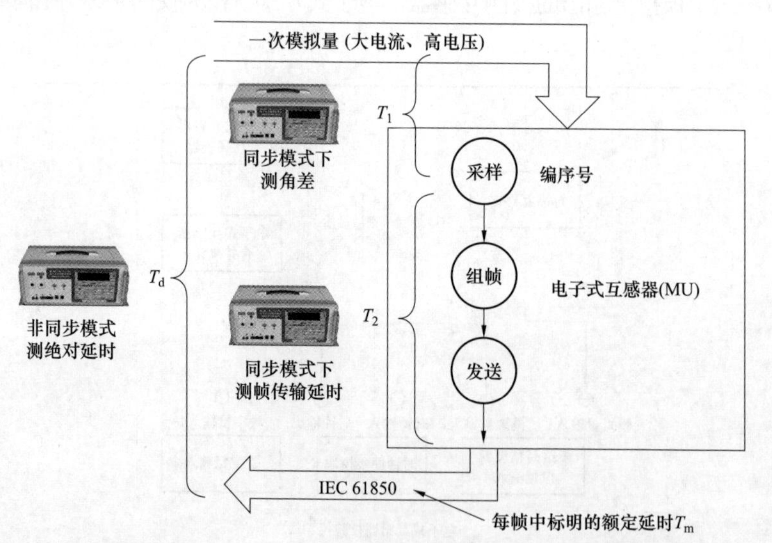

图 16–3　电子式互感器（包括合并单元）延时示意图

（1）T_1：在同步模式下测角差，测试的是一次模拟量到电子式互感器采样之间的延时，其主要是因为采样元器件的超前或滞后引起的相角差。对于依赖于同步信号的电子式互感器，这个值是必需测的，其在电能计量等方面起到重要作用。T_1 一般用相位差表示，按 JJG 1021—2007 或其他相关规程规定，以超前为正，滞后为负。比如相位差为 30min，则说明采样值超前一次信号 30min。此时时间 T_1 应为负值，因为采样值比一次信号提前了，即 T=–（30min/1.08）=–27.78μs。

（2）T_2：在同步模式下测试的帧传输延时，即从电子式互感器采样结束到其将该帧发送出来之前隔了多长时间。其主要是因为 CPU 在处理组帧并驱动网卡发送数据这些时间引起的延时。

（3）T_m：合并单元发送的每一个 ASDU 采样点中标明的该采样点相对于一次侧信号的延时，理论上其应等于 T_1 采样延时加上 T_2 帧传输延时。当电子式互感器依赖于同步信号时，该值并无实际意义，因为此时依靠的是帧中每个采样点的采样序号来标明该点的时标。当电子式互感器同步丢失时或者其不依赖于外部同步信号时，该值起到至关重要的作用，因为此时依靠该额定延时来标明这个采样点相对于一次信号的延时是多少。

（4）T_d：非同步用插值算法计算出的绝对延时，即由校验仪测出来的合并单元发送的每一个 ASDU 采样点相对于一次侧信号的延时。

（5）T_d–T_m：非同步模式下测试出来的角差，即测出来的绝对时延跟电子式互感器标定的额定时延之间的差，用于检测电子式互感器标定的额定时延是否满足要求。

4．简述合并单元测试仪的通用功能要求。

答：（1）精确度测试。在不变动任何接线的情况下，可一次性完成 MU 输出的所有电压、电流通道的幅值误差、相位误差、频率误差、复合误差的测试，并对测出的结果自动评估给出合格与否的结论。

（2）报文响应时间测试。可对报文响应时间及响应时间误差（绝对延时）进行测试。

（3）采样值、GOOSE 报文异常分析及统计。可对采样值丢包、错序、重复、失步、采样序号错、品质异常、通信超时恢复次数、通信中断恢复次数等影响合并单元正常工作的异常进行实时分析及统计。可对 GOOSE 变位次数、TEST 变位次数、Sq 丢失、Sq 重复、St 丢失、St 重复、编码错误、存活时间无效、通信超时恢复次数、通信中断恢复次数等影响合并单元正常工作的异常进行实时分析及统计。

（4）采样值报文帧间隔统计。以优于 40ns 硬件打时标精度对报文的采样间隔进行实时统计。

（5）时钟性能测试。提供时钟测试仪的功能，可对合并单元的对时精度、守时精度进行高精准测试。

（6）电压并列、切换功能测试。可通过 GOOSE 报文或硬接点发送隔离开关位置，完成合并单元的电压并列、电压切换功能的测试。

（7）采样值报文波形显示。对采样值报文可绘制成实时波形，用于分析电流、电压的幅值、相位等。

（8）电压、电流误差导致的功率计量误差测试。含有功功率、无功功率、视在功率、功角、功率因数的理论值、实测值、误差值。

（9）采样值报文、GOOSE 报文解析。对合并单元输出的采样值报文、GOOSE 报文进行解析。

5. 试述合并单元测试仪的精度测试功能要求。

答：合并单元测试仪（以 XL–805 为例）集成有三相电压、电流采集模块，能够在同步时钟的控制下对三相电压电流模拟量进行同步采样。并具有多挡位自动换挡功能，能够自动选择最合适的量程对模拟信号进行采样，从而提高信噪比，图 16–4 所示为合并单元精度测试接线图。

在同步方式下时，XL–805 在同步信号的控制下，对三相电压、电流模拟信号进行等间隔采样作为标准采样信号，并通过以太网接收合并单元传输的 SV 报文，对 SV 报文中对应的通道进行解析得到采样值作为被检采样信号，通过计算标准信号与被检信号的幅值差和相位差标识合并单元的精度。

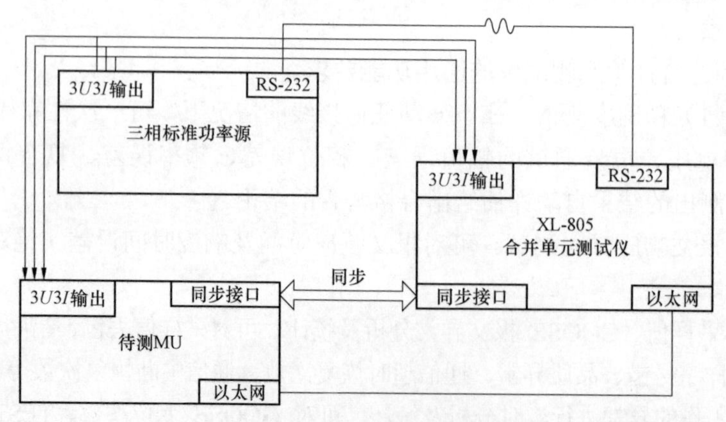

图 16–4　合并单元精度测试接线图

在非同步方式下，由于标准采样模块与合并单元在各自的时钟下进行采样，此时 XL–805 需要根据 SV 报文的接收时标及 SV 报文中标定的额定延时对采样值进行插值得到与合并单元在同一时标下的采样信号，再通过计算标准信号与被检信号的幅值差和延时误差标识合并单元的精度。

6. 试述合并单元测试仪的首周波测试功能及实现方法。

答：首周波检测功能主要用于测试合并单元在完成采样并输出报文时，是否存在正好延迟整数个周波的现象。由于一般的测试方法是通过升压升流设备加量或功率源二次加量进行检测，此时的模拟信号一般为 50Hz 的周期性信号。当合并单元采样延时一个周波或刚好整数个周波时测出来的相位差依然是满足精度要求的。而此时由于实际上 SV 采样报文与模拟量差了 360°，故将存在严重的安全隐患。

以 XL–805 合并单元测试仪为例，其采用是使用外部触发的单周波功率源，在同步时钟开始时刻触发功率源产生一个周波的模拟信号并只输出一个周波信号，如图 16–5 所示，触发一周波后功率源输出值瞬时变为 0。

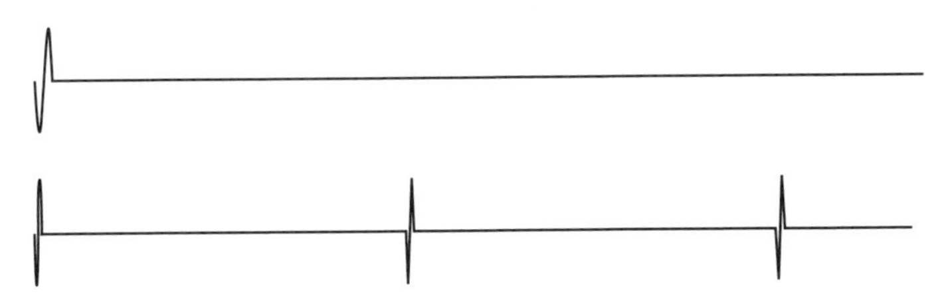

图 16–5　XL–805 首周波测试输出波形

如图 16–5 所示，在每秒触发时只发送一个周波的信号，之后 49 个周波均为 0。

如合并单元正确地发送采样值报文，XL–805 测试的标准采样信号与 SV 报文中的被检采样信号应基本重叠，如图 16–6 所示。

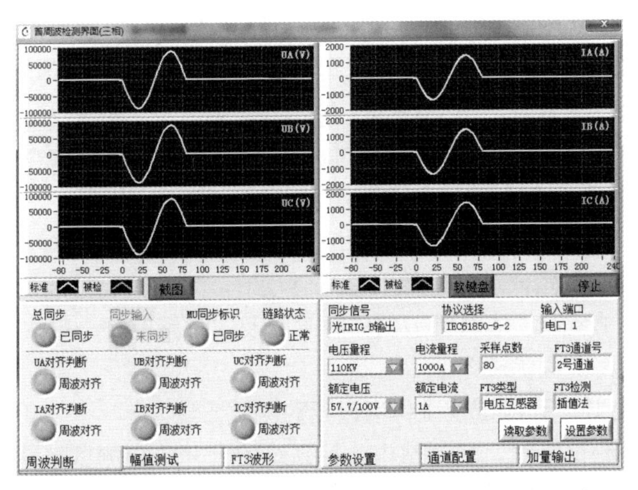

图 16–6　合并单元正确发送采样值时 XL–805 中测试结果

此时，假如合并单元延时一个周波，将能明显地从标准及被检的采样波形中对比出来。如图 16–7 所示。

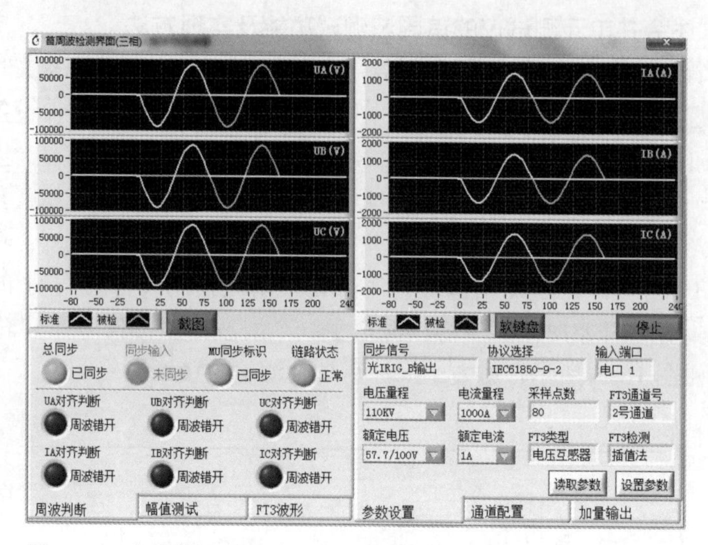

图 16–7　合并单元延时一周波发送采样值时 XL–805 中测试结果

7. 试述合并单元测试仪的对时守时测试功能。

答：基于同步方式的合并单元，可通过接收外部对时信号对自身的时钟精度进行调整，当外部同步信号失去时，合并单元应该利用内部时钟进行守时。同时支持时钟输出的合并单元能够将自身的时钟通过 1PPS 信号进行输出，方便对其时钟精度进行测试。

以 XL–805 合并单元测试仪为例，其具有同步信号输出，并可在同步信号输出的同时对输入的时钟信号进行测试，得到输入的时钟信号与输出信号的时钟差。

当进行对时测试时，由 XL–805 发送同步信号给合并单元。合并单元根据同步信号调整自身时钟，并将自身时钟通过 PPS 信号输出给 XL–805 进行测试，XL–805 根据接收到的输入时钟计算得到合并单元的对时误差。

守时测试即 XL–805 与合并单元对时一段时间后，中断对合并单元的授时信号，此时合并单元依靠自身的时钟进行走时。XL–805 持续测试合并单元时钟，得到合并单元在失去时钟后的守时时间及守时精度，一般规定 10min 内合并单元的守时精度应优于 4μs。

8. 简述合并单元测试仪采样通道延时测试方法。

答：（1）测试接线。使用站内时钟系统的合并单元测试接线如图 16–8 所示，使用合并单元测试仪自带时钟的合并单元测试接线如图 16–9 所示。

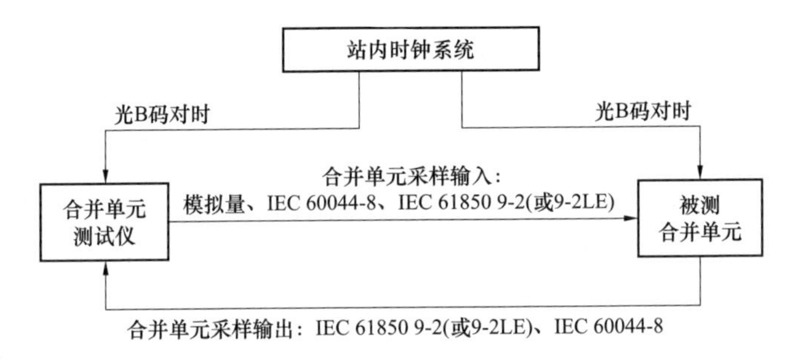

图 16–8　使用站内时钟系统的合并单元测试接线图

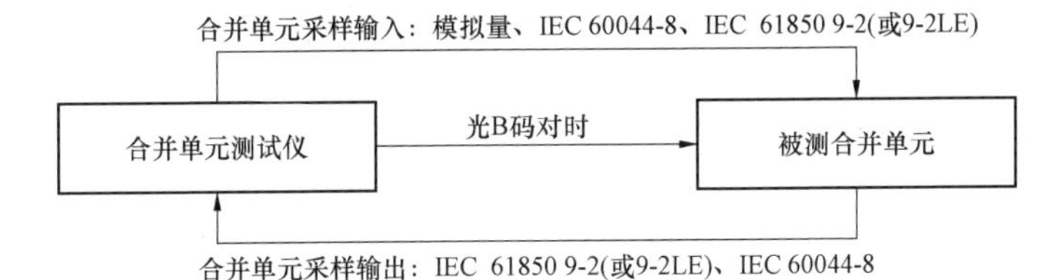

图 16–9　使用合并单元测试仪自带时钟的合并单元测试接线图

（2）测试配置。可保持精确度测试的配置不变。

单独进行该项目测试时，只需在【测试参数配置区】选择报文接受类型即可，可选 IEC 61850 9–2、IEC 60044–8。

（3）开始试验。点击软件测试界面上的“”按钮，或 PNI302 自带工控机上的“”按钮，或外接控制电脑的功能键“F2”，即可开始运行试验。

（4）试验过程数据实时观测。其观测过程如图 16–10 所示。

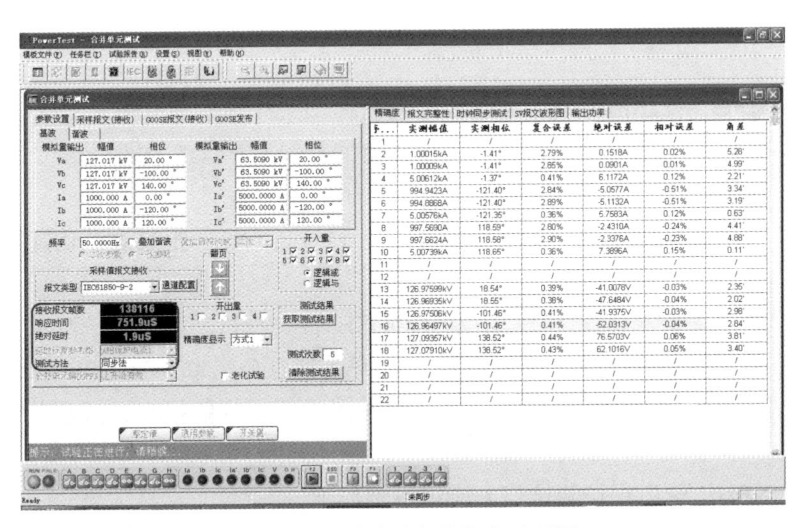

图 16–10　试验过程数据实时观测

9. 简述如何利用合并单元测试仪进行对时信号异常情况测试。

答：合并单元测试仪进行对时信号异常情况测试接线方式如图 16–11 所示，合并单元测试仪通过比较待测合并单元的输出和 ECT/EVT 模拟器的输出来判别合并单元输出是否正常。由时钟源输出 3 路对时信号，A 路接给 ECT/EVT 模拟器，B 路接给待测合并单元，C 路接给合并单元测试仪，待测合并单元处于正常工作状态。改变 B 路的对时信号，使得该路对时信号出现失真、抖动、错帧、错校验码等异常情况，测试合并单元能否不受这些异常信号的干扰并按正确的采样周期发送报文。

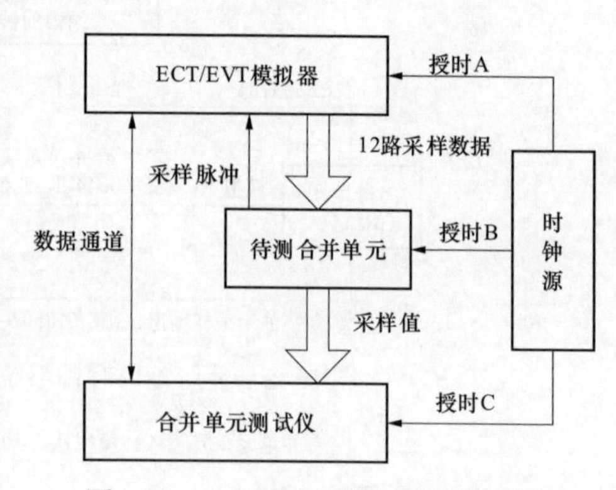

图 16–11　合并单元测试仪进行对时信号异常情况测试

10. 试述继电保护测试仪软件中故障回放功能在保护测试中的应用。

答：继电保护测试仪软件中故障回放功能在保护测试中的应用：该组件用于现场电网事故分析，也是保护开发过程中测试的得力工具。它导入、浏览、编辑和输出暂态数据文件，这些暂态数据为实际或模拟故障数据文件，一般来源于故障录波器或电力系统暂态计算程序，如 EMTP 等计算软件。软件中可对报文输出采样率进行灵活设置，以满足测试需求。

导入的暂态信号要求支持 COMTRADE 格式。COMTRADE 格式一般包含三个文件：

（1）CFG：描述故障报告通道（信号名称、采样频率等）配置文件。

（2）DAT：记录故障报告各通道采样值的 COMTRADE 文件。

（3）HDR：数据相关文本（该组件不使用该文件）。

11. 简述关于继电保护测试仪中 SOE 及 GOOSE 报文测试功能在保护测试中的应用。

答：继电保护测试仪中 SOE 及 GOOSE 报文测试功能在保护测试中的应用：主要用于智能终端的 GOOSE 接口、开入接点分辨率、GOOSE 异常模拟等的测试；可连续输出多个状态，每个状态可设置不同的报文异常及发送机制异常。

以 PNF801 继电保护测试仪为应用举例如下：

（1）测试任务。检验智能终端的多个 GOOSE 开入接点的时间分辨率是否满足要求。

通过测试仪间隔 1ms 给智能终端多个 GOOSE 接口同时开入多个不同的 GOOSE 跳合闸信号，将智能终端的开出硬接点接回数字化继电保护测试仪，查看对应节点动作的时间，并在调试软件上检查智能终端的多个 SOE 的时间。

（2）接线。

1）多模光纤连接测试仪和智能终端的直跳光口。

2）测试仪的开入 A、B、C 通过电缆线连接到智能终端的硬接点开出跳闸处。

（3）导入 GOOSE 配置模型。打开“IEC”配置界面，导入 SCD 文件，选择对应的智能终端的 Input，如图 16–12 所示。

（4）参数设置。

1）通用参数：“开入翻转参考状态”设为“第一个状态”，“内循环次数”和“外循环次数”都设为 1，如图 16–13 所示。

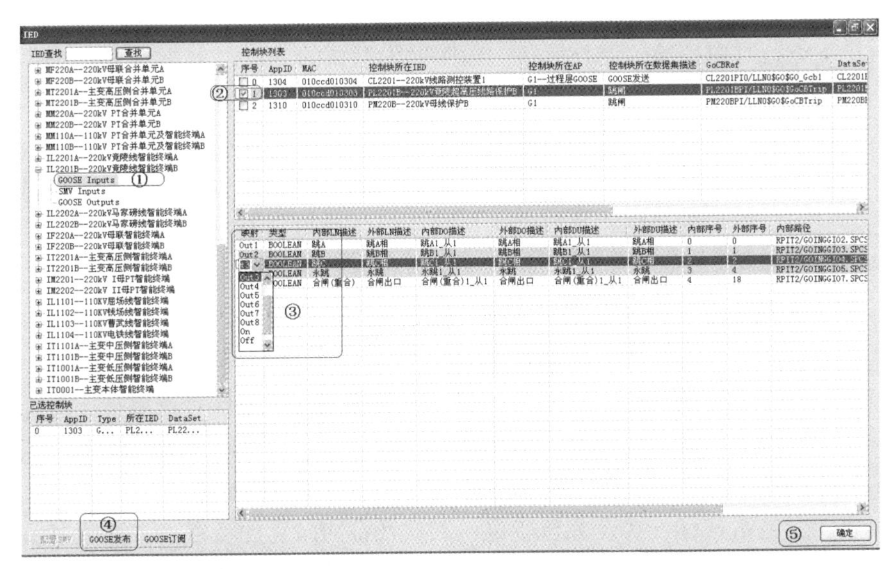

图 16–12　PNF801 导入 GOOSE 配置模型示例图

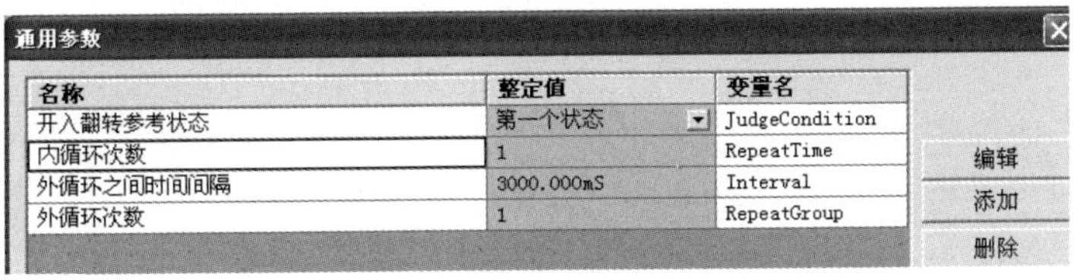

通用参数

名称	整定值	变量名
开入翻转参考状态	第一个状态	JudgeCondition
内循环次数	1	RepeatTime
外循环之间时间间隔	3000.000mS	Interval
外循环次数	1	RepeatGroup

编辑
添加
删除

图 16–13　PNF801 导入参数设置示例图

2）状态 1：即第一个测试项目用来定义常态，给智能终端跳闸位置 TA、TB、TC 为 0、0、0，触发条件为“手动触发”。

3）状态 2：即第二个测试项目用来定义跳 A 相，给智能终端跳闸位置 TA、TB、TC 为 1、0、0，触发条件为“时间触发”，时间为 0.001s。

4）状态 3：即第三个测试项目用来定义跳 B 相，给智能终端跳闸位置 TA、TB、TC 为 1、1、0，触发条件为“时间触发”，时间为 0.001s。

5）状态 4：即第四个测试项目用来定义跳 C 相，给智能终端跳闸位置 TA、TB、TC 为 1、1、1，触发条件为“时间触发”，时间为 0.001s。

6）状态 5：即第五个测试项目用来将跳闸位置复归，给智能终端跳闸位置 TA、TB、TC 为 0、0、0，触发条件为“时间触发”，时间为 1s。

运行完后可通过调试软件观察智能终端对 SOE 的记录时间。

12. 简述智能站调试过程中出现“××通道延时异常”的原因以及消除的方法。

答：保护装置内部有通道延时时间，该延时需要与 SV 的延时一致，调试过程中 SV 延时由校验仪器设置，一般映射为默认的 50μs。校验仪器的通道延时与保护装置内部的通道延时时间若不一致，则会造成“××通道延时异常”信号，此时通入的数值可以使后备保护动作，而主保护（差动保护）拒动。

解决方法：先翻看保护装置内通道延时时间，根据装置延时来设定调试仪的通道延时，保持一致后将光纤插入校验仪；完成以上全部配置后，重新启动保护装置，使其完成自我匹配；此时保护装置应无自检异常信号。

13. 手持式调试终端的优点及发展趋势是怎样的?

答：智能变电站手持式调试终端支持 SV、GOOSE 的发送及接收监测，具有携带、配置、测试方便，效率高，易于实现跨间隔移动检修及遥信、遥测对点等诸多优点，一般采用锂电池供电，工作时间长，非常适合智能变电站安装调试、运维检修、故障查找、技能培训等场合，现场适应能力强。

智能变电站具有一次设备智能化、二次设备网络化的特点，二次设备具有统一的数据来源和标准传输规约。相对传统变电站二次系统而言，智能变电站二次系统测试设备具备了集成多种功能的基础，手持式调试终端逐步发展为集成多种功能于一体的便携式调试设备，如 SV/GOOSE 信号发送测试、SV/GOOSE 信号示波及分析、送电核相、TA 极性校核、时间同步信号监测、遥信遥测对点等丰富实用的功能。小型化和多功能化是手持式调试终端的必然发展趋势。

14. 简述手持式光数字测试仪的技术要求。

答：（1）应具备光纤以太网接口，能够发送和接收满足 DL/T 860.92 规约的 SV 报文以及满足 DL/T 860.81 规约的 GOOSE 报文。

（2）应支持 SCD、CID、CCD 文件导入，导入过程中应显示导入进度。

（3）对于发送报文，应符合配置文件的内容；对于指定的接收报文，应能与配置文件进行一致性比对。

（4）发送 SV 报文时应满足：① 报文中的版本号、MAC 目标地址、APPID、test 检修位等参数可灵活配置；② 报文中的采样点数应能调节并适应智能二次设备的要求；③ 应支持按一次值或二次值设置试验参数的功能，最大数据通道数目不少于 32 个；④ 应能够模拟 SV 报文的延时特性，按设置的额定延时参数实现延时输出。

（5）接收 SV 报文时应满足：① 应能实时解析并显示接收 SV 报文中模拟量的幅值、相位、频率、品质、有功、无功等；② 应能测量不同光纤接口输入的 SV 报文之间的同步性误差。

（6）当发送 GOOSE 报文时应满足：① 报文中的版本号、MAC 目标地址、APPID、gocbRef、datSet、goID、stNum、sqNum、test 检修位等参数可灵活配置；② 应能支持 DL/T 860 所定义的单点、双点、整型、浮点等数据类型的数据发送，并能改变其状态、大小和品质位。

（7）接收 GOOSE 报文时应满足：① 应能实时显示接收 GOOSE 报文中的开关量和模拟量；② 应能实时显示并记录 GOOSE 报文或硬接点开入变位的状态和变位时刻。

（8）应具备与外部时钟设备同步的能力。

（9）应具有方便与外部交换数据和信息的接口。

（10）应具备开入量硬接点、开出量硬接点；在同一试验中可设置为 GOOSE 报文与硬接点混合输入和输出的模式。

（11）应具有报文统计功能，能统计分析报文流量、时间间隔、丢帧、重复、错序等。

（12）应具有报文记录功能，能按照 pcap 格式保存原始报文，并能导出 COMTRADE 格式的数据文件。

（13）应具有报文实时转发功能，并能在转发报文的同时对报文进行实时分析。

（14）光纤接口连接状态和数据传输状态应有明显的区别指示。

（15）光纤接口应能支持单光纤发送和单光纤接收功能。

（16）应能对测试配置参数进行保存。

（17）在上电、重启过程中，试验装置不应误输出。

（18）试验装置在异常情况下应能立即自动停止输出并报警。

（19）应支持外接电源工作模式和电池供电工作模式，在供电模式切换过程中，装置应正常工作。

15. 简述手持式光数字测试仪在智能变电站中的应用。

答：手持式光数字测试仪支持 SV、GOOSE 发送测试及接收监测，适用于智能变电站合并单元、保护、测控、计量、智能终端、时间同步系统等 IED 设备的快速简捷测试、遥信/遥测对点、光纤链路检查，以及智能变电站安装调试、故障检修、运行维护、IEC 61850 体系学习、相关技能培训及技术竞赛等，具体包括以下几个方面：

（1）SCD 文件一致性及虚端子检查：包括 IED 配置参数与 SCD 模型文件一致性检查，SV、GOOSE 通道及虚端子检查，光纤链路检查等。

（2）采样值系统 SV 接收测试：包括合并单元 SV 信号一致性测试，电压/电流有效值、波形、相位及相序校对，SV 失步、通道品质测试，SV 丢帧测试，SV 离散度测试，MU 传输延时测试。

（3）采样值系统 SV 发散测试：包括继电保护测试，双 AD 不一致保护行为测试，遥测对点测试，MU 置检修、运行及品质位无效测试，整组测试等。

（4）GOOSE 测试：包括 GOOSE 报文一致性测试，GOOSE 通道变位测试及 StNum、SqNum 测试，GOOSE 发送机制测试，智能终端动作测试、遥信对点等。

（5）核相与极性测试：支持不同母线 MU、变压器各侧 MU 的电压相位与相序核对，支持直流电源法测试传统互感器及电子式互感器经 MU 输出的极性。

（6）时钟系统测试：可测试光 IRIG–B 码、光 PPS 的正确性，解析 IEEE 1588 时间报文。

（7）网络报文抓包与记录：包括网络报文侦听、异常报文查找、抓包与记录等。

16. 简述利用手持式光数字测试仪对保护装置进行校验过程中出现采样异常问题的处理方法。

答：（1）保护装置收不到测试仪发出的 SV：① 检查测试 Link 灯亮不亮，光纤收发是否接反，或者光纤线是否损坏；② 测试仪 SV 配置光口是否映射错误；③ SCD 文件间隔是否导入错误；④ 装置是否未投入 SV 接收软压板；⑤ 是否 SCD 文件配置错误。

（2）保护装置 SV 能收到，但是显示值不对应：检查是否虚端子不对应，以及变比是否正确。

（3）保护装置幅值显示正确，加故障量时保护不动作：① 是否数字测试仪和保护装置的检修不一致，此时保护装置已闭锁保护逻辑，需要在仪器发送 IED 配置里的参数配置品质中置上检修即可；② 是否因为通道延时异常，通道延时异常会闭锁差动保护，需要重启保护装置进行匹配。

17. 简述手持式光数字测试仪面向 IED 及图形化 SCD 的测试配置方法。

答：目前测试仪的配置大多是面向 APPID 的，通过选择 APPID 来设置需要发送与接收的 SV、GOOSE 控制块，这种配置方法的不足是必须查看虚端子表或虚端图，记录下被测 IED 的发送接收 APPID。手持式光数字测试仪（以 DM5000E 为例）面向 IED 及图形化 SCD 的测试配置的实现方法如下：

（1）导入 SCD 文件，设置报文发送类型及缺省电压、电流变比。

（2）进入 IED 列表，选择被测 IED 设备，如图 16–14（a）所示，IED 设备可通过输入关键字，例如，IED 名字、厂家及描述等信息进行查找确定。

（3）查看所选 IED 设备的关联图，如图 16–14（b）所示，对 IED 设备输入输出关系进行确认。

（a）

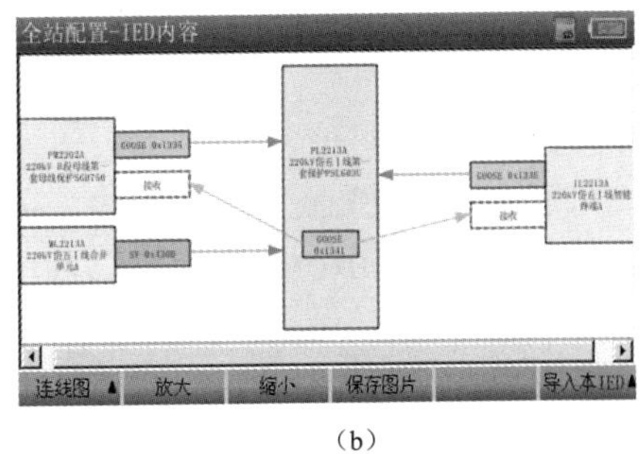

（b）

图 16–14　测试配置

（a）IED 设备层图；（b）数据集层图

（4）选择导入本 IED，将图形化 IED 的关联关系自动导入为测试配置，即将所选 IED 的 SV 输入配置成测试仪的 SV 输出、IED 的 GOOSE 输入配置成测试仪的 GOOSE 输出、IED 的 GOOSE 输出配置成测试仪的 GOOSE 输入。

（5）设置测试仪发送光口，DM5000E 提供 3 对光以太网接口，设置各 SV、GOOSE 控制块发送光口号。

完成以上步骤后，即可开始进行发送及接收测试。

18. 简述如何利用手持式调试仪实现对保护装置检修机制的校验。

答：保护装置校验时先检查保护装置“检修压板”是否投入，若保护装置检修硬压板已投入，则 SV 需置检修位时保护装置才能正确动作，SV 没有置检修时保护装置不能动作；若保护装置检修硬压板未投入，则 SV 不置检修位时保护装置才能正确动作，SV 置检修时保护装置不能动作；保证 SV 检修位和保护装置检修压板一致时保护装置才能动作。

手持式调试仪通过以下方式置检修，点击页面右下角【置检修位】，如“参数配置”列图标上显示 test 字样，则 SV 通道品质已置检修，再点击【置检修位】，“参数配置”列图标上 test 字样消失，则 SV 通道品质已置运行，如图 16–15 所示。

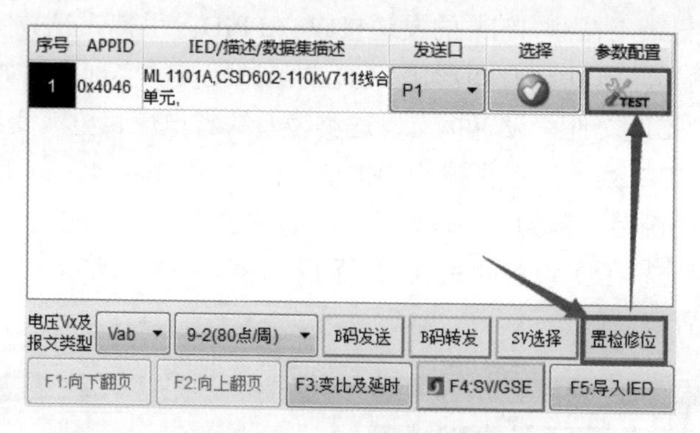

图 16–15　SV 输出置检修

可点击“参数配置”列图标，查看 SV 通道品质状态：品质【0x0000】为运行态，品质【0x0800】为检修态，如图 16–16 所示。

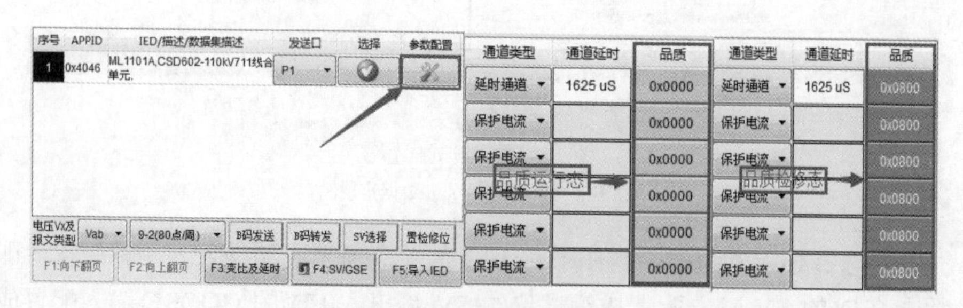

图 16–16　SV 通道品质

19. 试述手持式光数字测试仪中状态序列功能在保护测试中的应用。

答：手持式光数字测试仪（以 DM5000E 为例）中状态序列功能在保护测试中的应用如下：

（1）一般应用：测量保护动作时间，将保护动作信号映射到开入中，设置故障前和故障态数据，保护动作后可在结果中显示动作时间。

（2）高级应用：进行复杂的保护过程校验，将保护装置需要接收的位置信号映射到开出中，设置不同状态的开出位置，并配合开入量触发或时间触发模式，可完成重合闸后加速、备自投校验等较为复杂的试验。

（3）特殊应用：状态序列中的每个状态都能够单独设置 SV 通道品质，可在 SV 品质异常情况下校验保护的动作行为；能够单独设置谐波叠加值，可用于谐波制动等测试；第一个状态能够设置为 GPS 触发，可实现多台装置间的同步测试。

20. 简述手持式光数字测试仪中的报文分析与比对功能。

答：手持式光数字测试仪（以 DM5000E 为例）中的报文分析与比对功能如下：

（1）在 DM5000E 的 SV 接收模块中，可查看 SV 报文的原码及解析后的报文，可将报文保存为 PNG 或 PCAP 格式，并可对报文进行波形、有效值、相量、序量、谐波、品质及时间均匀性分析；在 GOOSE 接收模块中，可查看 GOOSE 报文的原码及解析后的报文，对 GOOSE 变位报文进行状态及变位时序分析，测试 GOOSE 报文的 T_0、T_1、T_2 时间参数；在对时功能模块中，可解析 IEEE 1588 的 Announce 报文、Follow_up 报文、Sync 报文，在网络报文模块中，可对上述报文进行连续记录，报文记录格式为 PCAP 格式，可通过 SD 卡导出进行离线分析。

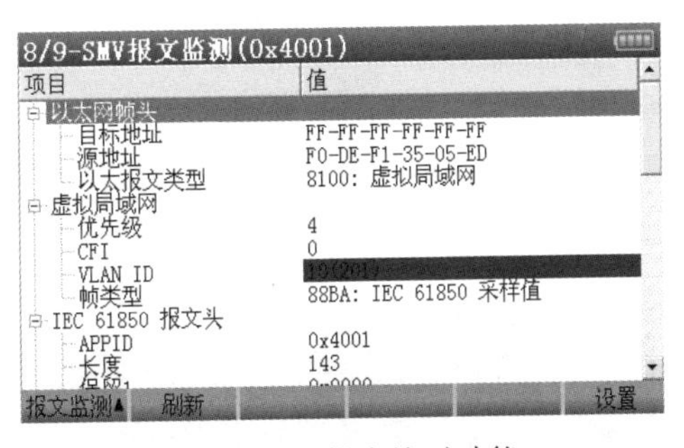

图 16–17　报文比对功能

（2）报文比对功能主要是比对接收的 SV 及 GOOSE 报文中的模型参数与 SCD 文件中所规范参数的差异性，对不一致的参数在报文中标红提示，如图 16–17 所示。SV 报文主要比对的项目包括 MAC 目标地址、优先级、VLAN_ID、SV_ID、DataSet、ASDU 数、采样率（SampleRate）、配置版本（ConfRev）、CRC 校验码。GOOSE 报文比对项目包括目标 MAC 地址、VLAN_ID、优先级、goID、DataSet、控制块引用（GocbRef）、配置版本（ConfRev）、CRC 校验码。

21. 简述手持式光数字测试仪的串接侦听功能。

答：传统变电站可采用互感器二次侧电压并联、电流串联方式对待测设备进行监测，捕捉其异常运行状况。智能变电站采用光数字报文传输电压、电流及开关量，已无法用串并联方式进行故障及保护异常监测。手持式光数字测试仪（以 DM5000E 为例）提供了串接侦听功能，其光网口 1 及光网口 2 可串接在两个 IED 之间对两个 IED 间相互传输的 SV、GOOSE 报文进行实时监测，例如，将测试仪串接在继电保护装置与合智单元（合并单元或智能终端）之间，如图 16–18 所示。

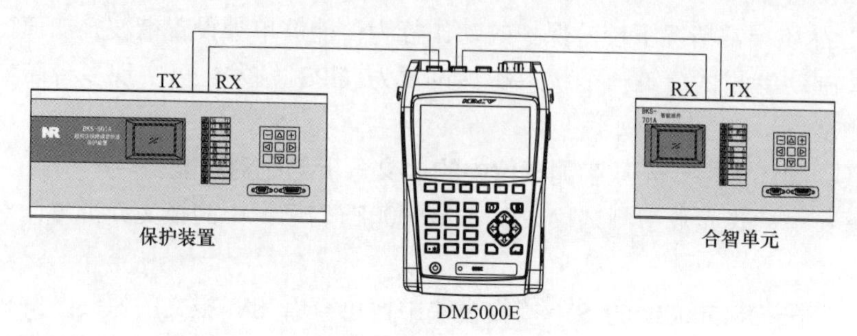

图 16–18　串接侦听连接图

串接完成后，进入串接侦听功能模块，测试仪自动扫描到合智单元（合并单元或智能终端）发送给保护的 SV 控制块、保护发送给合智单元（合并单元或智能终端）的跳闸 GOOSE 控制块及合智单元（合并单元或智能终端）发送给保护的断路器位置 GOOSE 控制块，选择控制块进入即可进行报文及状态监测。

22. 试述手持式光数字测试仪的暂态报文记录功能是怎样的。

答：手持式光数字测试仪（以 DM5000E 为例）具有报文暂态记录功能，可实时接收并监测 SV 及 GOOSE 报文，在出现丢帧、错序、断链等异常状况时，对报文自动进行记录，记录异常前 200ms 及异常后 1000ms 时间报文数据。

如图 16–19、图 16–20 所示，可在测试仪上对 SV 及 GOOSE 报文进行解析与分析，查看报文原码及解析后的报文，对 SV 异常报文还可进行波形分

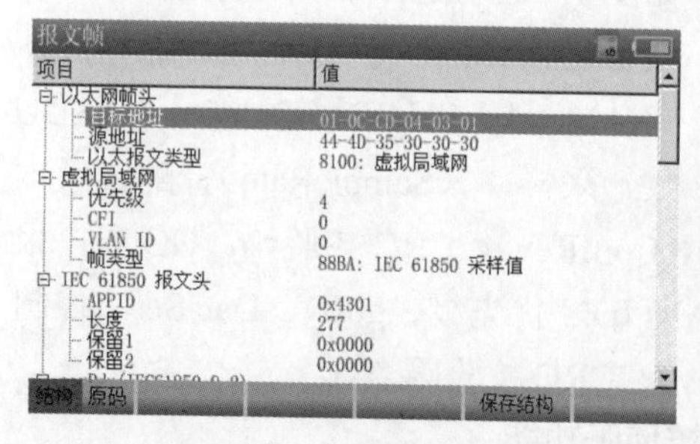

图 16–19　异常报文分析

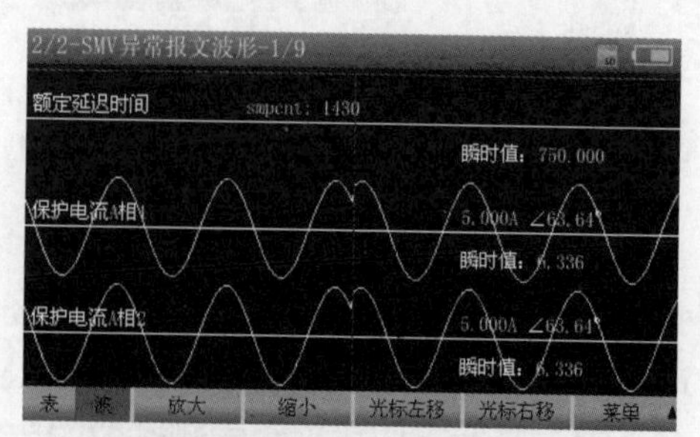

图 16–20　异常报文波形分析

析，对波形进行放大、缩小，读取光标处电压、电流信息，报文记录格式为PCAP格式，存储于SD卡中。

23. 智能终端接收保护跳闸 GOOSE 转为硬接点开出的延时要求小于多少？简述手持式光数字测试仪的智能终端传输延时测试功能。

答：（1）根据 Q/GDW 441—2010《智能变电站继电保护技术规范》，智能终端的动作时间应不大于 7ms，即智能终端接收保护跳闸 GOOSE 转为硬接点开出的延时应不大于 7ms。

（2）手持式光数字测试仪（以 DM5000E 为例）具有一对开入硬接点可测试智能终端的动作时间，连接如图 16–21 所示。DM5000E 的 3 对光以太网口中的其中一对连接至智能终端 GOOSE 输入口，同时其硬接点开入连接至智能终端的硬接点开出。

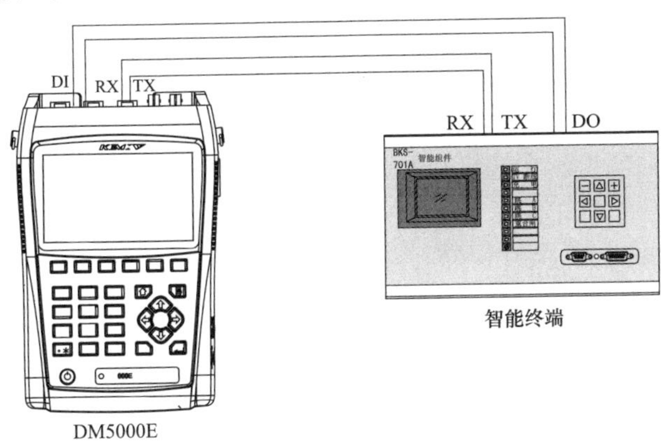

图 16–21　智能终端动作时间测试连接图

（3）根据 SCD 文件配置好 GOOSE 发送，进入智能终端延时测试功能模块，模拟保护输出 GOOSE 跳闸报文，接收智能终端的跳闸硬接点信号，测试结束后从开关量动作列表可读取智能终端接收保护跳闸 GOOSE 转为硬接点开出的延时值，如图 16–22 所示。

智能开关延时

硬开出1	硬开入1
开出1-0x0152-跳A相	开入1-0x1137-启动
开出2-0x0152-跳B相	开入2-0x1137-跳A动作
开出3-0x0152-跳C相	开入3-0x1137-跳B动作
开出4-0x0152-跳三相	开入4-0x1137-跳C动作
开出5-0x0152-永跳	开入5-0x1137-合闸动作
开出6-0x0152-GO开出6	开入6-0x1137-压力降低禁止跳闸
	开入7-0x1137-压力降低禁止重…
	开入8-0x1137-压力降低禁止合闸

开始试验　立即生效　扩展菜单

开关量动作列表

开关量	动作1(ms)	动作2(ms)	动作3(ms)	动作4(ms)
硬开入1	2494.620	5885.030	8495.660	11077.170
开出2	0.000	4600.250	8000.470	10100.540

刷新　设为基准　清除基准

图 16–22　智能终端动作时间测试

24. 试述智能变电站网络性能测试的意义。

答：网络化及数字化是智能变电站的重要特征，即使在“直采直跳”模式下，SV 网及 GOOSE 网依然存在，跨间隔的联闭锁信息、保护失灵启动信息通过网络传输，故障录波、网络报文记录仪、计量装置、测控装置、PMU 等会从网络上获取 SV 及 GOOSE 量，尤其是新一代智能变电站站域保护的应用，以及“三网合一”智能变电站的推广，会对智能变电站网络运行的可靠性提出更高要求。

智能变电站网络性能测试包括两个方面，一方面是变电站中交换设备的性能测试；另一方面是 IED 设备的网络性能测试。在“直采直跳”模式下，保护、智能终端、MU 等 IED 的网络性能测试是指其与交换机相联的组网口的性能测试，组网口在压力背景流量下整个装置能否正常工作的测试是一项重要工作。

25. 交换机吞吐量、丢包率、时延、背靠背的含义是怎样的？智能变电站交换机 MAC 缓存容量、MAC 地址学习速率的要求是怎样的？

答：（1）吞吐量：交换机在不丢帧情况下所能达到的最大传输速率。

（2）时延：包括 LIFO 及 FIFO 两种模式，LIFO 模式时延是指从输入帧的最后一个比特到达输入端口开始，至在输出端口上检测到输出帧的第一个比特为止的时间间隔。FIFO 模式时延是指从输入帧的第一个比特到达输入端口开始，至在输出端口上检测到输出帧的第一个比特为止的时间间隔。

（3）丢包率：在固定状态负载下，由于缺乏资源而没有被网络设备转发出去的帧占所有应该被转发的帧数的百分比。

（4）背靠背：设备在最小帧间隔情况下，一次能够转发的最多的长度固定的数据帧。

每个端口、模块、设备能够缓存的不同 MAC 地址的数量，只有地址缓存能力足够大才能保证帧不被丢弃或广播，依据 Q/GDW 429—2010《智能变电站网络交换机技术规范》，交换机 MAC 地址缓存能力应不低于 4096 个。

交换机可以学习新的 MAC 地址的速率，该指标用于衡量网络重启后地址表建立速度，依据 Q/GDW 429—2010《智能变电站网络交换机技术规范》，交换机地址学习速率应大于 1000 个/s。

26. 智能变电站网络测试仪的交换机测试功能有哪些？

答：智能变电站网络测试仪的交换机测试功能有：

（1）交换机 VLAN 的自动搜索。

（2）交换机基本性能指标：吞吐量、丢包率、时延、背靠背测试。

（3）交换机错误帧过滤机制测试，包括超长帧、超短帧、CRC 校验码错误、多余比特错误（Dribble Bit Errors）、字节对齐错误（Alignment Errors）。

（4）交换机 MAC 地址缓存容量测试、MAC 地址学习速率测试、广播吞吐量测试、广播时延测试、最大转发率测试、转压测试。

（5）交换机网络风暴抑制功能测试，包括广播风暴、组播风暴及未知单播风暴验证。

（6）交换机优先级功能验证、交换机镜像功能验证。

27. 简述流 stream 的概念，SNT3000 压力测试时能输出哪几种数据流？

答： 流 stream 是测试中用来定义地具有一些特性的数据集合，它包含了特定的帧格式，一个流中定义了目的地址和源地址、报文的类型及传送格式，同时可以定义 VLAN 等属性。流可以是一个报文，也可以是特定速率的报文。在测试中，流从测试设备发送出，经过被测设备后，在另一端进行收集，对比流经过被测设备的变化，来判断设备的功能是否具备。

SNT3000 的压力测试中能输出两大类数据流，即压力数据流及业务数据流，压力数据流又分为时间机制压力数据流及流量机制压力数据流。时间机制数据流中 SV 按照采样率，GOOSE 按照 T_0、T_1、T_1、$2T_1$、$4T_1$…时间机制输出；流量机制数据流可输出 SV、GOOSE 及以太网报文，输出的报文均按流量设置，不受采样率、GOOSE 传输机制约束。此外，在压力数据流输出的同时，又可配合输出业务数据流，输出的业务数据流可实现故障模拟、状态序列、智能终端测试、GOOSE 碰撞、PTP 精度测试等功能。

28. 简述基于 SNT3000 的保护单装置 GOOSE 压力测试方法。

答： 向保护装置组网 GOOSE 口施加压力数据流，测试其对保护跳闸性能的影响。如图 16–23 所示，SNT3000 端口 1 与保护装置组网口相连，作为网络压力数据流施加端口，端口 2 与保护装置直跳口相连，接收保护跳闸 GOOSE 命令。端口 3 与保护装置 SV 端口相连，向保护装置发送 SV 业务数据流。对

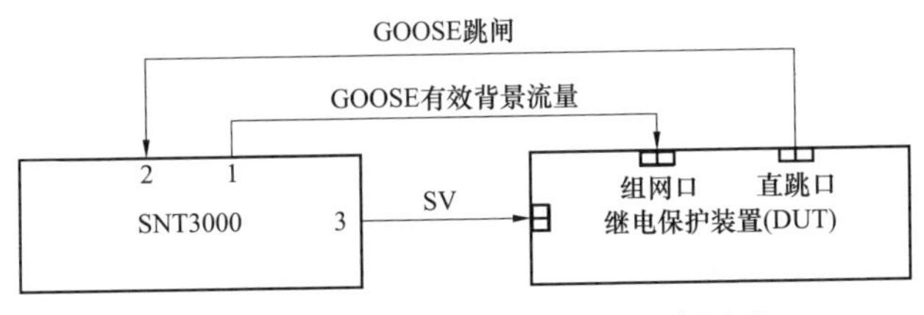

图 16–23　保护单装置 GOOSE 压力测试

保护施加 80%～100%有效背景 GOOSE 数据流（APPID 有效、MAC 地址有效），在 ST 不变 SQ 不变、ST 变 SQ 变、ST 不变 SQ 变、SQ 不变 ST 变等情况下分别测试，检查保护装置是否死机、重启，以及在模拟故障业务输出时保护能否正确动作，动作附加延时是否满足要求。

29. 简述基于 SNT3000 的智能终端 GOOSE 端口独立性测试方法。

答：检验智能终端的多个 GOOSE 端口是否完全独立，智能终端采用直跳方式接收保护装置的 GOOSE 跳闸报文，同时，智能终端通过组网口向网络发送或接收测控 GOOSE 报文，测试对组网端口施加压力，检查其对直跳性能的影响，相关规范要求两端口物理隔离，且性能互不影响。

如图 16–24 所示，SNT3000 给被测智能终端的组网端口通入有效 GOOSE 压力数据流（APPID 有效、MAC 地址有效），通过 SNT3000 的另一端口发送跳闸 GOOSE 至智能终端的 GOOSE 跳闸端口，智能终端的跳闸开出硬接点接至 SNT3000 的开入，向智能终端发送 80%～100%压力数据流和 GOOSE 跳闸业务数据流，测试过程中智能终端应不死机、不重启，跳闸 GOOSE 报文正确响应率应为 100%，且跳闸有压力下的附加延时应小于 1ms。

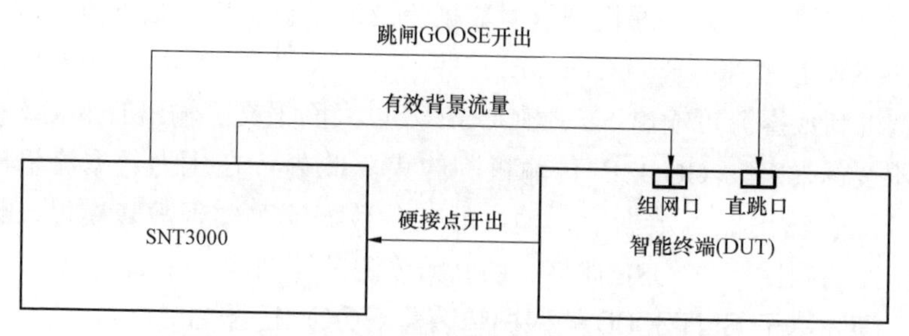

图 16–24　智能终端 GOOSE 端口独立性测试

30. “直采直跳”模式下过程层网络系统测试应主要包括哪些内容?

答：该项目可在工厂联调、动模试验或现场联调时，待变电站网络系统构建完成后进行，采用 SNT3000 测试的网络连接如图 16–25 所示，主要测试的项目包括：

（1）正常工况下的网络负载测试 SV 及 GOOSE 负载量；

（2）SV 网络在背景流量下的保护动作性能测试；

（3）GOOSE 网络在有效背景流量下的保护动作性能测试；

（4）GOOSE 心跳报文同步对保护动作影响测试；

（5）对于 IEEE 1588 授时的变电站，进行背景流量下的 PTP 授时精度测试。

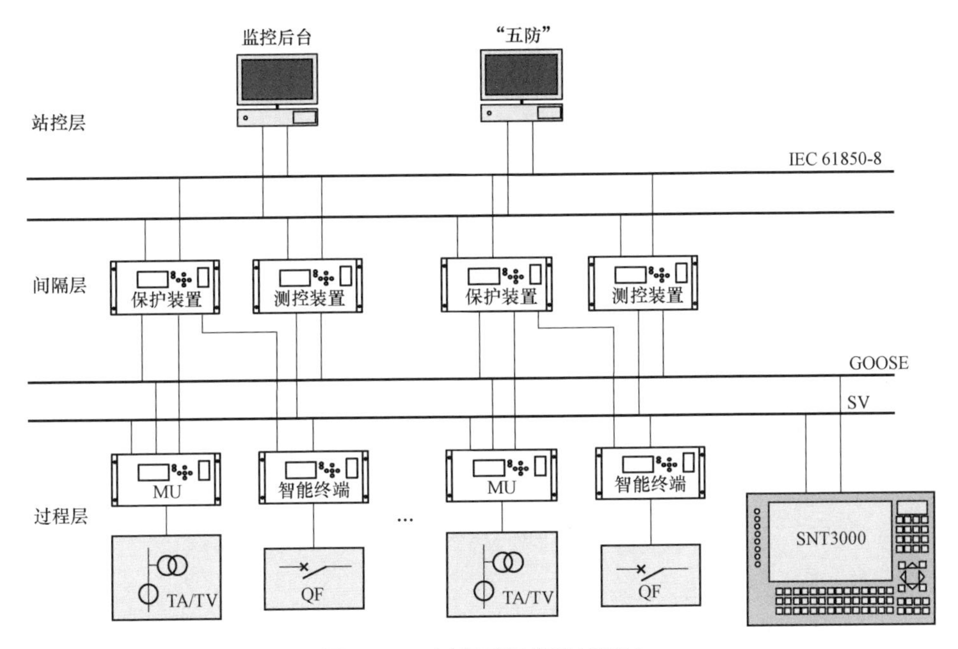

图 16–25　过程层网络系统测试

31. 简述如何使用光功率计测量保护装置的光口是否正常。

答：保护装置 GOOSE 和 SV 光口类型为多模，波长为 1310nm，发送功率为–15～–20dBm 之间，最小接收功率小于–30dBm。若采用光纤同步对时口，则同步对时光口类型为多模，接收波长为 850nm，最小接收功率小于–25dBm。

（1）光纤端口发送功率测试方法。

用光纤（衰耗小于 0.5dB）连接装置光纤发送端口和光功率计接收端口，读取光功率计上的功率值，即为光纤端口的发送功率。检测接线示意图见图 16–26。

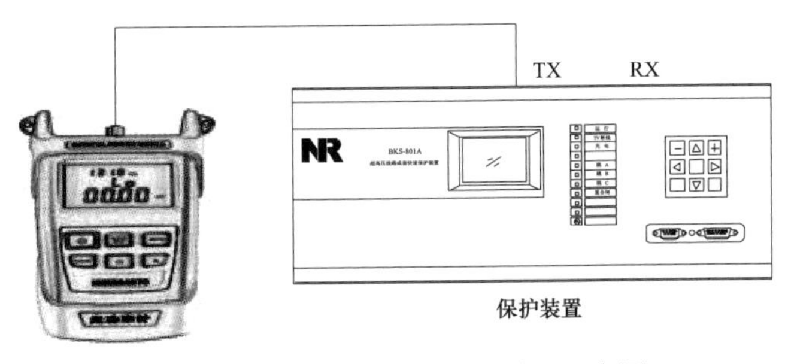

图 16–26　光纤端口发送功率检测示意图

（2）光纤端口接收功率测试方法。

将待测装置光纤接收端口的光纤拔下，插入到光功率计接收端口，读取光功率计上的功率值，即为光纤端口的接收功率，检测接线示意图见图 16–27。

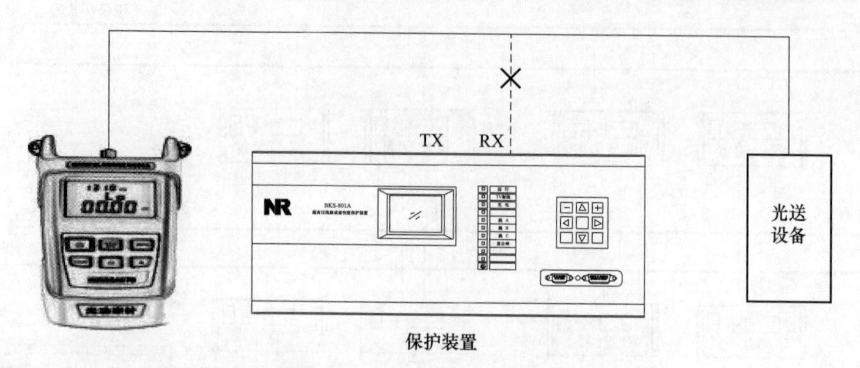

图 16–27　光纤端口接收功率检测示意图

（3）光纤端口最小接收功率测试方法。

1）用光纤连接数字信号输出仪器的输出端口与光衰耗计，再用光纤连接光衰耗计和待测装置的对应端口。数字继电保护测试仪端口输出报文包含有效数据（采样值报文数据为额定值，GOOSE 报文为开关位置）。

2）从 0 开始缓慢增大调节光衰耗计衰耗，观察待测装置液晶面板（指示灯）或端口指示灯。

3）当上述显示出现异常时，停止调节光衰耗计，将待测装置端口光纤接头拔下，插到光功率计上，读出此时的功率值，即为待测装置端口的最小接收功率。检测接线如图 16–28 所示。

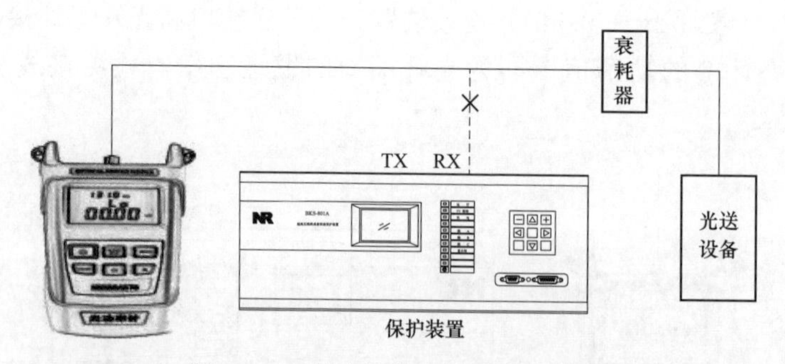

图 16–28　最小接收功率测试接线图

32. 简述如何对智能变电站的保护装置进行一致性测试。

答：将智能变电站的保护装置作为系统的一个 IED 设备，验证装置是否符合 DL/T 860 系列标准规定的 IED 设备规约测试的一致性要求。装置一致性测试环境由 IEC 61850 一致性测试软件（模拟 IEC 61850 客户端）、合并单元模拟器（可以由数字化继保仪充当）、测试用的监视分析器、时间同步装置、以太网交换机、数字化继保测试仪等组成，测试系统如图 16–29 所示，测试内容包括：

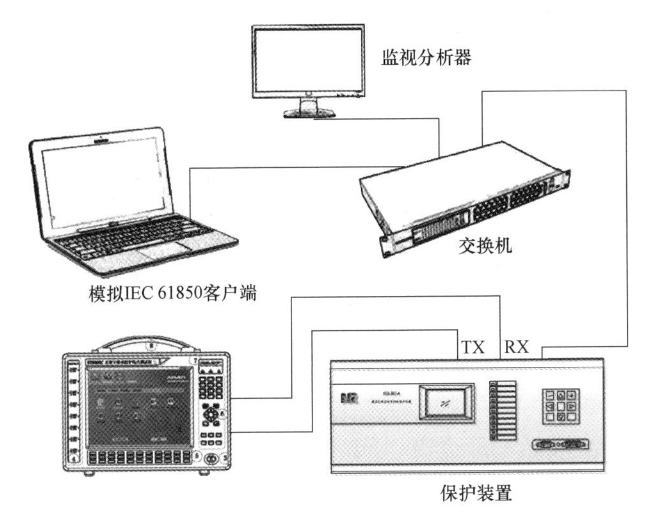

图 16–29 装置一致性测试系统

（1）测试装置与站控层的协议一致性测试。

使用 IEC 61850 一致性测试软件（模拟 IEC 61850 客户端）作为测试工具，对被测装置（服务器）进行规约一致性测试，应对制造商提供的 PICS、PIXIT 和 MICS 中标明的被测设备的每一项进行一致性测试，测试内容包括以下几个部分：

1）进行静态一致性测试。

对被测设备进行以下静态一致性测试：检查提交的各种文件是否齐全、设备控制版本是否正确；用 Schema 对被测设备配置文件（ICD）进行正确性检验；检验被测设备的各种模型是否符合标准的规定。

2）进行动态一致性测试。

一致性动态测试的测试用例应完全采用 DL/T 860.10 的肯定测试和否定测试用例；动态性能的测试应使用硬件信号源进行触发，利用一致性测试软件（IEC 61850 客户端）来检验装置被触发后的遥信量、遥测量的变化情况；并利用一致性测试软件（IEC 61850 客户端）对装置进行遥控操作。

（2）测试装置与过程层的协议一致性测试（GOOSE 和 SV）。

使用数字化继保测试仪作为测试工具（该继保测试仪采样值发送间隔离散值应小于 10μs），检测被测装置能否正确订阅采样值 SV 报文以及 GOOSE 报文，检测装置能否正确发布 GOOSE 报文，检测保护控制装置的采样值 SV 的有效值准确度及相位准确度。

33. 简述如何使用手持式光数字测试仪进行极性测试。

答：极性测试支持电磁式、光电式电流互感器经合并单元进行极性校核。采用直流法进行测试，对选择的通道进行采样分析并自动判断出 TA 极性，测试示意图如图 16–30 所示（以 CRX200 为例）。

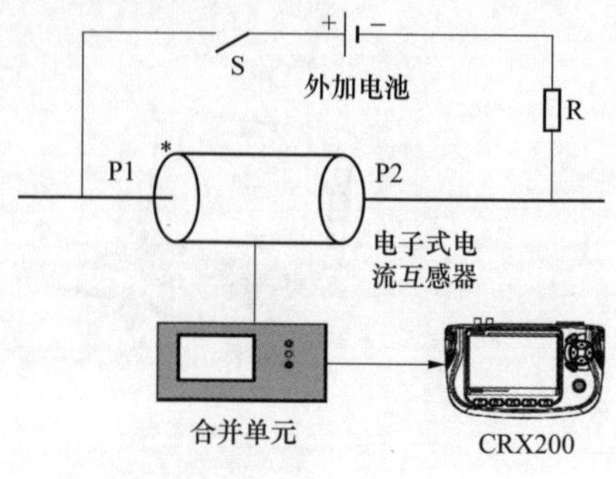

图 16–30　极性测试接线图

测试前，将仪器中接入的 SV 控制块选取对应的通道，闭合开关 S，随即快速断开，通过 CRX200 观察电流表盘偏转方向判断互感器极性。

测试时支持波形显示，点击“F2 波形图”→点击“F3 连续/触发”，当闭合开关 S 时，会触发记录下开关闭合瞬间的突变波形，供测试人员参考和判断分析。

34. 简述利用光数字继电保护测试仪对继电保护设备进行测试的流程。

答：（1）设置测试基本参数与 IED 设备参数：① SV 采样率，ASDU 数目；② GOOSE 间隔参数；③ 接点防抖时间、断路器跳合闸延时参数；④ 保护 IED 设备类型：线路保护、变压器保护、电抗器保护、母线保护等；⑤ 电压电流变比；⑥ 其他参数。

（2）设置 SV、GOOSE 控制块参数：① SV 发送控制块及参数、SV 信号类型；② GOOSE 发送控制块及参数；③ GOOSE 接收控制块及参数；④ SV、GOOSE 发送光口设置；⑤ 其他参数。

（3）设置 SV、GOOSE 通道、硬接点映射：① 设置 SV 通道与界面显示的电压、电流之间的映射；② 设置 GOOSE 通道与界面显示的开入开出之间的映射；③ 硬接点开入、开出映射；④ 智能操作箱设置。

（4）调整/设置 SV、GOOSE 测试数据及整定值。

（5）开始测试。

（6）测试评估。

第十七章　验　　收

1. 智能变电站验收时应具备什么条件?

答:（1）待验收的保护装置应通过国家电网公司专业检测及系统集成联调。

（2）应具备完整并符合工程实际的纸质及电子版图纸，保护装置配置文件、软件工具及各类电子文档资料。

（3）现场安装工作全部结束，保护装置、相关设备及二次回路均调试完毕，并具备完整的调试报告。

（4）所有集成联调遗留问题、工程自验收缺陷及隐患整改完毕，安装调试单位自验收合格。

（5）应提供工程监理报告，对于不能直观查看的二次电缆、光缆、通信线和等电位接地网铺设等隐蔽工程，应提供影像资料。

（6）验收所使用的试验仪器、仪表应齐备且经过检验合格，并应符合GB/T 7261和Q/GDW 1809相关要求。

（7）验收单位完成现场验收方案编制及审核。

2. 智能变电站验收时建设单位应提供哪些资料?

答: 验收时，建设单位应提供如下资料：

（1）完工报告；

（2）监理报告；

（3）齐全的二次调试报告；

（4）断路器、电流互感器、电压互感器的试验报告；

（5）保护整定单（正式或调试整定单）；

（6）全变电站电流互感器二次绕组极性、变比的实际接线示意图；

（7）设计变更通知单；

（8）符合实际的继电保护技术资料，包括出厂检验报告、合格证、设备屏图，以及集中集成测试报告、说明书；

（9）符合实际的继电保护图纸，包括施工图、竣工草图、厂家白图；

（10）提供最终版本的各种配置文件，包括全站 SCD 文件、各装置 CID、CCD 配置文件、GOOSE 过程层配置文件、MMS 网、GOOSE 网交换机端口分配表。

3. 如何对 SCD 配置文件进行验收?

答：（1）检查 SCD 配置文件应与装置实际运行数据、装置 ICD 模型文件版本号、校验码、数字签名一致。

（2）检查 SCD 配置文件 IP 地址、MAC 地址、APPID 等通信参数设置应正确。

（3）宜采用可视化工具检查 SCD 配置文件虚端子连线和光口配置信息符合设计要求，描述信息与实际功能一致。

（4）检查 SCD 配置文件命名应符合国家电网公司统一的标准文件命名规则，文件名中应包含文件校验码等标识信息。

（5）SCD 配置文件中保护装置的配置信息应使用调度规范命名。

（6）验收合格的 SCD 配置文件所生成的 CID、CCD 配置文件 CRC 校验码应与各 IED 装置内导出的 CID、CCD 配置文件 CRC 校验码一致。

4. 智能变电站屏柜验收要求有哪些?

答：（1）屏柜外观正常、接线正确。

（2）端子接触良好、编号正确。

（3）光纤回路标识应清晰、规范。

（4）屏（柜）内尾纤应留有一定裕度，多余部分不应直接塞入线槽，应采用盘绕方式用软质材料固定，松紧适度且弯曲直径不应小于 10cm。尾纤施放不应转接或延长，应有防止外力伤害的措施，不应与电缆共同绑扎，不应存在弯折、窝折现象，尾纤表皮应完好无损。

（5）屏（柜）内宜就近打印张贴本屏（柜）IED 设备光口分配表、交换机光口分配表、配线架配线信息表（含备用纤芯）。

（6）各空气断路器、电源小隔离开关电气接触良好，型号选择、配合关系符合要求，与装置对应关系明确，标签正确。

（7）屏体接地母线铜排、保护测控装置、通信设备、电缆屏蔽线接地良好。

（8）工作电源及通信通道防雷抗干扰情况良好。

（9）屏柜各孔洞封堵良好，无遗漏、薄弱环节。

（10）在监控系统中检查户外或 GIS 室智能控制柜通过智能终端 GOOSE 接口上送的温度、湿度信息，应与柜内实际温度、湿度保持一致，且柜内最低温度应保持在+5℃以上，最高温度不超过柜外环境最高温度，湿度应保持在90%以下。

5. 对智能化保护装置电源的验收应包括哪些内容?

答：对智能化保护装置电源的验收应包括如下内容：

（1）110%额定工作电源下检验；

（2）80%额定工作电源下检验；

（3）直流慢升自启动检查；

（4）装置工作电源在 50%～115%额定电压间波动检验；

（5）装置工作电源叠加纹波检查；

（6）装置工作电源瞬间掉电和恢复检验；

（7）装置带采样值重启时，保护装置不应误动。

6. 智能变电站的保护装置验收有哪些项目?

答：智能变电站的保护装置验收项目如下：

（1）结构和外观检查；

（2）型号及逻辑检查；

（3）采样值检查；

（4）软压板检查、远方投退功能验证；

（5）整定值的整定及检验，远方保护投退，定值切区功能验证；

（6）虚、实端子状态检查；

（7）保护 SOE 报文的检查，后台光字、告警报文检查；

（8）装置整组试验；

（9）直流电源试验；

（10）装置收发功率及光纤衰耗检查；

（11）装置检修机制验证；

（12）装置对时精度检查。

7. 智能变电站验收时应对跨间隔保护（主变压器保护、母线保护）着重检查哪些内容?

答：应着重检查：

（1）二次回路连接正确性和完整性检查；

（2）各间隔单元与实际一次设备相对应关系；

（3）间隔投入软压板功能的正确性；

（4）TA 变比和设计、现场、整定单的一致性。

8. 智能终端验收应重点检查哪些内容?

答：智能终端验收应重点检查如下内容：

（1）检验断路器分相位置、隔离开关位置应采用 GOOSE 直传双点信息。遥合（手合）、低气压闭锁重合等其他遥信信息应采用 GOOSE 直传单点信息。

（2）模拟智能终端 GOOSE 单帧跳闸指令，智能终端应能正确跳闸。

（3）模拟智能终端跳闸出口，记录自收到 GOOSE 命令到出口继电器触点动作的时间，不应大于 5ms。

（4）线路间隔第二套智能终端合闸出口触点应并入第一套智能终端合闸回路，当第一套智能终端控制电源未消失时，第二套智能终端应能正常合闸。

（5）断路器智能终端应具有跳合闸自保持功能。

（6）验证本套重合闸闭锁逻辑为遥合（手合）、遥跳（手跳）、TJR、TJF、闭重开入、本智能终端上电的“或”逻辑。双重化配置智能终端时，应具有输出至另一套智能终端的闭重触点，逻辑为遥合（手合）、遥跳（手跳）、保护闭锁重合闸、TJR、TJF 的“或”逻辑。

（7）在 GOOSE 跳合闸、遥控命令动作后查看装置面板相应指示灯应点亮，控制命令结束后面板指示灯仅能通过手动或遥控复归。

（8）模拟 GOOSE 链路中断，查看装置面板告警指示灯点亮，同时应发送相对应 GOOSE 断链告警报文。

（9）智能终端时间同步信号丢失或失步，应发 GOOSE 告警报文。

（10）检查智能终端应具备记录输入、输出相关信息的功能。

（11）模拟智能终端跳合闸命令，查看智能终端以遥信方式转发收到的跳合闸命令。

（12）智能终端应具备断路器、隔离开关等指示灯位置显示和告警功能。

（13）智能终端不设置防跳功能，防跳功能由断路器本体实现。

（14）本体智能终端包含完整的变压器、高压并联电抗器本体信息交互功能（非电量动作报文、调挡及测温等），并能提供用于闭锁调压、启动风冷、启动充氮灭火等出口触点。

9. 合并单元验收的项目及注意事项有哪些?

答：合并单元验收的项目及注意事项主要有：

（1）采样值报文格式的正确性检查；

（2）丢帧检查；

（3）采样报文传输延时测试；

（4）计量相关参数安全防护功能检查；

（5）对时和守时误差检查；

（6）装置电源功能检验；

（7）装置接收、发送的光功率检验；

（8）采样数据准确度检验；

（9）采样数据同步检验；

（10）电压切换及并列功能检验；

（11）装置告警功能检验；

（12）无效数据报文处理功能检验；

（13）与间隔层设备的互联检验；

（14）模拟量输入采集准确度检验（包括幅值、频率、变比、功率、功率因数等交流量及相角差）及过载能力检查；

（15）模拟量输入暂态采集准确度检验；

（16）合并单元检修机制验证。

10. 智能变电站验收时对过程层交换机的检查内容有哪些?

答：智能变电站验收时对过程层交换机的检查内容主要有：

（1）交换机内部的 VLAN 设置应与设计一致。

（2）检查交换机应支持广播风暴抑制、组播风暴抑制和未知单播风暴抑制功能，默认设置广播风暴抑制功能开启。网络风暴实际抑制值不宜超过抑制设定值的 10%。

（3）检查交换机测试报告，应满足以下要求：

1）在满负荷下交换机可以正确转发数据信息，转发速率应等于端口线速；

2）交换机平均时延应小于 10μs，用于采样值传输交换机最大延时与最小延时之差应小于 10μs；

3）交换机时延抖动应小于 1μs；

4）交换机在端口线速转发时，丢帧率应为 0；

5）不堵塞端口帧丢失应为 0。

（4）交换机应优先处理等级高的报文，SV、GOOSE 报文宜采用高优先级帧，默认为 4 级。

（5）交换机应支持双电源热备份，电源应采用端子式接线方式。

11. 在智能变电站中，备自投验收项目有哪些?

答：在智能变电站中，备自投验收项目主要有：

（1）装置硬件性能检查（电源插件、交流采样等）；

（2）软件性能检查（软件版本、软件逻辑等）；

（3）GOOSE 开入量正确性检查，重点检查断路器位置输入及闭锁量输入（各相关保护动作闭锁特别是主变压器非电量保护动作闭锁、人工分闸闭锁、操作压板闭锁等）；

（4）GOOSE 开出量正确性检查，重点检查开出软压板及跳合闸对应关系；

（5）相关信息检查，检查备自投动作信息正确，重点检查充电标志应能送调控端；

（6）如保留有传统模拟采样回路及电缆回路，应进行检查。

12. 智能变电站内故障录波器验收项目有哪些？

答：智能变电站内故障录波器验收项目有：

（1）检查故障录波器 SV、GOOSE 信息采集和记录、故障起动判别、信号转换、录波文件远传等功能正确，装置定值正确，装置动作、异常、告警等信号正确。

（2）装置提供的故障信息报告至少包括故障元件、故障类型、故障时刻、起动原因（第一个起动暂态记录的判据名称）、保护及断路器动作情况、安全自动装置动作情况等内容。对线路故障，还应能提供故障测距结果。

（3）在故障录波器上查看装置的记录端口不应向外发出任何形式的报文。

（4）装置对时误差不应超过±500μs，在外部同步时钟信号中断的情况下应具备守时功能并能正常录波。

（5）用继电保护测试仪模拟报文异常，装置应能正确告警并启动录波。

（6）装置应具备原始报文检索和分析功能，应显示原始 SV 报文的波形曲线。

（7）故障录波器应对合并单元的双 A/D 进行录波。

13. 对网络分析仪的验收应进行哪些检查？

答：对网络分析仪的验收应进行如下检查：

（1）装置应具备对 GOOSE、SV、MMS、时间同步等报文进行实时监视、捕捉、分析、存储和统计的功能，并具备变电站网络通信状态在线监视和状态评估功能。

（2）装置所记录的数据应真实、可靠，电源中断或按装置上任意一个开关、按键，已记录数据不应丢失。

（3）装置应具有必要的自检功能，应具有装置异常、电源消失、事件信号的硬触点输出。

（4）网络报文记录及分析装置应对合并单元的双 A/D 进行记录。

（5）网络报文记录及分析装置对时精度应满足要求。

14. 对保护信息系统子站验收应进行哪些检查?

答：对保护信息系统子站验收应进行如下检查：

（1）保护信息系统子站应具备主接线及保护配置示意图，具备保护装置通信状态监视、告警功能；

（2）检查保护信息系统子站与保护通信正常，与各级调度通信正常；

（3）检查保护信息系统子站调取保护信息功能正常，满足相关技术规范的要求；

（4）结合保护验收核对保护装置上送到保护信息系统子站所有报文信息的正确性，同一型号装置抽检一台；

（5）保护信息系统子站具备保护远方操作功能的，验收时应逐项验证。

15. 验收时如何进行 GOOSE、SV 通信告警功能检查?

答：（1）GOOSE 网络通信检查如下：

1）装置与 GOOSE 网络通信正常时，可以正确发送、接收到相关的 GOOSE 信息。

2）GOOSE 通信中断应送出告警信号，设置网络断链告警。在接收报文允许生存时间（Time Allowto live）的 2 倍时间内没有收到下一帧 GOOSE 报文时判断为中断，双网通信时须分别设置双网的网络断链告警。

3）GOOSE 通信时对接收报文的配置不一致信息须送出告警信号，判断条件为配置版本号及 DA 类型不匹配。

4）对照 GOOSE 链路二维表，逐个验证 GOOSE 断链告警正确。

（2）SV 网络通信检查如下：

1）装置与 SV 网络通信正常时，可以正确发送、接收相关的 SV 报文。

2）保护装置的接收采样值异常应送出告警信号，设置对应合并单元的采样值无效和采样值报文丢帧告警。

3）SV 通信时对接收报文的配置不一致信息应送出告警信号，判断条件为配置版本号、ASDU 数目及采样值数目不匹配。

4）对照 SV 链路二维表，逐个验证 SV 断链告警正确。

16. 验收时对 GOOSE 报文正确性测试是如何检验的? 应符合什么技术要求?

答：（1）试验方法如下：

1）被试保护装置发出 GOOSE 开出信号，检查 GOOSE 信号是否能正确发送；

2）被试保护装置接收来自交换机或其他智能设备的 GOOSE 开入信号，

检查 GOOSE 信号是否能正确接收。

（2）技术要求如下：

保护装置、智能终端等智能电子设备间的相互启动、相互闭锁、位置状态等交换信息可通过 GOOSE 网络传输。GOOSE 报文格式应满足 DL/T 860 标准的相关要求。

17. 验收时如何对检修功能压板进行检查？

答：验收时应对检修功能压板进行如下检查：

（1）检修压板采用硬压板。检修压板投入时，上送带品质位信息，保护装置应有明显显示（面板指示灯或界面显示）。参数、配置文件仅在检修压板投入时才可下装，下装时应闭锁保护。

（2）采样检修状态测试。采样与装置检修状态一致条件下，采样值参与保护逻辑计算；检修状态不一致时，应发告警信号并闭锁相关保护。

（3）GOOSE 检修状态测试。GOOSE 信号与装置检修状态一致条件下，GOOSE 信号参与保护逻辑计算；检修状态不一致时，外部输入信息不参与保护逻辑计算。

（4）当后台接收到的报文为检修报文时，报文内容应不显示在简报窗中，不发出音响告警，但应该刷新画面，保证画面的状态与实际相符。检修报文应存储，并可通过单独的窗口进行查询。

18. 简述验收时对智能变电站软压板的检查内容及方法。

答：检查设备的软压板设置是否正确，软压板功能是否正常。软压板包括 SV 接收软压板、GOOSE 接收/出口压板、保护元件功能压板等。

检查方法如下：

（1）SV 接收软压板检查。通过数字继电保护测试仪输入 SV 信号给设备，投入 SV 接收软压板，设备显示 SV 数值精度应满足要求；退出 SV 接收软压板，设备显示 SV 数值应为 0，无零漂。

（2）GOOSE 开入软压板检查。通过数字继电保护测试仪输入 GOOSE 信号给设备，投入 GOOSE 接收压板，设备显示 GOOSE 数据正确；退出 GOOSE 开入软压板，设备不处理 GOOSE 数据。

（3）GOOSE 输出软压板检查。投入 GOOSE 输出软压板，设备发送相应 GOOSE 信号；退出 GOOSE 输出软压板，模拟保护元件动作，应该监视到正确的相应保护未跳闸的 GOOSE 报文。

（4）保护元件功能及其他压板。投入/退出相应软压板，结合其他试验检查压板投退效果。

19. 验收时对智能变电站光纤的要求有哪些?

答：验收时对智能变电站光纤的要求包括：

（1）光纤型号和规格必须满足相关标准要求，尾纤接口类型与图纸一致。

（2）双重化配置的两套保护不共用同一根光缆，不共用 ODF 配线架。

（3）现场检查除纵联通道外的保护用光缆，应为多模光缆，检查进入保护室或控制室的保护用光缆，应为阻燃防水防鼠咬非金属光缆，且每根光缆备用纤芯不少于 20%且不少于 2 芯，备用光口、尾纤应带防尘帽。

（4）多模光缆光纤线径宜采用 62.5/125μm，芯数不宜超过 24 芯。

（5）铠装光缆敷设弯曲半径不应小于缆径的 25 倍。室内软光缆（尾纤）弯曲半径静态下不应小于缆径的 10 倍，动态下不应小于缆径的 20 倍。熔纤盘内接续光纤单端盘留量不少于 500mm，弯曲半径不小于 30mm。

（6）现场检测光纤及备用纤芯回路（含光纤熔接盒、配线架）衰耗不大于 3dB。

（7）预制光缆户外部分应采用插头光缆，户内部分应采用插座光缆。

（8）光纤回路标识应清晰、规范。

（9）屏（柜）内宜就近打印张贴本屏（柜）IED 设备光口分配表、交换机光口分配表、配线架配线信息表（含备用纤芯）。

20. 验收时对时钟同步系统的检查内容及要求有哪些?

答：验收时对时钟同步系统的检查内容及要求有：

（1）变电站应配置一套时间同步系统，宜采用主备方式的时间同步系统，主备时钟切换应正常。

（2）保护装置、MU 和智能终端均应能接收 IRIG–B 码同步对时信号，保护装置、智能终端的对时精度误差应不大于±1ms，MU 的对时精度应不大于±1μs。

（3）装置时钟同步信号异常后，应发告警信号。

（4）主控室内保护装置宜采用直流 IRIG–B 码对时；就地布置的保护装置、合并单元和智能终端宜采用光纤 IRIG–B 码对时；站控层设备宜采用 SNTP 网络对时。采用光纤 IRIG–B 码对时方式时，宜采用 LC 接口；采用直流 IRIG–B 码对时方式时，通信介质应为屏蔽双绞线。

21. 智能变电站验收后需做哪些记录和资料备份?

答：（1）最终的 SCD、保护配置文件备份。复验完成后，由建设单位、验收单位、厂家技术人员，对全站 SCD 文件进行备份，从保护装置读取配置文件进行备份，备份文件按间隔建目录存放。形成备份文件清单，清单应包括间隔名、保护名称、备份文件目录及名称、文件修改日期。

（2）对全变电站保护装置的过程层 CRC 码进行备份。

（3）复验完成后，由建设单位向检修单位移交电子版调试报告，并报调度部门备案。

（4）首检式验收按照间隔编写验收记录，每项验收工作结束，验收人员应根据验收情况填写验收记录。验收记录应有验收人员签名。

（5）全部验收工作结束，验收小组应填写验收报告。

（6）验收记录及验收报告应在运行、检修部门存档，检修单位继电保护管理部门应将 TA、TV 试验报告作为继电保护管理必备资料存档。

22. 现场验收工作期间，接受验收的设备供应商有哪些主要职责?

答：（1）现场所提供保护装置的硬件配置及软件版本，应与通过国家电网公司专业检测的装置一致；

（2）提供软件工具及 IED 工程配置文件；

（3）配合现场验收，及时解决验收中发现的设备问题。

23. 验收过程中，对配置文件的修改有哪些要求?

答：验收过程中，配置文件的修改应遵循“源端修改，过程受控”的原则。由调试单位负责向设计单位提出修改申请，设计单位负责配置文件的修改和确认，调试单位通过现场调试验证其正确性。

24. 验收工作组宜组织开展施工工艺样板间隔验收，智能站施工工艺样板间隔应覆盖哪些内容?

答：智能站施工工艺样板间隔应覆盖各电压等级并包括：保护屏、光纤配线架、交换机屏、智能控制柜、端子箱、机构箱、设备本体接线箱等方面。

25. 智能变电站验收时对技术资料有哪些要求?

答：（1）设计施工图纸（含设计变更）应齐全，图纸资料应与现场实际一致，并符合相关规程规范要求。

（2）全站 SCD 配置文件、IED 工程配置文件应与设计一致且包含版本信息及修改记录，SCD 配置工具及相关软件应齐全。

（3）保护装置 ICD 模型文件、全站虚端子接线联系表、IED 名称和地址（IP、MAC）分配表、全站网络拓扑结构图、交换机端口配置图、全站链路告警信息表、装置压板设置表、IED 设备端口分配表、交换机 VLAN 划分表、二次设备软件版本等资料应齐全完整，与现场实际一致。

（4）全站保护装置及相关一次设备的合格证、出厂检验报告、出厂图纸资料、技术（使用）说明书、ICD 模型文件一致性检测报告等资料应齐全，数量满足合同要求。

（5）全站高级应用功能策略文件应齐全，与现场实际一致。

26. 现场投运装置应为通过国家电网公司专业检测的装置，进行现场保护装置专业检测一致性验收时应重点验收哪些内容？

答：（1）装置的生产厂家、设备类别、装置型号、装置名称等基本信息应与国家电网公司正式发布的合格产品公告中对应装置的备案发布信息完全一致。

（2）装置的软件版本号、校验码等软件信息应与国家电网公司正式发布的合格产品公告中对应装置的备案发布信息完全一致。

（3）装置的各项硬件信息应与国家电网公司正式发布的通过专业检测对应装置的备案发布照片信息一致。

27. 试验测试二次回路同步性能应满足哪些要求？

答：（1）间隔合并单元级联母线合并单元后，其电压、电流通道的相位差不应大于10′（10μs）。

（2）从各间隔合并单元均通入额定电流时，相应纵联差动保护、母线差动保护、变压器差动保护的差流值不应大于$0.04I_n$。

28. 继电保护装置之间的联闭锁信息、失灵启动等信息宜采用 GOOSE 网络传输方式，请举例说明（不少于三点）。

答：（1）变压器保护跳母联、分段断路器和闭锁备自投可采用 GOOSE 网络传输；

（2）变压器保护三相启动失灵信息采用 GOOSE 网络传输；

（3）变压器保护可通过 GOOSE 网络接收失灵联跳命令；

（4）线路保护分相启动失灵信息可采用 GOOSE 网络传输；

（5）线路保护可通过 GOOSE 网络接收启动远跳命令。

29. SCD 配置文件验收重点检查哪些内容？

答：（1）检查 SCD 配置文件应与装置实际运行数据、装置 ICD 模型文件版本号、校验码、数字签名一致。

（2）检查 SCD 配置文件 IP 地址、MAC 地址、APPID 等通信参数设置应正确。

（3）宜采用可视化工具检查 SCD 配置文件虚端子连线符合设计要求，描述信息与实际功能一致。

（4）检查 SCD 配置文件命名应符合国家电网公司统一的标准文件命名规则，文件名中应包含文件校验码等标识信息。

（5）SCD 配置文件中保护装置的配置信息应使用调度规范命名。

（6）验收合格的 SCD 配置文件所生成的 CID、CCD 配置文件 CRC 校验码应与各 IED 装置内导出的 CID、CCD 配置文件 CRC 校验码一致。

30. 智能变电站的网络验收重点检查哪些内容?

答：（1）继电保护装置、交换机、合并单元、智能终端等装置之间的光纤回路应与设计一致。

（2）现场验证继电保护装置采样、跳闸方式满足 Q/GDW 441 的要求。

（3）继电保护装置之间的联闭锁信息、失灵启动等信息宜采用 GOOSE 网络传输方式。例如，变压器保护跳母联、分段断路器及闭锁备自投、启动失灵等可采用 GOOSE 网络传输，变压器保护可通过 GOOSE 网络接收失灵保护跳闸命令，并实现失灵跳变压器各侧断路器。

（4）现场检验双 A/D 采样数据应同时连接虚端子。

（5）继电保护装置采用双重化配置时，对应的过程层网络亦应双重化配置，第一套保护接入 A 网，第二套保护接入 B 网，双网应无交叉或跨接。

（6）每台交换机的光纤接入数量不宜超过 16 对，并配备适量的备用端口。任意两台 IED 设备之间的数据传输路由不应超过 4 个交换机。

31. 继电保护设备在线监视与分析应用模块验收有哪些内容?

答：（1）检查厂站端Ⅰ区监控主机具备保护设备在线监视与分析功能，能实现对全站保护系统（设备和回路）状态的监视和管理，对全部保护装置运行工况和故障信息的展示。

（2）检查Ⅱ区通信网关机（综合应用服务器）具备接收、存储、上传故障录波器信息的功能。

（3）在调度主站及站端验证通过Ⅰ区召唤保护装置定值区、定值、软压板、模拟量、开关量、记录文件等与保护装置实际一致，试验继电保护装置远方操作（控制）、历史信息查询等功能正确。

（4）在调度主站通过Ⅱ区验证故障录波器信息上送功能正确。

（5）查看监控系统能监视保护设备运行工况，全景实时显示保护设备运行/退出、正常/告警等运行状态以及通信正常/中断状态。当状态异常时应能以事件形式提示，且相应图元工况应变化。

32. 如何检查合并单元级联输入的数字采样值的有效性?

答：将级联数据源各采样值通道置为数据无效、检修品质，从网络报文记录及分析装置解析间隔合并单元报文中相应各采样值通道应变为无效、检修品质；中断母线合并单元与间隔合并单元的级联通信，从网络报文记录及分析装置检验间隔合并单元输出的采样值通道品质应置为无效。